普通高等教育卓越工程能力培养系列教材

ANSYS
有限元理论及基础应用

主　编　王胜永
副主编　石路杨　李连豪　王云涛　邵　龙　李　彬
参　编　宁惠君　汪希奎　袁志华　何文斌　赵　红

机械工业出版社

本书主要内容包括：以材料（结构）力学为基础的离散结构 ANSYS 有限元理论，以弹性力学为基础的连续体结构 ANSYS 有限元理论，ANSYS 软件在材料（结构）力学、弹性力学基本理论中的应用分析，以及机械、土木、化工等工程应用领域的上机实验。

本书在内容安排上，力求做到在学生已有的基础力学课程和相关专业课程学习基础上，深入浅出、循序渐进、理论联系实际，逐步起到培养学生掌握有限元基本原理和应用 ANSYS 软件的入门作用。

本书适合于高等院校和高职院校工科类专业 20~60 学时理论与上机实验教学，也可作为相关工程技术人员的参考用书。

图书在版编目（CIP）数据

ANSYS 有限元理论及基础应用/王胜永主编. —北京：机械工业出版社，2020.9（2024.7 重印）

普通高等教育卓越工程能力培养系列教材

ISBN 978-7-111-66173-3

Ⅰ.①A… Ⅱ.①王… Ⅲ.①有限元分析－应用程序－高等学校－教材 Ⅳ.①O241.82

中国版本图书馆 CIP 数据核字（2020）第 133112 号

机械工业出版社（北京市百万庄大街 22 号　邮政编码 100037）
策划编辑：张　超　　责任编辑：张　超
责任校对：李亚娟　　封面设计：严娅萍
责任印制：张　博
北京建宏印刷有限公司印刷
2024 年 7 月第 1 版第 4 次印刷
184mm×260mm · 31.25 印张 · 761 千字
标准书号：ISBN 978-7-111-66173-3
定价：89.80 元

电话服务　　　　　　　　　　网络服务
客服电话：010-88361066　　　机　工　官　网：www.cmpbook.com
　　　　　010-88379833　　　机　工　官　博：weibo.com/cmp1952
　　　　　010-68326294　　　金　书　网：www.golden-book.com
封底无防伪标均为盗版　　　　机工教育服务网：www.cmpedu.com

前言

ANSYS 有限元理论和软件已经在机械工程、土木水利工程、建筑与交通工程、能源与动力工程、航空航天工程、材料科学工程、电子通信工程等众多工程领域中得到了广泛应用。因此，在大学工科课程学习过程中，掌握 ANSYS 有限元理论和软件应用，对培养既具有系统、扎实的理论知识，又能应用计算机和软件技术手段解决实际工程问题的复合型工科人才有着重要意义。

作为工科大学生，虽然专业基础课和专业课的理论知识学习了很多，但对许多基本概念的理解基本上还停留在一个符号的认识上，理论认识不够，更没有太多的感性认识和工程认知，往往觉得学了那么多的理论知识没什么用，也不知道将来能做什么。而 ANSYS 实际起到了沟通基础理论与工程实践的桥梁作用，使大学生能够感到所学的基础理论知识都能用上，甚至激发出对本专业的热爱。因而在 ANSYS 学习过程中，建议不要纯粹把 ANSYS 当作一门课程来学，而要针对工程实践问题来学，因为 ANSYS 是用来解决具体实际问题的。尤其对于初学者，感觉 ANSYS 软件包含内容太多，英文界面操作难以上手，学习起来费时费力，还依然没有成就感，容易产生心理疲劳，缺乏耐心。"苦中作乐"应是 ANSYS 初学者所必须保持的一种良好心态。要能把解决问题当作一种乐趣，时刻让自己保持愉快的心情，当真正对问题有突破性进展时，迎接的必定是巨大的成就感。

因此，作者根据近年来 ANSYS 有限元教学和工程应用经验编写了本书。本书作为入门教材，结合大学工科的专业基础课，如材料（结构）力学、弹性力学等，讲述了 ANSYS 有限元的基本理论及基础工程应用。本书可以作为一本介绍 ANSYS 有限元理论与应用的教学或参考用书，在进行 ANSYS 有限元理论讲解过程中，紧紧围绕与 ANSYS 相关的有限元理论知识，精简理论内容，尽量采用大学生容易接受的理论体系，避开了大量的枯燥的理论，以避免学生在理论学习面前望而却步，同时又保留了足够的理论知识，以确保可以加深 ANSYS 基本原理的学习。在 ANSYS 软件应用过程中，采用的是英文界面版本，这对大学生来说具有一定的难度。因此，本书也较为详细地介绍了 ANSYS 15.0 界面菜单的功能和作用，以便于学生尽快熟悉 ANSYS 程序结构，然后结合材料（结构）力学给出一些实例问题，并进行理论求解计算，进而再介绍如何利用 ANSYS 15.0 求解这些问题。通过两种方式的求解分析过程和结果比较，大学生和初学者不仅可以实现对同一个问题、两种不同求解方法的相互验证，同时也能更好地培养大学生如何利用 ANSYS 有限元软件对问题进行正确的分析，以更好地激发大学生的学习兴趣。

本书附录给出了上机实验题，可以帮助大学生和初学者完成一定的上机实验练习。通过实验报告的撰写，及时发现学生学习过程中的问题和不足，以便为任课教师提供较好的指导和帮助。本书是一本对工科各专业具有普遍适用性的基础应用学习书籍，在编写中做到由浅入深，注重知识体系的系统性、连贯性、完整性，各章节内容较为通俗易懂，相互联系，融为一体。教师在具体讲授时，可根据需要适当取舍。

全书由郑州轻工业大学王胜永主编。华北水利水电大学石路杨、河南农业大学李连豪和邵龙、南阳理工学院王云涛、洛阳理工学院李彬担任副主编；河南科技大学宁惠君、平顶山学院汪希奎、河南农业大学袁志华、郑州轻工业大学何文斌和赵红参加了编写。

本书在编著过程中，参考了相关专家和学者的著作和文献，在此谨表谢意！

由于编者水平有限，书中的不足和疏漏之处在所难免，欢迎读者批评指正。

编　者

2020 年 02 月

目 录

前言
第1章 绪论 ………………………………………………………………… 1
 1.1 工程问题求解概述 …………………………………………………… 1
 1.2 有限元方法的发展 …………………………………………………… 2
 1.3 有限元软件介绍与工程应用 ………………………………………… 4
 1.4 学习有限元的目的 …………………………………………………… 8
第2章 ANSYS 有限元理论基础 ………………………………………… 10
 2.1 材料力学与弹性力学理论概述 ……………………………………… 10
 2.2 一维杆结构解析法与有限元法 ……………………………………… 11
 2.3 弹性力学基本方程与有限单元法分析过程 ………………………… 37
 2.4 三角形单元 …………………………………………………………… 43
 2.5 矩形单元 ……………………………………………………………… 69
 2.6 6 结点三角形单元 …………………………………………………… 73
 2.7 平面等参单元 ………………………………………………………… 77
 2.8 空间体单元 …………………………………………………………… 99
 2.9 空间等参单元 ………………………………………………………… 106
第3章 ANSYS 基本介绍与操作 ………………………………………… 115
 3.1 ANSYS 简介及产品 ………………………………………………… 115
 3.2 ANSYS 软件的安装与启动 ………………………………………… 117
 3.3 菜单介绍 ……………………………………………………………… 120
 3.4 鼠标功能操作 ………………………………………………………… 130
 3.5 ANSYS 通用操作 …………………………………………………… 132
 3.6 ANSYS 的单位制 …………………………………………………… 133
 3.7 ANSYS 的坐标系及切换 …………………………………………… 134
 3.8 ANSYS 几何建模基本操作 ………………………………………… 136
 3.9 材料参数设置与网格划分 …………………………………………… 171
 3.10 GUI 方式划分网格 ………………………………………………… 206
 3.11 施加加载 …………………………………………………………… 206
 3.12 求解 ………………………………………………………………… 216
 3.13 通用后处理器 ……………………………………………………… 217

V

第4章　ANSYS 基础应用实例分析 …… 228
4.1　ANSYS 实例应用概述 …… 228
4.2　ANSYS 分析流程 …… 228
4.3　ANSYS 结构分析概述 …… 243
4.4　拉压杆结构 …… 245
4.5　弯曲梁结构 …… 272
4.6　扭转轴结构 …… 295
4.7　二维与三维实体结构分析 …… 328
4.8　压杆屈曲分析 …… 352
4.9　简单振动模态分析 …… 392

附录 …… 412
实验一　桁架结构的静力分析 …… 412
实验二　二维平面结构静力学分析 …… 426
实验三　梁壳组合结构静力学分析 …… 440
实验四　减速机轴的扭转分析 …… 454
实验五　轮盘模态分析 …… 470

参考文献 …… 493

第 1 章 绪论

1.1 工程问题求解概述

对于高等院校的工科专业来说，理论力学、材料力学其专业基础课。理论力学研究刚体的平衡及其机械运动规律。材料力学研究杆件受力作用下的应力、应变和位移。结构力学和弹性力学等课程是在理论力学和材料力学课程基础上的相关工科专业后续学习的课程。其中，结构力学是研究结构（如框架、桁架）的组成规则，结构在各种效应（外力、温度效应、施工误差及支座变形等）作用下的响应，包括内力（轴力、剪力、弯矩、扭矩）的计算，位移（线位移，角位移）计算，以及结构在动力荷载作用下的动力响应（自振周期，振型）的计算等。弹性力学的主要研究对象是板、壳、实体结构（如平板、水坝），研究内容为弹性物体在外力和其他外界因素作用下产生的变形和内力，也称为弹性理论。

在载荷的作用下，大部分实际工程结构的变形一般表现为非线性。然而，在基础力学课程中，我们采用了假设理论，即在小变形和室温下，在允许的误差范围内，材料的本构方程可以看成是线性的。其求解方法通常采用解析方法，以求解出精确解，解析解表明了工程问题在任何点的精确行为。因此，解析方法只适用于少数方程性质比较简单，且几何形状相当规则的问题。而对于实际工程结构中的大多数问题，在多种因素的影响下，我们一般不能得到系统的精确解。这是由于方程的某些特征的非线性性质，或由于求解区域的几何形状比较复杂，往往不能得到解析的答案。这类问题的解决通常有两种途径。一是引入简化假设，将方程和几何边界简化为能够处理的情况，从而得到问题在简化状态下的解。但是这种方法只是在有限的情况下是可行的，因为过多的简化可能导致误差很大甚至错误的解。因此工程界和科学界诸多工程师和学者一直致力于寻找和发展另一种求解途径和方法——数值解法，数值解只在称为节点的离散点上近似于解析解。

已经发展的数值分析方法主要有两类。一类是有限差分法。其特点是针对每一个节点列微分方程，并且用差分方程代替导数。这一过程产生一组线性方程。有限差分法对于简单问题的求解是易于理解和应用的，但用于几何形状复杂的问题时，它的精度将降低，甚至发生困难。另一类是有限元方法。有限元方法的出现，是数值分析方法研究领域内重大突破性的进展。特别是近 50 多年来，随着电子计算机和相关计算分析软件的飞速发展和广泛应用，有限元分析方法已经成为求解科学技术问题的主要工具。

有限元方法也叫有限单元法（the Finite Element Method），它是一种将连续体离散化，以求解各种力学问题的数值方法。有限单元法的基本思想是将连续的求解区域离散为一组有限个、且按一定方式相互连接在一起的单元的组合体。由于单元能按不同的连接方式进行组合，且单元本身又可以具有不同的形状和大小。因此，它可以很好地适应复杂的几何形状、复杂的材料特性和复杂的边界条件。再加上它有成熟的大型软件支持,使其已经成为一种非常广泛应用的数值计算方法。

例如,分析图 1.1 平面在载荷作用下的应力分布。

从物理角度理解,可把该连续体离散为图 1.1 表示的很多小三角形单元,而单元之间在节点处以铰链相连接,由单元组合而成的结构近似代替原连续结构。作为近似解,可以先求出图中三角形各顶点位移。这里的三角形就是单元,其顶点就是节点。这样,结构在一定的约束条件下,在给定的载荷作用下,就可以求解各节点的位移,进而求解单元内的应力。这就是有限元方法直观的、物理的解释。

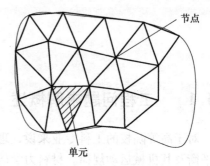

图 1.1 平面有限元网格

从数学角度理解,是把图 1.1 所示的求解区域分解成许多三角形子域,子域内的位移可用三角形各顶点的位移合理插值来表示。按原问题的控制方程(如最小势能原理等)和约束条件,可以解出各节点的待定位移。推广到其他的连续域问题,节点未知量也可以是压力、温度、速度等物理量。这就是有限元方法的数学解释。

在一定条件下,由单元集合成的组合结构近似于真实结构。在此条件下,分区域插值求解也就能趋近于真实解。这种近似的求解方法及其所应满足的条件,就是有限元方法所要研究的内容。

可以看出,有限元方法可适应于任意复杂的几何区域,便于处理不同的边界条件。满足一定条件下,单元越小,节点越多,有限元数值解的精度也就越高。电子计算机的大存贮量和高计算速度为此提供了必要的前提。更为重要的是,由单元计算到集合为整体区域的有限元分析,都很适应于计算机的程序设计,可由计算机自动完成。于是,各种大大小小、专用的、通用的有限元结构分析程序也大量涌现出来。比如:ANSYS、ABAQUS、NASTRAN 等,并且已经广泛应用于各个领域。

1.2 有限元方法的发展

离散化是有限元方法的基础。然而,这种思想古已有之。祖冲之(南北朝时期)在计算圆的周长时采用了离散化的逼近方法,即采用内接多边形和外切多边形,从两个不同的方向近似描述圆的周长,当多边形的边数逐步增加时,近似值将从这两个方向逼近真实解(图 1.2)。这是"化圆为直"的做法。另外,"曹冲称象"的典故体现了"化整为零"的做法。齐诺(公元前 5 世纪前后古希腊埃利亚学派哲学家)说:空间是有限的和无限可分的。亚里士多德(古希腊哲学家、科学家)说:连续体由可分的元素组成。这些实际上都

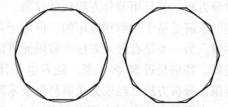

图 1.2 圆周长的多边形近似逼近

体现了离散逼近的思想,即采用大量的简单小物体来"填充"出复杂的大物体。

在近代,应用数学界第一篇有限元论文是 1943 年 Courant R(库朗)发表的"Variational Methods for the Solution of Problems of Equilibrium and Vibration"（平衡与振动问题的变分解法）一文，他用变分原理和分片插值方法来求扭转问题的近似解。他在论文题目上把后来称为有限元的这种解法归结为"变分解法"。由于计算机尚未出现，这篇论文没有引起应有的注意。

1956 年，工程技术界 M. J. Turner（波音公司工程师　特纳），R. W. Clough（土木工程教授　克拉夫），H. C. Martin（航空工程教授　马丁）及 L. J. Topp（波音公司工程师　托普）共同在航空科技期刊上发表一篇采用有限元技术计算飞机机翼强度及刚度的论文，名为"Stiffness and Deflection Analysis of Complex Structures"，他们把刚架的矩阵位移法推广用于弹性力学平面问题作近似分析，在题目上把这种解法归结为复杂结构的刚度法（Stiffness）（或直接刚度法），随后（1960 年）Clough 定名为有限元法。一般认为这是工程技术界有限元法的开端。这些作者与当时的工程师一样，可能不太注意 Courant 那篇被冷落的论文，不太注意他们的直接刚度法与 Courant 的变分解法有何联系。

1960 年，R. W. Clough（克拉夫）教授在美国土木工程学会（ASCE）之计算机会议上，发表另一篇名为"The Finite Element in Plane Stress Analysis"的论文，将应用范围扩展到飞机以外的土木工程上，同时有限元法（the Finite Element Method）的名称也第一次被正式提出。

而 O. C. Zienkiewice 在他的 *The Finite Element Method* 一书中，一开头便称：

The limitation of the human mind are such that it can not grasp the behaviour of its complex surroundings and creations in one operation. Thus the process of subdividing all systems into their individual components or "elements", whose behaviour is readily understood, and then rebuilding the original system from such components to study its behaviour is a natural way in which the engineer, the scientist, or even the economist proceeds.

这段文字的大意是：人类大脑是有限的，以致不能一次就弄清周围许多（自然存在的和创造出的）复杂事物的特性。因此，我们先把整个系统分成性质容易了解的单个元件或"单元"，然后由这些元件重建原来的系统以研究其特性，这是工程师、科学家甚至经济学家都采用的一种自然的方法。许多经典的数学近似方法以及工程师们用的直接近似法都属于这一范畴。因此，从这一意义上说确定有限单元法的准确起源时间是困难的。尽管如此，有限单元法从应用意义上讲，它的发展始于 20 世纪 60 年代。当时结构工程师第一次解决了诸如汽车、飞机、水坝等复杂结构的力学分析。尽管当时有限元法的数学基础尚未完全建立（尽管与今天相比，当时的成就十分有限），但该方法获得了巨大成功。

1963 年开始出现数值分析的相关论文，有限元法的基本原理得到了明确，事实上是逼近论、偏微分方程及变分形式、泛函分析的巧妙结合。Melosh 的论文"Basis for Derivation of Matrices for the Direct Stiffness Method"，得出如下结论：直接刚度法（即有限元法）的基础是变分原理，它是基于变分原理的一种新型里兹法（采用分区插值方案的新型里兹法）。这样就使数学界与工程界得到沟通，获得共识。从而使有限元法被公认为既有严密理论基础、又有普遍应用价值的一种数值方法。

我国的力学工作者为有限元方法的初期发展做出了许多贡献。我国数学家冯康等人从 1960 年前后开始，创造了系统化的有限元算法（1965 年论文《基于变分原理的差分格式》），并编写了程序，解决了当时国防和经济建设中的一些重大课题，奠定了数学理论基础。因此可以说，有限元法是在欧、美和中国被独立发展的。

有限元及变分原理的研究领域是我国学者的研究强项。胡海昌于1954年提出的弹性力学广义变分原理为有限元法的发展提供了理论基础。冯康提出的基于变分原理的差分格式实质上就是今天的有限元法。龙驭球提出的分区和分项能量原理（1980），分区混合有限元（1982），样条有限元（1984），广义协调元（1987）和四边形面积坐标理论（1997）等，使有限元方法的分析能力和应用领域得到很大提升。

在专著方面，钱伟长于1980年出版的专著《变分法与有限元》和胡海昌于1981年出版的专著《弹性力学的变分原理及其应用》是变分原理与有限元法的两本经典之作。朱伯芳于1979年初版和1998年再版的专著《有限单元法原理与应用》是兼备科学性和实用性的巨著。

自20世纪70年代开始，有限元法的理论迅速地发展起来，并广泛地应用于各种力学问题和非线性问题，成为分析大型、复杂工程结构的强有力手段。其应用已由弹性力学平面问题扩展到空间问题、板壳问题，由静力平衡问题扩展到稳定问题、动力问题和波动问题。分析的对象从弹性材料扩展到塑性、黏弹性、黏塑性和复合材料等。从固体力学扩展到流体力学、传热学等连续介质力学领域。在工程分析中的作用已从分析和校核，扩展到优化设计并和计算机辅助设计技术相结合。随着现代力学、计算数学和计算机技术等学科的发展，有限单元法已经成为一个具有巩固理论基础和广泛应用能力的数值分析工具。尤其是计算机的迅速发展，有限元法中人工是难以完成的大量计算工作能够由计算机来实现并快速地完成。因此，可以说计算机的发展很大程度上促进了有限元法的建立和发展。有限元法被迅速应用到各领域。诸如化工、电子、热传导、磁场、建筑声学、流体动力学、医学（骨骼力学、血液力学）、耦合场（结构—热、流体—结构、静电—结构、声学—结构）等等。可以说：有分析就有限元。

1.3 有限元软件介绍与工程应用

有限元软件与有限元理论几乎是同时诞生的。只有得到工程应用，理论才会具有生命力。有限元方法与工程应用密切结合，直接为产品设计服务。因而随着有限元理论的发展与完善，以及电子计算机的快速运算能力和广泛应用，结构有限元分析与产品设计结合起来，形成了产品分析、设计、制造一体化。而且，自20世纪80年代开始，世界各国，特别是发达国家，都花费巨大的人力和物力开发各种大大小小、专用的、通用的有限元结构分析程序。比如：

SAP

有限元方法的理论和程序主要来自各个高校和实验室，早期有限元的主要贡献来自于加州大学Berkeley分校，1963年，E. L. Wilson教授和R. W. Clough教授为了计算结构静力与动力分析而开发了SMIS（Symbolic Matrix Interpretive System），其目的是为了弥补传统手工计算方法和结构分析矩阵法之间的隔阂。

1969年，Wilson教授在第一代程序的基础上开发的第二代线性有限元分析程序就是著名的SAP（Structural Analysis Program），而非线性程序则为NONSAP。

ANSYS

1963 年，ANSYS 的创办人 John Swanson 博士任职于美国宾州匹兹堡西屋公司的太空核子实验室。当时他的工作之一是为某个核子反应火箭作应力分析。为了工作上的需要，Swanson 博士写了一些程序来计算加载温度和压力时的结构应力和位移。几年下来，Swanson 博士在 Wilson 博士原有的有限元法热传导程序基础上，扩充了不少三维分析的程序，包括了板壳，非线性，塑性，潜变，动态全程等。此程序当时命名为 STASYS（Structural Analysis SYStem）。

Swanson 博士当时就相信，利用这样整合及一般性的有限元素法程序来取代复杂的手算，可以替西屋及其他许多公司省下大量的时间和金钱。不过当初西屋并不支持这样的想法。所以 Swanson 博士于 1969 年离开西屋，在临近匹兹堡的家中车库创立了他自己的公司 Swanson Analysis Systems, Inc.（SASI）。1970 年年底，商用软件 ANSYS 宣告诞生，而西屋也成为它的第一个顾客。

1979 年，ANSYS 3.0 版开始可以在 VAX 11-780 迷你计算机上执行。1984 年，ANSYS 4.0 开使支持 PC。1994 年，Swanson Analysis Systems, Inc. 被 TA Associates 并购。当年该公司在底特律的 AUTOFACT 94 展览会上宣布了新的公司名称：ANSYS。

1996 年，ANSYS 推出 5.3 版。此版是 ANSYS 第一次支持 LS-DYNA。此时 ANSYS/LS-DYNA 仍是起步阶段。同年 6 月 20 日，ANSYS 于 Nasdaq 上市成为公开控股公司，结束了它 26 年私人控股的历史。

1997 至 1998 年间，ANSYS 开始向美国许多著名教授和大学实验室发送教育版，期望能从学生及学校扎根推广 ANSYS。

2003 年，CFX 加入了 ANSYS 中并正式更名为 ANSYS CFX。CFX 是全球第一个通过 ISO9001 质量认证的大型商业 CFD 软件，是英国 AEA Technology 公司为解决其在科技咨询服务中遇到的工业实际问题而开发，诞生在工业应用背景中的 CFX 一直将精确的计算结果、丰富的物理模型、强大的用户扩展性作为其发展的基本要求，并以其在这些方面的卓越成就，引领着 CFD 技术的不断发展。目前，CFX 已经遍及航空航天、旋转机械、能源、石油化工、机械制造、汽车、生物技术、水处理、火灾安全、冶金、环保等领域，为其在全球 6000 多个用户解决了大量的实际问题。

2006 年 2 月，ANSYS 公司收购 Fluent。Fluent 公司是全球著名的 CAE 仿真软件供应商和技术服务商。Fluent 软件应用先进的 CFD（计算流体动力学）技术帮助工程师和设计师仿真流体、热传导、湍流、化学反应和多相流中的各种现象。

2008 年，ANSYS 完成了对 Ansoft 公司的一系列收购，长期以来，Ansoft 定位于高性能电子设计自动化（EDA）软件开发公司，拥有一整套用于移动通信、互联网服务、宽带联网组件系统、集成电路、印刷电路板和机电系统高性能电子设计仿真的产品。Ansoft 和 ANSYS 的结合，可用于所有涉及机电一体化产品领域，将使得工程师可以分别从器件级、电路级和系统级来综合考虑一个复杂的电子设计。

2013 年 4 月 3 日，ANSYS 收购 EVEN，该公司将复合材料结构分析技术应用于 ANSYS® Composite PrepPost™ 产品中。该产品与 ANSYS Mechanical™ 以及 ANSYS Mechanical APDL 紧密结合。复合材料包含两种或两种以上属性迥异的材料，已成为汽车、航空航天、能源、船舶、赛车和休闲用品等多种制造领域的材料。因此，复合材料的使用量快速增长。复合材料的大量应用也推动了对于新的设计、分析和优化技术的需求。EVEN 是复合材料仿真领域的领先者，本次收购凸显了 ANSYS 对于这种新兴技术的高度重视。

ANSYS 公司自 1969 年成立以来，不断吸取世界最先进的计算方法和计算机技术，并通过一连串的并购与自身壮大，塑造了一个体系规模庞大、产品线极为丰富的仿真平台，在结构分析、电磁场分析、流体动力学分析、多物理场、协同技术等方面都提供完善的解决方案，引导世界有限元分析软件的发展，以其先进性，可靠性、开放性等特点，被全球工业界广泛认可，拥有全球最大的用户群。

近年来，ANSYS 以其丰富的前处理器功能，几十种图素库可以模拟任意复杂的几何形状，强大的布尔运算实现模型的精雕细刻；先进的优化功能、灵活快速的求解器、丰富的网格划分工具、与 CAD 及 CAE 软件的接口等功能；强大的后处理功能可使用户很方便地获得分析结果，其形式包括彩色云图、等值面、梯度、动画显示、多种数据格式输出、结果排序检索及数学运算等。因此，ANSYS 软件被广泛应用于土木工程、机械、电子、交通、造船、水利、采矿、铁道、石油化工、航空航天、核工业等领域。

MARC

MARC Analysis Research Corporation（简称 MARC）始创于 1967 年，总部设在美国加州的 Palo Alto，是全球第一家非线性有限元软件公司。创始人是美国布朗大学应用力学系著名的教授 Pedro Marcal。MARC 公司在创立之初便独具慧眼，瞄准非线性分析这一未来分析发展的必然，致力于非线性有限元技术的研究、非线性有限元软件的开发、销售和售后服务。对于学术研究机构，MARC 公司的一贯宗旨是提供高水准的 CAE 分析软件及其超强灵活的二次开发环境，支持大学和研究机构完成前沿课题研究。对于广阔的工业领域，MARC 软件提供先进的虚拟产品加工过程和运行过程的仿真功能，帮助市场决策者和工程设计人员进行产品优化和设计，解决从简单到复杂的工程应用问题。经过三十余年的不懈努力，MARC 软件得到学术界和工业界的大力推崇和广泛应用，建立了它在全球非线性有限元软件行业的领导者地位。

虽然在 MARC 在 1999 年被 MSC 公司收购，但其对有限元软件的发展起到了决定性的推动作用，至今在 MSC 的分析体系中依然有着 MARC 程序的身影。

ABAQUS

1972 年，ABAQUS 的首要创始人 David Hibbitt 是 Pedro Marcal 在 Brown（布朗）的博士生，David Hibbitt 在布朗大学完成了博士论文，论文的一部分为基于有限元方法的计算力学内容。这期间，他和他的导师创建了一个公司，产品是他们开发的有限元软件 MARC。此后，ABAQUS 的另外一个创始人 Paul Sorensen 也加入了 MARC，但之后回到布朗大学继续攻读博士学位。ABAQUS 的另外一个创始人 Bengt Karlsson 曾经是 Control Data 公司的分析工程师，由于工作的关系，他逐步对当时各种有限元程序加以熟悉并产生浓厚兴趣。1976 年，他从欧洲来到美国和 Hibbitt 一同在 MARC 工作。

作为 MARC 的总工程师，Hibbitt 意识到工业界对有限元软件有一种强烈的需求，将会成为工程师的日常工具，逐步取代传统的实验做法，但这要求对现有的程序进行大幅度修改，使之能够处理更大规模的模型，计算的可靠性和精度更高。他建议导师重写 MARC 的内核来适应工业领域的要求，但是他的导师当时不愿意进行这样的一笔投资。1977年，Hibbitt 离开 MARC，开始从头编写 ABAQUS。Karlsson 很快加入了他。之后，已经从布朗大学博士毕业正在通用汽车公司工作的 Sorensen 也加入了他们的行列。Hibbitt Karlsson & Sorensen, Inc,（HKS）公司于 1978 年 2 月 1 日正式成立。三个力学专家开始了一个强大工程分析工具的发展历程。

  HKS 的第一个客户是 Westinghouse Hanford 公司，它在华盛顿州从事核反应堆方面的开发工作。Westinghouse Hanford 需要进行复杂的分析，包括核燃料棒的接触、蠕变和松弛等问题。ABAQUS 在温度相关的蠕变、塑性以及接触建模等方面体现了其优势，很快 ABAQUS 在核工业领域小有名气。

  随着软件功能的不断强大，汽车公司在 80 年代中期开始采用 ABAQUS 作为复杂工程模拟的工具。此后 ABAQUS 的研发一直是和重要工业客户一起合作进行的，这些客户碰到的力学难题，双方会一起参与进行设法解决，同时不断丰富 ABAQUS 本身的功能。

  2002 年底 HKS 公司改名为 ABAQUS 公司，全部业务都是进行 ABAQUS 软件的开发与维护。可以分析复杂的力学、热学和材料学问题，分析的范围从相对简单的线性分析到非常复杂的非线性分析，特别是能够分析非常庞大的模型和模拟非线性问题。它包括一个十分丰富的、可模拟任意实际形状的单元库，并与之对应拥有各种类型的材料模型库，其中包括金属、橡胶、高分子材料、复合材料、钢筋混凝土、可压缩有弹性的泡沫材料以及类似于土和岩石等地质材料。作为通用的模拟计算工具，ABAQUS 可以模拟各种领域的问题，例如热传导、质量扩散、电子部件的热控制（热电耦合分析）、声学分析、岩土力学分析（流体渗透和应力耦合分析）及压电介质分析。ABAQUS 软件已被全球工业界广泛接受，并拥有世界最大的非线性力学用户群。

NASTRAN

  美国国家太空总署 NASA（National Aeronautics and Space Administration，国家航空和宇宙航行局），为了满足宇航工业对结构分析的迫切需求，于 1966 年提出了发展世界上第一套泛用型的有限元分析软件 Nastran（NASA Structural Analysis Program）的计划。

  位于洛杉矶的 MSC 公司自 1963 年创立并开发了结构分析软件 SADSAM，在 1966 年 NASA 招标项目中参与了整个 Nastran 程序的开发过程。

  1969 年 NASA 推出了其第一个 NASTRAN 版本，称为 COSMIC Nastran。之后 MSC 继续改良 Nastran 程序并在 1971 年推出 MSC. Nastran。因为和 NASA 的特殊关系，NASTRAN（又名 MSC NASTRAN）在美国航空航天领域有着崇高的地位。

  MSC. NASTRAN 是世界上功能最全面、应用最广泛的大型通用结构有限元分析软件之一，同时也是工业标准的 FEA 原代码程序及国际合作和国际招标中工程分析和校验的首选工具，可以解决各类结构的强度、刚度、屈曲、模态、动力学、热力学、非线性、声学、流固耦合、气动弹性、超单元、惯性释放及结构优化等问题。通过 MSC. NASTRAN 的分析可确保各个零部件及整个系统在合理的环境下正常工作。此外，程序还提供了开放式用户开发环境和 DMAP 语言以及多种 CAD 接口，以满足用户的特殊需求。

  MSC 公司作为最早成立的 CAE 公司，先后通过开发、并购，已经把数个 CAE 程序集成到其分析体系中。目前 MSC 公司旗下拥有 10 几个产品，如 Nastran、Patran、Marc、Adams、

Dytran 和 Easy5 等，覆盖了线性分析、非线性分析、显式非线性分析以及流体动力学问题和流场耦合问题。另外，MSC 公司还推出了多学科方案（MD）来把以上的诸多产品集成为了一个单一的框架，解决多学科仿真问题。

20 世纪 70 年代中期，在我国，大连理工大学研制出了 JEFIX 有限元软件，航空工业部研制了 HAJIF 系列程序。80 年代中期，北京大学的袁明武教授通过对国外 SAP 软件的移植和重大改造，开发出了 SAP-84；北京农业大学的李明瑞教授研发了 FEM 软件；建筑科学研究院在国家"六五"攻关项目支持下，研制完成了"BDP-建筑工程设计软件包"；中国科学院开发了 FEPS、SEFEM；航空工业总公司开发了飞机结构多约束优化设计系统 YIDOYU 等一批自主程序。

20 世纪 90 年代以来，大批国外 CAE 软件涌入国内市场，遍及国内的各个领域，国外的专家则深入到大学、院所、企业与工厂，展示他们的 CAE 技术、系统功能及使用技巧。因此使得国内自主研发的 CAE 软件受到强烈打压，以至于在 20 世纪的最后十几年国内 CAE 自主创新的步伐已经非常缓慢，也逐渐拉开了与国外 CAE 软件的距离。

基于功能完善的有限元分析软件和高性能的计算机硬件可以实现对结构进行详细的力学分析，以获得尽可能真实的结构受力信息，并可以在设计阶段对可能出现的各种问题进行安全评判和设计参数修改。据有关资料，一个新产品的问题有 60% 以上可以在设计阶段消除，甚至有的结构的施工过程也需要进行精细的设计，要做到这一点，就需要类似有限元分析这样的分析手段。

例如，大家熟知的北京奥运场馆的鸟巢，是由纵横交错的钢质杆件组成（图 1.3）。看似轻灵的杆件总重达 42000 吨。其中，顶盖以及周边悬空部位重量为 14000 吨。在施工时，采用了 78 根支柱进行支撑。在钢结构焊接完成后，需要将其缓慢而又平稳地卸去，让鸟巢变成完全靠自身结构支撑。如何卸载？需要进行非常详细的数值化分析，以确定出最佳的卸载方案。2006 年 9 月 17 日工程人员成功地完成了整体钢结构施工的最后卸载。

图 1.3　北京鸟巢钢结构

1.4　学习有限元的目的

对大多数毕业即面临从事工程应用的本科生来说，有限元法是与电子计算机联系在一起的。有一点是清楚的，离开计算机谈有限元，对我们从事工程专业的人来说恐怕意义不大。因此，本课程从工科专业力学基础课的相关基本理论出发，以力学角度（平衡、几何、物理方程）进行有限元理论的推导，同时，结合 ANSYS 软件的使用，加深对有限元理论的掌握程度。本书的目的是使初学者既能掌握一定的有限元理论知识，又能应用 ANSYS 软件解决简单的实际工程问题。

　　有限元是一门理论性和应用性较强的技术基础课。作为工科学生学习有限元，其目的主要有两个，一个是掌握必要的有限元理论，另一个是以有限元软件为工具，解决实际工程中的力学问题。使用有限元软件分析工程问题，往往对使用者的理论基础要求更高。因为软件的求解结果是否正确只能根据计算分析过程加以判断，没有扎实的理论基础，只能凭工程经验或猜想，这对计算结果的可靠性和准确性都是极为有害的。着眼于这一分析，有限元学习应从其力学及数学原理开始，虽然这样会使第二、三章的学习困难些，但会建立正确的理念和逻辑思维，有利于长远学习。

　　还必须要说明的是，有限元方法和物理实验方法之间的区别和联系。物理实验方法指通过实验测试获取需要的性能参数的方法。这种方法获取不同的性能参数时，需要采用不同的测试方法、仪器设备和辅助实验装置。如：强度实验，可以采用电阻应变片及应变仪；扭转与弯曲刚度实验则需要专门的实验台等。物理实验方法的最大优点是结果真实可靠，通常被当作产品最终定型的权威性依据。但也存在一定的不足，例如：

　　1. 实验一定要在样品或样机试制之后才能进行，成本高，周期长，并且只适合批量生产的产品；

　　2. 可以获得的数据量有限，无法对设计提供更多的指导，更无法进行结构优化；

　　3. 受实验手段的限制，有些参数无法准确测量。

　　有限元方法是通过理论分析或数值计算获取所需的性能参数的分析方法。也是本书要重点研究的内容，与实验方法相比，有限元计算方法的优点是显而易见的：

　　1. 经济，快捷，成本低，周期短（与物理实验方法相比）；

　　2. 一次分析可以获得大量数据；

　　3. 可以与设计同步进行；

　　4. 可以配合优化算法，对设计进行优化。

　　但是，有限元方法对于复杂问题分析精度不易控制，分析结果受模型质量影响较大，算法本身也存在一定缺陷。

　　这正如有一句名言所说："没有人敢肯定计算所得到的数据，除了计算分析的人自己；没有人怀疑实验所得到的数据，除了实验者自己。"总之，学习有限元要先端正态度，树立学习的目的和目标，保持谨慎、严谨的计算过程，这是迈出学习的第一步，也是很重要的一步。

第 2 章 ANSYS 有限元理论基础

工程结构大致可分为两类，一类是离散结构（例如桁架结构），一类是连续体结构（例如板壳结构）。材料力学（结构力学）主要解决的是简单的离散结构问题，弹性力学主要解决连续体结构问题。

第 2 章首先讨论了有限单元法的力学理论基础——材料力学（结构力学）与弹性力学的区别与联系，其次讨论了材料力学中一维杆结构的解析法和有限元方法求解的理论与过程，以及连续体结构有限元分析过程及常用的平面单元与空间单元。

2.1 材料力学与弹性力学理论概述

力学是研究力对物体的效应的一门学科。力对物体的效应有两种：一种是引起物体运动状态的变化，称为外效应；另一种是引起物体的变形，称为内效应。在大多数工程实际中，各种结构或机械都是由许多杆件或零部件组成。这些杆件或零部件统称为构件。工程上构件的几何形状也是各种各样的，可分为杆件、板（或壳）、实体。大学基础力学课程中，材料力学的研究对象是杆状构件，研究的是力的内效应，即物体的变形和破坏规律。材料力学主要研究内容是物体受力后发生的变形，由于变形而产生的内力以及物体由此而产生的失效和控制失效的准则。材料力学的任务，就是在分析构件内力和变形的基础上，给出合理的构件计算准则，满足既安全又经济的工程设计要求，并为后续课程如结构力学、弹性力学和复合材料力学等提供必要的理论基础。

弹性力学又称弹性理论，是固体力学的一个分支学科。它是研究可变形固体在外部因素（力、温度变化、约束变动等）作用下所产生的应力、应变和位移的经典学科。确定弹性体的各质点应力、应变、位移，其目的就是确定构件设计中的强度和刚度指标，以此来解决实际工程结构中的强度、刚度和稳定性问题。

弹性力学的研究内容和目的与材料力学相同，但其学科所研究的对象不同，研究方法也不完全相同。

1. 在材料力学课程中，基本上只研究杆状构件（直杆、小曲率杆），也就是长度远大于高度和宽度的构件。这种构件在拉压、剪切、弯曲、扭转作用下的应力和位移，是材料力学的主要研究内容。弹性力学解决问题的范围比材料力学要大得多。如孔边应力集中、深梁的应力分析等问题，用材料力学的理论是无法求解的，而弹性力学则可以解决这类问题。如板和壳以及挡土墙、堤坝、地基等实体结构，则必须以弹性力学为基础，才能进行研究。如果要对于杆状构件进行深入的、较精确的分析，也必须用到弹性力学的知识。同时弹性力学又为进一步研究板、壳等空间结构的强度、振动、稳定性等力学问题提供了理论依据，它还是进一步学习塑性力学、断裂力学等其他力学课程的基础。

2. 虽然在材料力学和弹性力学课程中都研究杆状构件，然而研究的方法却不完全相同。在材料力学中研究杆状构件，除了从静力学、几何学、物理学三方面进行分析以外，大都还要引用一些关于构件的形变状态或应力分布的假定，如平截面假设，这就大大简化了数学推演，但是得出的解答有时只是近似的。在弹性力学中研究杆状构件，一般都不必引用那些假定，而采用较精确的数学模型，因而得出的结果就比较精确，并且可以用来核校材料力学中得出的近似解答。

3. 在具体问题的计算时，材料力学常采用截面法，即假想将物体剖开，取截面一边的部分物体作为分离体，利用静力平衡条件，列出单一变量的常微分方程，以求得截面上的应力，在数学上较易求解。弹性理论解决问题的方法与材料力学的方法是不相同的。在弹性理论中，假想物体内部为无数个单元平行六面体和表面为无数个单元四面体所组成。考虑这些单元体的平衡，可写出一组平衡微分方程，但未知应力数总是超出微分方程数。因此，弹性理论问题总是超静定的，必须考虑变形条件。由于物体在变形之后仍保持连续，所以单元体之间的变形必须是协调的。因此，可得出一组表示形变连续性的微分方程。还可用广义胡克定律表示应力与应变之间的关系。另外，在物体表面上还必须考虑物体内部应力与外荷载之间的平衡，称为边界条件。这样就有足够的微分方程数以求解未知的应力、应变与位移，所以在解决弹性理论问题时，必须考虑静力平衡条件、变形连续条件与广义胡克定律。

2.2 一维杆结构解析法与有限元法

在工程结构中，杆件结构是常见的结构形式，有单根杆件结构，例如：厂房桩柱、液压助动器推拉杆、桥梁的桥墩等，在单向拉压载荷作用下，可以看作一维杆结构；也有多根杆件组成的结构，其中典型的是桁架结构，桁架结构中各个杆件均为二力杆，所受载荷为轴线方向上的拉压，因而也可以看作是一维杆结构。例如：通信信号发射塔架、埃菲尔铁塔、高压输电塔架等。

从材料力学的基础理论可知，在杆件的变形和应力计算过程中首先要知道载荷。载荷也被称为力、外力、负荷，杆件结构必须能够承受必要的载荷。只要有载荷作用，即使是肉眼看不见的微小变形，此时，杆件结构的各点移动量称为位移，取与整个杆件相对的表现称为变形。整个杆件如果位移一样的话，即使位移量很大也没有变形。表示各位置的变形程度的量称为应变。对应于应变，材料内部产生的抵抗力，对载荷材料内部的单位面积上的抵抗力称为应力。

因而，材料力学中的杆件作用有载荷，就有位移、应变、应力的存在，这四种只要有其一存在就会有其他三种存在。材料力学是用数学公式连接这四种关系的理论。用材料力学能够求出结构的位移、应力，这只限于简单的形状和单一载荷形式，而且一般都可以给出解析公式，应用比较方便。但对于几何形状较为复杂的构件却很难得到准确的结果，甚至根本得不到结果。有限元法能够在复杂的机械或结构和任意载荷情况下，求出位移、应变、应力，给出应变和位移能够求出应力。

有限单元法，是基于单元的分析方法，就是将原整体结构按几何形状的变化性质划分节点并进行编号，然后将其分解为一个个小的构件（即：单元），基于节点位移，建立每一个单元的节点平衡关系（叫作单元刚度方程）；下一步就是将各个单元进行组合和集成，以得到该结构的整体平衡方程（也叫作整体刚度方程），按实际情况对方程中一些节点位移和节点力给定相应的值（叫作处理边界条件），就可以求解出所有的节点位移和支反力，最后在得到所有的节点位移后，就可以计算每一个单元的其他力学参量（如应变、应力）。

为后续学习 ANSYS 有限元软件打好理论基础，这里按照 ANSYS 有限元软件的分析计算过程，给出了有限元法求解问题的基本步骤：

① 前处理阶段

  a. 建立求解域并将之离散化成有限单元，即将问题分解成节点和单元。
  b. 假设代表单元解的近似连续函数，即假设代表单元物理行为的形函数。
  c. 对单元建立单元刚度矩阵。
  d. 将单元组合成总体的问题，构造总体刚度矩阵。
  e. 应用边界条件、初值条件和载荷。

② 求解阶段

  f. 求解线性或非线性的微分方程组，以得到节点的值，例如得到不同节点的位移量或热传递问题中不同节点的温度值。

③ 后处理阶段

  g. 得到其他重要的信息。可能是主应力、热量等值。

为了更好地理解和掌握材料力学（结构力学）的解析法和有限元方法对同一问题的求解过程理论，下面列举了 3 个典型的例题，例题 2.1 为阶梯杆，能够提供较为直观、清晰的理解有限元法求解的基本原理和过程；例题 2.2 为渐变截面杆，能够帮助大家较为深入的理解有限元法的离散、单元刚度阵的形成过程；例题 2.3 为平面桁架结构，有限元推导过程较为复杂和计算量较大，能够帮助大家更为深入的理解有限元处理问题的程序化、格式化的优点。同时，列举的 3 个例题均可应用后续的 ANSYS 有限元软件进行求解，可以将三种求解方法进行比较分析。

2.2.1 阶梯杆结构解析与有限元求解

例 2.1 如图 2.1 所示为轴向拉伸阶梯杆结构，已知相应的弹性模量和结构尺寸为

$$E_1 = E_2 = 2 \times 10^7 \text{Pa}, \quad A_1 = 2A_2 = 2\text{cm}^2, \quad l_1 = l_2 = 10\text{cm}, \quad F = 10\text{N}$$

求解该问题。

（1）材料力学（结构力学）求解方法

解： 应用截面法，在不同截面的阶梯杆上任取 1-1 和 2-2 截面，并分别取截面右侧部分杆件为分离体，其受力如图 2.2 所示。

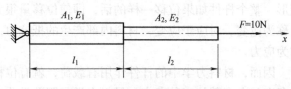

图 2.1 轴向拉伸阶梯杆结构

根据静力平衡关系，则 1-1 截面：

$$F_{N1} = F = 10\text{N} \tag{2.1}$$

由 2-2 截面，有：

$$F_{N2} = F = 10\text{N} \tag{2.2}$$

下面计算每根杆件的应力，这是一个等截面杆受拉伸的情况，则杆件 1-1 截面的应力

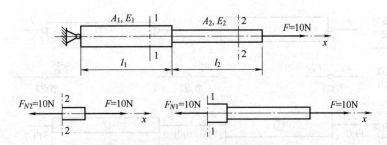

图2.2　截面法杆件分离体的受力分析

σ_1 为

$$\sigma_1 = \frac{F_{N1}}{A_1} = \frac{10\text{N}}{2\text{cm}^2} = 5 \times 10^4 \text{Pa} \tag{2.3}$$

图2.2 截面的应力 σ_2 为

$$\sigma_2 = \frac{F_{N2}}{A_2} = \frac{10\text{N}}{1\text{cm}^2} = 1 \times 10^5 \text{Pa} \tag{2.4}$$

由于材料是线弹性的,由胡克定律（Hooke law）有：

$$\varepsilon_1 = \frac{\sigma_1}{E_1} = \frac{5 \times 10^4}{2 \times 10^7} = 2.5 \times 10^{-3}$$

$$\varepsilon_2 = \frac{\sigma_2}{E_2} = \frac{1 \times 10^5}{2 \times 10^7} = 5 \times 10^{-3} \tag{2.5}$$

其中 ε_1 和 ε_2 为杆件 l_1 和 l_2 的应变。

由应变的定义可知,它为杆件的相对伸长量,即 $\varepsilon = \Delta l / l$,因此 $\Delta l = \varepsilon \cdot l$,那么对杆件 l_1 和 l_2,有：

$$\Delta l_1 = \varepsilon_1 l_1 = 2.5 \times 10^{-3} \times 10 = 2.5 \times 10^{-2} \text{cm}$$

$$\Delta l_2 = \varepsilon_2 l_2 = 5 \times 10^{-3} \times 10 = 5 \times 10^{-2} \text{cm} \tag{2.6}$$

（2）有限单元法求解

① 前处理阶段

1）模型简化及离散

考虑图2.1所示杆件的受力状况,该轴向拉伸杆由不同截面尺寸的两部分组成,可以在截面变化处划分出节点,这样将该杆划分为2个单元,其节点和编号及每个节点的受力如图2.3a 和图2.3b 所示。

2）假设近似单元的近似解

首先分析图2.3c 中杆①内部的受力及变形状况,它的绝对伸长量为 $(u_2 - u_1)$,则相应伸长线应变 ε_1 为

$$\varepsilon_1 = \frac{u_2 - u_1}{l_1} \tag{2.7}$$

由胡克定律,它的应力 σ_1 为

$$\sigma_1 = E_1 \varepsilon_1 = \frac{E_1}{l_1}(u_2 - u_1) \tag{2.8}$$

杆①的内力 F_{N2}^1 为

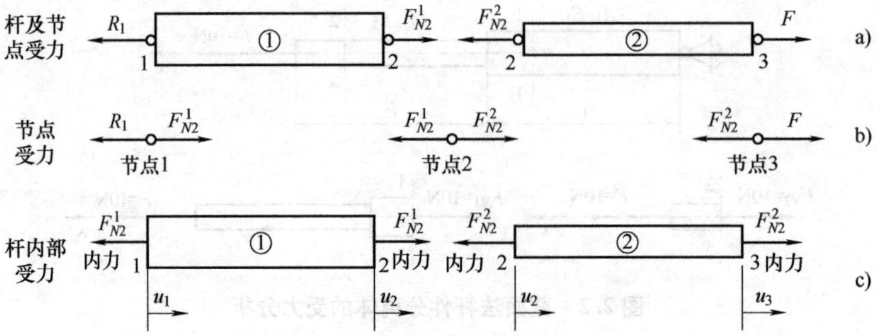

图 2.3 轴向拉伸杆件离散结构受力分析

$$F_{N2}^1 = \sigma_1 \varepsilon_1 = \frac{E_1 A_1}{l_1}(u_2 - u_1) \tag{2.9}$$

对于杆②进行同样的分析和计算，它的内力 F_{N2}^2 为

$$F_{N2}^2 = \sigma_2 \varepsilon_2 = \frac{E_2 A_2}{l_2}(u_3 - u_2) \tag{2.10}$$

由图 2.3b 节点 1、2、3 的受力状况，分别建立它们各自的平衡关系如下。
对于节点 1，有平衡关系：

$$-R_1 + F_{N2}^1 = 0 \tag{2.11}$$

将式（2.9）代入式（2.11），有：

$$-R_1 + \frac{E_1 A_1}{l_1}(u_2 - u_1) = 0$$

对于节点 2，有平衡关系：

$$-F_{N2}^1 + F_{N2}^2 = 0 \tag{2.12}$$

将式（2.9）和式（2.10）代入式（2.12），有：

$$-\frac{E_1 A_1}{l_1}(u_2 - u_1) + \frac{E_2 A_2}{l_2}(u_3 - u_2) = 0 \tag{2.13}$$

对于节点 3，有平衡关系：

$$F - F_{N2}^2 = 0 \tag{2.14}$$

将式（2.10）代入式（2.14），有：

$$F - \frac{E_2 A_2}{l_2}(u_3 - u_2) = 0 \tag{2.15}$$

将节点 1、2、3 的平衡关系写成一个方程组，有：

$$\begin{aligned} -R_1 - \left(\frac{E_1 A_1}{l_1}\right)u_1 + \left(\frac{E_1 A_1}{l_1}\right)u_2 + 0 &= 0 \\ 0 + \left(\frac{E_1 A_1}{l_1}\right)u_1 - \left(\frac{E_1 A_1}{l_1} + \frac{E_2 A_2}{l_2}\right)u_2 + \left(\frac{E_2 A_2}{l_2}\right)u_3 &= 0 \\ F - 0 + \left(\frac{E_2 A_2}{l_2}\right)u_2 - \left(\frac{E_2 A_2}{l_2}\right)u_3 &= 0 \end{aligned} \tag{2.16}$$

3）单元刚度阵组合成总体刚度阵。
将式（2.16）写成矩阵形式，有：

$$\begin{pmatrix} -R_1 \\ 0 \\ F \end{pmatrix} - \begin{pmatrix} \dfrac{E_1A_1}{l_1} & -\dfrac{E_1A_1}{l_1} & 0 \\ -\dfrac{E_1A_1}{l_1} & \dfrac{E_1A_1}{l_1}+\dfrac{E_2A_2}{l_2} & -\dfrac{E_2A_2}{l_2} \\ 0 & -\dfrac{E_2A_2}{l_2} & \dfrac{E_2A_2}{l_2} \end{pmatrix} \begin{pmatrix} u_1 \\ u_2 \\ u_3 \end{pmatrix} = \begin{pmatrix} 0 \\ 0 \\ 0 \end{pmatrix} \tag{2.17}$$

② 求解阶段

处理边界条件并求解。如图 2.1 所示,该轴向拉伸杆左端点为固定铰链连接,即 $u_1=0$,该方程的未知量为 u_2,u_3,R_1,将材料弹性模量和结构尺寸代入式（2.17）方程中,有以下方程:

$$10^4 \begin{pmatrix} 4 & -4 & 0 \\ -4 & 6 & -2 \\ 0 & -2 & 2 \end{pmatrix} \begin{pmatrix} u_1 \\ u_2 \\ u_3 \end{pmatrix} = \begin{pmatrix} -R_1 \\ 0 \\ 10 \end{pmatrix} \tag{2.18}$$

求解该方程,有:

$$u_2 = 2.5 \times 10^{-4} \text{m},\ u_3 = 7.5 \times 10^{-4} \text{m},\ R_1 = 10\text{N} \tag{2.19}$$

③ 后处理阶段

求各个单元的其他力学量（应变、应力）。下面就很容易求解出杆①和杆②中的其他力学量,即:

$$\varepsilon_1 = \frac{u_2 - u_1}{l_1} = 2.5 \times 10^{-3}$$

$$\varepsilon_2 = \frac{u_3 - u_2}{l_2} = 5 \times 10^{-3}$$

$$\sigma_1 = E_1 \varepsilon_1 = 5 \times 10^4 \text{Pa}$$

$$\sigma_2 = E_2 \varepsilon_2 = 1 \times 10^5 \text{Pa} \tag{2.20}$$

这样得到的结果与材料力学（结构力学）所得到的结果完全一致。

这样可以得到一种直观的有限单元法求解过程,就是将复杂的几何和受力对象物体划分为一个一个形状比较简单的标准"构件",称为单元,然后给出单元节点的位移和受力描述,构建起单元的刚度方程,再通过单元与单元之间的节点连接关系进行单元的组装,可以得到结构的整体刚度方程,进而根据位移约束和受力状态,处理边界条件,并进行求解,基本流程的示意见图2.4。

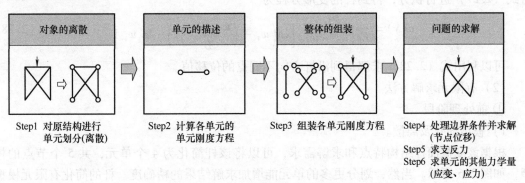

图 2.4 有限单元法求解过程

2.2.2 连续变截面杆结构解析与有限元求解

例2.2 如图2.5所示变截面杆,厚度为 t,长度为 L,上端宽度为 w_1,下端宽度为 w_2。杆的上端固定,下端受到拉力 P 的作用。杆的弹性模量为 E。求沿杆长度方向的不同点的位移值(忽略杆的自重)。

(1)材料力学(结构力学)求解方法

解: 根据截面法,取微小段 dy 为研究对象,变形量为 du,由静力平衡条件,y 方向上的合力为0,则:

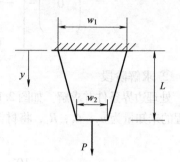

图2.5 变截面杆

$$P - \sigma_{avg}A(y) = 0 \tag{2.21}$$

由胡克定律,并用应变替代平均应力,有:

$$P - E\varepsilon A(y) = 0 \tag{2.22}$$

其中:$\varepsilon = \dfrac{du}{dy}$ (2.23)

将式(2.23)带入式(2.22),有:

$$P - EA(y)\dfrac{du}{dy} = 0 \tag{2.24}$$

将式(2.24)进行变换,有:

$$du = \dfrac{Pdy}{EA(y)} \tag{2.25}$$

将式(2.25)沿杆的长度进行积分,得:

$$\int_0^u du = \int_0^L \dfrac{Pdy}{EA(y)} \tag{2.26}$$

$$u(y) = \int_0^y \dfrac{Pdy}{EA(y)} = \int_0^y \dfrac{Pdy}{E\left(w_1 + \left(\dfrac{w_2 - w_1}{L}\right)y\right)t} \tag{2.27}$$

其中面积为

$$A(y) = \left(w_1 + \left(\dfrac{w_2 - w_1}{L}\right)y\right)t$$

对式(2.27)进行积分,得到杆的变形方程为

$$u(y) = \dfrac{PL}{Et(w_2 - w_1)}\left[\ln\left(w_1 + \left(\dfrac{w_2 - w_1}{L}\right)y\right) - \ln w_1\right] \tag{2.28}$$

可以利用式(2.28)求解得到沿杆方向不同点的位移值。

(2)有限元求解方法

① 前处理阶段

1)模型简化及离散。

根据该变截面杆结构特点和求解需求,可以将该杆简化为4个单元,共5个节点的模型,如图2.6所示。当然,划分更多的单元能增加求解结果的精确度。杆的简化有限元模型中,每个单元的横截面面积,由定义单元的节点处的横截面的平均面积表示。

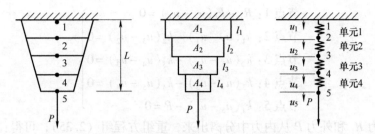

图 2.6　杆的模型简化和有限元离散化

2）假设近似单元的近似解。

根据材料力学，先分析一个单元的力学行为，如图 2.7 所示，考虑等截面的杆，横截面面积为 A，长度为 l，受到拉力 F 的作用。

杆的横截面平均应力为

$$\sigma = \frac{F}{A} \tag{2.29}$$

杆的平均线应变为

$$\varepsilon = \frac{\Delta l}{l} \tag{2.30}$$

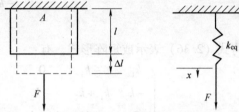

图 2.7　一个单元的力学行为

在线弹性范围内，由胡克（Hook Law）定律：

$$\sigma = E\varepsilon \tag{2.31}$$

其中：E 为材料的弹性模量。

由式（2.29）、式（2.30）、式（2.31），可得：

$$F = \left(\frac{AE}{l}\right)\Delta l \tag{2.32}$$

值得注意的是，式（2.32）和线性弹簧的方程 $F = kx$ 很相似。因此，一个中心点受力且等截面的杆可以看作一个弹簧，其等价刚度为

$$k_{eq} = \frac{AE}{l} \tag{2.33}$$

再回到例 2.2，该杆是变截面杆，如图 2.5 所示，作为近似，可以将杆看作一系列中心点承受载荷的不同截面，如图 2.6 所示。因此，该杆可以简化为由四个弹簧串联起来的弹簧（单元）组成的模型，每个单元的力学行为可以由相应的线性弹簧模型描述，则：

$$F_{i+1} = k_{eq(i+1)}(u_{i+1} - u_i) = \frac{A_{avg}E}{l_i}(u_{i+1} - u_i) = \frac{A_{i+1} + A_i}{2}\frac{E}{l_i}(u_{i+1} - u_i) \tag{2.34}$$

其中，等价弹簧元的刚度为

$$k_{eq(i+1)} = \frac{A_{i+1} + A_i}{2}\frac{E}{l_i}$$

A_i 和 A_{i+1} 分别是 i 和 $i+1$ 节点处的横截面面积，l_i 是单元的长度。应用以上的结论，让我们考虑施加在各个节点上的力。图 2.6 描述了模型中节点 1 到节点 5 的受力情况。

取每个弹簧单元为研究对象，根据静力平衡方程，在 5 个节点处可以有下列 5 个方程：

节点1：$R_1 - k_1(u_2 - u_1) = 0$
节点2：$k_1(u_2 - u_1) - k_2(u_3 - u_2) = 0$
节点3：$k_2(u_3 - u_2) - k_3(u_4 - u_3) = 0$ (2.35)
节点4：$k_3(u_4 - u_3) - k_4(u_5 - u_4) = 0$
节点5：$k_4(u_5 - u_4) - P = 0$

将反作用力 R_1 和外力 P 从内力中分离出来，重组方程组（2.35），可得：

$$\left.\begin{array}{l} k_1 u_1 - k_1 u_2 = -R_1 \\ -k_1 u_1 + k_1 u_2 \quad k_2 u_2 - k_2 u_3 = 0 \\ \qquad -k_2 u_2 + k_2 u_3 \quad k_3 u_3 - k_3 u_4 = 0 \\ \qquad\qquad -k_3 u_3 + k_3 u_4 \quad k_4 u_4 - k_4 u_5 = 0 \\ \qquad\qquad\qquad -k_4 u_4 + k_4 u_5 = p \end{array}\right\} \quad (2.36)$$

将式（2.36）表示成矩阵形式，有：

$$\begin{pmatrix} k_1 & -k_1 & 0 & 0 & 0 \\ -k_1 & k_1+k_2 & -k_2 & 0 & 0 \\ 0 & -k_2 & k_2+k_3 & -k_3 & 0 \\ 0 & 0 & -k_3 & k_3+k_4 & -k_4 \\ 0 & 0 & 0 & -k_4 & k_4 \end{pmatrix} \begin{pmatrix} u_1 \\ u_2 \\ u_3 \\ u_4 \\ u_5 \end{pmatrix} = \begin{pmatrix} -R_1 \\ 0 \\ 0 \\ 0 \\ P \end{pmatrix} \quad (2.37)$$

在有限元计算中，一般将反作用力和载荷区分开。于是，式（2.37）又可以写成：

$$\begin{pmatrix} -R_1 \\ 0 \\ 0 \\ 0 \\ 0 \end{pmatrix} = \begin{pmatrix} k_1 & -k_1 & 0 & 0 & 0 \\ -k_1 & k_1+k_2 & -k_2 & 0 & 0 \\ 0 & -k_2 & k_2+k_3 & -k_3 & 0 \\ 0 & 0 & -k_3 & k_3+k_4 & -k_4 \\ 0 & 0 & 0 & -k_4 & k_4 \end{pmatrix} \begin{pmatrix} u_1 \\ u_2 \\ u_3 \\ u_4 \\ u_5 \end{pmatrix} - \begin{pmatrix} 0 \\ 0 \\ 0 \\ 0 \\ P \end{pmatrix} \quad (2.38)$$

可以看出，在外载荷和边界条件下，上式给出的关系可以写成一般的形式：

$$\boldsymbol{R} = \boldsymbol{K}\boldsymbol{u} - \boldsymbol{F} \quad (2.39)$$

即表示：反作用力矩阵 = 刚度矩阵 × 位移矩阵 − 载荷矩阵

3) 单元刚度阵。

为了使问题求解更具有一般性，我们对本例应用有限元方法的标准格式建立单元刚度矩阵，并讨论总体刚度矩阵的构造。

注意到例2.2中每个单元由2个节点，而且载荷作用下每个节点有相应的位移量。因而，对于本例简单的单向拉压，每个单元可以建立两个方程，而且这些方程是节点的位移量和单元的刚度之间的关系。设单元传递的力分别为 $\boldsymbol{f}_i$ 和 $\boldsymbol{f}_{i+1}$，端点的位移量分别为 $\boldsymbol{u}_i$ 和 $\boldsymbol{u}_{i+1}$。

选取弹簧为研究对象，处于平衡状态时满足静力平衡条件：$\boldsymbol{f}_i$ 和 $\boldsymbol{f}_{i+1}$ 的矢量和为0，即：

$$\boldsymbol{f}_i + \boldsymbol{f}_{i+1} = 0 \quad (2.40)$$

又：$\boldsymbol{f}_{i+1} = \boldsymbol{k}_{eq}(\boldsymbol{u}_{i+1} - \boldsymbol{u}_i)$ 代入上式，得：

$$\boldsymbol{f}_i = -\boldsymbol{f}_{i+1} = -\boldsymbol{k}_{eq}(\boldsymbol{u}_{i+1} - \boldsymbol{u}_i) = \boldsymbol{k}_{eq}(\boldsymbol{u}_i - \boldsymbol{u}_{i+1}) \quad (2.41)$$

可以写成下面的矩阵形式：

$$\begin{pmatrix} f_i \\ f_{i+1} \end{pmatrix} = \begin{pmatrix} k_{eq} & -k_{eq} \\ -k_{eq} & k_{eq} \end{pmatrix} \begin{pmatrix} u_i \\ u_{i+1} \end{pmatrix} \tag{2.42}$$

4）将各单元刚度阵组合成总体刚度阵。

将式（2.42）描述单元的方法应用到所有单元，计算得到各单元的刚度阵，再将各单元刚度阵组合成总体刚度阵。

单元 1 的刚度阵为

$$\boldsymbol{K}^{(1)} = \begin{pmatrix} k_1 & -k_1 \\ -k_1 & k_1 \end{pmatrix} \tag{2.43}$$

它在总体刚度矩阵中的位置为

$$\boldsymbol{K}^{(1G)} = \begin{pmatrix} k_1 & -k_1 & 0 & 0 & 0 \\ -k_1 & k_1 & 0 & 0 & 0 \\ 0 & 0 & 0 & 0 & 0 \\ 0 & 0 & 0 & 0 & 0 \\ 0 & 0 & 0 & 0 & 0 \end{pmatrix} \begin{matrix} u_1 \\ u_2 \\ u_3 \\ u_4 \\ u_5 \end{matrix} \tag{2.44}$$

同理，对于单元 2，则有：

$$\boldsymbol{K}^{(2)} = \begin{pmatrix} k_2 & -k_2 \\ -k_2 & k_2 \end{pmatrix} \tag{2.45}$$

它在总体刚度矩阵中的位置为

$$\boldsymbol{K}^{(2G)} = \begin{pmatrix} 0 & 0 & 0 & 0 & 0 \\ 0 & k_2 & -k_2 & 0 & 0 \\ 0 & -k_2 & k_2 & 0 & 0 \\ 0 & 0 & 0 & 0 & 0 \\ 0 & 0 & 0 & 0 & 0 \end{pmatrix} \begin{matrix} u_1 \\ u_2 \\ u_3 \\ u_4 \\ u_5 \end{matrix} \tag{2.46}$$

同理，对于单元 3，则有：

$$\boldsymbol{K}^{(3)} = \begin{pmatrix} k_3 & -k_3 \\ -k_3 & k_3 \end{pmatrix} \tag{2.47}$$

它在总体刚度矩阵中的位置为

$$\boldsymbol{K}^{(3G)} = \begin{pmatrix} 0 & 0 & 0 & 0 & 0 \\ 0 & 0 & 0 & 0 & 0 \\ 0 & 0 & k_3 & -k_3 & 0 \\ 0 & 0 & -k_3 & k_3 & 0 \\ 0 & 0 & 0 & 0 & 0 \end{pmatrix} \begin{matrix} u_1 \\ u_2 \\ u_3 \\ u_4 \\ u_5 \end{matrix} \tag{2.48}$$

同理，对于单元 4，则有：

$$\boldsymbol{K}^{(4)} = \begin{pmatrix} k_4 & -k_4 \\ -k_4 & k_4 \end{pmatrix} \tag{2.49}$$

它在总体刚度矩阵中的位置为

$$K^{(4G)} = \begin{pmatrix} 0 & 0 & 0 & 0 & 0 \\ 0 & 0 & 0 & 0 & 0 \\ 0 & 0 & 0 & 0 & 0 \\ 0 & 0 & 0 & k_4 & -k_4 \\ 0 & 0 & 0 & -k_4 & k_4 \end{pmatrix} \begin{matrix} u_1 \\ u_2 \\ u_3 \\ u_4 \end{matrix} \tag{2.50}$$

总体刚度阵可以由4个单元刚度阵组合，而得到总体刚度阵。即：

$$K^{(G)} = K^{(1G)} + K^{(2G)} + K^{(3G)} + K^{(4G)} \tag{2.51}$$

$$K^{(G)} = \begin{pmatrix} k_1 & -k_1 & 0 & 0 & 0 \\ -k_1 & k_1+k_2 & -k_2 & 0 & 0 \\ 0 & -k_2 & k_2+k_3 & -k_3 & 0 \\ 0 & 0 & -k_3 & k_3+k_4 & -k_4 \\ 0 & 0 & 0 & -k_4 & k_4 \end{pmatrix} \tag{2.52}$$

值得注意的是，式（2.52）所示的是应用单元描述得到的总体刚度矩阵，它和式（2.37）左侧（即应用节点得到的总刚度矩阵）是完全一样的。

5）应用边界条件和载荷。

杆的顶端是固定的，即节点1的位移为0，取边界条件$u_1=0$，在节点5处由载荷P，考虑弹簧模型的刚度、位移和外载荷之间的关系，有：

$$\begin{pmatrix} 1 & 0 & 0 & 0 & 0 \\ -k_1 & k_1+k_2 & -k_2 & 0 & 0 \\ 0 & -k_2 & k_2+k_3 & -k_3 & 0 \\ 0 & 0 & -k_3 & k_3+k_4 & -k_4 \\ 0 & 0 & 0 & -k_4 & k_4 \end{pmatrix} \begin{pmatrix} u_1 \\ u_2 \\ u_3 \\ u_4 \end{pmatrix} = \begin{pmatrix} 0 \\ 0 \\ 0 \\ 0 \\ P \end{pmatrix} \tag{2.53}$$

值得注意的是上式矩阵的第一行必须包含一个1和四个0以读取给定的边界条件$u_1=0$。有限元程序一般会有如下的一般形式：

刚度矩阵 × 位移矩阵 = 外载荷矩阵

② 求解阶段

6）求解代数方程组。

为了得到节点的位移量，假设$E=10.4\times10^6$，$w_1=2$，$w_2=1$，$t=0.125$，$L=10$，$P=1000$（这里各参数不设单位，在ANSYS软件使用中，各参数也不设单位）。该杆离散化后，各单元的参数信息见表2.1。

表2.1 离散单元参数表

单元	节点		平均横截面面积	长度	弹性模量	单元刚度系数
1	1	2	0.234375	2.5	10.4×10^6	975×10^3
2	2	3	0.203125	2.5	10.4×10^6	845×10^3
3	3	4	0.171875	2.5	10.4×10^6	715×10^3
4	4	5	0.140625	2.5	10.4×10^6	585×10^3

杆在 y 方向横截面面积的函数变化关系为

$$A(y) = \left(w_1 + \left(\frac{w_2 - w_1}{L}\right)y\right)t = \left(2 + \left(\frac{2-1}{10}\right)y\right)(0.125) = 0.25 - 0.0125y \tag{2.54}$$

应用该方程计算每个节点位置的横截面面积：

$$\left.\begin{aligned} A_1 &= 0.25 \\ A_2 &= 0.25 - 0.0125 \times 2.5 = 0.21875 \\ A_3 &= 0.25 - 0.0125 \times 5.0 = 0.1875 \\ A_4 &= 0.25 - 0.0125 \times 7.5 = 0.15625 \\ A_5 &= 0.125 \end{aligned}\right\} \tag{2.55}$$

每个单元的等效刚度系数为

$$\left.\begin{aligned} k_{\text{eq}} &= \frac{(A_{i+1} + A_i)E}{2l_i} \\ k_1 &= \frac{(0.21875 + 0.25) \times (10.4 \times 10^6)}{2 \times 2.5} = 975 \times 10^3 \\ k_2 &= \frac{(0.1875 + 0.21875) \times (10.4 \times 10^6)}{2 \times 2.5} = 845 \times 10^3 \\ k_3 &= \frac{(0.15625 + 0.1875) \times (10.4 \times 10^6)}{2 \times 2.5} = 715 \times 10^3 \\ k_4 &= \frac{(0.125 + 0.15625) \times (10.4 \times 10^6)}{2 \times 2.5} = 585 \times 10^3 \end{aligned}\right\} \tag{2.56}$$

单元矩阵为

$$\left.\begin{aligned} \boldsymbol{K}^{(1)} &= \begin{pmatrix} k_1 & -k_1 \\ -k_1 & k_1 \end{pmatrix} = 10^3 \begin{pmatrix} 975 & -975 \\ -975 & 975 \end{pmatrix} \\ \boldsymbol{K}^{(2)} &= \begin{pmatrix} k_2 & -k_2 \\ -k_2 & k_2 \end{pmatrix} = 10^3 \begin{pmatrix} 845 & -845 \\ -845 & 845 \end{pmatrix} \\ \boldsymbol{K}^{(3)} &= \begin{pmatrix} k_3 & -k_3 \\ -k_3 & k_3 \end{pmatrix} = 10^3 \begin{pmatrix} 715 & -715 \\ -715 & 715 \end{pmatrix} \\ \boldsymbol{K}^{(4)} &= \begin{pmatrix} k_4 & -k_4 \\ -k_4 & k_4 \end{pmatrix} = 10^3 \begin{pmatrix} 585 & -585 \\ -585 & 585 \end{pmatrix} \end{aligned}\right\} \tag{2.57}$$

将单元矩阵组合，形成总体刚度阵：

$$\boldsymbol{K}^{(G)} = 10^3 \begin{pmatrix} 975 & -975 & 0 & 0 & 0 \\ -975 & 975+845 & -845 & 0 & 0 \\ 0 & -845 & 845+715 & -715 & 0 \\ 0 & 0 & -715 & 715+585 & -585 \\ 0 & 0 & 0 & -585 & 585 \end{pmatrix} \tag{2.58}$$

应用边界条件 $u_i = 0$，$P = 1000$，得到：

$$10^3 \begin{pmatrix} 1 & 0 & 0 & 0 & 0 \\ -975 & 975+845 & -845 & 0 & 0 \\ 0 & -845 & 845+715 & -715 & 0 \\ 0 & 0 & -715 & 715+585 & -585 \\ 0 & 0 & 0 & -585 & 585 \end{pmatrix} \begin{pmatrix} u_1 \\ u_2 \\ u_3 \\ u_4 \end{pmatrix} = \begin{pmatrix} 0 \\ 0 \\ 0 \\ 10^3 \end{pmatrix} \tag{2.59}$$

第二行中，系数 -975 乘以 u_1 等于 0，因而，只需求解如下的 4×4 矩阵：

$$10^3 \begin{pmatrix} 975+845 & -845 & 0 & 0 \\ -845 & 845+715 & -715 & 0 \\ 0 & -715 & 715+585 & -585 \\ 0 & 0 & -585 & 585 \end{pmatrix} \begin{pmatrix} u_2 \\ u_3 \\ u_4 \\ u_5 \end{pmatrix} = \begin{pmatrix} 0 \\ 0 \\ 0 \\ 10^3 \end{pmatrix} \tag{2.60}$$

求解位移量为

$$\left. \begin{aligned} u_1 &= 0 \\ u_2 &= 0.001026 \\ u_3 &= 0.002210 \\ u_4 &= 0.003608 \\ u_5 &= 0.005317 \end{aligned} \right\} \tag{2.61}$$

③ 后处理阶段

7）获取其他结果。

在例 2.2 中，我们可能需要得到其他结果，例如每个单元的平均应力等。这些值可以从下面的方程获得：

$$\sigma = \frac{F}{A_{\text{avg}}} = \frac{k_{\text{eq}}(u_{i+1} - u_i)}{A_{\text{avg}}} = \frac{\frac{A_{\text{avg}}E}{l_i}(u_{i+1} - u_i)}{A_{\text{avg}}} = E\left(\frac{u_{i+1} - u_i}{l_i}\right) \tag{2.62}$$

由上述计算得到的各节点的位移值，上式也可以直接从应力和应变的关系中得到：

$$\sigma = E\varepsilon = E\left(\frac{u_{i+1} - u_i}{l_i}\right) \tag{2.63}$$

应用上式，计算各单元的平均应力为

$$\left. \begin{aligned} \sigma^{(1)} &= E\left(\frac{u_2 - u_1}{l_i}\right) = \frac{(10.4 \times 10^6) \times (0.001026 - 0)}{2.5} = 4268 \\ \sigma^{(2)} &= E\left(\frac{u_3 - u_2}{l_i}\right) = \frac{(10.4 \times 10^6) \times (0.002210 - 0.001026)}{2.5} = 4925 \\ \sigma^{(3)} &= E\left(\frac{u_4 - u_3}{l_i}\right) = \frac{(10.4 \times 10^6) \times (0.003608 - 0.002210)}{2.5} = 5816 \\ \sigma^{(4)} &= E\left(\frac{u_5 - u_4}{l_i}\right) = \frac{(10.4 \times 10^6) \times (0.005317 - 0.0036080)}{2.5} = 7109 \end{aligned} \right\} \tag{2.64}$$

根据材料力学理论，该杆无论在何处截断，截面的内力均是 1000. 因此：

$$\left. \begin{aligned} \sigma^{(1)} &= \frac{F}{A_{\text{avg}}} = \frac{1000}{0.234375} = 4267 \\ \sigma^{(2)} &= \frac{F}{A_{\text{avg}}} = \frac{1000}{0.203125} = 4923 \\ \sigma^{(3)} &= \frac{F}{A_{\text{avg}}} = \frac{1000}{0.171875} = 5818 \\ \sigma^{(4)} &= \frac{F}{A_{\text{avg}}} = \frac{1000}{0.2140625} = 7111 \end{aligned} \right\} \tag{2.65}$$

在误差允许的情况下，可以发现这些结果与从位移计算的单元应力相同。这个对比说明了该杆的矩阵位移法计算是有效的。

能量法求解：最小势能公式

在固体力学中，应用最小势能公式是求解有限元模型的一种常见的方法。物体上的外载荷会引起物体的变形。在变形期间，外力所做的功以弹性能的方式储存在物体中，即应变能。考虑承受集中力 F 的物体的应变能，如图 2.8 所示。

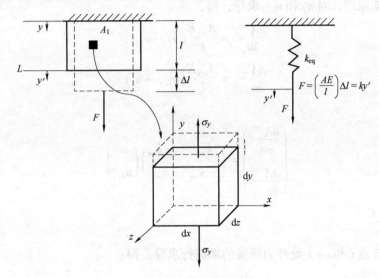

图 2.8 能量法原理

图 2.8 取微单元体，其应力状态如图所示。前面表明可以用线性弹簧来对物体的弹性行为建模。当拉伸量为 dy' 时，物体内任一微单元体储存的能量为

$$d\Lambda = \left(\frac{1}{2}ky'\right)y' = \left(\frac{1}{2}\sigma_y dxdz\right)\varepsilon dy = \frac{1}{2}\sigma\varepsilon dV \tag{2.66}$$

将式（2.70）写成标准应力和应变的形式：

$$d\Lambda = \int_0^{y'} Fdy' = \int_0^{y'} ky'dy' = \frac{1}{2}ky'^2 = \left(\frac{1}{2}ky'\right)y' \tag{2.67}$$

因而，对于轴向载荷作用下的单元实体来说，变性能由下式给出：

$$\Lambda^{(e)} = \int d\Lambda = \int_V \frac{\sigma\varepsilon}{2} dV = \int_V \frac{E\varepsilon^2}{2} dV \tag{2.68}$$

这里 V 是实体的体积。由 n 个单元和 m 个节点组成的物体的总势能 Π 为总应变能和外力所做的功的差：

$$\Pi = \sum_{i=1}^{n} \Lambda^{(e)} - \sum_{i=1}^{m} F_i u_i \tag{2.69}$$

最小总势能原理简单地表明：在给定外载荷的作用下，对于一个稳定的平衡系统，在满足位移边界条件的所有各组位移中，实际位移使弹性系统的总势能最小。数学描述即总势能的一阶变分为零，而且二阶变分是正定的（大于零）。

$$\frac{\partial \Pi}{\partial u_i} = \frac{\partial}{\partial u_i}\sum_{i=1}^{n} E^{(e)} - \frac{\partial}{\partial u_i}\sum_{i=1}^{m} F_i u_i \tag{2.70}$$

再回到例 2.2。任意单元（e）的应变能可以从式（2.68）得出：

$$\Lambda^{(e)} = \int_V \frac{E\varepsilon^2}{2} \mathrm{d}V = \frac{A_{\mathrm{avg}}E}{2l_i}(u_{i+1}^2 + u_i^2 - 2u_{i+1}u_i) \tag{2.71}$$

其中：$\varepsilon = \dfrac{u_{i+1} - u_i}{l_i}$

应用最小总势能原理，对 u_i 和 u_{i+1} 求导，得：

$$\begin{aligned}\frac{\partial \Lambda^{(e)}}{\partial u_i} &= \frac{A_{\mathrm{avg}}E}{l_i}(u_i - u_{i+1}) \\ \frac{\partial \Lambda^{(e)}}{\partial u_{i+1}} &= \frac{A_{\mathrm{avg}}E}{l_i}(u_{i+1} - u_i)\end{aligned} \tag{2.72}$$

写成矩阵形式：

$$\begin{pmatrix}\dfrac{\partial \Lambda^{(e)}}{\partial u_i} \\ \dfrac{\partial \Lambda^{(e)}}{\partial u_{i+1}}\end{pmatrix} = \begin{pmatrix} k_{\mathrm{eq}} & -k_{\mathrm{eq}} \\ -k_{\mathrm{eq}} & k_{\mathrm{eq}} \end{pmatrix}\begin{pmatrix} u_i \\ u_{i+1} \end{pmatrix} \tag{2.73}$$

其中：$k_{\mathrm{eq}} = \dfrac{A_{\mathrm{avg}}E}{l_i}$

任意单元，对节点 i 和 $i+1$ 处外力所做的功进行求导，得：

$$\frac{\partial}{\partial u_i}(F_i u_i) = F_i$$

$$\frac{\partial}{\partial u_{i+1}}(F_{i+1} u_{i+1}) = F_{i+1} \tag{2.74}$$

因而，应用最小总势能法和矩阵位移法得到的例 2.2 杆的总刚度矩阵是完全相同的。

$$\boldsymbol{K}^{(G)} = \begin{pmatrix} k_1 & -k_1 & 0 & 0 & 0 \\ -k_1 & k_1+k_2 & -k_2 & 0 & 0 \\ 0 & -k_2 & k_2+k_3 & -k_3 & 0 \\ 0 & 0 & -k_3 & k_3+k_4 & -k_4 \\ 0 & 0 & 0 & -k_4 & k_4 \end{pmatrix} \tag{2.75}$$

2.2.3 桁架结构解析与有限元求解

桁架结构是一种常见的工程结构，例如高压输电塔架，通信信号塔架，埃菲尔铁塔等结构，均是由许多细长杆件通过两杆件杆端铰接构成的结构系统。由于桁架结构中的杆件都是二力杆，每个杆件的主要变形是轴向拉伸或压缩变形，杆单元只承受轴向力，单元的内力主要是轴力。即对于这一类问题，杆单元的两端的节点只有线位移，计算结果可以得到节点位移以及各个杆件的内力和应力。

（1）材料力学（结构力学）求解

考虑承受力 F 的单个杆的变形，如图 2.9 所示。应用前述的推导方法，这里再次给出了单元等效的刚度矩阵的推导。任何二力杆的平均应力由下式给出：

$$\sigma = \frac{F}{A} \tag{2.76}$$

杆的平均应变为

$$\varepsilon = \frac{\Delta L}{L} \tag{2.77}$$

在线弹性范围内，由胡克定律：

$$\sigma = E\varepsilon \tag{2.78}$$

联立式（2.76）、式（2.77）和式（2.78），可得：

$$F = \left(\frac{AE}{L}\right)\Delta L \tag{2.79}$$

值得注意的是，式（2.79）和线性弹簧的方程 $F = kx$ 很相似。因此，一个中心点受力且等截面的二力杆可以看作一个弹簧，其等价弹簧刚度为

$$k_{eq} = \frac{AE}{L} \tag{2.80}$$

(2) 有限元求解

一般来说，在有限元分析方法中需要两个参考系来描述桁架问题：整体坐标系和局部坐标系。如图所示，选择固定的整体坐标系统 XY，其作用有：(1) 表征每个杆的位置，使用角度 θ 表征每个杆（单元）的方向；(2) 以桁架结构整体进行约束并施加载荷；(3) 表征问题的解，以桁架结构为整体，计算出每个节点的位移。同时需要一个局部的或单元的坐标系来描述各个杆（单元）的二力杆行为。图 2.10 给出了二力杆局部（单元）描述和整体描述之间的关系。整体位移和局部位移之间的关系，有：

$$\begin{aligned} U_{iX} &= u_{ix}\cos\theta - u_{iy}\sin\theta \\ U_{iY} &= u_{ix}\sin\theta + u_{iy}\cos\theta \\ U_{jX} &= u_{jx}\cos\theta - u_{jy}\sin\theta \\ U_{jY} &= u_{jx}\sin\theta + u_{jy}\cos\theta \end{aligned} \tag{2.81}$$

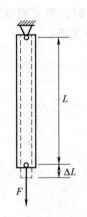

图 2.9　二力杆受力及变形

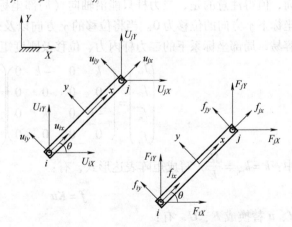

图 2.10　二力杆整体坐标系和局部坐标系

将式（2.81）写成矩阵的形式，有：

$$U = Tu \tag{2.82}$$

其中：

$$U = \begin{pmatrix} U_{iX} \\ U_{iY} \\ U_{jX} \\ U_{jY} \end{pmatrix}, \quad T = \begin{pmatrix} \cos\theta & -\sin\theta & 0 & 0 \\ \sin\theta & \cos\theta & 0 & 0 \\ 0 & 0 & \cos\theta & -\sin\theta \\ 0 & 0 & \sin\theta & \cos\theta \end{pmatrix}, \quad u = \begin{pmatrix} u_{ix} \\ u_{iy} \\ u_{jx} \\ u_{jy} \end{pmatrix}$$

U，u 分别表示整体坐标系 XY 和局部坐标系 xy 下的节点 i，j 的位移。T 表示从局部坐标系转化到整体坐标系下的节点位移的变换矩阵。

同理，局部坐标下的力和整体坐标下的力也有下列关系：

$$\begin{aligned} F_{iX} &= f_{ix}\cos\theta - f_{iy}\sin\theta \\ F_{iY} &= f_{ix}\sin\theta + f_{iy}\cos\theta \\ F_{jX} &= f_{jx}\cos\theta - f_{jy}\sin\theta \\ F_{jY} &= f_{jx}\sin\theta + f_{jy}\cos\theta \end{aligned} \tag{2.83}$$

也可以写成矩阵形式：$\quad F = Tf \tag{2.84}$

其中：

$$F = \begin{pmatrix} F_{iX} \\ F_{iY} \\ F_{jX} \\ F_{jY} \end{pmatrix}，是整体坐标系下节点 i，j 上的力的分量。$$

$$f = \begin{pmatrix} f_{ix} \\ f_{iy} \\ f_{jx} \\ f_{jy} \end{pmatrix}，是局部坐标系下节点 i，j 上的力的分量。$$

然而，值得注意的是，二力杆只能沿轴向（局部坐标系下 x 方向）伸长或缩短，因此，在局部坐标下 y 方向的位移为 0。当将位移的 y 方向以及外力为 0 时，单元刚度阵的推导也将变得容易，局部坐标系下的二力杆内力、位移及刚度矩阵有如下关系：

$$\begin{pmatrix} f_{ix} \\ f_{iy} \\ f_{jx} \\ f_{jy} \end{pmatrix} = \begin{pmatrix} k & 0 & -k & 0 \\ 0 & 0 & 0 & 0 \\ -k & 0 & k & 0 \\ 0 & 0 & 0 & 0 \end{pmatrix} \begin{pmatrix} u_{ix} \\ u_{iy} \\ u_{jx} \\ u_{jy} \end{pmatrix} \tag{2.85}$$

其中：$k = k_{eq} = \dfrac{AE}{L}$，写成矩阵表达形式，有：

$$f = Ku \tag{2.86}$$

将 f、u 替换成 F、U，有：

$$F = TKT^{-1}U \tag{2.87}$$

其中：T^{-1} 是 T 的逆矩阵：

$$T^{-1} = \begin{pmatrix} \cos\theta & \sin\theta & 0 & 0 \\ -\sin\theta & \cos\theta & 0 & 0 \\ 0 & 0 & \cos\theta & \sin\theta \\ 0 & 0 & -\sin\theta & \cos\theta \end{pmatrix}$$

替换式（2.87）中的 F、T、T^{-1}、K、U，有：

$$\begin{pmatrix} F_{iX} \\ F_{iY} \\ F_{jX} \\ F_{jY} \end{pmatrix} = k \begin{pmatrix} \cos^2\theta & \sin\theta\cos\theta & -\cos^2\theta & -\sin\theta\cos\theta \\ \sin\theta\cos\theta & \sin^2\theta & -\sin\theta\cos\theta & -\sin^2\theta \\ -\cos^2\theta & -\sin\theta\cos\theta & \cos^2\theta & \sin\theta\cos\theta \\ -\sin\theta\cos\theta & -\sin^2\theta & \sin\theta\cos\theta & \sin^2\theta \end{pmatrix} \begin{pmatrix} U_{iX} \\ U_{iY} \\ U_{jX} \\ U_{jY} \end{pmatrix} \quad (2.88)$$

式（2.88）是外载荷、单元刚度矩阵 $[K]^{(e)}$ 和任意单元的节点在整体坐标系下位移之间的关系。桁架的任意杆（单元）的刚度矩阵 $[K]^{(e)}$ 为

$$K^{(e)} = k \begin{pmatrix} \cos^2\theta & \sin\theta\cos\theta & -\cos^2\theta & -\sin\theta\cos\theta \\ \sin\theta\cos\theta & \sin^2\theta & -\sin\theta\cos\theta & -\sin^2\theta \\ -\cos^2\theta & -\sin\theta\cos\theta & \cos^2\theta & \sin\theta\cos\theta \\ -\sin\theta\cos\theta & -\sin^2\theta & \sin\theta\cos\theta & \sin^2\theta \end{pmatrix} \quad (2.89)$$

余下的步骤为单元刚度矩阵组合为整体总刚度矩阵，应用边界条件和载荷条件，进行求解位移以及得到应力等其他结果。

例 2.3 桁架结构的尺寸及载荷如图 2.11 所示，材料的弹性模量 $E = 1.9 \times 10^6$，横截面面积为 8。求每个节点的位移及每个杆的平均应力。这里首先应用有限元理论求解这个问题。后续第 4 章学习了 ANSYS 之后，在附录实验一会重新应用 ANSYS 求解该问题。

① 前处理阶段

1）模型简化及离散。

该桁架结构的每个二力杆可以看作一个单元，铰接点看作有限元模型的节点。因而，该桁架结构的有限元简化模型可以离散为 5 个节点和 6 个单元，其信息如表 2.2 所示。

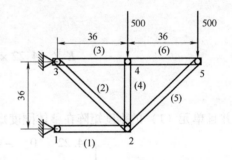

图 2.11 桁架结构尺寸及载荷

表 2.2 单元及节点编号

单元号	节点(i)	节点(j)	与水平 x 轴夹角 θ
(1)	1	2	0
(2)	2	3	135
(3)	3	4	0
(4)	2	4	90
(5)	2	5	45
(6)	4	5	0

2）假设近似单元行为的解。

每个二力杆单元可以简化为一个弹簧模型，其等效刚度 k 由方程（2.80）进行计算。

由于单元（1）、单元（3）、单元（4）和单元（6）具有相同的长度、横截面面积及弹性模量，这些单元（杆）的等效刚度为

$$k = \frac{AE}{L} = \frac{8 \times 1.9 \times 10^6}{36} = 4.22 \times 10^5 \tag{2.90}$$

单元（2）和单元（5）等效刚度为

$$k = \frac{AE}{L} = \frac{8 \times 1.9 \times 10^6}{50.9} = 2.98 \times 10^5 \tag{2.91}$$

3）单元刚度阵。

对于单元（1）、（3）、（6），局部坐标系与整体坐标系是平行的，即 $\theta = 0$。通过上述方程，得到刚度矩阵：

$$\boldsymbol{K}^{(e)} = 4.22 \times 10^5 \begin{pmatrix} \cos^2 0 & \sin 0\cos 0 & -\cos^2 0 & -\sin 0\cos 0 \\ \sin 0\cos 0 & \sin^2 0 & -\sin 0\cos 0 & -\sin^2 0 \\ -\cos^2 0 & -\sin 0\cos 0 & \cos^2 0 & \sin 0\cos 0 \\ -\sin 0\cos 0 & -\sin^2 0 & \sin 0\cos 0 & \sin^2 0 \end{pmatrix} \tag{2.92}$$

$$\boldsymbol{K}^{(1)} = 4.22 \times 10^5 \begin{pmatrix} 1 & 0 & -1 & 0 \\ 0 & 0 & 0 & 0 \\ -1 & 0 & 1 & 0 \\ 0 & 0 & 0 & 0 \end{pmatrix} \begin{matrix} U_{1X} \\ U_{1Y} \\ U_{2X} \\ U_{2Y} \end{matrix} \tag{2.93}$$

并且单元（1）的刚度矩阵在整体刚度矩阵中的位置为

$$\boldsymbol{K}^{(1G)} = 10^5 \begin{pmatrix} 4.22 & 0 & -4.22 & 0 & 0 & 0 & 0 & 0 & 0 & 0 \\ 0 & 0 & 0 & 0 & 0 & 0 & 0 & 0 & 0 & 0 \\ -4.22 & 0 & 4.22 & 0 & 0 & 0 & 0 & 0 & 0 & 0 \\ 0 & 0 & 0 & 0 & 0 & 0 & 0 & 0 & 0 & 0 \\ 0 & 0 & 0 & 0 & 0 & 0 & 0 & 0 & 0 & 0 \\ 0 & 0 & 0 & 0 & 0 & 0 & 0 & 0 & 0 & 0 \\ 0 & 0 & 0 & 0 & 0 & 0 & 0 & 0 & 0 & 0 \\ 0 & 0 & 0 & 0 & 0 & 0 & 0 & 0 & 0 & 0 \\ 0 & 0 & 0 & 0 & 0 & 0 & 0 & 0 & 0 & 0 \\ 0 & 0 & 0 & 0 & 0 & 0 & 0 & 0 & 0 & 0 \end{pmatrix} \begin{matrix} U_{1X} \\ U_{1Y} \\ U_{2X} \\ U_{2Y} \\ U_{3X} \\ U_{3Y} \\ U_{4X} \\ U_{4Y} \\ U_{5X} \\ U_{5Y} \end{matrix} \tag{2.94}$$

同理，单元（3）的刚度矩阵为

$$\boldsymbol{K}^{(3)} = 4.22 \times 10^5 \begin{pmatrix} 1 & 0 & -1 & 0 \\ 0 & 0 & 0 & 0 \\ -1 & 0 & 1 & 0 \\ 0 & 0 & 0 & 0 \end{pmatrix} \begin{matrix} U_{3X} \\ U_{3Y} \\ U_{3X} \\ U_{3Y} \end{matrix} \tag{2.95}$$

并且单元（3）的刚度矩阵在整体刚度矩阵中的位置为

$$\boldsymbol{K}^{(3G)} = 10^5 \begin{pmatrix} 0 & 0 & 0 & 0 & 0 & 0 & 0 & 0 & 0 & 0 \\ 0 & 0 & 0 & 0 & 0 & 0 & 0 & 0 & 0 & 0 \\ 0 & 0 & 0 & 0 & 0 & 0 & 0 & 0 & 0 & 0 \\ 0 & 0 & 0 & 0 & 0 & 0 & 0 & 0 & 0 & 0 \\ 0 & 0 & 0 & 0 & 4.22 & 0 & -4.22 & 0 & 0 & 0 \\ 0 & 0 & 0 & 0 & 0 & 0 & 0 & 0 & 0 & 0 \\ 0 & 0 & 0 & 0 & -4.22 & 0 & 4.22 & 0 & 0 & 0 \\ 0 & 0 & 0 & 0 & 0 & 0 & 0 & 0 & 0 & 0 \\ 0 & 0 & 0 & 0 & 0 & 0 & 0 & 0 & 0 & 0 \\ 0 & 0 & 0 & 0 & 0 & 0 & 0 & 0 & 0 & 0 \end{pmatrix} \begin{matrix} U_{1X} \\ U_{1Y} \\ U_{2X} \\ U_{2Y} \\ U_{3X} \\ U_{3Y} \\ U_{4X} \\ U_{4Y} \\ U_{5X} \\ U_{5Y} \end{matrix} \quad (2.96)$$

同理，单元（6）的刚度矩阵为

$$\boldsymbol{K}^{(6)} = 4.22 \times 10^5 \begin{pmatrix} 1 & 0 & -1 & 0 \\ 0 & 0 & 0 & 0 \\ -1 & 0 & 1 & 0 \\ 0 & 0 & 0 & 0 \end{pmatrix} \begin{matrix} U_{4X} \\ U_{4Y} \\ U_{5X} \\ U_{5Y} \end{matrix} \quad (2.97)$$

单元（6）的刚度矩阵在整体刚度矩阵中的位置为

$$\boldsymbol{K}^{(6G)} = 10^5 \begin{pmatrix} 0 & 0 & 0 & 0 & 0 & 0 & 0 & 0 & 0 & 0 \\ 0 & 0 & 0 & 0 & 0 & 0 & 0 & 0 & 0 & 0 \\ 0 & 0 & 0 & 0 & 0 & 0 & 0 & 0 & 0 & 0 \\ 0 & 0 & 0 & 0 & 0 & 0 & 0 & 0 & 0 & 0 \\ 0 & 0 & 0 & 0 & 0 & 0 & 0 & 0 & 0 & 0 \\ 0 & 0 & 0 & 0 & 0 & 0 & 0 & 0 & 0 & 0 \\ 0 & 0 & 0 & 0 & 0 & 0 & 4.22 & 0 & -4.22 & 0 \\ 0 & 0 & 0 & 0 & 0 & 0 & 0 & 0 & 0 & 0 \\ 0 & 0 & 0 & 0 & 0 & 0 & -4.22 & 0 & 4.22 & 0 \\ 0 & 0 & 0 & 0 & 0 & 0 & 0 & 0 & 0 & 0 \end{pmatrix} \begin{matrix} U_{1X} \\ U_{1Y} \\ U_{2X} \\ U_{2Y} \\ U_{3X} \\ U_{3Y} \\ U_{4X} \\ U_{4Y} \\ U_{5X} \\ U_{5Y} \end{matrix} \quad (2.98)$$

对于单元（4），$\theta = 90°$，因而，刚度矩阵为

$$\boldsymbol{K}^{(4)} = 4.22 \times 10^5 \begin{pmatrix} \cos^2 90° & \sin 90° \cos 90° & -\cos^2 90° & -\sin 90° \cos 90° \\ \sin 90° \cos 90° & \sin^2 90° & -\sin 90° \cos 90° & -\sin^2 90° \\ -\cos^2 90° & -\sin 90° \cos 90° & \cos^2 90° & \sin 90° \cos 90° \\ -\sin 90° \cos 90° & -\sin^2 90° & \sin 90° \cos 90° & \sin^2 90° \end{pmatrix} \quad (2.99)$$

$$\boldsymbol{K}^{(4)} = 4.22 \times 10^5 \begin{pmatrix} 0 & 0 & 0 & 0 \\ 0 & 1 & 0 & -1 \\ 0 & 0 & 0 & 0 \\ 0 & -1 & 0 & 1 \end{pmatrix} \begin{matrix} U_{2X} \\ U_{2Y} \\ U_{4X} \\ U_{4Y} \end{matrix} \quad (2.100)$$

单元（4）的刚度矩阵在整体刚度矩阵中的位置为

$$\boldsymbol{K}^{(4G)}=10^5\begin{pmatrix} 0 & 0 & 0 & 0 & 0 & 0 & 0 & 0 & 0 & 0 \\ 0 & 0 & 0 & 0 & 0 & 0 & 0 & 0 & 0 & 0 \\ 0 & 0 & 0 & 0 & 0 & 0 & 0 & 0 & 0 & 0 \\ 0 & 0 & 0 & 4.22 & 0 & 0 & 0 & -4.22 & 0 & 0 \\ 0 & 0 & 0 & 0 & 0 & 0 & 0 & 0 & 0 & 0 \\ 0 & 0 & 0 & 0 & 0 & 0 & 0 & 0 & 0 & 0 \\ 0 & 0 & 0 & 0 & 0 & 0 & 0 & 0 & 0 & 0 \\ 0 & 0 & 0 & -4.22 & 0 & 0 & 0 & 4.22 & 0 & 0 \\ 0 & 0 & 0 & 0 & 0 & 0 & 0 & 0 & 0 & 0 \\ 0 & 0 & 0 & 0 & 0 & 0 & 0 & 0 & 0 & 0 \end{pmatrix}\begin{matrix} U_{1X} \\ U_{1Y} \\ U_{2X} \\ U_{2Y} \\ U_{3X} \\ U_{3Y} \\ U_{4X} \\ U_{4Y} \\ U_{5X} \\ U_{5Y} \end{matrix} \quad (2.101)$$

对于单元（2），$\theta=135°$，因而，刚度矩阵为

$$\boldsymbol{K}^{(2)}=4.22\times10^5\begin{pmatrix} \cos^2 135° & \sin 135°\cos 135° & -\cos^2 135° & -\sin 135°\cos 135° \\ \sin 135°\cos 135° & \sin^2 135° & -\sin 135°\cos 135° & -\sin^2 135° \\ -\cos^2 135° & -\sin 135°\cos 135° & \cos^2 135° & \sin 135°\cos 135° \\ -\sin 135°\cos 135° & -\sin^2 135° & \sin 135°\cos 135° & \sin^2 135° \end{pmatrix}$$

$$(2.102)$$

$$\boldsymbol{K}^{(2)}=1.49\times10^5\begin{pmatrix} 1 & -1 & -1 & 1 \\ -1 & 1 & 1 & -1 \\ -1 & 1 & 1 & -1 \\ 1 & -1 & -1 & 1 \end{pmatrix}\begin{matrix} U_{2X} \\ U_{2Y} \\ U_{3X} \\ U_{3Y} \end{matrix} \quad (2.103)$$

单元（2）的刚度矩阵在整体刚度矩阵中的位置为

$$\boldsymbol{K}^{(2G)}=10^5\begin{pmatrix} 0 & 0 & 0 & 0 & 0 & 0 & 0 & 0 & 0 & 0 \\ 0 & 0 & 0 & 0 & 0 & 0 & 0 & 0 & 0 & 0 \\ 0 & 0 & 1.49 & -1.49 & -1.49 & 1.49 & 0 & 0 & 0 & 0 \\ 0 & 0 & -1.49 & 1.49 & 1.49 & -1.49 & 0 & 0 & 0 & 0 \\ 0 & 0 & -1.49 & 1.49 & 1.49 & -1.49 & 0 & 0 & 0 & 0 \\ 0 & 0 & 1.49 & -1.49 & -1.49 & 1.49 & 0 & 0 & 0 & 0 \\ 0 & 0 & 0 & 0 & 0 & 0 & 0 & 0 & 0 & 0 \\ 0 & 0 & 0 & 0 & 0 & 0 & 0 & 0 & 0 & 0 \\ 0 & 0 & 0 & 0 & 0 & 0 & 0 & 0 & 0 & 0 \\ 0 & 0 & 0 & 0 & 0 & 0 & 0 & 0 & 0 & 0 \end{pmatrix}\begin{matrix} U_{1X} \\ U_{1Y} \\ U_{2X} \\ U_{2Y} \\ U_{3X} \\ U_{3Y} \\ U_{4X} \\ U_{4Y} \\ U_{5X} \\ U_{5Y} \end{matrix} \quad (2.104)$$

对于单元（5），$\theta=45°$，因而，刚度矩阵为

$$\boldsymbol{K}^{(5)}=2.98\times10^5\begin{pmatrix} \cos^2 45° & \sin 45°\cos 45° & -\cos^2 45° & -\sin 45°\cos 45° \\ \sin 45°\cos 45° & \sin^2 45° & -\sin 45°\cos 45° & -\sin^2 45° \\ -\cos^2 45° & -\sin 45°\cos 45° & \cos^2 45° & \sin 45°\cos 45° \\ -\sin 45°\cos 45° & -\sin^2 45° & \sin 45°\cos 45° & \sin^2 45° \end{pmatrix}$$

$$(2.105)$$

$$\boldsymbol{K}^{(5)} = 1.49 \times 10^5 \begin{pmatrix} 1 & 1 & -1 & -1 \\ 1 & 1 & -1 & -1 \\ -1 & -1 & 1 & 1 \\ -1 & -1 & 1 & 1 \end{pmatrix} \begin{matrix} U_{2X} \\ U_{2Y} \\ U_{5X} \\ U_{5Y} \end{matrix} \qquad (2.106)$$

单元（5）的刚度矩阵在整体刚度矩阵中的位置为

$$\boldsymbol{K}^{(5G)} = 10^5 \begin{pmatrix} 0 & 0 & 0 & 0 & 0 & 0 & 0 & 0 & 0 & 0 \\ 0 & 0 & 0 & 0 & 0 & 0 & 0 & 0 & 0 & 0 \\ 0 & 0 & 1.49 & 1.49 & 0 & 0 & 0 & 0 & -1.49 & -1.49 \\ 0 & 0 & 1.49 & 1.49 & 0 & 0 & 0 & 0 & -1.49 & -1.49 \\ 0 & 0 & 0 & 0 & 0 & 0 & 0 & 0 & 0 & 0 \\ 0 & 0 & 0 & 0 & 0 & 0 & 0 & 0 & 0 & 0 \\ 0 & 0 & 0 & 0 & 0 & 0 & 0 & 0 & 0 & 0 \\ 0 & 0 & 0 & 0 & 0 & 0 & 0 & 0 & 0 & 0 \\ 0 & 0 & -1.49 & -1.49 & 0 & 0 & 0 & 0 & 1.49 & 1.49 \\ 0 & 0 & -1.49 & -1.49 & 0 & 0 & 0 & 0 & 1.49 & 1.49 \end{pmatrix} \begin{matrix} U_{1X} \\ U_{1Y} \\ U_{2X} \\ U_{2Y} \\ U_{3X} \\ U_{3Y} \\ U_{4X} \\ U_{4Y} \\ U_{5X} \\ U_{5Y} \end{matrix} \qquad (2.107)$$

4）将各单元刚度阵组合成总体刚度阵。

将二力杆单元（1）、（2）、（3）、（4）、（5）、（6）的刚度矩阵组合成总体刚度阵。

$$\boldsymbol{K}^{(G)} = \boldsymbol{K}^{(1G)} + \boldsymbol{K}^{(2G)} + \boldsymbol{K}^{(3G)} + \boldsymbol{K}^{(4G)} + \boldsymbol{K}^{(5G)} + \boldsymbol{K}^{(6G)} \qquad (2.108)$$

即：

$$\boldsymbol{K}^{(G)} = 10^5 \begin{pmatrix} 4.22 & 0 & -4.22 & 0 & 0 & 0 & 0 & 0 & 0 & 0 \\ 0 & 0 & 0 & 0 & 0 & 0 & 0 & 0 & 0 & 0 \\ -4.22 & 0 & 7.2 & 0 & -1.49 & 1.49 & 0 & 0 & -1.49 & -1.49 \\ 0 & 0 & 0 & 7.2 & 1.49 & -1.49 & 0 & -4.22 & -1.49 & -1.49 \\ 0 & 0 & -1.49 & 1.49 & 5.71 & -1.49 & -4.22 & 0 & 0 & 0 \\ 0 & 0 & 1.49 & -1.49 & -1.49 & 1.49 & 0 & 0 & 0 & 0 \\ 0 & 0 & 0 & 0 & -4.22 & 0 & 8.44 & 0 & -4.22 & 0 \\ 0 & 0 & 0 & -4.22 & 0 & 0 & 0 & 4.22 & 0 & 0 \\ 0 & 0 & -1.49 & -1.49 & 0 & 0 & -4.22 & 0 & 5.71 & 1.49 \\ 0 & 0 & -1.49 & -1.49 & 0 & 0 & 0 & 0 & 1.49 & 1.49 \end{pmatrix} \begin{matrix} U_{1X} \\ U_{1Y} \\ U_{2X} \\ U_{2Y} \\ U_{3X} \\ U_{3Y} \\ U_{4X} \\ U_{4Y} \\ U_{5X} \\ U_{5Y} \end{matrix}$$

$$(2.109)$$

5）施加载荷和边界条件。

根据题设，节点 1 和节点 3 是固定的，即 $U_{1X}=0$，$U_{1Y}=0$，$U_{3X}=0$，$U_{3Y}=0$，将这些边界条件施加到整体刚度阵，在节点 4 和节点 5 施加载荷，$F_{4Y}=-500$，$F_{5Y}=-500$，可得：

$$10^5 \begin{pmatrix} 1 & 0 & 0 & 0 & 0 & 0 & 0 & 0 & 0 & 0 \\ 0 & 1 & 0 & 0 & 0 & 0 & 0 & 0 & 0 & 0 \\ -4.22 & 0 & 7.2 & 0 & -1.49 & 1.49 & 0 & 0 & -1.49 & -1.49 \\ 0 & 0 & 0 & 7.2 & 1.49 & -1.49 & 0 & -4.22 & -1.49 & -1.49 \\ 0 & 0 & 0 & 0 & 1 & 0 & 0 & 0 & 0 & 0 \\ 0 & 0 & 0 & 0 & 0 & 1 & 0 & 0 & 0 & 0 \\ 0 & 0 & 0 & 0 & -4.22 & 0 & 8.44 & 0 & -4.22 & 0 \\ 0 & 0 & 0 & -4.22 & 0 & 0 & 0 & 4.22 & 0 & 0 \\ 0 & 0 & -1.49 & -1.49 & 0 & 0 & -4.22 & 0 & 5.71 & 1.49 \\ 0 & 0 & -1.49 & -1.49 & 0 & 0 & 0 & 0 & 1.49 & 1.49 \end{pmatrix} \begin{pmatrix} U_{1X} \\ U_{1Y} \\ U_{2X} \\ U_{2Y} \\ U_{3X} \\ U_{3Y} \\ U_{4X} \\ U_{4Y} \\ U_{5X} \\ U_{5Y} \end{pmatrix} = \begin{pmatrix} 0 \\ 0 \\ 0 \\ 0 \\ 0 \\ 0 \\ 0 \\ -500 \\ 0 \\ -500 \end{pmatrix}$$

(2.110)

由于 $U_{1X}=0$，$U_{1Y}=0$，$U_{3X}=0$，$U_{3Y}=0$，，计算时可以消去第 1 行/列、第 2 行/列、第 5 行/列、第 6 行/列，因此，只需求解一个 6×6 的矩阵：

$$10^5 \begin{pmatrix} 7.2 & 0 & 0 & 0 & -1.49 & -1.49 \\ 0 & 7.2 & 0 & -4.22 & -1.49 & -1.49 \\ 0 & 0 & 8.44 & 0 & -4.22 & 0 \\ 0 & -4.22 & 0 & 4.22 & 0 & 0 \\ -1.49 & -1.49 & -4.22 & 0 & 5.71 & 1.49 \\ -1.49 & -1.49 & 0 & 0 & 1.49 & 1.49 \end{pmatrix} \begin{pmatrix} U_{2X} \\ U_{2Y} \\ U_{4X} \\ U_{4Y} \\ U_{5X} \\ U_{5Y} \end{pmatrix} = \begin{pmatrix} 0 \\ 0 \\ 0 \\ -500 \\ 0 \\ -500 \end{pmatrix}$$

(2.111)

② 求解阶段

6) 求解。

求解上述代数方程组，得到总体位移矩阵：

$$\begin{pmatrix} U_{1X} \\ U_{1Y} \\ U_{2X} \\ U_{2Y} \\ U_{3X} \\ U_{3Y} \\ U_{4X} \\ U_{4Y} \\ U_{5X} \\ U_{5Y} \end{pmatrix} = \begin{pmatrix} 0 \\ 0 \\ -0.00355 \\ -0.01026 \\ 0 \\ 0 \\ 0.00118 \\ -0.0114 \\ 0.00240 \\ -0.0195 \end{pmatrix}$$

(2.112)

③ 后处理阶段

例如：求约束反力

$$R = K^{(G)}U - F \tag{2.113}$$

即：

$$\begin{Bmatrix} R_{1X} \\ R_{1Y} \\ R_{2X} \\ R_{2Y} \\ R_{3X} \\ R_{3Y} \\ R_{4X} \\ R_{4Y} \\ R_{5X} \\ R_{5Y} \end{Bmatrix} = 10^5 \begin{bmatrix} 4.22 & 0 & -4.22 & 0 & 0 & 0 & 0 & 0 & 0 & 0 \\ 0 & 0 & 0 & 0 & 0 & 0 & 0 & 0 & 0 & 0 \\ -4.22 & 0 & 7.2 & 0 & -1.49 & 1.49 & 0 & 0 & -1.49 & -1.49 \\ 0 & 0 & 0 & 7.2 & 1.49 & -1.49 & 0 & -4.22 & -1.49 & -1.49 \\ 0 & 0 & -1.49 & 1.49 & 5.71 & -1.49 & -4.22 & 0 & 0 & 0 \\ 0 & 0 & 1.49 & -1.49 & -1.49 & 1.49 & 0 & 0 & 0 & 0 \\ 0 & 0 & 0 & 0 & -4.22 & 0 & 8.44 & 0 & -4.22 & 0 \\ 0 & 0 & 0 & -4.22 & 0 & 0 & 0 & 4.22 & 0 & 0 \\ 0 & 0 & -1.49 & -1.49 & 0 & 0 & -4.22 & 0 & 5.71 & 1.49 \\ 0 & 0 & -1.49 & -1.49 & 0 & 0 & 0 & 0 & 1.49 & 1.49 \end{bmatrix} \begin{Bmatrix} 0 \\ 0 \\ -0.00355 \\ -0.01026 \\ 0 \\ 0 \\ 0.00118 \\ -0.0114 \\ 0.00240 \\ -0.0195 \end{Bmatrix} - \begin{Bmatrix} 0 \\ 0 \\ 0 \\ 0 \\ 0 \\ 0 \\ 0 \\ -500 \\ 0 \\ -500 \end{Bmatrix}$$

$$\tag{2.114}$$

计算结果为

$$\begin{Bmatrix} R_{1X} \\ R_{1Y} \\ R_{2X} \\ R_{2Y} \\ R_{3X} \\ R_{3Y} \\ R_{4X} \\ R_{4Y} \\ R_{5X} \\ R_{5Y} \end{Bmatrix} = \begin{Bmatrix} 1500 \\ 0 \\ 0 \\ 0 \\ -1500 \\ 1000 \\ 0 \\ -500 \\ 0 \\ -500 \end{Bmatrix} \tag{2.115}$$

同理，也可得到各二力杆的内力和应力数据。

2.2.4 ANSYS 常用杆梁单元介绍

在 ANSYS 有限元软件单元库中，杆单元模型命名为 LINK 单元。在早期 ANSYS 版本中，二维杆单元是 LINK1，三维杆单元有 LINK8，LINK10，LINK11，LINK180。然而随着计算机运算能力的不断提高，在较新的 ANSYS 有限元软件单元库中，LINK1，LINK8，LINK10，LINK11 杆单元已经不再提供，更为普遍的是使用 LINK180 杆单元。

杆单元只能承受沿着杆件方向的拉力或者压力，杆单元不能承受弯矩，这是杆单元的基本特点。而梁单元则既可以承受拉、压，还可以承受弯矩。如果你的结构中要承受弯矩，肯定不能选杆单元。在早期 ANSYS 版本中，梁单元有 BEAM3，BEAM4，BEAM188，在较新的 ANSYS 有限元软件单元库中，BEAM3，BEAM4 单元已经不再提供，更为普遍是使用 BEAM188，BEAM189 单元。

1. LINK180 单元

LINK180 是三维有限应变杆（或桁架）单元。LINK180 单元有着广泛工程应用的杆单元，它可以用来模拟桁架、缆索、连杆、弹簧等。这种三维杆单元是沿轴方向的拉压单元，每个节点具有三个自由度：沿节点坐标系 X、Y、Z 方向的平动。就像铰接结构一样，本单元不承受弯矩。本单元具有塑性、蠕变、旋转、大变形、大应变等功能。

（1）输入数据

图 2.12 给出了 LINK180 单元的几何图形、节点坐标及单元坐标系。单元的 x 轴是沿着节点 I 到节点 J 的单元长度方向。

节点：I,J

自由度：UX,UY,UZ

实常数：AREA(面积),ADDMAS(单位长度的附加质量)

材料特性：EX(弹性模量),PRXY or NUXY(泊松比),ALPX(热膨胀系数),DENS(密度),GXY,DAMP(对于阻尼域的矩阵乘数 K)

面载荷：无

体载荷：温度—T(I),T(J)

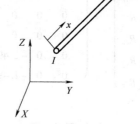

图 2.12　LINK180 单元

特殊特性：塑性、黏弹性、黏塑性、蠕变、应力刚化(仅当 NLGEOM,ON 时)、大变形、大应变、初始应力输入、单元生死。

（2）输出数据

包括全部节点解的节点位移。

（3）LINK180 的假定和限制

杆单元假定为一直杆，轴向荷载作用在末端，自杆的一端至另一端均为同一属性。杆长应大于零，即节点 I 和 J 不重合。面积也必须比零要大。假定温度沿杆长线性变化。位移函数暗含着在杆上具有相同的应力。

2. BEAM188/189 单元

BEAM188/189 单元基于 Timoshenko 梁理论（一阶剪切变形理论：横向剪切应变在横截面上是常数，也就是说，变形后的横截面保持平面不发生扭曲）而开发的，并考虑了剪切变形的影响，适合于分析从细长到中等粗细的梁结构。该单元提供了无约束和有约束的横截面的翘曲选项。

BEAM188 是一种 3D 线性、二次或三次的 2 节点梁单元。BEAM189 是一种 3D 二次 3 节点梁单元。每个节点有六个或者七个自由度，包括 x、y、z 方向的平动自由度和绕 x、y、z 轴的转动自由度，还有一个可选择的翘曲自由度。该单元非常适合线性、大角度转动或大应变非线性问题。

BEAM188 的应力刚化选项在任何大挠度分析中都是缺省打开的，从而可以分析弯曲、横向及扭转稳定问题（进行特征值屈曲分析或（采用弧长法或非线性稳定法）破坏研究）。

BEAM88/BEAM89 单元支持弹性、塑性、蠕变及其他非线性材料模型。这种单元还可以采用多种材料组成的截面。该单元还支持横向剪力和横向剪应变的弹性关系，但不能使用高阶理论证明剪应力的分布变化。BEAM188/189 由整体坐标系的节点 i 和 j 定义。

对于 BEAM188 梁单元，当采用默认的 KEYOPT(3) =0，则采用线性的形函数，沿着长度用了一个积分点，因此，单元求解量沿长度保持不变；当 KEYOPT(3) = 2，该单元就生成一个内插节点，并采用二次形函数沿长度用了两个积分点，单元求解量沿长度线性变化；当 KEYOPT(3) = 3，该单元就生成两个内节点，并采用三次形函数沿长度用了三个积分点，单元求解量沿长度二次变化。

当在下面情况下需要考虑高阶单元内插时，推荐二次和三次选项

1) 变截面的单元；
2) 单元内存在非均布荷载（包含梯形荷载）时，三次形函数选项比二次选项提供更好的结果。（对于局部的分布荷载和非节点集中荷载情况，只有三次选项有效）；
3) 单元可能承受高度不均匀变形时。（比如土木工程结构中的个别框架构件用单个单元模拟时）。

BEAM188 单元的二次和三次选项有两个限制：

1) 虽然单元采用高阶内插，但是 BEAM188 的初始几何按直线处理；
2) 因为内节点是不可影响的，所以在这些节点上不允许有边界（或荷载或初始）条件。

由于这些限制，所以如果 BEAM189 模型的中间节点作用有边界（或荷载或初始）条件或者中间节点不在单元中点时，需要注意 BEAM188 的二次选项和 BEAM189 的差异。同样，BEAM188 的三次选项不同于传统次（Hermitian 艾尔米特）梁单元。

(1) 输入数据

单元的几何形状、节点位置、坐标体系如图 2.13 所示，BEAM188 由整体坐标系的节点 i 和 j 定义。

节点 k 是定义单元方向的所选方式，有关方向节点和梁的网格划分的信息可以参考 ANSYS Modeling and Meshing Guid 中的 Generating a Beam Mesh with Orientation Nodes。参考 Flesh 和 Iatt 命令描述可以得到 k 节点自动生成的详细资料。

BEAM88 可以在没有方向节点的情况下被定义。在这种情况下，单元的 x 轴方向为 i 节点指向 j 节点。两节点的情况，默认的 y 轴方向按平行 x-y 平面自动计算。对于单元平行于

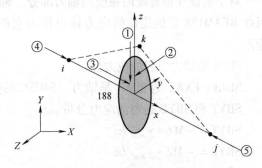

图 2.13　BEAM188 单元

z 轴的情况（或者斜度在 0.01% 以内），单元的 y 轴的方向平行于整体坐标的 y 轴（如图）。用第三个节点的选项，用户可以定义单元的 x 轴方向。如果两者都定义了，那么第三节点的选项优先考虑。第三个节点 (k)，如果采用的话，将和 i、j 节点一起定义包含单元 x 轴和 z 轴的平面。如果该单元采用大变形分析，需要注意这个第三号节点紧紧在定义初始单元方向的时候有效。

节点：I,J,K(K,方向点,可选但被要求)

自由度：UX,UY,UZ,ROTX,ROTY,ROTZ

材料属性：EX,PRXY or NUXY,ALPX,DENS,GXY,GYZ,GXZ,DAMP

表面力:
face 1(I-D)(-z normal direction)
face 2(I-J)(-y normal direction)
face 3(I-J)(+x tangential direction)
face 4(J)(+x axial direction),
face 5(-x direction)
(用负数表示作用方向相反)
I 和 J 是端节点
温度: $T(0,0)$, $T(1,0)$, $T(0,1)$
特殊特征:
Plasticity 塑性
Viscoelasticity 黏弹性
Viscoplasticity 黏塑性
Creep 蠕变
Stress stiffening 应力刚化
Large deflection 大挠曲
Large strain 大应变
Initial stress import 初始应力引入

(2) 输出数据

对于梁设计很常规的是使用轴力部分,轴力由轴向荷载和在各个端点的弯曲独立提供。因此 BEAM188 提供线性的应力输出作为它的 SMSC 输出命令的一部分,由下面的定义来指示:

SDIR 是轴力引起的应力分量

SDIR = FXA,这里 FX 是轴力(SMISC 的数值为 1 和 14),A 表示截面面积。

SBYT 和 SBYB 是弯曲应力分量。

SBYT = $- MZ * y_{max}/Izz$

SBYB = $- MZ * y_{min}/Izz$

SBZT = $MY * z_{max}/Iyy$

SBZB = $MY * z_{min}/Iyy$

这里 MY、MZ 是弯矩(SMISC 数值是 2、15、3、16)。坐标 y_{max},y_{min},z_{max},和 z_{min} 是 y 和 z 坐标的最大和最小值。数值 Iyy 和 Izz 是截面惯性矩。

单元应力的相应定义:

EPELDIR = EX EPELBYT = $- KZ * y_{max}$

EPELBYB = $- KZ * y_{min}$

EPELBZT = $KY * z_{max}$

EPELBZB = $KY * z_{min}$

这里 EX、KY 和 KZ 是总应力和曲率(SMSC 数值是 7,8,9,20,21 和 22)

输出的应力仅仅对于单元的弹性行为严格有效。

2.3 弹性力学基本方程与有限单元法分析过程

2.3.1 弹性力学基本方程

弹性力学是研究弹性体在约束和外载荷作用下应力和变形分布规律的一门学科。在弹性力学中针对微小的单元体（如图2.14）建立基本方程，把复杂形状弹性体的受力和变形分析问题归结为偏微分方程组的边值问题。

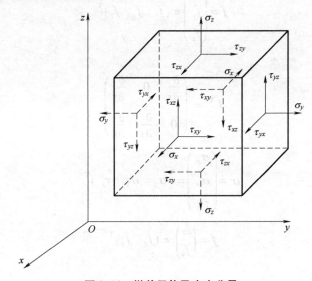

图2.14 微单元体及应力分量

1. 平衡方程

弹性体内任一点的平衡微分方程为

$$\left. \begin{array}{l} \dfrac{\partial \sigma_x}{\partial x} + \dfrac{\partial \tau_{xy}}{\partial y} + \dfrac{\partial \tau_{xz}}{\partial z} + f_x = 0 \\ \dfrac{\partial \tau_{yx}}{\partial x} + \dfrac{\partial \sigma_y}{\partial y} + \dfrac{\partial \tau_{yz}}{\partial z} + f_y = 0 \\ \dfrac{\partial \tau_{zx}}{\partial x} + \dfrac{\partial \tau_{zy}}{\partial y} + \dfrac{\partial \sigma_z}{\partial z} + f_z = 0 \end{array} \right\} \quad (2.116)$$

平衡微分方程用矩阵表示为

$$\boldsymbol{L}^{\mathrm{T}}\boldsymbol{\sigma} + \boldsymbol{f} = 0 \quad (2.117)$$

式中，$\boldsymbol{L}$ 为微分算子矩阵，$\boldsymbol{\sigma}$ 为应力列阵或称为应力向量，$\boldsymbol{f}$ 为体力列阵或称为体力向量，它们分别表示为

$$\boldsymbol{L}^{\mathrm{T}} = \begin{pmatrix} \dfrac{\partial}{\partial x} & 0 & 0 & \dfrac{\partial}{\partial y} & 0 & \dfrac{\partial}{\partial z} \\ 0 & \dfrac{\partial}{\partial y} & 0 & \dfrac{\partial}{\partial x} & \dfrac{\partial}{\partial z} & 0 \\ 0 & 0 & \dfrac{\partial}{\partial z} & 0 & \dfrac{\partial}{\partial y} & \dfrac{\partial}{\partial x} \end{pmatrix}$$

$$\boldsymbol{\sigma} = \begin{pmatrix} \sigma_x \\ \sigma_y \\ \sigma_z \\ \tau_{xy} \\ \tau_{yz} \\ \tau_{zx} \end{pmatrix} = (\sigma_x \quad \sigma_y \quad \sigma_z \quad \tau_{xy} \quad \tau_{yz} \quad \tau_{zx})^{\mathrm{T}}$$

$$\boldsymbol{f} = \begin{pmatrix} f_x \\ f_y \\ f_z \end{pmatrix} = (f_x \quad f_y \quad f_z)^{\mathrm{T}}$$

对于平面问题

$$\boldsymbol{L}^{\mathrm{T}} = \begin{pmatrix} \dfrac{\partial}{\partial x} & 0 & \dfrac{\partial}{\partial y} \\ 0 & \dfrac{\partial}{\partial y} & \dfrac{\partial}{\partial x} \end{pmatrix}$$

$$\boldsymbol{\sigma} = \begin{pmatrix} \sigma_x \\ \sigma_y \\ \tau_{xy} \end{pmatrix} = (\sigma_x \quad \sigma_y \quad \tau_{xy})^{\mathrm{T}}$$

$$\boldsymbol{f} = \begin{pmatrix} f_x \\ f_y \end{pmatrix} = (f_x \quad f_y)^{\mathrm{T}}$$

2. 几何方程

在小变形条件下，弹性体内任一点的应变与位移的关系，即几何方程：

$$\varepsilon_x = \frac{\partial u}{\partial x}, \quad \varepsilon_y = \frac{\partial v}{\partial y}, \quad \varepsilon_z = \frac{\partial w}{\partial z}$$

$$\gamma_{xy} = \frac{\partial u}{\partial y} + \frac{\partial v}{\partial x}, \quad \gamma_{yz} = \frac{\partial v}{\partial z} + \frac{\partial w}{\partial y}, \quad \gamma_{zx} = \frac{\partial w}{\partial x} + \frac{\partial u}{\partial z} \tag{2.118}$$

几何方程用矩阵表示为

$$\boldsymbol{\varepsilon} = \boldsymbol{L}\boldsymbol{u} \tag{2.119}$$

式中，$\boldsymbol{\varepsilon}$ 为应变列阵或称应变向量；$\boldsymbol{u}$ 为位移列阵或称位移向量，有：

$$\boldsymbol{\varepsilon} = \begin{pmatrix} \varepsilon_x \\ \varepsilon_y \\ \varepsilon_z \\ \gamma_{xy} \\ \gamma_{yz} \\ \gamma_{zx} \end{pmatrix} = (\varepsilon_x \quad \varepsilon_y \quad \varepsilon_z \quad \gamma_{xy} \quad \gamma_{yz} \quad \gamma_{zx})^{\mathrm{T}}$$

$$\boldsymbol{u} = \begin{pmatrix} u \\ v \\ w \end{pmatrix} = (u \quad v \quad w)^{\mathrm{T}}$$

对于平面问题：

$$\boldsymbol{\varepsilon} = \begin{pmatrix} \varepsilon_x \\ \varepsilon_y \\ \gamma_{xy} \end{pmatrix} = \begin{pmatrix} \varepsilon_x & \varepsilon_y & \gamma_{xy} \end{pmatrix}^T$$

$$\boldsymbol{u} = \begin{pmatrix} u \\ v \end{pmatrix} = \begin{pmatrix} u & v \end{pmatrix}^T$$

3. 物理方程

各向同性线弹性体的应力与应变的关系，即物理方程为

$$\left. \begin{aligned} \sigma_x &= \lambda(\varepsilon_x + \varepsilon_y + \varepsilon_z) + 2G\varepsilon_x \\ \sigma_y &= \lambda(\varepsilon_x + \varepsilon_y + \varepsilon_z) + 2G\varepsilon_y \\ \sigma_z &= \lambda(\varepsilon_x + \varepsilon_y + \varepsilon_z) + 2G\varepsilon_z \\ \tau_{xy} &= G\gamma_{xy} \\ \tau_{yz} &= G\gamma_{yz} \\ \tau_{zx} &= G\gamma_{zx} \end{aligned} \right\} \tag{2.120}$$

式中，λ 和 G 为拉梅（Lame）常数，它们与弹性模量和泊松比的关系为

$$\lambda = \frac{E\nu}{(1+\nu)(1-2\nu)}, \quad G = \frac{E}{2(1+\nu)}$$

物理方程用矩阵表示为

$$\boldsymbol{\sigma} = \boldsymbol{D}\boldsymbol{\varepsilon} \tag{2.121}$$

式中，$\boldsymbol{D}$ 为弹性矩阵，有：

$$\boldsymbol{D} = \begin{pmatrix} \lambda+2G & \lambda & \lambda & 0 & 0 & 0 \\ \lambda & \lambda+2G & \lambda & 0 & 0 & 0 \\ \lambda & \lambda & \lambda+2G & 0 & 0 & 0 \\ 0 & 0 & 0 & G & 0 & 0 \\ 0 & 0 & 0 & 0 & G & 0 \\ 0 & 0 & 0 & 0 & 0 & G \end{pmatrix}$$

对于平面应力问题弹性矩阵为

$$\boldsymbol{D} = \frac{E}{1-\nu^2} \begin{pmatrix} 1 & \nu & 0 \\ \nu & 1 & 0 \\ 0 & 0 & \frac{1-\nu}{2} \end{pmatrix}$$

对于平面应变问题需把 E 换成 $\frac{E}{1-\nu^2}$，ν 换成 $\frac{\nu}{1-\nu}$。

4. 应力边界条件

在受已知面力作用的边界 S_σ 上，应力与面力满足的条件为

$$\left. \begin{aligned} l\sigma_x + m\tau_{xy} + n\tau_{xz} &= \bar{f}_x \\ l\tau_{yx} + m\sigma_y + n\tau_{yz} &= \bar{f}_y \\ l\tau_{zx} + m\tau_{zy} + n\sigma_z &= \bar{f}_z \end{aligned} \right\} \tag{2.122}$$

式中，l，m，n 分别为边界外法向方向余弦；$\bar{f}_x$，$\bar{f}_y$，$\bar{f}_z$ 分别为已知面力分量。

应力边界条件用矩阵表示为

$$n\sigma = \bar{f} \quad (2.123)$$

$$n = \begin{pmatrix} l & 0 & 0 & m & 0 & n \\ 0 & m & 0 & l & n & 0 \\ 0 & 0 & n & 0 & m & l \end{pmatrix}$$

$$\bar{f} = \begin{pmatrix} \bar{f}_x \\ \bar{f}_y \\ \bar{f}_z \end{pmatrix} = (\bar{f}_x \quad \bar{f}_y \quad \bar{f}_z)^{\mathrm{T}}$$

对于平面问题：

$$\bar{f} = \begin{pmatrix} \bar{f}_x \\ \bar{f}_y \end{pmatrix} = (\bar{f}_x \quad \bar{f}_y)^{\mathrm{T}}$$

5. 位移边界条件

在位移已知的边界 S_σ 上，位移应等于已知位移，即：

$$u = \begin{pmatrix} u \\ v \\ w \end{pmatrix} = \bar{u} \quad (2.124)$$

$$\bar{u} = \begin{pmatrix} \bar{u} \\ \bar{v} \\ \bar{w} \end{pmatrix} = (\bar{u} \quad \bar{v} \quad \bar{w})^{\mathrm{T}}$$

式中，$\bar{u}$ 为已知位移向量。

对于平面问题

$$u = \begin{pmatrix} u \\ v \end{pmatrix}$$

2.3.2 有限单元法分析过程

对于弹性力学研究的板、壳、体等对象，有限单元法求解时，也包括离散化、单元分析和整体分析的过程。

1. 模型简化及离散

以弹性力学平面问题为例。首先把一个连续的弹性体划分成由有限多个有限大小的区域组成的离散结构，称这种离散结构为有限元网格，如图 2.15 和图 2.16 所示。这些有限大小的区域就称为有限单元，简称为单元，单元之间相交的点称为结点。平面问题常用的单元有三角形单元、矩形单元、任意四边形单元等，如图 2.17 所示。空间问题常用的单元有四面体单元、长方体单元、任意六面体单元等，如图 2.18 所示。所有的结点都取为铰接，如图 2.12 和图 2.15 所示。如果结点位移全部或其某一方向被约束，就在该结点上安置一个铰支座或相应的连杆支座。每一单元所受的荷载，都按静力等效的原则移置到结点上，成为结点荷载，称为等效结点荷载。

如果采用位移法计算（也可以采用其他方法，但不如位移法计算简单且应用广泛），取结点位移为基本未知量。

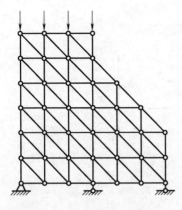
图 2.15 有限元网格模型

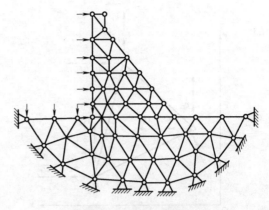
图 2.16 有限元网格模型

图 2.17 平面单元

图 2.18 空间单元

每个结点有两个位移分量，记 i 结点的位移为 $\boldsymbol{a}_i = \begin{pmatrix} u_i \\ v_i \end{pmatrix}$，每个结点上作用有两个等荷载分量，记 i 结点的等效荷载为 $\boldsymbol{R}_i = \begin{pmatrix} R_{ix} \\ R_{iy} \end{pmatrix}$ 把所有结点的位移和等效结点荷载按顺序排列成列阵，分别记为 $\boldsymbol{a}$ 和 $\boldsymbol{R}$，即

$$\boldsymbol{a} = \begin{pmatrix} u_1 & v_1 & u_2 & v_2 & \cdots & u_n & v_n \end{pmatrix}^\mathrm{T}$$

$$\boldsymbol{R} = \begin{pmatrix} R_{1x} & R_{1y} & R_{2x} & R_{2y} & \cdots & R_{nx} & R_{ny} \end{pmatrix}^\mathrm{T}$$

称 $\boldsymbol{a}$ 为整体结点位移列阵，称 $\boldsymbol{R}$ 为整体等效结点荷载列阵。这样就把原来连续的弹性体受分布体力和分布面力作用下求解位移场的问题，转换成为离散结构仅在结点处受等效结点荷载 $\boldsymbol{R}$ 作用，求各结点位移 $\boldsymbol{a}$ 的问题。在数学上，就是把一个无限自由度的问题转换成为有限自由度的问题。

2. 单元分析

为了在求出结点位移以后能够从而求得应力，就要把单元中的应力用结点位移来表示。在网格中取出一个典型单元，如图 2.19a 所示，单元的三个结点分别用 i, j, m 表示。首先利用插值的办法将单元上的位移场用结点位移表示为

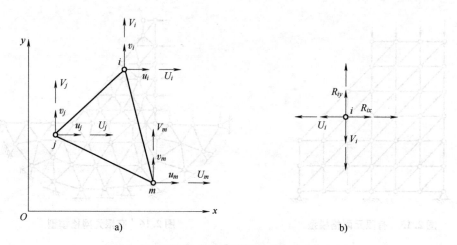

图 2.19 平面三角形单元及节点参数

$$u = \begin{pmatrix} u \\ v \end{pmatrix} = Na^e \tag{2.125}$$

根据几何方程,单元上的应变可以表示为

$$\varepsilon = \begin{pmatrix} \varepsilon_x \\ \varepsilon_y \\ \gamma_{xy} \end{pmatrix} = Lu = LNa^e = Ba^e \tag{2.126}$$

根据物理方程,单元上的应力可以表示为

$$\sigma = \begin{pmatrix} \sigma_x \\ \sigma_y \\ \tau_{xy} \end{pmatrix} = D\varepsilon = DBa^e = Sa^e \tag{2.127}$$

式(2.125)~式(2.127)中,B 是一个 3×6 的矩阵,称为应变转换矩阵,S 也一个 3×6 的矩阵,称为应力转换矩阵,a^e 为单元结点位移列阵,即:

$$a^e = \begin{pmatrix} u_i & v_i & u_j & v_j & u_m & v_m \end{pmatrix}^T$$

单元从网格割离出来以后,将受到结点所施加的作用力,如图 2.19a 所示,称为单元结点力,用 F^e 表示为:

$$F^e = \begin{pmatrix} F_i \\ F_j \\ F_m \end{pmatrix} = \begin{pmatrix} U_i \\ V_i \\ U_j \\ V_j \\ U_m \\ V_m \end{pmatrix}$$

单元结点力 F^e 也可以用结点位移 a^e 来表示,即:

$$F^e = ka^e \tag{2.128}$$

式中,k 称为单元刚度矩阵。

由以上分析可知,一旦知道了单元结点位移,就可以由式(2.125)~式(2.127)分别求出单元的位移、应变和应力,所以问题的关键归结为如何求解结点位移。

3. 整体分析

根据结点的平衡条件,建立求解结点位移的方程组,在网格中任意取出一个典型结点 i,结点 i 将受有环绕该结点的单元对它的作用力,这些作用力与各单元的结点力大小相等而方向相反。另外,结点 i 一般还受有由环绕该结点的那些单元上移置而来的结点荷载 R_{ix} 及 R_{iy}。根据结点 i 的平衡条件,有:

$$\sum_e U_i = \sum_e R_{ix}, \quad \sum_e V_i = \sum_e R_{iy}$$

式中,$\sum_e$ 为对那些环绕结点 i 的所有单元求和。上列平衡方程用矩阵表示为

$$\sum_e F_i = \sum_e R_i \tag{2.129}$$

对每一个结点都可以建立这样的平衡方程,对于平面问题,n 个结点一共可以建立 $2n$ 个方程。由式(2.128)把结点力 F_i 用结点位移表示,并代入平衡方程(2.129),就得到以结点位移为未知量的线性代数方程组:

$$Ka = R \tag{2.130}$$

式中 K 称为整体刚度矩阵,R 为整体等效结点荷载列阵。考虑位移约束条件后,联立求解该方程组,便得出结点位移。

在工程实际问题转化为有限元模型分析计算过程中,单元的正确选择至关重要,在很大程度上决定了有限元模型计算的简繁、时长及结果精确度等。因而,为了更好地正确、恰当应用 ANSYS 有限元软件处理实际工程问题,下面介绍 ANSYS 有限元软件中常用的几种平面单元和空间单元在弹性力学有限元中的基本理论。

2.4 三角形单元

2.4.1 位移模式与解答的收敛性

弹性力学分析中,每一个三角形单元(如图 2.20 所示)被当成是一个连续的、均匀的、完全弹性的各向同性单元。

如果三角形单元的各节点的位移分量是坐标的已知函数,就可以用几何方程求得应变分量,从而用物理方程求得应力分量。因此,为了能用结点位移表示应变和应力,首先必须假定一个位移模式,也就是假定位移分量为坐标的某种简单函数。单元上的位移表达式称为位移模式。通过插值的办法,可以把单元上的位移函数用三个结点位移值来表示。

如图 2.20 所示。假定单元的位移分量是坐标的线性函数,即:

$$u = a_1 + a_2 x + a_3 y$$
$$v = a_4 + a_5 x + a_6 y \tag{2.131}$$

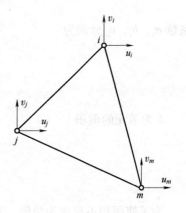

图 2.20 平面三角形单元

考虑 x 方向的位移 u，在 i, j, m 3 个结点处，应当有：

$$u_i = a_1 + a_2 x_i + a_3 y_i$$
$$u_j = a_1 + a_2 x_j + a_3 y_j$$
$$u_m = a_1 + a_2 x_m + a_3 y_m$$

求解上式可以求出 a_1, a_2, a_3

$$a_1 = \frac{1}{2A} \begin{vmatrix} u_i & x_i & y_i \\ u_j & x_j & y_j \\ u_m & x_m & y_m \end{vmatrix} = \frac{1}{2A}(a_i u_i + a_j u_j + a_m u_m)$$

$$a_2 = \frac{1}{2A} \begin{vmatrix} 1 & u_i & y_i \\ 1 & u_j & y_j \\ 1 & u_m & y_m \end{vmatrix} = \frac{1}{2A}(b_i u_i + b_j u_j + b_m u_m)$$

$$a_3 = \frac{1}{2A} \begin{vmatrix} 1 & x_i & u_i \\ 1 & x_j & u_j \\ 1 & x_m & u_m \end{vmatrix} = \frac{1}{2A}(c_i u_i + c_j u_j + c_m u_m) \tag{2.132}$$

同理，考虑 y 方向的位移 v，可以求出 a_4, a_5, a_6 为

$$a_4 = \frac{1}{2A}(a_i v_i + a_j v_j + a_m v_m)$$

$$a_5 = \frac{1}{2A}(b_i v_i + b_j v_j + b_m v_m)$$

$$a_6 = \frac{1}{2A}(c_i v_i + c_j v_j + c_m v_m) \tag{2.133}$$

代回式 (2.131)，整理后得

$$u = N_i u_i + N_j u_j + N_m u_m$$
$$v = N_i v_i + N_j v_j + N_m v_m \tag{2.134}$$

其中

$$N_i = \frac{a_i + b_i x + c_i y}{2A} \quad (i, j, m)$$

系数 a_i, b_i, c_i 分别为

$$a_i = x_j y_m - x_m y_j$$
$$b_i = y_j - y_m \quad (i, j, m)$$
$$c_i = -(x_j - x_m)$$

A 为单元的面积

$$A = \frac{1}{2} \begin{vmatrix} 1 & x_i & y_i \\ 1 & x_j & y_j \\ 1 & x_m & y_m \end{vmatrix}$$

为了使面积不致成为负值，规定结点的次序按逆时针转向，如图 2.20 所示。
把位移模式的表达式 (2.134) 改写为矩阵形式：

$$u = \begin{pmatrix} u \\ v \end{pmatrix} = \begin{pmatrix} N_i & 0 & N_j & 0 & N_m & 0 \\ 0 & N_i & 0 & N_j & 0 & N_m \end{pmatrix} \begin{pmatrix} u_i \\ v_i \\ u_j \\ v_j \\ u_m \\ v_m \end{pmatrix}$$

$$= (IN_i \quad IN_j \quad IN_m) \begin{pmatrix} a_i \\ a_j \\ a_m \end{pmatrix}$$

$$= (N_i \quad N_j \quad N_m) a^e$$

$$= Na^e \tag{2.135}$$

式中，$I = \begin{pmatrix} 1 & 0 \\ 0 & 1 \end{pmatrix}$ 为二阶的单位阵，N_i，N_j，N_m 为坐标的函数，称为插值函数，它们反映单元的位移形态，因此也称为位移的形态函数，或简称为形函数，矩阵 N 称为形函数矩阵。

在有限单元法中，位移模式决定计算误差。荷载的移置以及应力矩阵和刚度矩阵的建立等都依赖于位移模式。因此为了能用有限单元法得出正确的解答，必须使位移模式能够正确反映弹性体中的真实位移形态。具体说来，就是要满足下列 3 方面的条件：

（1）位移模式必须能反映单元的刚体位移。每个单元的位移一般总是包含着两部分：一部分是由本单元的变形引起的，另一部分是与本单元的变形无关的，即刚体位移，它是由于其他单元发生了变形而牵连引起的。甚至在弹性体的某些部位，如在靠近悬臂梁的自由端处，单元的变形很小，而该单元的位移主要是由于其他单元发生变形而引起的刚体位移。因此为了正确反映单元的位移形态，位移模式必须能反映该单元的刚体位移。

（2）位移模式必须能反映单元的常量应变。每个单元的应变一般总是包含着两个部分：一个部分是与该单元中各点的位置坐标有关的，是各点不同的，即所谓变量应变；另一部分是与位置坐标无关的，是各点相同的，即所谓常量应变。而且当单元的尺寸较小时，单元中各点的应变趋于相等，也就是单元的变形趋于均匀，因而常量应变就成为应变的主要部分。因此为了正确反映单元的变形状态，位移模式必须能反映该单元的常量应变。

（3）位移模式应当尽可能反映位移的连续性。在连续弹性体中，位移是连续的，不会发生两相邻部分互相脱离或互相侵入的现象。为了使得单元内部的位移保持连续，必须把位移模式取为坐标的单值连续函数。为了使相邻单元的位移保持连续，就要使它们公共结点处具有相同的位移时，也能在整个公共边界上具有相同的位移。这样就能使得相邻单元在受力以后既不互相脱离，也不互相侵入，而代替原来连续弹性体的那个离散结构仍然保持为连续弹性体。不难想象，如果单元很小很小，而且相邻单元在公共结点处具有相同的位移，也就能保证它们在整个公共边界上大致具有相同的位移。但是在实际计算时，不大可能把单元取得如此之小。因此在选取位移模式时，还是应当尽可能使它反映出位移的连续性。

条件（1）加条件（2）称为完备性条件，条件（3）称为连续性条件。理论和实践都已证明：为了使有限单元法的解答在单元的尺寸逐步取小时能够收敛于正确解答，反映刚体位移和常量应变是必要条件，加上反映相邻单元的位移连续性就是充分条件。

现在来说明，式（2.131）所示的位移模式是反映了三角形单元的刚体位移和常量应变的。为此，把式（2.131）改写成为

$$u = a_1 + a_2 x - \frac{a_5 - a_3}{2} y + \frac{a_5 + a_3}{2} y$$

$$v = a_4 + a_6 y + \frac{a_5 - a_3}{2} x + \frac{a_5 + a_3}{2} x \qquad (2.136)$$

与弹性力学中刚体位移表达式 $u = u_0 - \omega y$，$v = v_0 + \omega x$ 比较，可见：

$$u_0 = a_1, \quad v_0 = a_4, \quad \omega = \frac{a_5 - a_3}{2}$$

它们反映了刚体移动和刚体转动。另一方面，将式（2.136）代入几何方程得：

$$\varepsilon_x = a_2, \quad \varepsilon_y = a_6, \quad \gamma_{xy} = a_3 + a_5$$

它们反映了常量的应变。总之，6 个参数 $a_1, \cdots, a_6$ 反映了 3 个刚体位移和 3 个常量应变，表明所设定的位移模式满足完备性条件。

现在来说明，式（2.131）所示的位移模式也反映了相邻单元之间位移的连续性。任意两个相邻的单元，如图 2.21 中的 ijm 和 ipj，它们在 i 点的位移相同，都是 u_i 和 v_i，在 j 点的位移也相同，都是 u_j 和 v_j。由于式（2.131）所示的位移分量在每个单元中都是坐标的线性函数，在公共边界 ij 上当然也是线性变化，所以上述两个相邻单元在边上的任意一点都具有相同的位移。这就保证了相邻单元之间位移的连续性。附带指出，在每一单元的内部，位移也是连续的，因为式（2.131）是多项式，而多项式都是单值连续函数。

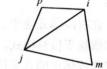

图 2.21 相邻的两个平面三角形单元

2.4.2 应力转换矩阵及单元刚度矩阵

有了单元位移模式后，便可利用几何方程和物理方程求得单元的应变和应力。将位移模式（2.135）代入几何方程（2.119），得：

$$\boldsymbol{\varepsilon} = \begin{pmatrix} \varepsilon_x \\ \varepsilon_y \\ \gamma_{xy} \end{pmatrix} = \boldsymbol{L}\boldsymbol{u} = \boldsymbol{L}\boldsymbol{N}\boldsymbol{a}^e = \boldsymbol{L}(N_i \quad N_j \quad N_m)\boldsymbol{a}^e$$

$$= (\boldsymbol{B}_i \quad \boldsymbol{B}_j \quad \boldsymbol{B}_m)\boldsymbol{a}^e$$

$$= \boldsymbol{B}\boldsymbol{a}^e \qquad (2.137)$$

式中，矩阵 $\boldsymbol{B}$ 为应变转换矩阵，也称应变矩阵，其分块子矩阵为

$$\boldsymbol{B}_i = \boldsymbol{L}N_i = \begin{pmatrix} \frac{\partial}{\partial x} & 0 \\ 0 & \frac{\partial}{\partial y} \\ \frac{\partial}{\partial y} & \frac{\partial}{\partial x} \end{pmatrix} \begin{pmatrix} N_i & 0 \\ 0 & N_i \end{pmatrix} = \frac{1}{2A}\begin{pmatrix} b_i & 0 \\ 0 & c_i \\ c_i & b_i \end{pmatrix} \quad (i, j, m) \qquad (2.138)$$

三角形单元的应变矩阵为

$$B = \frac{1}{2A}\begin{pmatrix} b_i & 0 & b_j & 0 & b_m & 0 \\ 0 & c_i & 0 & c_j & 0 & c_m \\ c_i & b_i & c_j & b_j & c_m & b_m \end{pmatrix} \quad (2.139)$$

由于单元的面积 A 以及各个 b 和 c 都是常量，所以应变矩阵 B 的各分量都是常量。可见应变 ε 的各分量也是常量。就是说，在每一个单元中，应变分量 ε_x，ε_y，ε_z 都是常量。因此，这里所采用的简单三角形单元也称为平面问题的常应变单元。

将表达式（2.137）代入物理方程（2.121），就可以把应力用单元结点位移表示为

$$\sigma = D\varepsilon = DBa^e = Sa^e \quad (2.140)$$

式中，S 称为应力转换矩阵，也称应力矩阵，即：

$$S = DB = D(B_i \quad B_j \quad B_m)$$
$$= (S_i \quad S_j \quad S_m) \quad (2.141)$$

将平面应力问题中弹性矩阵的表达式代入式（2.141）即得平面应力问题中的应力矩阵。其分块子矩阵为

$$S_i = \frac{E}{2(1-\nu^2)A}\begin{pmatrix} b_i & \nu c_i \\ \nu b_i & c_i \\ \frac{1-\nu}{2}c_i & \frac{1-\nu}{2}b_i \end{pmatrix} \quad (i, j, m) \quad (2.142)$$

对于平面应变问题需把 E 换成 $\frac{E}{1-\nu^2}$，ν 换成 $\frac{\nu}{1-\nu}$，于是式（2.142）变为

$$S_i = \frac{E(1-\nu)}{2(1+\nu)(1-2\nu)A}\begin{pmatrix} b_i & \frac{\nu}{1-\nu}c_i \\ \frac{\nu}{1-\nu}b_i & c_i \\ \frac{1-2\nu}{2(1-\nu)}c_i & \frac{1-2\nu}{2(1-\nu)}b_i \end{pmatrix} \quad (i, j, m) \quad (2.143)$$

应力矩阵也是常量矩阵。可见，在每一个单元中，应力分量也是常量。当然，相邻单元一般将具有不同的应力。因而，在它们的公共边上，应力具有突变。但是，随单元的逐步趋小，这种突变将急剧减小，并不妨碍有限单元法的解答收敛于正确解答。

现在来导出用结点位移表示结点力的表达式。假想在单元 ijm 中发生了虚位移 δu，相应的结点虚位移为 δa^e，引起的虚应变为 $\delta \varepsilon$。因为每一个单元所受的荷载都要移植到结点上，所以该单元所受的外力只有结点力 F^e，即单元从网格割离出来后，结点对单元的作用力。这时虚功方程为

$$(\delta a^e)^T F^e = \iint_{\Omega^e} \delta \varepsilon^T \sigma t \mathrm{d}x\mathrm{d}y$$

式中，t 为单元的厚度。有时为了简明起见，认为是单位厚度将 t 省略。将式（2.140）以及由式（2.137）得来的 $\delta \varepsilon = B\delta a^e$ 代入，得：

$$(\delta a^e)^T F^e = \iint_{\Omega^e} (\delta a^e)^T B^T DB t a^e \mathrm{d}x\mathrm{d}y$$

由于结点位移与坐标无关，上式右边的 $(\delta a^e)^T$ 和 a^e 可以提到积分号的外面去。又由于

虚位移是任意的，从而矩阵 $(\boldsymbol{\delta a}^e)^\mathrm{T}$ 也是任意的，所以等式两边与它相乘的矩阵应当相等。于是得：

$$\boldsymbol{F}^e = \iint_{\Omega^e} \boldsymbol{B}^\mathrm{T}\boldsymbol{D}\boldsymbol{B}t\mathrm{d}x\mathrm{d}y\boldsymbol{a}^e = \boldsymbol{k}\boldsymbol{a}^e \tag{2.144}$$

式中，$\boldsymbol{k}$ 称为单元刚度矩阵。

$$\boldsymbol{k} = \iint_{\Omega^e} \boldsymbol{B}^\mathrm{T}\boldsymbol{D}\boldsymbol{B}t\mathrm{d}x\mathrm{d}y \tag{2.145}$$

这就建立了单元上的结点力与结点位移之间的关系。由于 $\boldsymbol{D}$ 中的元素是常量，而且在线性位移模式的情况下，$\boldsymbol{B}$ 中的元素也是常量，再注意到 $\iint_{\Omega^e} \mathrm{d}x\mathrm{d}y = A$，单元刚度阵 $\boldsymbol{k} = \iint_{\Omega^e} \boldsymbol{B}^\mathrm{T}\boldsymbol{D}\boldsymbol{B}t\mathrm{d}x\mathrm{d}y$ 就简化为

$$\boldsymbol{k} = \boldsymbol{B}^\mathrm{T}\boldsymbol{D}\boldsymbol{B}tA = \begin{pmatrix} k_{ii} & k_{ij} & k_{im} \\ k_{ji} & k_{jj} & k_{jm} \\ k_{mi} & k_{mj} & k_{mm} \end{pmatrix} \tag{2.146}$$

将弹性矩阵 $\boldsymbol{D}$ 和应变矩阵 $\boldsymbol{B}$ 代入后，即得平面应力问题中三角形单元的刚度矩阵写成分块形式为

$$\boldsymbol{k}_{rs} = \frac{Et}{4(1-\nu^2)A} \begin{pmatrix} b_rb_s + \frac{1-\nu}{2}c_rc_s & \nu b_rc_s + \frac{1-\nu}{2}c_rb_s \\ \nu c_rb_s + \frac{1-\nu}{2}b_rc_s & c_rc_s + \frac{1-\nu}{2}b_rb_s \end{pmatrix} \quad (r=i,j,m;s=i,j,m) \tag{2.147}$$

对于平面应变问题，式（2.147）中的 E 换成 $\frac{E}{1-\nu^2}$，ν 换成 $\frac{\nu}{1-\nu}$，于是得：

$$\boldsymbol{k}_{rs} = \frac{E(1-\nu)t}{4(1+\nu)(1-2\nu)A} \begin{pmatrix} b_rb_s + \frac{1-2\nu}{2(1-\nu)}c_rc_s & \frac{\nu}{1-\nu}b_rc_s + \frac{1-2\nu}{2(1-\nu)}c_rb_s \\ \frac{\nu}{1-\nu}c_rb_s + \frac{1-2\nu}{2(1-\nu)}b_rc_s & c_rc_s + \frac{1-2\nu}{2(1-\nu)}b_rb_s \end{pmatrix} \quad (r=i,j,m;s=i,j,m)$$

$$\tag{2.148}$$

作为简例，设有平面应力情况下的单元 ijm，如图 2.22 所示。在所选的坐标系中，有：

$$x_i = a, \ x_j = 0, \ x_m = 0,$$
$$y_i = 0, \ y_j = a, \ y_m = 0$$

三角形的面积为 $A = \frac{a^2}{2}$，应用 2.4.1 节系数 a_i，b_i，c_i 求法，得：

$$b_i = a, \ b_j = 0, \ b_m = -a,$$
$$c_i = 0, \ c_j = a, \ c_m = -a$$

应用式（2.147），得该单元的刚度矩阵为

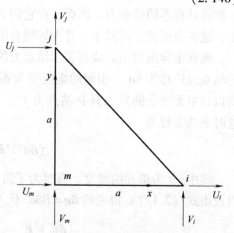

图 2.22 平面应力下的三角形单元

$$k = \frac{Et}{2(1-\nu^2)} \begin{pmatrix} 1 & 0 & 0 & \nu & -1 & -\nu \\ 0 & \frac{1-\nu}{2} & \frac{1-\nu}{2} & 0 & -\frac{1-\nu}{2} & -\frac{1-\nu}{2} \\ 0 & \frac{1-\nu}{2} & \frac{1-\nu}{2} & 0 & -\frac{1-\nu}{2} & -\frac{1-\nu}{2} \\ \nu & 0 & 0 & 1 & -\nu & -1 \\ -1 & -\frac{1-\nu}{2} & -\frac{1-\nu}{2} & -\nu & \frac{3-\nu}{2} & \frac{1+\nu}{2} \\ -\nu & -\frac{1-\nu}{2} & -\frac{1-\nu}{2} & -1 & \frac{1+\nu}{2} & \frac{3-\nu}{2} \end{pmatrix} \tag{2.149}$$

应用式（2.144）和式（2.140），得单元的结点力和应力：

$$\boldsymbol{F}^e = \begin{pmatrix} U_i \\ V_i \\ U_j \\ V_j \\ U_m \\ V_m \end{pmatrix} = \frac{Et}{2(1-\nu^2)} \begin{pmatrix} 1 & 0 & 0 & \nu & -1 & -\nu \\ 0 & \frac{1-\nu}{2} & \frac{1-\nu}{2} & 0 & -\frac{1-\nu}{2} & -\frac{1-\nu}{2} \\ 0 & \frac{1-\nu}{2} & \frac{1-\nu}{2} & 0 & -\frac{1-\nu}{2} & -\frac{1-\nu}{2} \\ \nu & 0 & 0 & 1 & -\nu & -1 \\ -1 & -\frac{1-\nu}{2} & -\frac{1-\nu}{2} & -\nu & \frac{3-\nu}{2} & \frac{1+\nu}{2} \\ -\nu & -\frac{1-\nu}{2} & -\frac{1-\nu}{2} & -1 & \frac{1+\nu}{2} & \frac{3-\nu}{2} \end{pmatrix} \begin{pmatrix} u_i \\ v_i \\ u_j \\ v_j \\ u_m \\ v_m \end{pmatrix} \tag{2.150}$$

$$\boldsymbol{\sigma} = \begin{pmatrix} \sigma_x \\ \sigma_y \\ \tau_{xy} \end{pmatrix} = \frac{E}{(1-\nu^2)a} \begin{pmatrix} 1 & 0 & 0 & \nu & -1 & -\nu \\ \nu & 0 & 0 & 1 & -\nu & -1 \\ 0 & \frac{1-\nu}{2} & \frac{1-\nu}{2} & 0 & -\frac{1-\nu}{2} & -\frac{1-\nu}{2} \end{pmatrix} \begin{pmatrix} u_i \\ v_i \\ u_j \\ v_j \\ u_m \\ v_m \end{pmatrix} \tag{2.151}$$

现在，通过这个简例，试考察一下结点力与单元中应力两者之间的关系。为简单明了起见，假定只有结点 i 发生位移 u_i（图2.23）。由式（2.150）得相应的结点力为

$$(U_i \quad V_i \quad U_j \quad V_j \quad U_m \quad V_m)^T$$
$$= \frac{Et}{2(1-\nu^2)}(1 \quad 0 \quad 0 \quad \nu \quad -1 \quad -\nu)^T u_i$$
$$= P(1 \quad 0 \quad 0 \quad \nu \quad -1 \quad -\nu)^T$$

其中：

$$P = \frac{Etu_i}{2(1-\nu^2)}$$

相应的结点位移及结点力如图2.23所示。

另一方面，由于这个位移 u_i，由式（2.151）得相应的应力为

$$(\sigma_x \quad \sigma_y \quad \tau_{xy}) = \frac{Eu_i}{(1-\nu^2)a}(1 \quad \nu \quad 0)^T = \frac{2P}{ta}(1 \quad \nu \quad 0)^T$$

如图 2.24 中 jm 及 mi 二面上所示。根据该单元的平衡条件，还可得出斜面 ij 上的应力，如图 2.24 中所示。对于该单元来说，这些力也就是作用于三个边界上的面力。现在，这些面力与图 2.23 中的结点力是静力等效的。

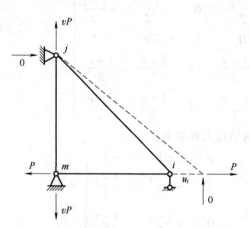

图 2.23　结点 i 发生位移 u_i 下的三角形单元

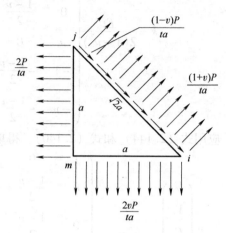

图 2.24　静力等效的三角形单元

单元刚度矩阵具有如下力学意义和性质：

（1）单元刚度矩阵各元素的力学意义。

为了阐述单元刚度矩阵的力学意义，将式（2.144）展开写成：

$$\boldsymbol{F}^e = \begin{pmatrix} U_i \\ V_i \\ U_j \\ V_j \\ U_m \\ V_m \end{pmatrix} = \begin{pmatrix} k_{ii}^{xx} & k_{ii}^{xy} & k_{ij}^{xx} & k_{ij}^{xy} & k_{im}^{xx} & k_{im}^{xy} \\ k_{ii}^{yx} & k_{ii}^{yy} & k_{ij}^{yx} & k_{ij}^{yy} & k_{im}^{yx} & k_{im}^{yy} \\ k_{ji}^{xx} & k_{ji}^{xy} & k_{jj}^{xx} & k_{jj}^{xy} & k_{jm}^{xx} & k_{jm}^{xy} \\ k_{ji}^{yx} & k_{ji}^{yy} & k_{jj}^{yx} & k_{jj}^{yy} & k_{jm}^{yx} & k_{jm}^{yy} \\ k_{mi}^{xx} & k_{mi}^{xy} & k_{mj}^{xx} & k_{mj}^{xy} & k_{mm}^{xx} & k_{mm}^{xy} \\ k_{mi}^{yx} & k_{mi}^{yy} & k_{mj}^{yx} & k_{mj}^{yy} & k_{mm}^{yx} & k_{mm}^{yy} \end{pmatrix} \begin{pmatrix} u_i \\ v_i \\ u_j \\ v_j \\ u_m \\ v_m \end{pmatrix} \quad (2.152)$$

当某个结点位移分量（如 u_i）为 1，其他节点位移分量均为 0 时，式（2.152）成为

$$\boldsymbol{F}^e = \begin{pmatrix} U_i \\ V_i \\ U_j \\ V_j \\ U_m \\ V_m \end{pmatrix} = \begin{pmatrix} k_{ii}^{xx} \\ k_{ii}^{yx} \\ k_{ji}^{xx} \\ k_{ji}^{yx} \\ k_{mi}^{xx} \\ k_{mi}^{yx} \end{pmatrix} \quad (2.153)$$

式（2.153）表明，单元刚度矩阵的第一列元素的力学意义是：当 i 结点 x 方向发生单位位移（$u_i = 1$，其他节点位移分量均为 0）时，所产生的结点力。单元在这些结点力作用下保持平衡。因此，在 x 方向和 y 方向结点力之和为零，即：

$$k_{ii}^{xx} + k_{ji}^{xx} + k_{mi}^{xx} = 0$$
$$k_{ii}^{yx} + k_{ji}^{yx} + k_{mi}^{yx} = 0$$

同样分析可以得出其他各列元素的力学意义。归纳起来,单元刚度矩阵中任一个元素(如 k_{ij}^{yx})的力学意义为:当 j 结点 x 方向发生单位位移时,在 i 结点 y 方向产生的结点力。

为了简单明了,还可以将式(2.152)按结点写成分块子矩阵形式:

$$\boldsymbol{F}^e = \begin{pmatrix} F_i \\ F_j \\ F_m \end{pmatrix} = \begin{pmatrix} k_{ii} & k_{ij} & k_{im} \\ k_{ji} & k_{jj} & k_{jm} \\ k_{mi} & k_{mj} & k_{mm} \end{pmatrix} \begin{pmatrix} a_i \\ a_j \\ a_m \end{pmatrix} \tag{2.154}$$

刚度矩阵中各分块子矩阵(如 k_{ij})是 2×2 的矩阵,它表示 j 结点 x 方向或 y 方向发生单位位移时,在 i 结点 x 方向或 y 方向产生的结点力。笼统地讲,k_{ij} 表示 j 结点对 i 结点的刚度贡献。

(2)对称性。

由单元刚度阵 $\boldsymbol{k} = \iint_{\Omega^e} \boldsymbol{B}^{\mathrm{T}} \boldsymbol{D} \boldsymbol{B} t \mathrm{d}x \mathrm{d}y$ 显然看出:

$$\boldsymbol{k}^{\mathrm{T}} = \left(\iint_{\Omega^e} \boldsymbol{B}^{\mathrm{T}} \boldsymbol{D} \boldsymbol{B} t \mathrm{d}x \mathrm{d}y\right)^{\mathrm{T}} = \iint_{\Omega^e} \boldsymbol{B}^{\mathrm{T}} \boldsymbol{D} \boldsymbol{B} t \mathrm{d}x \mathrm{d}y = \boldsymbol{k}$$

(3)奇异性。

由式(2.154)可知,单元刚度矩阵各列元素之和等于零。再考虑刚度矩阵的对称性,单元刚度矩阵每一行的元素之和也等于零。因此,单元刚度矩阵是奇异的,即 $|\boldsymbol{k}| = 0$。正由于此,给定任意结点位移可以由式(2.144)计算出单元的结点力。反之,如果给定某一结点荷载,即使它满足平衡条件,也不能由该公式确定单元的结点位移 $\boldsymbol{a}^e$。这是因为单元还可以有任意的刚体位移。

(4)主元素恒正。

$$k_{ii}^{xx} > 0, \quad k_{ii}^{yy} > 0 \quad (i,j,m)$$

这是因为在结点某个方向施加单位位移,必然会在该结点同一方向产生结点力。

以上性质对各种形式的单元都是普遍具有的,对于三角形单元还具有如下两个特有的性质:

1)单元均匀放大或缩小不会改变刚度矩阵的数值。也就是说,两个相似的三角形单元,它们的刚度矩阵是相同的。图 2.19 所示的三角形单元的刚度矩阵式(2.149)中并没有出现单元尺寸 a。

2)单元水平或竖向移动不会改变刚度矩阵的数值。这是因为刚度矩阵公式(2.147)只与代表单元相对长度的 b_r 和 c_s 有关。

2.4.3 等效结点荷载

有限元计算需要把所有分布体力和分布面力移置到结点上而成为结点荷载,这种移置必须按照静力等效的原则来进行。对于变形体,包括弹性体在内。所谓静力等效,是指原荷载与结点荷载在任何虚位移上的虚功相等。在一定的位移模式之下,这样移置的结果是唯一的。按这种原则移置到结点上的荷载称为等效结点荷载。对于三角形单元,这种移置总能符合通常所理解的对刚体而言的静力等效原则,即原荷载与结点荷载在任一轴上的投影之和相等,对任一轴的力矩之和也相等。也就是,在向任一点简化时,它们将具有相同的主矢量及主矩。

设单元 ijm 在坐标为 (x, y) 的任意一点 M 受有集中荷载 P，其坐标方向分量为 P_x 及 P_y（图2.25），用矩阵表示为 $\boldsymbol{P} = (P_x \quad P_y)^T$。移置到该单元上各结点处的等效结点荷载，用荷载列阵表示为

$$\boldsymbol{R}^e = (R_{ix} \quad R_{iy} \quad R_{jx} \quad R_{jy} \quad R_{mx} \quad R_{my})^T$$

现在，假设该单元发生了虚位移，其中，M点的相应虚位移为

$$\boldsymbol{\delta u} = (\delta u \quad \delta v)^T$$

而该单元上各结点的相应虚位移为：

$$\boldsymbol{\delta a}^e = (\delta u_i \quad \delta v_i \quad \delta u_j \quad \delta v_j \quad \delta u_m \quad \delta v_m)^T$$

按照静力等效的原则，即结点荷载与原荷载在上述虚位移上的虚功相等，有：

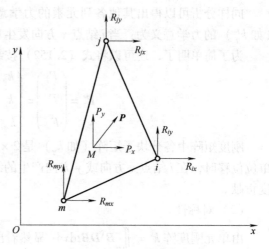

图 2.25 三角形单元

$$(\boldsymbol{\delta a}^e)^T \boldsymbol{R}^e = \boldsymbol{\delta u}^T \boldsymbol{P}$$

将由式（2.239）得来的 $\boldsymbol{\delta u} = \boldsymbol{N}\boldsymbol{\delta a}^e$ 代入，得：

$$(\boldsymbol{\delta a}^e)^T \boldsymbol{R}^e = (\boldsymbol{\delta a}^e)^T \boldsymbol{N}^T \boldsymbol{P}$$

由于虚位移是任意的，于是得：

$$\boldsymbol{R}^e = \boldsymbol{N}^T \boldsymbol{P} \tag{2.155}$$

展开写成：

$$\begin{aligned}\boldsymbol{R}^e &= (R_{ix} \quad R_{iy} \quad R_{jx} \quad R_{jy} \quad R_{mx} \quad R_{my})^T \\ &= (N_i P_x \quad N_i P_y \quad N_j P_x \quad N_j P_y \quad N_m P_x \quad N_m P_y)\end{aligned}$$

有了集中力作用下的等效结点荷载公式后，任意分布荷载作用下的等效结点荷载都可以通过积分得到。设上述单元受有分布的体力 $\boldsymbol{f} = (f_x \quad f_y)^T$，可将微分体积 $tdxdy$ 上的体力 $\boldsymbol{f}tdxdy$，当成集中荷载 $d\boldsymbol{P}$，利用式（2.259）的积分得到：

$$\boldsymbol{R}^e = \iint_{\Omega^e} \boldsymbol{N}^T \boldsymbol{f} t dx dy \tag{2.156}$$

设上述单元的 ij 边是在弹性体的边界上，受有分布面力 $\bar{\boldsymbol{f}} = (\bar{f}_x \quad \bar{f}_y)^T$，可将微分面积 tds 上的面力 $\bar{\boldsymbol{f}}tds$ 当成集中荷载 $d\boldsymbol{P}$，利用式（2.25）的积分得到：

$$\boldsymbol{R}^e = \int_{ij} \boldsymbol{N}^T \bar{\boldsymbol{f}} ds \tag{2.157}$$

下面利用以上公式计算一些常见的分布荷载产生的等效结点荷载。

1. 单元受自重作用。设单元容量（即单位体积重量）为 ρg（图2.26）。按照公式（2.157）：

$$\boldsymbol{f} = \begin{pmatrix} 0 \\ -\rho g \end{pmatrix}$$

$$\begin{aligned}\boldsymbol{R}^e &= \iint_{\Omega^e} \boldsymbol{N}^T \begin{pmatrix} 0 \\ -\rho g \end{pmatrix} t dx dy \\ &= -\rho g t \iint_{\Omega^e} (0 \quad N_i \quad 0 \quad N_j \quad 0 \quad N_m)^T dx dy\end{aligned}$$

$$= -\frac{1}{3}\rho gtA(0 \quad 1 \quad 0 \quad 1 \quad 0 \quad 1)^T$$

表明把单元总重量平均分配到 3 个结点上。

2. 在 ij 边界上受 x 方向均布力 q 作用，边界长度为 l（图 2.27），按照公式（2.157）：

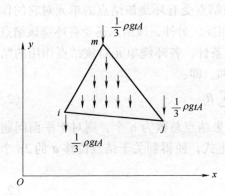
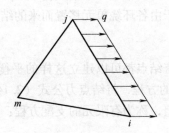

图 2.26　均布三角形单元　　　图 2.27　x 方向均布力 q 作用的三角形单元

$$\bar{f} = \begin{pmatrix} q \\ 0 \end{pmatrix}$$

$$\boldsymbol{R}^e = \int_{ij} \boldsymbol{N}^T \begin{pmatrix} q \\ 0 \end{pmatrix} ds$$

$$= qt\int_{ij}(N_i \quad 0 \quad N_j \quad 0 \quad N_m \quad 0)^T ds$$

$$= \frac{1}{2}qlt(1 \quad 0 \quad 1 \quad 0 \quad 0 \quad 0)^T$$

表明把面力的合力平均分配到结点 i 和结点 j 上，m 结点的等效结点荷载为零。

3. 在 ij 边界上受三角形分布荷载作用，边界长度为 l（图 2.28）。为了积分方便，设从 i 结点出发指向 j 结点的直线作为局部坐标 s，则面力可表示为

$$\bar{f} = \begin{pmatrix} \left(1 - \dfrac{s}{l}\right)q \\ 0 \end{pmatrix}$$

在 ij 边上，$N_i = 1 - \dfrac{s}{l}$，$N_j = \dfrac{s}{l}$，$N_m = 0$

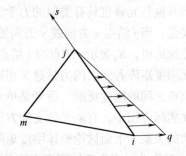

图 2.28　三角形分布荷载作用的三角形单元

按照公式（2.157）：

$$\boldsymbol{R}^e = \int_{ij}(N_i\bar{f}_x \quad N_i\bar{f}_y \quad N_j\bar{f}_x \quad N_j\bar{f}_y \quad N_m\bar{f}_x \quad N_m\bar{f}_y)^T ds$$

$$= \int_{ij}\left(\left(1 - \dfrac{s}{l}\right)\left(1 - \dfrac{s}{l}\right)q, \quad 0 \quad \dfrac{s}{l}\left(1 - \dfrac{s}{l}\right)q, \quad 0, \quad 0, \quad 0\right)^T ds$$

$$= \frac{1}{2}ql\left(\dfrac{2}{3} \quad 0 \quad \dfrac{1}{3} \quad 0 \quad 0 \quad 0\right)^T$$

表明把三角形分布面力的合力的 $\frac{2}{3}$ 分配到 i 结点，把合力的 $\frac{1}{3}$ 分配到 j 结点。

2.4.4　结构的整体分析、支配方程

在有限元网格中任意取出一个典型结点 i，该结点受有环绕该结点的单元对它的作用力 F_i，这些作用力与各单元的结点力大小相等方向相反。另外，该结点还受有环绕该结点的那些单元上移置而来的等效结点荷载 R_i。根据平衡条件，各环绕单元对该结点作用的结点力之和应等于由各环绕单元移置而来的结点荷载之和，即：

$$\sum_e F_i = \sum_e R_i \tag{2.158}$$

对所有结点都可以建立这样的平衡方程。如果结点总数为 n 个，则对于平面问题就有 $2n$ 个这样的方程，将结点力公式（2.144）代入上式，便得到关于结点位移 a 的 $2n$ 个线性代数方程组，称为有限元的支配方程：

$$Ka = R \tag{2.159}$$

式中，K 为整体刚度矩阵，a 为整体结点位移列阵，R 为整体结点荷载列阵。

按结点将该方程组写成分块矩阵形式：

$$\begin{pmatrix} K_{11} & K_{12} & \cdots & K_{1n} \\ K_{21} & K_{22} & \cdots & K_{2n} \\ \vdots & \vdots & & \vdots \\ K_{n1} & K_{n2} & \cdots & K_{nn} \end{pmatrix} \begin{pmatrix} a_1 \\ a_2 \\ \vdots \\ a_n \end{pmatrix} = \begin{pmatrix} R_1 \\ R_2 \\ \vdots \\ R_n \end{pmatrix} \tag{2.160}$$

支配方程（2.160）的左边代表各结点的结点力。如把第一行元素与结点位移列阵 a 各元素相乘之和就是第一个结点的结点力。若命某个结点位移分量为 1，如 $u_1 = 1$，其他结点位移全部为 0，这时各结点的结点力就是刚度矩阵 K 中的第一列各元素。或者说刚度矩阵 K 中第一列各元素代表 1 结点 x 方向发生单位位移时，在各结点产生的结点力。同样的分析可以得出其他各元素也具有类似的力学意义。归纳起来，刚度矩阵 K 中各分块子矩阵 K_{ij} 的力学意义是：当 j 结点 x 方向或 y 方向发生单位位移时，在 i 结点 x 方向或 y 方向产生的结点力。笼统地讲，K_{ij} 表示 j 结点对 i 结点的刚度贡献。可见，整体刚度矩阵各元素的力学意义与单元刚度矩阵各元素的力学意义相同。但是要注意两者结点编码的取值范围不同，前者是整体结点之间的刚度贡献，后者是单元 i，j，m 三个结点之间的刚度贡献。

在实际应用中，有限元的支配方程规模是很大的，它的求解方法与整体刚度矩阵的性质有很大的关系。下面讨论整体刚度矩阵的性质。

1. 对称性。因为整体刚度矩阵是由各单元刚度矩阵集合而成，所以仍然具有对称性。

2. 稀疏性。从平衡条件（2.158）知，每个结点的结点力只与环该结点的单元有关，即只有环绕该结点的单元的结点位移对其有贡献刚度。称这些对该节点有刚度贡献的结点为相关结点。虽然总体结点数很多，但是每个结点的相关结点却是很少的，这导致刚度矩阵中只有很少的非零元素，这就是刚度矩阵的稀疏性。利用这个性质，采用恰当的解法，只需存储非零元素，可以极大节省计算机内存。

3. 非零元素呈带状分布，只要编号合理，刚度矩阵中的非零元素将集中在以主对角线为中心的一条带状的区域内，如图 2.29 所示每行的第一个非零元素到主元素之间元素的个

数称为半带宽。在直接解法中，只需存储半带宽以内的元素。因此半带宽越小，求解效率就越高。半带宽的大小与整体结点编码有关。好的结点编码能使半带宽较小。

整体刚度矩阵 K 的半带宽取决于每个单元中的任意两个结点编号之间的最大差。设 D 是网格中各单元的这一最大差，半带宽则为

$$B = (D+1)m$$

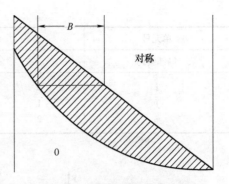

图 2.29 非零元素的带状分布

式中 m 是每个结点的自由度数，对于平面问题 $m=2$，对于空间问题 $m=3$。因此，为了使半带宽最小，应当选择使 D 具有最小的结点编号系统。例如，考察图 2.30 所示网格的两种不同的结点编号系统。第一个编号系统（图 2.30a）中的 D 值为 8，而第二个编号系统（图 2.30b）中的 D 值为 5。可见第二个编号系统优于第一个。为了使半带宽最小，可以通过对结点编号进行优化来实现，这个工作可由计算机自动完成。

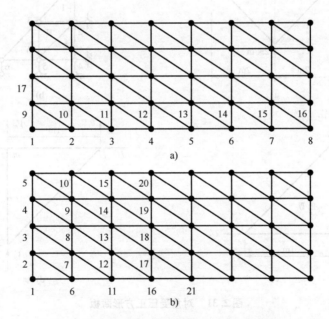

图 2.30 网格的两种不同的结点编号系统

下面通过一个简例来说明，如何对一个结构进行整体分析：建立整体刚度矩阵和整体结点荷载列阵，建立整体结点平衡方程组，解出结点位移，并从而求出单元的应力。

设有对角受压的正方形薄板，图 2.31a，荷载沿厚度均匀分布，为 2N/m。由于 xz 面和 yz 面均为该薄板的对称面，所以只须取四分之一部分作为计算对象，图 2.31b。将该对象划分为 4 个单元，共有 6 个结点。单元和结点均编上号码，其中结点的整体编码 1~6，各单元的结点局部编码 i、j、m，两者的对应关系如表 2.3 所示。

对称面上的结点没有垂直于对称面的位移分量。因此，在 1、2、4 三个结点设置了水平连杆支座，在 4、5、6 三个结点设置了铅直连杆支座。这样就得出如图 2.31b 所示的离散结构。

表 2.3

单元号	I		II		III		IV	
局部编码	整体编码							
i	3		5		2		6	
j	1		2		5		3	
m	2		4		3		5	

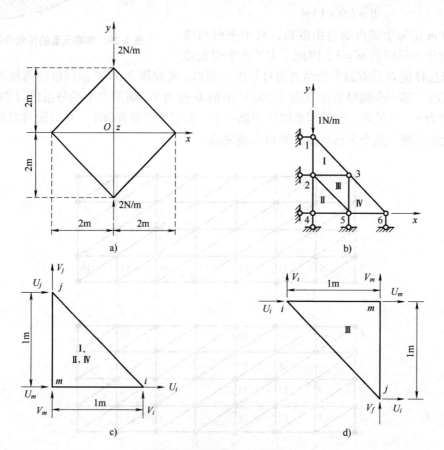

图 2.31 对角受压正方形薄板

对于每个单元，由于结点的局部编码与整体编码的对应关系已经确定，每个单元刚度矩阵中任一子矩阵的力学意义也就明确了。例如，单元 I 的 k_{ii}，即 k_{33}，它的四个元素就是当结构的结点 3 沿 x 或 y 方向有单位位移时，由于单元 I 的刚度而在结点 3 的 x 或 y 方向引起的结点力等。据此，各个单元的刚度矩阵中 9 个子矩阵的力学意义可表示如下：

单元 I

$$\begin{array}{c|ccc} F_3 & k_{ii} & k_{ij} & k_{im} \\ F_1 & k_{ji} & k_{jj} & k_{jm} \\ F_2 & k_{mi} & k_{mj} & k_{mm} \\ \hline & a_3 & a_1 & a_2 \end{array}$$

(a)

单元 II

$$\begin{array}{c|ccc} F_5 & k_{ii} & k_{ij} & k_{im} \\ F_2 & k_{ji} & k_{jj} & k_{jm} \\ F_4 & k_{mi} & k_{mj} & k_{mm} \\ \hline & a_5 & a_2 & a_4 \end{array}$$

(b)

单元Ⅲ

$$\begin{array}{c|ccc}F_2 & k_{ii} & k_{ij} & k_{im}\\ F_5 & k_{ji} & k_{jj} & k_{jm}\\ F_3 & k_{mi} & k_{mj} & k_{mm}\\ \hline & a_2 & a_5 & a_3\end{array}$$

(c)

单元Ⅳ

$$\begin{array}{c|ccc}F_6 & k_{ii} & k_{ij} & k_{im}\\ F_3 & k_{ji} & k_{jj} & k_{jm}\\ F_5 & k_{mi} & k_{mj} & k_{mm}\\ \hline & a_6 & a_3 & a_5\end{array}$$

(d)

现在，暂不考虑位移边界条件，把图2.31b所示结构的整体结点平衡方程组 $Ka = R$ 写成：

$$\begin{pmatrix} k_{11} & k_{12} & k_{13} & k_{14} & k_{15} & k_{16}\\ k_{21} & k_{22} & k_{23} & k_{24} & k_{25} & k_{26}\\ k_{31} & k_{32} & k_{33} & k_{34} & k_{35} & k_{36}\\ k_{41} & k_{42} & k_{43} & k_{44} & k_{45} & k_{46}\\ k_{51} & k_{52} & k_{53} & k_{54} & k_{55} & k_{56}\\ k_{61} & k_{62} & k_{63} & k_{64} & k_{65} & k_{66} \end{pmatrix} \begin{pmatrix} a_1\\ a_2\\ a_3\\ a_4\\ a_5\\ a_6 \end{pmatrix} = \begin{pmatrix} R_1\\ R_2\\ R_3\\ R_4\\ R_5\\ R_6 \end{pmatrix} \qquad (e)$$

在这里，整体刚度矩阵 K 按分块形式写成 6×6 的矩阵，但它的每一个子块是 2×2 的矩阵。因此，它实际上是 12×12 的矩阵。矩阵 K 中的任意一个子矩阵，如 k_{23}，它的四个元素是结构的结点3沿 x 或 y 方向有单位位移而在结点2的 x 或 y 方向引起的结点力。笼统地讲，k_{23} 表示3结点对2结点的刚度贡献。

由于结点3与结点2在结构中是通过Ⅰ和Ⅲ这两个单元相联系。因而，k_{23} 应是单元Ⅰ的 k_{23} 与单元Ⅲ的 k_{23} 之和。由式（a）可见，单元Ⅰ的 k_{23} 是它的 k_{mi}；由式（c）可见，单元Ⅲ的 k_{23} 是它的 k_{im}。因此 K 中的 k_{23} 应是单元Ⅰ的刚度矩阵中的 k_{mi} 与单元Ⅲ的刚度矩阵中的 k_{im} 之和。换句话说，单元Ⅰ的 k_{mi} 及单元Ⅲ的 k_{im} 都应叠加到 K 中 k_{23} 的位置上去。同样不难找到各个单元刚度矩阵中所有的子矩阵在整体刚度矩阵 K 中的具体位置。于是建立 K 的步骤就成为：将 K 首先全部设置为零，然后逐个单元地建立单元的刚度矩阵，根据单元结点的局部编码与整体编码的关系，将单元的刚度矩阵中每一个子矩阵叠加到 K 中的相应位置上。对所有的单元全部完成上述叠加步骤，就形成了整体刚度矩阵。这样得出图2.31b所示结构的整体刚度矩阵为

$$k = \begin{pmatrix} k_{jj}^{\mathrm{I}} & k_{jm}^{\mathrm{I}} & k_{ji}^{\mathrm{I}} & & & \\ k_{mj}^{\mathrm{I}} & k_{mm}^{\mathrm{I}}+k_{jj}^{\mathrm{II}}+k_{ii}^{\mathrm{III}} & k_{mi}^{\mathrm{I}}+k_{im}^{\mathrm{III}} & k_{jm}^{\mathrm{II}} & k_{ji}^{\mathrm{II}}+k_{ij}^{\mathrm{III}} & \\ k_{ji}^{\mathrm{I}} & k_{im}^{\mathrm{I}}+k_{mi}^{\mathrm{III}} & k_{ii}^{\mathrm{I}}+k_{mm}^{\mathrm{III}}+k_{jj}^{\mathrm{IV}} & & k_{mj}^{\mathrm{III}}+k_{jm}^{\mathrm{IV}} & k_{ji}^{\mathrm{IV}} \\ & k_{mj}^{\mathrm{II}} & & k_{mm}^{\mathrm{II}} & k_{mi}^{\mathrm{II}} & \\ & k_{ij}^{\mathrm{II}}+k_{ji}^{\mathrm{III}} & k_{jm}^{\mathrm{III}}+k_{mj}^{\mathrm{IV}} & k_{im}^{\mathrm{II}} & k_{ii}^{\mathrm{II}}+k_{jj}^{\mathrm{III}}+k_{mm}^{\mathrm{IV}} & k_{mi}^{\mathrm{IV}} \\ & & k_{ij}^{\mathrm{III}} & & k_{im}^{\mathrm{IV}} & k_{ii}^{\mathrm{IV}} \end{pmatrix} \qquad (f)$$

式中，k 的上标Ⅰ、Ⅱ、Ⅲ、Ⅳ表示那个 k 是哪一个单元的刚度矩阵中的子矩阵，空白处是 2×2 的零矩阵。

对于单元Ⅰ、Ⅱ、Ⅳ，可求得 $A = 0.5\text{m}^2$，有：
$$b_i = 1\text{m}, \quad b_j = 0, \quad b_m = -1\text{m}$$
$$c_i = 0, \quad c_j = 1\text{m}, \quad c_m = -1\text{m}$$

对于单元Ⅲ，可求得 $A = 0.5\text{m}^2$，有：
$$b_i = -1\text{m}, \quad b_j = 0, \quad b_m = 1\text{m}$$
$$c_i = 0, \quad c_j = -1\text{m}, \quad c_m = 1\text{m}$$

根据上列数值，并为简单起见取 $\nu = 0$，$t = 1\text{m}$，应用公式（2.147），可见两种单元的刚度矩阵均是：

$$\boldsymbol{k} = E \begin{pmatrix} 0.5 & 0 & 0 & 0 & -0.5 & 0 \\ 0 & 0.25 & 0.25 & 0 & -0.25 & -0.25 \\ 0 & 0.25 & 0.25 & 0 & -0.25 & -0.25 \\ 0 & 0 & 0 & 0.5 & 0 & -0.5 \\ -0.5 & -0.25 & -0.25 & 0 & 0.75 & 0.25 \\ 0 & -0.25 & -0.25 & -0.5 & 0.25 & 0.75 \end{pmatrix} \qquad (\text{g})$$

将式（g）中各个子块的具体数值代入式（f），叠加以后，得：

$$\boldsymbol{K} = E \begin{pmatrix}
0.25 & 0 & -0.25 & -0.25 & 0 & 0.25 & & & & & & \\
0 & 0.5 & 0 & -0.5 & 0 & 0 & & & & & & \\
-0.25 & 0 & 1.5 & 0.25 & -1 & -0.25 & -0.25 & -0.25 & 0 & 0.25 & & \\
-0.25 & -0.5 & 0.25 & 1.5 & -0.25 & -0.5 & 0 & -0.5 & 0.25 & 0 & & \\
0 & 0 & -1 & -0.25 & 1.5 & 0.25 & & & -0.5 & -0.25 & 0 & 0.25 \\
0.25 & 0 & -0.25 & -0.5 & 0.25 & 1.5 & & & -0.25 & -1 & 0 & 0 \\
& & -0.25 & 0 & & & 0.75 & 0.25 & -0.5 & -0.25 & & \\
& & -0.25 & -0.5 & & & 0.25 & 0.75 & 0 & -0.25 & & \\
& & 0 & 0.25 & -0.5 & -0.25 & -0.5 & 0 & 1.5 & 0.25 & -0.5 & -0.25 \\
& & 0.25 & 0 & -0.25 & -1 & -0.25 & -0.25 & 0.25 & 1.5 & 0 & -0.25 \\
& & & & 0 & 0 & & & -0.5 & 0 & 0.5 & 0 \\
& & & & 0.25 & 0 & & & -0.25 & -0.25 & 0 & 0.25
\end{pmatrix}$$

(h)

由于有位移边界条件 $u_1 = u_2 = u_4 = v_4 = v_5 = v_6 = 0$，与这六个零位移分量相应的六个平衡方程不必建立。因此，须将式（d）中的第1、3、7、8、10、12各行以及同序号的各列划去，而式（h）简化为

$$\boldsymbol{K} = E \begin{pmatrix} 0.5 & -0.5 & 0 & 0 & 0 & 0 \\ -0.5 & 1.5 & -0.25 & -0.5 & 0.25 & 0 \\ 0 & -0.25 & 1.5 & 0.25 & -0.5 & 0 \\ 0 & -0.5 & 0.25 & 1.5 & -0.25 & 0 \\ 0 & 0.25 & -0.5 & -0.25 & 1.5 & -0.5 \\ 0 & 0 & 0 & 0 & -0.5 & 0.5 \end{pmatrix} \qquad (\text{i})$$

现在来建立结构的整体结点荷载列阵。在确定了每个单元的结点荷载列阵

$$R^e = \begin{pmatrix} R_i^T & R_j^T & R_m^T \end{pmatrix}^T = \begin{pmatrix} R_{ix} & R_{iy} & R_{jx} & R_{jy} & R_{mx} & R_{my} \end{pmatrix}^T$$

以后，根据各个单元的结点局部编码与整体编码的对应关系，不难确定其三个子块 R_i、R_j、R_m 在 R 中的位置。例如，对于图 2.31b 所示的结构，在不考虑位移边界条件的情况下，有：

$$R = \begin{pmatrix} R_1 \\ R_2 \\ R_3 \\ R_4 \\ R_5 \\ R_6 \end{pmatrix} = \begin{pmatrix} R_j^{\text{I}} \\ R_m^{\text{I}} + R_j^{\text{II}} + R_i^{\text{III}} \\ R_i^{\text{I}} + R_m^{\text{III}} + R_j^{\text{IV}} \\ R_m^{\text{II}} \\ R_i^{\text{II}} + R_j^{\text{III}} + R_m^{\text{IV}} \\ R_i^{\text{IV}} \end{pmatrix} \tag{j}$$

现在，由于该结构只是在结点 1 受有向下的荷载 1N/m，因而上式中具有非零元素的子块只有：

$$R_1 = R_j^{\text{I}} = \begin{pmatrix} 0 \\ -1 \end{pmatrix}$$

在考虑了位移边界条件以后，整体结点荷载列阵（j）为

$$R = \begin{pmatrix} -1 & 0 & 0 & 0 & 0 & 0 \end{pmatrix}^T \tag{k}$$

按照式（i）所示的 K 及式（g）所示的 R，得出结构的整体平衡方程组：

$$E \begin{pmatrix} 0.5 & -0.5 & 0 & 0 & 0 & 0 \\ -0.5 & 1.5 & -0.25 & -0.5 & 0.25 & 0 \\ 0 & -0.25 & 1.5 & 0.25 & -0.5 & 0 \\ 0 & -0.5 & 0.25 & 1.5 & -0.25 & 0 \\ 0 & 0.25 & -0.5 & -0.25 & 1.5 & -0.5 \\ 0 & 0 & 0 & 0 & -0.5 & 0.5 \end{pmatrix} \begin{pmatrix} v_1 \\ v_2 \\ u_3 \\ v_3 \\ u_5 \\ u_6 \end{pmatrix} = \begin{pmatrix} -1 \\ 0 \\ 0 \\ 0 \\ 0 \\ 0 \end{pmatrix}$$

求解以后，得结点位移为

$$\begin{pmatrix} v_1 \\ v_2 \\ u_3 \\ v_3 \\ u_5 \\ u_6 \end{pmatrix} = \frac{1}{E} \begin{pmatrix} -3.235 \\ -1.253 \\ -0.088 \\ -0.374 \\ 0.176 \\ 0.176 \end{pmatrix}$$

根据 $v=0$ 以及已求出的 A 值、b 值和 c 值，可由公式（2.141）得出单元的应力转换矩阵如下：

对于单元Ⅰ、Ⅱ、Ⅳ，有：

$$S = E \begin{pmatrix} 1 & 0 & 0 & 0 & -1 & 0 \\ 0 & 0 & 0 & 1 & 0 & -1 \\ 0 & 0.5 & 0.5 & 0 & -0.5 & -0.5 \end{pmatrix}$$

对于单元Ⅲ，有：

$$S = E \begin{pmatrix} -1 & 0 & 0 & 0 & 1 & 0 \\ 0 & 0 & 0 & -1 & 0 & 1 \\ 0 & -0.5 & -0.5 & 0 & 0.5 & 0.5 \end{pmatrix}$$

于是可用公式（2.140）求得各单元中的应力为

$$\begin{pmatrix} \sigma_x \\ \sigma_y \\ \tau_{xy} \end{pmatrix}_{\mathrm{I}} = E \begin{pmatrix} 1 & 0 & 0 & 0 & -1 & 0 \\ 0 & 0 & 0 & 1 & 0 & -1 \\ 0 & 0.5 & 0.5 & 0 & -0.5 & -0.5 \end{pmatrix} \begin{pmatrix} u_3 \\ v_3 \\ 0 \\ v_1 \\ 0 \\ v_2 \end{pmatrix} = \begin{pmatrix} -0.088 \\ -2.000 \\ 0.440 \end{pmatrix} (\mathrm{N/m^2})$$

$$\begin{pmatrix} \sigma_x \\ \sigma_y \\ \tau_{xy} \end{pmatrix}_{\mathrm{II}} = E \begin{pmatrix} 1 & 0 & 0 & 0 & -1 & 0 \\ 0 & 0 & 0 & 1 & 0 & -1 \\ 0 & 0.5 & 0.5 & 0 & -0.5 & -0.5 \end{pmatrix} \begin{pmatrix} u_5 \\ 0 \\ 0 \\ v_2 \\ 0 \\ 0 \end{pmatrix} = \begin{pmatrix} 0.176 \\ -1.253 \\ 0 \end{pmatrix} (\mathrm{N/m^2})$$

$$\begin{pmatrix} \sigma_x \\ \sigma_y \\ \tau_{xy} \end{pmatrix}_{\mathrm{III}} = E \begin{pmatrix} -1 & 0 & 0 & 0 & 1 & 0 \\ 0 & 0 & 0 & -1 & 0 & 1 \\ 0 & -0.5 & -0.5 & 0 & 0.5 & 0.5 \end{pmatrix} \begin{pmatrix} 0 \\ v_2 \\ u_5 \\ 0 \\ u_3 \\ v_3 \end{pmatrix} = \begin{pmatrix} -0.088 \\ -0.374 \\ 0.308 \end{pmatrix} (\mathrm{N/m^2})$$

$$\begin{pmatrix} \sigma_x \\ \sigma_y \\ \tau_{xy} \end{pmatrix}_{\mathrm{IV}} = E \begin{pmatrix} 1 & 0 & 0 & 0 & -1 & 0 \\ 0 & 0 & 0 & 1 & 0 & -1 \\ 0 & 0.5 & 0.5 & 0 & -0.5 & -0.5 \end{pmatrix} \begin{pmatrix} u_6 \\ 0 \\ u_3 \\ v_3 \\ u_5 \\ 0 \end{pmatrix} = \begin{pmatrix} 0 \\ -0.374 \\ -0.132 \end{pmatrix} (\mathrm{N/m^2})$$

2.4.5 用变分原理建立有限元的支配方程

本节利用变分原理来建立有限元的支配方程。首先用最小势能原理推导出有限元的求解

方程。在平面问题中，最小势能原理中的总势能 Π 的表达式为

$$\Pi = \frac{1}{2}\int_\Omega \boldsymbol{\varepsilon}^\mathrm{T}\boldsymbol{D}\boldsymbol{\varepsilon}t\mathrm{d}x\mathrm{d}y - \int_\Omega \boldsymbol{u}^\mathrm{T}\boldsymbol{f}t\mathrm{d}x\mathrm{d}y - \int_{S_\sigma}\boldsymbol{u}^\mathrm{T}\bar{\boldsymbol{f}}t\mathrm{d}s \tag{2.161}$$

其中，t 是平面弹性体的厚度；f 是体积力；$\bar{f}$ 是物体表面的面力。

将弹性体离散成有限元网格后，上述总势能可以写成各单元的势能之和，并利用应变公式（2.137）和位移模式（2.135）得：

$$\Pi = \sum_e \Pi^e = \frac{1}{2}\sum_e (\boldsymbol{a}^e)^\mathrm{T}\int_{\Omega^e} \boldsymbol{B}^\mathrm{T}\boldsymbol{D}\boldsymbol{B}t\mathrm{d}x\mathrm{d}y\boldsymbol{a}^e - \sum_e (\boldsymbol{a}^e)^\mathrm{T}\int_{\Omega^e} \boldsymbol{N}^\mathrm{T}\boldsymbol{f}t\mathrm{d}x\mathrm{d}y - \sum_e (\boldsymbol{a}^e)^\mathrm{T}\int_{S^e} \boldsymbol{N}^\mathrm{T}\bar{\boldsymbol{f}}t\mathrm{d}s \tag{2.162}$$

最小势能原理中泛涵 Π 的宗量是位移 u，离散以后泛函式（2.162）的宗量则成为结构整体结点位移 a。因此，需要将式（2.162）中各单元的结点位移 a^e 统一用整体结点位移 a 表示。为此，引入一个单元结点位移和整体结点位移之间的转换矩阵 C_e，称 C_e 为选择矩阵。将单元结点位移用整体结点位移表示为

$$\boldsymbol{a}^e = \boldsymbol{C}_e\boldsymbol{a} \tag{2.163}$$

选择矩阵 C_e 起着从整体结点位移列阵中选择出相应的结点位移放到单元结点位移列阵相应位置上去的作用。例如，图 2.32 的有限元网格共有 6 个结点，各单元的局部编码如单元内部的编码所示。

对于 II 号单元，根据整体编码与局部编码的关系，需要将整体结点位移列阵中，第 2 个子列阵取出来放到单元结点位移列阵的第 1 个子列阵上去，即 a_i 的位置；将第 5 个子列阵取出来放到单元结点位移列阵的第 2 个子列阵上去，将第 4 个子列阵取出来放到单元结点位移列阵的第 3 个子列阵上去。为了要实现这种结果，把选择矩阵 C_e 取为

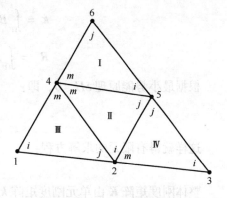

图 2.32　6 结点有限元网格

$$\boldsymbol{C}_\mathrm{II} = \begin{pmatrix} 0 & \boldsymbol{I} & 0 & 0 & 0 & 0 \\ 0 & 0 & 0 & 0 & \boldsymbol{I} & 0 \\ 0 & 0 & 0 & \boldsymbol{I} & 0 & 0 \end{pmatrix}$$

其中 I 为单位矩阵 $\begin{pmatrix} 1 & 0 \\ 0 & 1 \end{pmatrix}$，对于 3 结点的三角形单元，选择矩阵总是 $3\times n$（结点总数，这里等于 6）的分块形式的矩阵。

同理可以写出其余单元的选择矩阵：

$$\boldsymbol{C}_\mathrm{I} = \begin{pmatrix} 0 & 0 & 0 & 0 & \boldsymbol{I} & 0 \\ 0 & 0 & 0 & 0 & 0 & \boldsymbol{I} \\ 0 & 0 & 0 & \boldsymbol{I} & 0 & 0 \end{pmatrix}$$

$$\boldsymbol{C}_\mathrm{III} = \begin{pmatrix} \boldsymbol{I} & 0 & 0 & 0 & 0 & 0 \\ 0 & \boldsymbol{I} & 0 & 0 & 0 & 0 \\ 0 & 0 & 0 & \boldsymbol{I} & 0 & 0 \end{pmatrix}$$

$$C_{\text{IV}} = \begin{pmatrix} 0 & 0 & I & 0 & 0 & 0 \\ 0 & 0 & 0 & 0 & I & 0 \\ 0 & I & 0 & 0 & 0 & 0 \end{pmatrix}$$

另外，在具体运算中或程序实施中通过结点的整体编码与单元局部编码就可以实现整体到单元或单元到整体的对应关系，用不着选择矩阵。引入选择矩阵只是数学表达的需要。

将式（2.163）代入式（2.162），得：

$$\Pi = \frac{1}{2}\boldsymbol{a}^{\mathrm{T}}(\sum_e \boldsymbol{c}_e^{\mathrm{T}} \int_{\Omega^e} \boldsymbol{B}^{\mathrm{T}}\boldsymbol{D}\boldsymbol{B}t\mathrm{d}x\mathrm{d}y\boldsymbol{C}_e)\boldsymbol{a} - \boldsymbol{a}^{\mathrm{T}}\sum_e \boldsymbol{C}_e^{\mathrm{T}}\int_{\Omega^e}\boldsymbol{N}^{\mathrm{T}}\boldsymbol{f}t\mathrm{d}x\mathrm{d}y - \boldsymbol{a}^{\mathrm{T}}\sum_e \boldsymbol{C}_e^{\mathrm{T}}\int_{S^e}\boldsymbol{N}^{\mathrm{T}}\bar{\boldsymbol{f}}t\mathrm{d}s$$

$$= \frac{1}{2}\boldsymbol{a}^{\mathrm{T}}\boldsymbol{K}\boldsymbol{a} - \boldsymbol{a}^{\mathrm{T}}\boldsymbol{R} \tag{2.164}$$

其中

$$\boldsymbol{K} = \sum_e \boldsymbol{C}_e^{\mathrm{T}} \boldsymbol{k} \boldsymbol{C}_e$$

$$\boldsymbol{R} = \sum_e \boldsymbol{C}_e^{\mathrm{T}} \boldsymbol{R}^e$$

$$\boldsymbol{k} = \int_{\Omega^e} \boldsymbol{B}^{\mathrm{T}}\boldsymbol{D}\boldsymbol{B}t\mathrm{d}x\mathrm{d}y$$

$$\boldsymbol{R}^e = \int_{\Omega^e}\boldsymbol{N}^{\mathrm{T}}\boldsymbol{f}t\mathrm{d}x\mathrm{d}y + \int_{S^e}\boldsymbol{N}^{\mathrm{T}}\bar{\boldsymbol{f}}t\mathrm{d}s \tag{2.165}$$

根据最小势能原理 $\delta\Pi = 0$，即：

$$\frac{\partial \Pi}{\partial \boldsymbol{a}} = 0$$

这样就得有限元的求解方程：

$$\boldsymbol{K}\boldsymbol{a} = \boldsymbol{R} \tag{2.166}$$

整体刚度矩阵 $\boldsymbol{K}$ 由单元刚度矩阵 $\boldsymbol{k}$ 集合而成，整体等效结点荷载列阵由各单结点荷载集合而成。公式（2.165）中的单元刚度矩阵和单元等效结点荷载的表达式与式（2.145）、式（2.157）、式（2.158）完全相同。而且，我们在推导过程中并没有规定是哪种类型的单元。因此式（2.165）适用于平面问题任一单元类型。

式（2.165）中的 $\sum_e$ 表示对所有单元求和。由于选择矩阵的作用，使每个单元刚度矩阵的体积放大到与整体刚度矩阵的体积相同，然后累加到整体刚度矩阵中去。同样，对于单元结点荷载列阵也是先将其体积扩大，然后累加而成为整体荷载列阵。以 II 号单元为例，有：

$$\boldsymbol{C}_{\text{II}}^{\mathrm{T}}\boldsymbol{k}^{\text{II}}\boldsymbol{C}_{\text{II}} = \begin{pmatrix} 0 & 0 & 0 \\ \boldsymbol{I} & 0 & 0 \\ 0 & 0 & 0 \\ 0 & 0 & \boldsymbol{I} \\ 0 & \boldsymbol{I} & 0 \\ 0 & 0 & 0 \end{pmatrix} \begin{pmatrix} k_{ii} & k_{ij} & k_{im} \\ k_{ji} & k_{jj} & k_{jm} \\ k_{mi} & k_{mj} & k_{mm} \end{pmatrix} \begin{pmatrix} 0 & \boldsymbol{I} & 0 & 0 & 0 & 0 \\ 0 & 0 & 0 & 0 & \boldsymbol{I} & 0 \\ 0 & 0 & 0 & \boldsymbol{I} & 0 & 0 \end{pmatrix}$$

$$= \begin{pmatrix} 0 & 0 & 0 & 0 & 0 & 0 \\ 0 & k_{ii} & 0 & k_{im} & k_{ij} & 0 \\ 0 & 0 & 0 & 0 & 0 & 0 \\ 0 & k_{mi} & 0 & k_{mm} & k_{mj} & 0 \\ 0 & k_{ji} & 0 & k_{jm} & k_{jj} & 0 \\ 0 & 0 & 0 & 0 & 0 & 0 \end{pmatrix}$$

$$\boldsymbol{C}_{\mathrm{II}}^{\mathrm{T}} \boldsymbol{R}^{\mathrm{II}} = \begin{pmatrix} 0 & 0 & 0 \\ \boldsymbol{I} & 0 & 0 \\ 0 & 0 & 0 \\ 0 & 0 & \boldsymbol{I} \\ 0 & \boldsymbol{I} & 0 \\ 0 & 0 & 0 \end{pmatrix} \begin{pmatrix} R_i \\ R_j \\ R_m \end{pmatrix} = \begin{pmatrix} 0 \\ R_i \\ 0 \\ R_m \\ R_j \\ 0 \end{pmatrix}$$

可见，式（2.165）的集合表达式与上节介绍的单元刚度矩阵到整体刚度矩阵的集合方法是一致的。单元结点荷载到整体结点荷载列阵的集合方法也是一致的。

有限元的支配方程也可以用虚功原理来建立。平面问题的虚功方程为

$$\int_{\Omega} \delta\boldsymbol{\varepsilon}^{\mathrm{T}} \boldsymbol{\sigma} t \mathrm{d}x\mathrm{d}y = \int_{\Omega} \delta\boldsymbol{u}^{\mathrm{T}} \boldsymbol{f} t \mathrm{d}x\mathrm{d}y + \int_{S_\sigma} \delta\boldsymbol{u}^{\mathrm{T}} \bar{\boldsymbol{f}} t \mathrm{d}s \tag{2.167}$$

物体离散化以后，上式成为

$$\sum_e (\delta\boldsymbol{a}^e)^{\mathrm{T}} \int_{\Omega^e} \boldsymbol{B}^{\mathrm{T}} \boldsymbol{D} \boldsymbol{B} t \mathrm{d}x\mathrm{d}y \boldsymbol{a}^e = \sum_e (\delta\boldsymbol{a}^e)^{\mathrm{T}} \int_{\Omega^e} \boldsymbol{N}^{\mathrm{T}} \boldsymbol{f} t \mathrm{d}x\mathrm{d}y + \sum_e (\boldsymbol{a}^e)^{\mathrm{T}} \int_{S^e} \boldsymbol{N}^{\mathrm{T}} \bar{\boldsymbol{f}} t \mathrm{d}s$$

将式（2.163）代入，得：

$$\delta\boldsymbol{a}^{\mathrm{T}} \Big(\sum_e \boldsymbol{C}_e^{\mathrm{T}} \int_{\Omega^e} \boldsymbol{B}^{\mathrm{T}} \boldsymbol{D} \boldsymbol{B} t \mathrm{d}x\mathrm{d}y \boldsymbol{C}_e \Big) \boldsymbol{a} = \delta\boldsymbol{a}^{\mathrm{T}} \sum_e \boldsymbol{C}_e^{\mathrm{T}} \int_{\Omega^e} \boldsymbol{N}^{\mathrm{T}} \boldsymbol{f} t \mathrm{d}x\mathrm{d}y + \delta\boldsymbol{a}^{\mathrm{T}} \sum_e \boldsymbol{C}_e^{\mathrm{T}} \int_{S^e} \boldsymbol{N}^{\mathrm{T}} \bar{\boldsymbol{f}} t \mathrm{d}s$$

由于虚结点位移 $\delta\boldsymbol{a}^{\mathrm{T}}$ 是任意的，则上式成为

$$\sum_e \boldsymbol{C}_e^{\mathrm{T}} \int_{\Omega^e} \boldsymbol{B}^{\mathrm{T}} \boldsymbol{D} \boldsymbol{B} t \mathrm{d}x\mathrm{d}y \boldsymbol{C}_e \boldsymbol{a} = \sum_e \boldsymbol{C}_e^{\mathrm{T}} \int_{\Omega^e} \boldsymbol{N}^{\mathrm{T}} \boldsymbol{f} t \mathrm{d}x\mathrm{d}y + \sum_e \boldsymbol{C}_e^{\mathrm{T}} \int_{S^e} \boldsymbol{N}^{\mathrm{T}} \bar{\boldsymbol{f}} t \mathrm{d}s \tag{2.168}$$

与式（2.165）比较可知，式（2.168）与有限元的求解方程（2.166）完全相同。

2.4.6 单元划分要注意的问题

由 2.4.4 节中的例题可见，用有限单元法求解弹性力学问题，即使是很简单的平面问题，计算工作量也是很大的。因此，一般只能利用事先编好的计算程序，在计算机上进行计算。但是，单元的划分和计算成果的整理仍须由人工来考虑，而这是很重要的两步工作。

在划分单元时，就整体来说，单元的大小（即网格的疏密）要根据精度的要求和计算机的速度及容量来确定。根据误差分析，应力的误差与单元的尺寸成正比，位移的误差与单元的尺寸的平方成正比，可见单元分得越小，计算结果越精确。但在另一方面，单元越多，计算时间越长，要求的计算机容量也越大。因此，必须在计算机容量的范围以内，根据合理的计算时间，考虑工程上对精度的要求来决定单元的大小。

在单元划分上，对于不同部位的单元，可以采用不同的大小，也应当采用不同的大小。例如，在边界比较曲折的部位，单元必须小一些；在边界比较平滑的部位，单元可以大些。

又如，对于应力和位移情况需要了解得比较详细的重要部位，以及应力和位移变化的比较剧烈的部位，单元必须小一些；对于次要的部位，以及应力和位移变化的较平缓的部位，单元可以大一些。如果应力和位移的变化情况不易事先预估有时不得不先用比较均匀的单元，进行一次计算，然后根据计算结果重新划分单元，进行第二次计算。

根据误差分析，应力及位移的误差都和单元的最小内角的正弦成反比。据此，采用等边三角形单元与采用等腰直角三角形单元误差之比为 $\sin 45°:\sin 60°$，即 $1:1.23$，显然是前者较好。但是，在通常的情况下，为了适应弹性体的边界以及单元由大到小的过程是不大可能使所有的单元都接近于等边三角形的，而且为了便于整理和分析应力结果，往往宁愿采用直角三角形的单元。

当结构具有对称面而荷载对称于该面或反对称于该面时，为了利用对称性或反对称性，从而减少计算工作量，应当使单元的划分也对称于该面。例如，对于2.4.4节中的例题由于该薄板以及所受荷载都具有两个对称面，就使单元的划分也对称于这两个面，于是就只需计算1/4薄板，而且对称面上的结点没有垂直于对称面的位移，这就大大减少了计算工作量。与此相似，当结构具有对称面而所受的荷载又反对称于该面时，也应当使单元的划分对称于该面，于是就也只需计算结构的一半，而且对称面上的各结点将没有沿着该面的位移，大大减少了计算工作量。对于具有对称面的结构，即使荷载并不是对称于该面，也不是反对称于该面，也宁愿把荷载分解成为对称的和反对称的两组，分别计算，然后将计算结果进行叠加。

例如，图2.33a所示的刚架是对称于 yz 面的。在计算之前，先把荷载分解为对称的及反对称的两组，如图2.33b及图2.33c所示。在对称荷载的作用下，该刚架的位移及应力都将对称于 yz 面。计算时，可只计算对称面右边的一半，而把对称面上各结点的水平位移 u 取为零，左边一半刚架的位移及应力可由对称条件得来。在图2.33c所示的反对称荷载作用下，该刚架的位移及应力都将反对称于 yoz 面。计算时，仍只计算对称面右边的一半，而把对称面上各结点的铅直位移 v 取为零，左边一半刚架的位移及应力可由反对称条件得来。把这样两次计算而得的成果相叠加，就得出整个刚架在原荷载作用下的位移及应力。

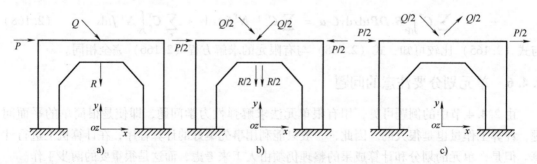

图2.33 刚架结构及对称处理

如果计算对象的厚度有突变之处（图2.34a），或者它的弹性有突变之处（图2.34b），除了应当把这种部位的单元取得较小些以外，还应当把突变线作为单元的界线（不要使突变线穿过单元）。这是因为：①对每个单元进行弹性力学分析时，曾假定该单元的厚度 t 是常量，弹性常数 E 和 ν 也是常量；②厚度或弹性的突变，必然伴随着应力的突变，而应力的这种突变不可能在一个单元中得到反映，只可能在不同的单元中得到一定程度的反映（当然不可能得到完全的反映）。

如果计算对象受到集度突变的分布荷载（图 2.34c）或受到集中荷载（图 2.34d），也应当把这种部位的单元取得小一些，并在荷载突变或集中之处布置结点，以使应力的突变得到一定程度的反映。

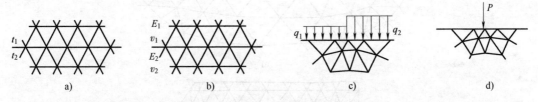

图 2.34　不同情况下的单元处理方法

在计算闸坝等结构物时，为了使地基弹性对结构物中应力的影响能反映出来，必须把和结构物相连的那一部分地基也取为弹性体，和结构物一起作为计算对象。按照弹性力学中关于接触应力的理论，所取地基范围的大小，取决于结构物底部的宽度（与结构物的高度完全无关）。在早期的文献中，一般都建议在结构物的两边和下方，把地基范围取为大致等于结构物底部的宽度，即 $L=b$（图 2.35a）。但在后来的一些文献中，大都所取的范围扩大为 $L=2b$，在个别的文献中还把它扩大为 $L=4b$。此外，还有一些文献作者认为应当把地基范围取为矩形区域（图 2.35b），以便将铰支座改为连杆支座，以减少对地基的人为约束。最近的大量分析指出：在地基比较均匀的情况下，并没有必要使 L 超过 $2b$，用连杆支座还不如用铰支座更接近实际情况；地基范围的形状，影响也并不大。

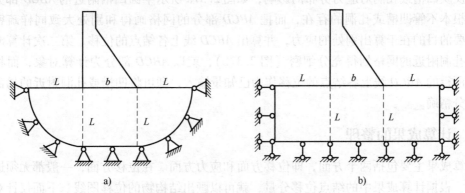

图 2.35　闸坝结构的地基处理方法

如果地基很不均匀，需要在地基中布置很多的单元，而计算机的容量又不允许，则可将计算分两次进行。在第一次计算时，考虑较大范围地基的弹性，并尽量在这范围内多布置单元而在结构物内则布置较少的单元，如图 2.36a 所示。这时的主要目的在于算出地基内靠近结构物处 ABCD 线上各结点的位移。在第二次计算时，把结构物内的网格加密，如图 2.36b 所示，放弃 ABCD 以下的地基，而将第一次计算所得的 ABCD 线上各结点的位移作为已知量输入，算出坝体中的应力及位移，作为最后成果。在两次计算中，最好是使 ABCD 一线上结点的布置相同，而且使邻近 ABCD 的一排单元的布置也相同，如图 2.36 所示，这样就避免输入位移时的插值计算，从而避免误差，而且上述那单元的应力在两次计算中的差距，可以指示出最后计算结果的精度如何。

当结构物具有凹槽或孔洞时，在凹槽或孔洞附近将发生应力集中，即该处的应力很大而

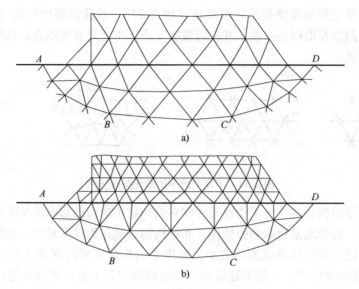

图 2.36 两次计算地基边界问题

且变化剧烈。为了正确反映此项应力，必须把该处的网格划得很密，但这就可能超出计算机的容量，而且单元的尺寸相差悬殊，可能还会引起较大的计算误差。在这种情况下，也可以把计算分两次进行。第一次计算时，把凹槽或孔洞附近的网格划得比别处仅仅稍微密一些，以约略反映凹槽或孔洞对应力分布的影响，如图 2.37a 所示半圆凹槽附近的 ABCD 部分。甚至可以根本不管凹槽或孔洞的存在，而把 ABCD 部分的网格画得和别处大致同样疏密。这时，主要的目的在于算出别处的应力，并算出 ABCD 线上各结点的位移。第二次计算时，把凹槽或孔洞附近的网格划得充分细密（图 2.37b），就以 ABCD 部分为计算对象，而将前一次计算所得的 ABCD 线上各结点的位移作为已知量输入，即可将凹槽或孔洞附近的局部应力算得充分精确。

2.4.7　计算成果的整理

　　计算成果主要包括两个方面，即位移方面和应力方面。在位移方面，一般都无须进行整理工作。根据计算成果中的结点位移分量，就可以画出结构物的位移图线。下面仅针对应力方面的计算成果进行讨论，这些成果整理方法对于其他类型单元也具有参考意义。

　　3 结点三角形单元是常应变单元，因而也是常应力单元。算出的这个常量应力，曾经被当成是三角形单元形心处的应力。据此就得出一个图 2.38a 所示应力的通用办法，在每个单元的形心，沿着应力主向，以一定的比例尺标出主应力的大小，拉应力用箭头表示，压应力用平头表示，如图 2.38a 所示。就整个结构物的应力概况说来，这是一个很好的图示方法，因为应力的大小和方向在整个结构物中的变化规律都可以简略地表示出来。

　　关于为什么把计算出来的常量应力作为单元形心处的应力，有的文献曾经这样解释：这个常量应力是单元中的平均应力，当单元较小因而应力变化比较平缓时，单元中的实际应力可以认为是线性变化，而三角形中线性变量的平均值就等于该变量在三角形形心处的值。应当指出，这个解释是从错误的前提出发的：计算出来的常量应力远不是单元内的平均应力，即使单元很小，它也会远远大于或远远小于单元内所有各点的实际应力。把它标在单元形心

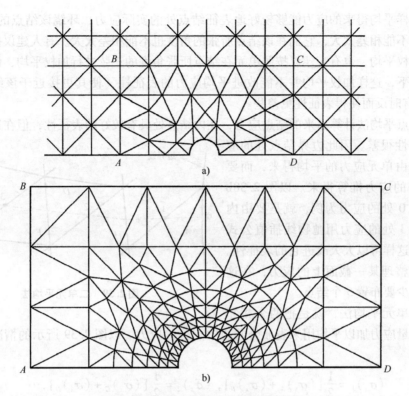

图 2.37 凹槽或孔洞结构网格处理方法

处,不过是人们这样规定,而此外也没有更好的规定了。

为了由计算成果推出结构物内某一点接近实际的应力,必须通过某种平均计算,通常可采用绕结点平均法或二单元平均法。

所谓绕结点平均法,就是把环绕某一结点边界线的各单元中的常量应力加以平均,用来表征该结点处的应力。以图 2.38b 中结点 0 及结点 1 处的 σ_x 为例,就是取:

$$(\sigma_x)_0 = \frac{1}{2}[(\sigma_x)_A + (\sigma_x)_B]$$

$$(\sigma_x)_1 = \frac{1}{6}[(\sigma_x)_A + (\sigma_x)_B + (\sigma_x)_C + (\sigma_x)_D + (\sigma_x)_E + (\sigma_x)_F]$$

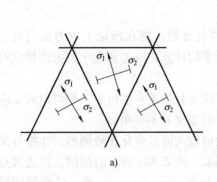
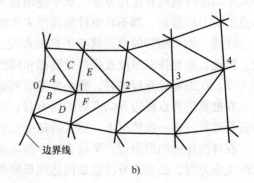

图 2.38 常量应力

为了这样平均得来的应力能够较好地表征结点处的实际应力，环绕该结点的各个单元，它们的面积不能相差太大，它们在该结点所张的角度也不能相差太大。有人建议按照单元的面积进行加权平均，也有人建议按照单元在结点所张角度的正弦进行加权平均，但是在绝大多数的情况下，这样加权平均并不能改进平均应力的表征性（使其更接近于该结点处的实际应力），有时反而使得表征性更差些。

用绕结点平均法计算出来的结点应力，在内结点处具有较好的表征性，但在边界结点处则可能表征性很差。因此边界结点处的应力不宜直接由单元应力的平均得来，而要由内结点处的应力推算得来。以图2.38b中边界结点0处的应力为例，就是要由内结点1，2，3处的应力用抛物线插值公式推算得来，这样可以大大改进它的表征性。据此，为了整理某一截面上的应力，在这个截面上至少要布置5个结点。

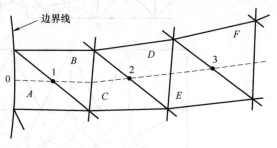

图2.39 二单元平均法

所谓二单元平均法，就是把两个相邻单元中的常量应力加以平均用来表征公共边中点处的应力。以图2.39所示的情况为例，就是取：

$$(\sigma_x)_1 = \frac{1}{2}[(\sigma_x)_A + (\sigma_x)_B], \quad (\sigma_x)_2 = \frac{1}{2}[(\sigma_x)_C + (\sigma_x)_D], \cdots$$

为了这样平均得来的应力具有较好的表征性，两个相邻单元的面积不能相差太大。有人建议，在两个相邻单元的面积相差较大的情况下，把应力按照单元的面积进行加权平均以表征两单元形心处的应力。

如果内点1，2，3等的光滑连线与边界相交在0点（图2.39），则0点处的应力可由上述几个内点处的应力用插值公式推算得来，其表征性一般也是很好的。

在应力变化并不剧烈的部位，由绕结点边界线平均法和二单元平均法得来的应力，表征性不相上下。在应力变化比较剧烈的部位，特别是在应力集中之处，由绕结点平均法得来的应力，其表征性就比较差了。但是，绕结点平均法也有它的优点：为了得出弹性体内某一截面上的应力图线，只需在划分单元时布置若干个结点在这一截面上（至少5个），而采用二单元平均法时就没有这样方便。至于绕结点平均法中较多的计算，包括应力的平均以及边界结点处应力的推算，都不难由计算程序来实现。

注意：如果相邻的单元具有不同的厚度或不同的弹性常数，则在理论上应力应当有突变。因此，只允许对厚度及弹性常数都相同的单元进行平均计算，以避免完全失去这种应有的突变。在编写计算程序时，务必要考虑到这一点。

在推算边界点或边界结点处的应力时，可以先推算应力分量再求主应力，也可以对主应力进行推算。在一般情况下，前者的精度比较高一些，但差异并不很明显。

在弹性体的凹槽附近，平行于边界的主应力往往数值较大而且变化比较剧烈。在推导最大的主应力时，必须充分注意如何达到最高的精度。例如，图2.40a所示的凹槽，设边界点或边界结点1，2，3，4等处平行于边界的主应力分别为σ_1，σ_2，σ_3，σ_4等，已经把凹槽处的一段边界曲线展为直线x轴（图2.40b），点绘σ_1，σ_2，σ_3，σ_4等，画出平滑的图线。

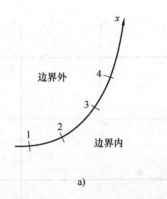
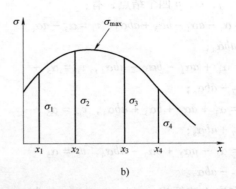

图 2.40 弹性体凹槽附近最大主应力

如果图线的坡度不太陡，就可以由图线上量得最大主应力 σ_{max} 的数值。但是，如果图线的坡度很陡，则需按照 σ_1，σ_2，σ_3，σ_4 的数值，为 σ 取插值函数 $\sigma = f(x)$，然后令 $\dfrac{\mathrm{d}}{\mathrm{d}x} f(x) = 0$，求出 x 在这一范围内的实根，再代入 $f(x)$ 以求出 σ_{max}。

弹性体凹尖角处的应力是很大的（在完全弹性体的假定下，理论上它是无限大）。因此，在用有限单元法进行计算时，围绕尖角的一些单元中的应力就越大，可能大到惊人的程度。实际上，由于尖角处的材料已经发生局部的屈服、开裂或滑移，在完全弹性体的假定下算出的这些大应力是不存在的。为了正确估算尖角处的应力，必须考虑局部屈服、开裂或滑移的影响。在没有条件考虑这些影响时，可以这样简单地处理：把围绕尖角的单元取得充分小，而在分析安全度时，对这些单元中的大应力不予理会，只要其他单元中的应力不超过材料的容许应力，就认为该处是安全的。如果其他单元中的应力超过容许应力，就要采取适当的措施。最有效的措施是把凹尖角改为凹圆角，对局部问题进行局部处理。不要企图用加大整体尺寸来降低局部应力，因为那样做往往是徒劳的，至少是在经济上是完全不合理的。

用有限单元法计算弹性力学问题时，特别是采用常应变单元时，应当在计算之前精心划分网格，在计算之后精心整理结果。这样来提高所得应力的精度，不会增大所需的计算量，而且往往比简单地加密网格更为有效。此外，加密网格将使计算量增大，从而导计算误差的增大在超过一定的限度以后，加密网格将完全不能提高精度，反而使精度有所降低。

2.5 矩形单元

3 结点三角形单元是有限单元法中最早提出的单元，由于它适应边界能力强，目前仍然在使用。但由于单元内应变和应力都是常量，精度较低。为了提高精度，反映单元中应力和应变的变化，需要构造幂次较高的位移模式。本节介绍的矩形单元和以后常用的 6 结点三角形单元就是具有较高次位移模式的单元。

在矩形单元上取 4 个角点作为结点，用 i，j，m，p 表示（图 2.41），为了简便，以平行于两邻边的两个中心轴为 x 轴及 y 轴，该矩形沿 x 方向及 y 方向的边长分别用 $2a$ 及 $2b$ 表示。位移模式取为

$$\left. \begin{array}{l} u = \alpha_1 + \alpha_2 x + \alpha_3 y + \alpha_4 xy \\ v = \alpha_5 + \alpha_6 x + \alpha_7 y + \alpha_8 xy \end{array} \right\} \tag{a}$$

在 i, j, m, p 四个结点，有：

$u_i = \alpha_1 - a\alpha_1 - b\alpha_3 + ab\alpha_4$, $v_i = \alpha_5 - a\alpha_6 - b\alpha_7 + ab\alpha_8$;

$u_j = \alpha_1 + a\alpha_2 - b\alpha_3 - ab\alpha_4$, $v_j = \alpha_5 + a\alpha_6 - b\alpha_7 - ab\alpha_8$;

$u_m = \alpha_1 + a\alpha_2 + b\alpha_3 + ab\alpha_4$, $v_m = \alpha_5 + a\alpha_6 + b\alpha_7 + ab\alpha_8$;

$u_p = \alpha_1 - a\alpha_2 + b\alpha_3 - ab\alpha_4$, $v_p = \alpha_5 - a\alpha_6 + b\alpha_7 - ab\alpha_8$。

由左边 4 式解出 α_1，α_2，α_3，α_4，由右边 4 式解出 α_5，α_6，α_7，α_8，一并代入式（a），得：

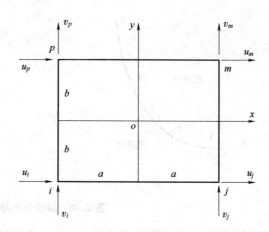

图 2.41 矩形单元

$$\left.\begin{array}{l} u = N_i u_i + N_j u_j + N_m u_m + N_p u_p \\ v = N_i v_i + N_j v_j + N_m v_m + N_p v_p \end{array}\right\} \quad \text{(b)}$$

其中：

$$N_i = \frac{1}{4}\left(1 - \frac{x}{a}\right)\left(1 - \frac{y}{b}\right)$$

$$N_j = \frac{1}{4}\left(1 + \frac{x}{a}\right)\left(1 - \frac{y}{b}\right)$$

$$N_m = \frac{1}{4}\left(1 + \frac{x}{a}\right)\left(1 + \frac{y}{b}\right)$$

$$N_p = \frac{1}{4}\left(1 - \frac{x}{a}\right)\left(1 + \frac{y}{b}\right)$$

合并写成：

$$N_i = \frac{1}{4}\left(1 + \xi_i \frac{x}{a}\right)\left(1 + \eta_i \frac{y}{b}\right) \quad \text{(c)}$$

其中：

$$\xi_i = \frac{x_i}{|x_i|}, \quad \eta_i = \frac{y_i}{|y_i|} \quad (i, j, m, p) \quad \text{(d)}$$

把位移表达式（b）写成矩阵形式：

$$\boldsymbol{u} = \begin{pmatrix} u \\ v \end{pmatrix} = (\boldsymbol{I}N_i \quad \boldsymbol{I}N_j \quad \boldsymbol{I}N_m \quad \boldsymbol{I}N_p)\boldsymbol{a}^e = \boldsymbol{N}\boldsymbol{a}^e \quad (2.169)$$

式中，$\boldsymbol{I}$ 为二阶单位矩阵，而单元结点位移列阵和形函数矩阵为

$$\boldsymbol{a}^e = (u_i \quad v_i \quad u_j \quad v_j \quad u_m \quad v_m \quad u_p \quad v_p)^{\mathrm{T}} \quad \text{(e)}$$

$$\begin{aligned} \boldsymbol{N} &= (\boldsymbol{I}N_i \quad \boldsymbol{I}N_j \quad \boldsymbol{I}N_m \quad \boldsymbol{I}N_p) \\ &= \begin{pmatrix} N_i & 0 & N_j & 0 & N_m & 0 & N_p & 0 \\ 0 & N_i & 0 & N_j & 0 & N_m & 0 & N_p \end{pmatrix} \end{aligned} \quad \text{(f)}$$

在这里，式（a）中的 a_1，a_2，a_3，a_4，a_5，a_6，a_7，a_8 反映了刚体位移和常量应变，而且在单元的边界上（$x = \pm a$ 或 $y = \pm b$），位移分量是按线性变化的。在单元的每个边界

上只有 2 个结点，因此任意两个相邻单元的位移在公共边界上是连续的。这就满足了解答收敛性的充分条件。

利用几何方程，可由式（2.169）得出用结点位移表示的单元应变：

$$\boldsymbol{\varepsilon} = \begin{pmatrix} \varepsilon_x \\ \varepsilon_y \\ \gamma_{xy} \end{pmatrix} = \boldsymbol{Lu} = \boldsymbol{LNa}^e = \boldsymbol{L}(N_i \quad N_j \quad N_m \quad N_p)\boldsymbol{a}^e$$

$$= (\boldsymbol{B}_i \quad \boldsymbol{B}_j \quad \boldsymbol{B}_m \quad \boldsymbol{B}_p)\boldsymbol{a}^e$$

$$= \boldsymbol{B}\boldsymbol{a}^e \tag{2.170}$$

式中，$\boldsymbol{a}^e$ 为式（e）所示的单元结点位移列阵。

$$\boldsymbol{B}_i = \begin{pmatrix} \dfrac{\partial N_i}{\partial x} & 0 \\ 0 & \dfrac{\partial N_i}{\partial y} \\ \dfrac{\partial N_i}{\partial y} & \dfrac{\partial N_i}{\partial x} \end{pmatrix} = \dfrac{1}{4ab}\begin{pmatrix} \xi_i(b+\eta_i y) & 0 \\ 0 & \eta_i(a+\xi_i x) \\ \eta_i(a+\xi_i x) & \xi_i(b+\eta_i y) \end{pmatrix} \quad (i,j,m,p) \tag{2.171}$$

应变矩阵 $\boldsymbol{B}$ 是 3×8 的矩阵。

$$\boldsymbol{B} = \dfrac{1}{4ab}\begin{pmatrix} -(b-y) & 0 & b-y & 0 & b+y & 0 & -(b+y) & 0 \\ 0 & -(a-x) & 0 & -(a+x) & 0 & a+x & 0 & a-x \\ -(a-x) & -(b-y) & -(a+x) & b-y & a+x & b+y & a-x & -(b+y) \end{pmatrix} \tag{2.172}$$

利用物理方程，可得出用结点位移表示的单元应力：

$$\boldsymbol{\sigma} = \boldsymbol{D}\boldsymbol{\varepsilon} = \boldsymbol{DBa}^e = \boldsymbol{D}[\boldsymbol{B}_i \quad \boldsymbol{B}_j \quad \boldsymbol{B}_m \quad \boldsymbol{B}_p]\boldsymbol{a}^e$$

$$= [\boldsymbol{S}_i \quad \boldsymbol{S}_j \quad \boldsymbol{S}_m \quad \boldsymbol{S}_p]\boldsymbol{a}^e = \boldsymbol{S}\boldsymbol{a}^e \tag{2.173}$$

式中，应力矩阵 $\boldsymbol{S}$ 为 3×8 的矩阵。

$$\boldsymbol{S} = \dfrac{E}{4ab(1-\nu^2)}\begin{pmatrix} -(b-y) & -\nu(a-x) & b-y & -\nu(a+x) & b+y & \nu(a+x) & -(b+y) & \nu(a-x) \\ -\nu(b-y) & -(a-x) & \nu(b-y) & -(a+x) & \nu(b+y) & a+x & -\nu(b+y) & a-x \\ -\dfrac{1-\nu}{2}(a-x) & -\dfrac{1-\nu}{2}(b-y) & -\dfrac{1-\nu}{2}(a+x) & \dfrac{1-\nu}{2}(b-y) & \dfrac{1-\nu}{2}(a+x) & \dfrac{1-\nu}{2}(b+y) & \dfrac{1-\nu}{2}(a-x) & -\dfrac{1-\nu}{2}(b+y) \end{pmatrix} \tag{2.174}$$

单元刚度矩阵和单元结点荷载的计算仍与式（2.165）相同，只是式（2.165）中的应变矩阵和形函数矩阵要用式（2.172）所示的 $\boldsymbol{B}$ 和（f）所示的 $\boldsymbol{N}$，即：

$$\boldsymbol{k} = \int_{-b}^{b}\int_{-a}^{a}\boldsymbol{B}^{\mathrm{T}}\boldsymbol{D}\boldsymbol{B}t\mathrm{d}x\mathrm{d}y \tag{2.175}$$

单元体力引起的等效结点荷载为

$$\boldsymbol{R}^e = \int_{-b}^{b}\int_{-a}^{a}\boldsymbol{N}^{\mathrm{T}}\boldsymbol{f}t\mathrm{d}x\mathrm{d}y \tag{2.176}$$

单元某边界，如 $x=a$ 上，面力引起的等效结点荷载为

$$\boldsymbol{R}^e = \int_{-b}^{b}\boldsymbol{N}^{\mathrm{T}}\bar{\boldsymbol{f}}t\mathrm{d}y \tag{2.177}$$

将式（2.172）代入式（2.175），经积分计算得单元刚度矩阵为

$$k = \frac{Et}{1-\nu^2} \begin{pmatrix} \frac{1}{3}\frac{b}{a}+\frac{1-\nu}{6}\frac{a}{b} & & & & & & & \\ \frac{1+\nu}{8} & \frac{1}{3}\frac{a}{b}+\frac{1-\nu}{6}\frac{b}{a} & & & & & & \\ -\frac{1}{3}\frac{a}{b}+\frac{1-\nu}{12}\frac{a}{b} & \frac{1-3\nu}{8} & \frac{1}{3}\frac{b}{a}+\frac{1-\nu}{6}\frac{a}{b} & & & & & \\ -\frac{1-3\nu}{8} & \frac{1}{6}\frac{a}{b}-\frac{1-\nu}{8}\frac{b}{a} & -\frac{1+\nu}{8} & \frac{1}{3}\frac{a}{b}+\frac{1-\nu}{6}\frac{b}{a} & & & & \\ -\frac{1}{6}\frac{b}{a}-\frac{1-\nu}{12}\frac{a}{b} & -\frac{1+\nu}{8} & \frac{1}{6}\frac{b}{a}-\frac{1-\nu}{6}\frac{a}{b} & \frac{1-3\nu}{8} & \frac{1}{3}\frac{b}{a}+\frac{1-\nu}{6}\frac{a}{b} & & & \\ -\frac{1+\nu}{8} & -\frac{1}{6}\frac{a}{b}-\frac{1-\nu}{12}\frac{b}{a} & \frac{1-3\nu}{8} & -\frac{1}{3}\frac{a}{b}+\frac{1-\nu}{12}\frac{b}{a} & \frac{1+\nu}{8} & \frac{1}{3}\frac{a}{b}+\frac{1-\nu}{6}\frac{b}{a} & & \\ \frac{1}{6}\frac{b}{a}-\frac{1-\nu}{6}\frac{a}{b} & -\frac{1-3\nu}{8} & -\frac{1}{6}\frac{b}{a}-\frac{1-\nu}{12}\frac{a}{b} & \frac{1+\nu}{8} & -\frac{1}{3}\frac{b}{a}+\frac{1-\nu}{12}\frac{a}{b} & \frac{1-3\nu}{8} & \frac{1}{3}\frac{b}{a}+\frac{1-\nu}{6}\frac{a}{b} & \\ \frac{1-3\nu}{8} & -\frac{1}{3}\frac{a}{b}+\frac{1-\nu}{12}\frac{b}{a} & \frac{1+\nu}{8} & -\frac{1}{6}\frac{a}{b}-\frac{1-\nu}{6}\frac{b}{a} & -\frac{1-3\nu}{8} & \frac{1}{6}\frac{a}{b}-\frac{1-\nu}{6}\frac{b}{a} & -\frac{1+\nu}{8} & \frac{1}{3}\frac{a}{b}+\frac{1-\nu}{6}\frac{b}{a} \end{pmatrix}$$

对于平面应变问题，应在上列各式中将 E 换为 $\frac{E}{1-\nu^2}$，将 ν 换为 $\frac{\nu}{1-\nu}$。

根据式（2.176），自重 $W = 4abt\rho g$ 作用下，单元等效结点荷载列阵为

$$\boldsymbol{R}^e = -W \begin{pmatrix} 0 & \frac{1}{4} & 0 & \frac{1}{4} & 0 & \frac{1}{4} & 0 & \frac{1}{4} \end{pmatrix}^\mathrm{T}$$

即移置到每一结点的荷载都是 1/4 自重。如果单元在某一边界，如 $x = a$ 上，x 方向受三角形分布的面力，在该边界上 j 结点处面力集度为 q，在 m 结点处面力集度为零。根据式（2.177），需将面力合力的 1/3 移置到 m 结点，2/3 移置到 j 结点，即

$$\boldsymbol{R}^e = bq \begin{pmatrix} 0 & 0 & \frac{2}{3} & 0 & \frac{1}{3} & 0 & 0 & 0 \end{pmatrix}^\mathrm{T}$$

由应力矩阵的表达式（2.174）可见，矩形单元中的应力分量不再是常量。正应力分量 σ_x 的主要项（即不与 ν 相乘的项）沿着 y 方向按线性变化，而它的次要项（即与 ν 相乘的项）沿着 x 方向按线性变化。正应力分量 σ_y 与此相反。切应力分量 τ_{xy} 则沿 x 及 y 两个方向都按线性变化。因此在弹性体中采用同样数目的结点时，矩形单元的精度高于简单三角形单元。虽然相邻的矩形单元在公共边界处的应力也有差异，但差异是较小的。在整理应力结果时，可以用绕结点平均法，即将环绕某一结点的各单元在该结点处的应力加以平均，用来代表该结点处的应力，表征性是较好的。

但是，矩形单元有其明显的缺陷：一是不能适应斜交边界和曲线边界；二是不便于在不同部位采用不同大小的单元。为了弥补这些缺陷，可以把矩形单元和简单三角形单元混合使用。

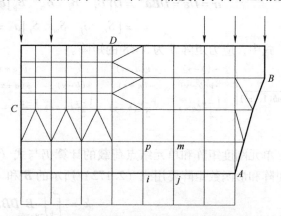

图 2.42 矩形单元和简单三角形单元的混合应用

例如，在图 2.42 中，在一般部位，都采用如 $ijmp$ 所示的矩形单元；在靠近曲线边界 AB 的部位，改用若干个三角形单元，在 CD 部分，估计到应力变化比较剧烈，就改用较小的矩形单元而以若干个三角形单元作为过渡之用。由于矩形单元的位移在单元的边界上是线性变化的。因而，所有的相邻单元在公共边界上的位移都是连续的，从而保证了解答的收敛性。

2.6　6 结点三角形单元

2.6.1　面积坐标

为了提高位移模式的幂次，可以在三角形单元三条边上增加结点，构成 6 结点三角形单元，当然也可以在一条或两条边上增加结点。在采用高次三角形单元时，利用面积坐标、刚度矩阵、荷载列阵等计算，公式可以大大简化。

在如图 2.43 所示的三角形单元中，任意一点 P 的位置，可以用如下的 3 个比值来确定。

$$L_i = \frac{A_i}{A}, \quad L_j = \frac{A_j}{A}, \quad L_m = \frac{A_m}{A} \quad (2.178)$$

式中，A 为 $\triangle ijm$ 的面积；A_i，A_j，A_m 分别为三角形 P_{jm}，P_{mi}，P_{ij} 的面积。这 3 个比值就称为 P 点的面积坐标。注意，3 个面积坐标并不是互相独立的。因为：

$$A_i + A_j + A_m = A$$

所以由式 (2.50) 可见有关系式

$$L_i + L_j + L_m = 1 \quad (2.179)$$

这里所引用的面积坐标，只限于用在一个三角形单元之内，在该三角形之外并没有定义，因而是一种局部坐标。与此相反，以

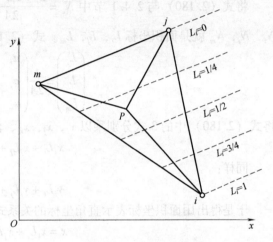

图 2.43　三角形单元

前所用的直角坐标 x 和 y，则是一种整体坐标，它适用于所有单元的，也就是通用于整个结构物。根据面积坐标的定义，在图 2.43 中不难看出，在平行于 jm 边的一根直线上的所有各点，都具有相同的 L_i 坐标，而且这个坐标就等于"该直线至 jm 边的距离"与"结点 i 至 jm 边的距离"的比值。图 2.43 中表示出 L_i 的一些等值线。同时也容易看出，3 个结点处的面积坐标是：

结点 i：$L_i = 1$，$L_j = 0$，$L_m = 0$

结点 j：$L_i = 0$，$L_j = 1$，$L_m = 0$

结点 m：$L_i = 0$，$L_j = 0$，$L_m = 1$

现在来求导面积坐标与直角坐标之间的关系。三角形 P_{jm}，P_{mi}，P_{ij} 的面积是：

$$A_i = \frac{1}{2} \begin{vmatrix} 1 & x & y \\ 1 & x_j & y_j \\ 1 & x_m & y_m \end{vmatrix} = \frac{1}{2} [(x_j y_m - x_m y_j) + (y_j - y_m)x + (x_m - x_j)y] \quad (i, j, m)$$

采用 2.4.1 节中同样的记号：

$$a_i = x_j y_m - x_m y_j, \quad b_i = y_j - y_m, \quad c_i = x_m - x_j \quad (i, j, m) \quad \text{(a)}$$

则有：

$$A_i = \frac{1}{2}(a_i + b_i x + c_i y) \quad (i, j, m)$$

代入式（2.178），即得用直角坐标表示面积坐标的关系式：

$$\left.\begin{array}{l} L_i = \dfrac{a_i + b_i x + c_i y}{2A} \\[4pt] L_j = \dfrac{a_j + b_j x + c_j y}{2A} \\[4pt] L_m = \dfrac{a_m + b_m x + c_m y}{2A} \end{array}\right\} \tag{2.180}$$

将式（2.180）与 2.4.1 节中 $N_i = \dfrac{a_i + b_i x + c_i y}{2A}$ 对比，可见简单三角形单元中的形函数 N_i、N_j、N_m 就是面积坐标 L_i、L_j、L_m。式（2.180）还可以用矩阵表示成为

$$\begin{Bmatrix} L_i \\ L_j \\ L_m \end{Bmatrix} = \frac{1}{2A} \begin{pmatrix} a_i & b_i & c_i \\ a_j & b_j & c_j \\ a_m & b_m & c_m \end{pmatrix} \begin{Bmatrix} 1 \\ x \\ y \end{Bmatrix} \tag{b}$$

将式（2.180）中的 3 式分别乘以 x_i、x_j、x_m，然后相加，并利用式（a），可得：

$$x_i L_i + x_j L_j + x_m L_m = x$$

同样：

$$y_i L_i + y_j L_j + y_m L_m = y$$

于是得出用面积坐标表示直角坐标的关系式：

$$\left.\begin{array}{l} x = x_i L_i + x_j L_j + x_m L_m \\ y = y_i L_i + y_j L_j + y_m L_m \end{array}\right\} \tag{2.181}$$

关系式（2.179）及式（2.181）亦可合并用矩阵表示成为

$$\begin{Bmatrix} 1 \\ x \\ y \end{Bmatrix} = \begin{pmatrix} 1 & 1 & 1 \\ x_i & x_j & x_m \\ y_i & y_j & y_m \end{pmatrix} \begin{Bmatrix} L_i \\ L_j \\ L_m \end{Bmatrix} \tag{c}$$

将面积坐标的函数对直角坐标求导时，可应用公式：

$$\left.\begin{array}{l} \dfrac{\partial}{\partial x} = \dfrac{\partial L_i}{\partial x}\dfrac{\partial}{\partial L_i} + \dfrac{\partial L_j}{\partial x}\dfrac{\partial}{\partial L_j} + \dfrac{\partial L_m}{\partial x}\dfrac{\partial}{\partial L_m} = \dfrac{1}{2A}\left(b_i \dfrac{\partial}{\partial L_i} + b_j \dfrac{\partial}{\partial L_j} + b_m \dfrac{\partial}{\partial L_m}\right) \\[6pt] \dfrac{\partial}{\partial y} = \dfrac{\partial L_i}{\partial y}\dfrac{\partial}{\partial L_i} + \dfrac{\partial L_j}{\partial y}\dfrac{\partial}{\partial L_j} + \dfrac{\partial L_m}{\partial y}\dfrac{\partial}{\partial L_m} = \dfrac{1}{2A}\left(c_i \dfrac{\partial}{\partial L_i} + c_j \dfrac{\partial}{\partial L_j} + c_m \dfrac{\partial}{\partial L_m}\right) \end{array}\right\} \tag{d}$$

求面积坐标的幂函数在三角形单元上的积分值时，可应用如下积分公式：

$$\iint_{\Omega^e} L_i^a L_j^b L_m^c \, dx dy = \frac{a!b!c!}{(a+b+c+2)!} 2A \tag{2.182}$$

2.6.2　6 结点三角形单元

在三角形单元 ijm 的三条边上各增设 1 个结点（如图 2.44），使每个单元具有 6 结点，因而具有 12 个自由度，就可以采用二次完全多项式的位移模式，使单元中的应力成为按线性变化，更好地反映弹性体中应力的变化，但与矩形单元相比，却又能较好地适应弹性体的

边界形状。对于单元中的位移分量，取模式为

$$u = a_1 + a_2 x + a_3 y + a_4 x^2 + a_5 xy + a_6 y^2 \tag{a}$$

$$v = a_7 + a_8 x + a_9 y + a_{10} x^2 + a_{11} xy + a_{12} y^2 \tag{b}$$

系数 a_1, a_2, $\cdots$, a_6 可以由这样 6 个条件来确定：u 在结点 i, j, m, 1, 2, 3 的数值应当分别等于 u_i, u_j, u_m, u_1, u_2, u_3，系数 a_7, a_8, $\cdots$, a_{12} 可以由与此相似的 6 个条件来确定。

在任意两个单元的交界线上，位移分量 u 是按抛物线变化的，因而可以写成：

$$u(s) = a + bs + cs^2$$

式中，s 为从该交界线上任一定点沿该界线量取的距离。可见，该界线上 3 个结点处的 3 个 u 值可以完全确定 a, b, c 3 个常数，因而可以完全确定该交界线上的 u 值。这就保证相邻单元在这个交界线上具有相同的 u 值，也就是保证了 u 的连续性。同样，位移分量 v 在这个交界线上也是连续的。此外，式（a）中由于包含了线性项位移，位移模式能反映单元的刚体位移和常量应变，因此解答的收敛性的充分条件是满足的。

采用直角坐标多项式的位移模式，如式（a）及式（b）所示时，求解系数 a_1, a_2, $\cdots$, a_{12} 以及建立荷载列阵、应力矩阵、刚度矩阵等都非常繁复。因此，这里将改用 2.6.1 节中所介绍的面积坐标。

在图 2.45 所示的典型单元上，为了计算简便，把结点 1，2，3 取在三边的中点，分别与结点 i, j, m 对应，各结点的面积坐标为括弧中所示。将位移分量取为

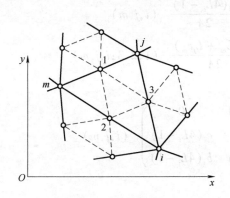 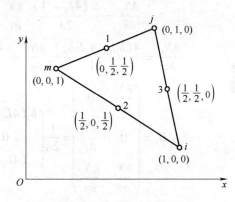

图 2.44　三角形单元　　　　　图 2.45　6 节点三角形单元

$$u = N_i u_i + N_j u_j + N_m u_m + N_1 u_1 + N_2 u_2 + N_3 u_3 \tag{c}$$

$$v = N_i v_i + N_j v_j + N_m v_m + N_1 v_1 + N_2 v_2 + N_3 v_3 \tag{d}$$

其中，形函数为

$$\left. \begin{array}{ll} N_i = L_i(2L_i - 1) & (i,j,m) \\ N_1 = 4L_j L_m & (1,2,3; i,j,m) \end{array} \right\} \tag{2.183}$$

把位移模式写成矩阵形式：

$$\boldsymbol{u} = \begin{pmatrix} u \\ v \end{pmatrix} = \boldsymbol{N}\boldsymbol{a}^e \tag{2.184}$$

其中：

$$\left.\begin{aligned}\boldsymbol{a}^e &= \begin{pmatrix} u_i & v_i & u_j & v_j & u_m & v_m & u_1 & v_1 & u_2 & v_2 & u_3 & v_3 \end{pmatrix}^{\mathrm{T}} \\ \boldsymbol{N} &= \begin{pmatrix} N_i & 0 & N_j & 0 & N_m & 0 & N_1 & 0 & N_2 & 0 & N_3 & 0 \\ 0 & N_i & 0 & N_j & 0 & N_m & 0 & N_1 & 0 & N_2 & 0 & N_3 \end{pmatrix}\end{aligned}\right\} \quad (\text{e})$$

如果通过式（2.183），将6个结点面积坐标值依次代入式（c），可见 u 将分别等于 u_i、u_j、u_m、u_1、u_2、u_3，依次代入式（d），亦可见 v 将分别等于 v_i、v_j、v_m、v_1、v_2、v_3。同时，由式（2.180）可见，面积坐标与直角坐标是线性相关的，但式（c）及式（d）中的形函数是面积坐标的二次式，所以式（c）及式（d）也是直角坐标的二次式。既然式（c）及式（d）和式（a）及式（b）同样是直角坐标的二次式，而又都能在6个结点处给出6个结点位移，所以式（c）及式（d）和式（a）及式（b）完全相同。

有了位移模式（2.184）后，就可以利用几何方程将单元的应变用单元结点位移表示，即：

$$\begin{aligned}\boldsymbol{\varepsilon} &= \begin{pmatrix}\varepsilon_x \\ \varepsilon_y \\ \gamma_{xy}\end{pmatrix} = \boldsymbol{L}\boldsymbol{u} = \boldsymbol{L}\boldsymbol{N}\boldsymbol{a}^e = \boldsymbol{L}\begin{pmatrix} N_i & N_j & N_m & N_1 & N_2 & N_3 \end{pmatrix}\boldsymbol{a}^e \\ &= \begin{pmatrix} \boldsymbol{B}_i & \boldsymbol{B}_j & \boldsymbol{B}_m & \boldsymbol{B}_1 & \boldsymbol{B}_2 & \boldsymbol{B}_3 \end{pmatrix} \\ &= \boldsymbol{B}\boldsymbol{a}^e \end{aligned} \quad (2.185)$$

考虑到：

$$\frac{\partial N_i}{\partial x} = \frac{b_i(4L_i - 1)}{2A}, \frac{\partial N_i}{\partial y} = \frac{c_i(4L_i - 1)}{2A} \quad (i,j,m)$$

$$\frac{\partial N_1}{\partial x} = \frac{4(b_j L_m + L_j b_m)}{2A}, \frac{\partial N_1}{\partial y} = \frac{4(c_j L_m + L_j c_m)}{2A} \quad (1,2,3;i,j,m)$$

$$\boldsymbol{B}_i = \begin{pmatrix} \dfrac{\partial N_i}{\partial x} & 0 \\ 0 & \dfrac{\partial N_i}{\partial y} \\ \dfrac{\partial N_i}{\partial y} & \dfrac{\partial N_i}{\partial x} \end{pmatrix} = \frac{1}{2A}\begin{pmatrix} b_i(4L_i - 1) & 0 \\ 0 & c_i(4L_i - 1) \\ c_i(4L_i - 1) & b_i(4L_i - 1) \end{pmatrix} \quad (i,j,m)$$

$$\boldsymbol{B}_1 = \begin{pmatrix} \dfrac{\partial N_1}{\partial x} & 0 \\ 0 & \dfrac{\partial N_1}{\partial y} \\ \dfrac{\partial N_1}{\partial y} & \dfrac{\partial N_1}{\partial x} \end{pmatrix} = \frac{1}{2A}\begin{pmatrix} 4(b_j L_m + L_j b_m) & 0 \\ 0 & 4(c_j L_m + L_j c_m) \\ 4(c_j L_m + L_j c_m) & 4(b_j L_m + L_j b_m) \end{pmatrix} \quad (1,2,3;i,j,m)$$

由上式可见，应变分量是面积坐标的一次式，因而也是直角坐标的一次式。

利用物理方程将单元的应力用单元结点位移表示：

$$\begin{aligned}\boldsymbol{\sigma} &= \boldsymbol{D}\boldsymbol{\varepsilon} = \boldsymbol{D}\boldsymbol{B}\boldsymbol{a}^e = \boldsymbol{D}\begin{pmatrix} \boldsymbol{B}_i & \boldsymbol{B}_j & \boldsymbol{B}_m & \boldsymbol{B}_1 & \boldsymbol{B}_2 & \boldsymbol{B}_3 \end{pmatrix}\boldsymbol{a}^e \\ &= \begin{pmatrix} \boldsymbol{S}_i & \boldsymbol{S}_j & \boldsymbol{S}_m & \boldsymbol{S}_1 & \boldsymbol{S}_2 & \boldsymbol{S}_3 \end{pmatrix}\boldsymbol{a}^e = \boldsymbol{S}\boldsymbol{a}^e \end{aligned} \quad (2.186)$$

其中：

$$S_i = \frac{Et}{4(1-\nu^2)A}(4L_i-1)\begin{pmatrix} 2b_i & 2\nu c_i \\ 2\nu b_i & 2c_i \\ (1-\nu)c_i & (1-\nu)b_i \end{pmatrix} \quad (i,j,m) \tag{f}$$

$$S_1 = \frac{Et}{4(1-\nu^2)A}\begin{pmatrix} 8(b_jL_m+L_jb_m) & 8\nu(c_jL_m+L_jc_m) \\ 8\nu(b_jL_m+L_jb_m) & 8(c_jL_m+L_jc_m) \\ 4(1-\nu)(c_jL_m+L_jc_m) & 4(1-\nu)(b_jL_m+L_jb_m) \end{pmatrix} \quad (1,2,3;i,j,m) \tag{g}$$

因为应力矩阵 S 的元素都是面积坐标的一次式,也就是直角坐标的一次式,所以单元中的应力沿任何方向都是线性变化的。

单元刚度矩阵和单元结点荷载列阵的计算仍与式(2.165)相同,即:

$$k = \iint_{\Omega^e} B^T D B t \mathrm{d}x\mathrm{d}y \tag{h}$$

单元体力引起的等效结点荷载为

$$R^e = \iint_{\Omega^e} N^T f t \mathrm{d}x\mathrm{d}y \tag{i}$$

单元某边界(如 ij 边)面力引起的等效结点荷载为

$$R^e = \int_{\Omega^e} N^T \bar{f} t \mathrm{d}s \tag{j}$$

对于平面应变问题,需在应力矩阵及刚度矩阵的各个公式中将 E 换为 $\frac{E}{1-\nu^2}$,将 ν 换为 $\frac{\nu}{1-\nu}$。

在结点数目大致相同的情况下,用 6 结点三角形单元进行计算时,精度不但远高于简单三角形单元而且也高于矩形单元。因此为了达到大致相同的精度,用 6 结点三角形单元时,单元可以取得很少。但是,6 结点三角形单元对于非均匀性及曲线边界的适应性,虽然比矩形单元好得多,但却比不上简单三角形单元。此外,由于一个结点的平衡方程牵涉到较多的结点位移,整体刚度矩阵的带宽较大,也是一个缺点。

2.7 平面等参单元

2.7.1 坐标变换、等参单元

三角形单元和矩形单元相比,矩形单元能够比三角形单元较好地反映单元中应力的变化。但是,矩形单元不能适应曲线边界和斜交的直线边界也不能随意改变大小,在应用上是很不方便的。如果采用任意四边形单元,如图 2.46a 所示,就能克服正规矩形单元的这些不足,又具有三角形单元适应边界能力强的特点。

对于任意四边形单元,在构造位移模式时,就不能再沿用前面的方法。如果仍然把单元的位移模式假设为

$$\left.\begin{array}{l} u = a_1 + a_2 x + a_3 y + a_4 xy \\ v = a_5 + a_6 x + a_7 y + a_8 xy \end{array}\right\} \tag{a}$$

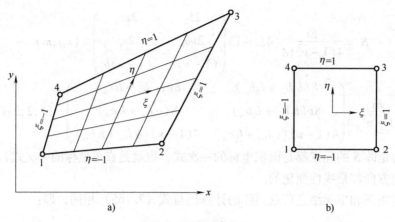

图 2.46 矩形单元

就不能保证在两相邻单元的交界面上位移的连续性。例如,边界 23 的直线方程为

$$y = Ax + B \tag{b}$$

将式(b)代入式(a)有:

$$\left. \begin{array}{l} u = a_1 + a_2 x + a_3 Ax + a_3 B + a_4 Ax^2 + a_4 Bx \\ v = a_5 + a_6 x + a_7 Ax + a_7 B + a_8 Ax^2 + a_8 Bx \end{array} \right\} \tag{c}$$

由式(c)可见,在边界 23 上位移是 x 的二次函数,而该交界面只有 2 个公共结点,不能唯一确定一个二次函数。因此,两相邻单元的位移在该交界面上位移是不相同的。即按这样构造的位移模式不能满足连续性要求。另外,即便找到合适的位移模式,每个单元的形状各不相同,在计算单元刚度矩阵和结点荷载时所涉及的积分域也各不相同,这对具体计算和编程带来极大的困难,甚至可以说是无法实现的。

通过坐标变换,可以解决上述困难。设整体坐标系为 (x, y),在每个单元上建立局部坐标系 (ξ, η)。我们希望通过坐标变换:

$$\left. \begin{array}{l} x = f(\xi, \eta) \\ y = g(\xi, \eta) \end{array} \right\} \tag{d}$$

将每个实际单元(图 2.46a)映射到标准正方形单元(图 2.46b)。即将实际单元的 4 个边界映射到标准单元的 4 个边界;实际单元内任一点映射到标准单元内某一点;反之,在标准单元内任一点也能在实际单元内找到唯一的对应点。也就是说,通过这种坐标变换建立每个实际单元与标准单元的一一对应关系。在数学上只要两种坐标系之间的雅可比行列式:

$$|J| = \begin{vmatrix} \dfrac{\partial x}{\partial \xi} & \dfrac{\partial y}{\partial \xi} \\ \dfrac{\partial x}{\partial \eta} & \dfrac{\partial y}{\partial \eta} \end{vmatrix} > 0 \tag{2.187}$$

就能保证这种一一对应关系的实现。

为了建立前面所述的坐标变换,最方便最直观的方法是将坐标变换式表示成为关于整体坐标的插值函数(类同于矩形单元的位移模式),即:

$$\left. \begin{array}{l} x = N_1 x_1 + N_2 x_2 + N_3 x_3 + N_4 x_4 \\ y = N_1 y_1 + N_2 y_2 + N_3 y_3 + N_4 y_4 \end{array} \right\} \tag{2.188}$$

其中 4 个形函数(插值函数)为

$$N_1 = \frac{1}{4}(1-\xi)(1-\eta)$$

$$N_2 = \frac{1}{4}(1+\xi)(1-\eta)$$

$$N_3 = \frac{1}{4}(1+\xi)(1+\eta)$$

$$N_4 = \frac{1}{4}(1-\xi)(1+\eta)$$

合并写成:

$$N_i = \frac{1}{4}(1+\xi_i\xi)(1+\eta_i\eta) \tag{2.189}$$

式中,ξ,η 是定义在标准单元上的局部坐标,ξ_i,$\eta_i(i=1,2,3,4)$ 分别代表标准单元 4 个结点处的局部坐标值。

可以验证,坐标变换式(2.188)能把实际单元映射到标准单元,或者说它把标准单元的 4 个边界变换到实际单元的 4 个边界,把标准单元内任一点唯一地变换到实际单元内的点。例如,在边界 23 上 $\xi=1$,这时,$N_1=0$,$N_2=\frac{1}{2}(1-\eta)$,$N_3=\frac{1}{2}(1+\eta)$,$N_4=0$。

$$\begin{aligned} x &= \frac{1}{2}(1-\eta)x_2 + \frac{1}{2}(1+\eta)x_3 = \frac{1}{2}(x_2+x_3) + \frac{1}{2}(x_3-x_2)\eta \\ y &= \frac{1}{2}(1-\eta)y_2 + \frac{1}{2}(1+\eta)y_3 = \frac{1}{2}(y_2+y_3) + \frac{1}{2}(y_3-y_2)\eta \end{aligned} \tag{e}$$

当 $\eta=-1$ 时,$x=x_2$,$y=y_2$,当 $\eta=1$ 时,$x=x_3$,$y=y_3$ 由此可见式(e)就是实际单元边界 23 的直线方程。又如标准单元的中心点 $(\xi=0,\eta=0)$ 可以变换到实际单元的中心点。

如果实际单元的编码正确,形状又规整。还可以证明坐标变换式(2.188)的雅可比行列式 $|J|>0$。

这样,就建立了实际单元与标准单元的一一对应关系。我们把实际单元图 2.46a 称为子单元,把标准单元图 2.46b 称为母单元。

将单元位移模式取为

$$\left.\begin{aligned} u &= N_1u_1 + N_2u_2 + N_3u_3 + N_4u_4 \\ v &= N_1v_1 + N_2v_2 + N_3v_3 + N_4v_4 \end{aligned}\right\} \tag{2.190}$$

其中,形函数 N_i 与式(2.189)一样,u_i,$v_i(i=1,2,3,4)$ 为实际单元 4 个结点处的位移。写成矩阵形式为

$$\boldsymbol{u} = \begin{pmatrix} N_1 & 0 & N_2 & 0 & N_3 & 0 & N_4 & 0 \\ 0 & N_1 & 0 & N_2 & 0 & N_3 & 0 & N_4 \end{pmatrix} \begin{pmatrix} u_1 \\ v_1 \\ u_2 \\ v_2 \\ u_3 \\ v_3 \\ u_4 \\ v_4 \end{pmatrix}$$

$$= (\boldsymbol{I}N_1 \quad \boldsymbol{I}N_2 \quad \boldsymbol{I}N_3 \quad \boldsymbol{I}N_4)\boldsymbol{a}^e$$

$$= \boldsymbol{N}\boldsymbol{a}^e \tag{2.191}$$

由于位移模式式（2.190）与坐标变换式（2.188）具有相同的形式，即形函数相同，参数个数相同，所以这种单元称为等参数单元或称等参单元。

2.7.2 单元应变和应力

有了位移模式就可以利用几何方程和物理方程求得单元上的应变和应力的表达式为

$$\boldsymbol{\varepsilon} = \boldsymbol{L}\boldsymbol{u} = \begin{pmatrix} \frac{\partial}{\partial x} & 0 \\ 0 & \frac{\partial}{\partial y} \\ \frac{\partial}{\partial y} & \frac{\partial}{\partial x} \end{pmatrix} (IN_1 \quad IN_2 \quad IN_3 \quad IN_4)\boldsymbol{a}^e$$

$$= (\boldsymbol{B}_1 \quad \boldsymbol{B}_2 \quad \boldsymbol{B}_3 \quad \boldsymbol{B}_4)\boldsymbol{a}^e$$

$$= \boldsymbol{B}\boldsymbol{a}^e \tag{2.192}$$

其中：

$$\boldsymbol{B}_i = \begin{pmatrix} \frac{\partial N_i}{\partial x} & 0 \\ 0 & \frac{\partial N_i}{\partial y} \\ \frac{\partial u_i}{\partial y} & \frac{\partial N_i}{\partial x} \end{pmatrix} \quad (i = 1,2,3,4) \tag{2.193}$$

$$\boldsymbol{\sigma} = \boldsymbol{D}\boldsymbol{\varepsilon} = \boldsymbol{D}(\boldsymbol{B}_1 \quad \boldsymbol{B}_2 \quad \boldsymbol{B}_3 \quad \boldsymbol{B}_4)\boldsymbol{a}^e$$

$$= (\boldsymbol{S}_1 \quad \boldsymbol{S}_2 \quad \boldsymbol{S}_3 \quad \boldsymbol{S}_4)\boldsymbol{a}^e$$

$$= \boldsymbol{S}\boldsymbol{a}^e \tag{2.194}$$

其中：

$$\boldsymbol{S}_i = \boldsymbol{D}\boldsymbol{B}_i$$

$$= \frac{E}{1-\nu^2} \begin{pmatrix} \frac{\partial N_i}{\partial x} & \nu \frac{\partial N_i}{\partial y} \\ \nu \frac{\partial N_i}{\partial x} & \frac{\partial N_i}{\partial y} \\ \frac{1-\nu}{2}\frac{\partial N_i}{\partial y} & \frac{1-\nu}{2}\frac{\partial N_i}{\partial x} \end{pmatrix} \quad (i = 1,2,3,4) \tag{2.195}$$

对于平面应变问题，只要将式（2.195）中的 E 换成 $\frac{E}{1-\nu^2}$，把 ν 换成 $\frac{\nu}{1-\nu}$ 即可。

在应变矩阵 $\boldsymbol{B}$ 和应力矩阵 $\boldsymbol{S}$ 中，涉及形函数对整体坐标的导数，等参单元的形函数是定义在母单元上的，即是用局部坐标表示的。它们是整体坐标的隐式函数，因此需要根据复合函数的求导法则来求出各形函数对整体坐标的导数。

$$\left. \begin{array}{l} \dfrac{\partial N_i}{\partial \xi} = \dfrac{\partial N_i}{\partial x}\dfrac{\partial x}{\partial \xi} + \dfrac{\partial N_i}{\partial y}\dfrac{\partial y}{\partial \xi} \\ \dfrac{\partial N_i}{\partial \eta} = \dfrac{\partial N_i}{\partial x}\dfrac{\partial x}{\partial \eta} + \dfrac{\partial N_i}{\partial y}\dfrac{\partial y}{\partial \eta} \end{array} \right\}$$

由上式可以解出 $\dfrac{\partial N_i}{\partial x}$ 和 $\dfrac{\partial N_i}{\partial y}$

$$\begin{pmatrix} \dfrac{\partial N_i}{\partial x} \\ \dfrac{\partial N_i}{\partial y} \end{pmatrix} = \boldsymbol{J}^{-1} \begin{pmatrix} \dfrac{\partial N_i}{\partial \xi} \\ \dfrac{\partial N_i}{\partial \eta} \end{pmatrix} \quad (i=1,2,3,4) \tag{2.196}$$

式中 $\boldsymbol{J}$ 为雅可比矩阵：

$$\boldsymbol{J} = \begin{pmatrix} \dfrac{\partial x}{\partial \xi} & \dfrac{\partial y}{\partial \xi} \\ \dfrac{\partial x}{\partial \eta} & \dfrac{\partial y}{\partial \eta} \end{pmatrix} \tag{2.197}$$

2.7.3 微面积、微线段的计算

在计算单元刚度矩阵和结点荷载时要用到实际单元的微分面积 dA 和微分线段 ds。这一节讨论把微面积和微线段用局部坐标的微分来表示，以便将所有积分计算转换到母单元上进行。

1. 微分面积

设实际单元中任一点微分面积为 dA，如图 2.47a 阴影部分，图中 d$\boldsymbol{r}_\xi$ 为 ξ 坐标线上的微分矢量，d$\boldsymbol{r}_\eta$ 为 η 坐标线上的微分矢量，即：

$$\left.\begin{aligned} \mathrm{d}\boldsymbol{r}_\xi &= \mathrm{d}x\boldsymbol{i} + \mathrm{d}y\boldsymbol{j} = \frac{\partial x}{\partial \xi}\mathrm{d}\xi\boldsymbol{i} + \frac{\partial y}{\partial \xi}\mathrm{d}\xi\boldsymbol{j} \\ \mathrm{d}\boldsymbol{r}_\eta &= \frac{\partial x}{\partial \eta}\mathrm{d}\eta\boldsymbol{i} + \frac{\partial y}{\partial \eta}\mathrm{d}\eta\boldsymbol{j} \end{aligned}\right\} \tag{a}$$

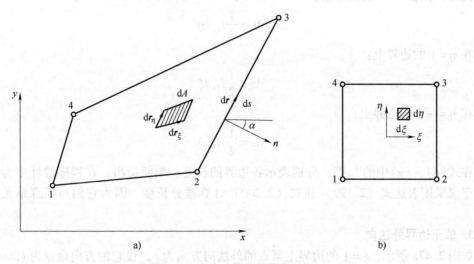

图 2.47 四边形单元及微分面积

$$\mathrm{d}A = |\mathrm{d}\boldsymbol{r}_\xi \times \mathrm{d}\boldsymbol{r}_\eta| = \begin{vmatrix} \dfrac{\partial x}{\partial \xi} & \dfrac{\partial y}{\partial \xi} \\ \dfrac{\partial x}{\partial \eta} & \dfrac{\partial y}{\partial \eta} \end{vmatrix} \mathrm{d}\xi\mathrm{d}\eta = |\boldsymbol{J}|\mathrm{d}\xi\mathrm{d}\eta \tag{2.198}$$

可见雅可比行列式$|J|$是实际单元微面积与母单元微面积的比值,相当于实际单元上微面积的放大(缩小)系数。

2. 微分线段

在$\xi = \pm 1$的边界上 $\mathrm{d}r = \frac{\partial x}{\partial \eta}\mathrm{d}\eta i + \frac{\partial y}{\partial \eta}\mathrm{d}\eta j$,则:

$$\mathrm{d}s = |\mathrm{d}r| = \sqrt{\left(\frac{\partial x}{\partial \eta}\right)^2 + \left(\frac{\partial y}{\partial \eta}\right)^2}\mathrm{d}\eta \tag{2.199}$$

同理,在$\eta = \pm 1$的边界上:

$$\mathrm{d}s = \sqrt{\left(\frac{\partial x}{\partial \xi}\right)^2 + \left(\frac{\partial y}{\partial \xi}\right)^2}\mathrm{d}\xi \tag{2.200}$$

对于4结点四边形等参单元,在$\xi = 1$的边界上有:

$$\left.\begin{array}{l} x = \frac{1}{2}(1-\eta)x_2 + \frac{1}{2}(1+\eta)x_3 \\ y = \frac{1}{2}(1-\eta)y_2 + \frac{1}{2}(1+\eta)y_3 \end{array}\right\} \tag{b}$$

$$\left.\begin{array}{l} \frac{\partial x}{\partial \eta} = \frac{1}{2}(x_3 - x_2) \\ \frac{\partial y}{\partial \eta} = \frac{1}{2}(y_3 - y_2) \end{array}\right\} \tag{c}$$

将式(c)代入式(2.199),得:

$$\mathrm{d}s = \frac{1}{2}\sqrt{(x_3 - x_2)^2 + (y_3 - y_2)^2}\mathrm{d}\eta = \frac{1}{2}l_{23}\mathrm{d}\eta \tag{d}$$

同理,在$\xi = -1$的边界上:

$$\mathrm{d}s = \frac{1}{2}l_{14}\mathrm{d}\eta \tag{e}$$

在$\eta = 1$的边界上:

$$\mathrm{d}s = \frac{1}{2}l_{34}\mathrm{d}\xi \tag{f}$$

在$\eta = -1$的边界上:

$$\mathrm{d}s = \frac{1}{2}l_{12}\mathrm{d}\xi \tag{g}$$

在式(d)~(g)中的l_{23}等,分别表示各边界的长度。顺便指出,在程序设计中为了通用化,宁愿采用表达式(2.199)和式(2.200)计算微分长度,因为它们对任意单元类型都适用。

3. 单元边界外法向

如图2.47a所示,$\xi = 1$的边界上某点的外法向方向为n,设它的方向余弦为l,m。

$$l = \cos \alpha, \quad m = -\sin \alpha$$

该点的微分矢量为

$$\mathrm{d}r = \frac{\partial x}{\partial \eta}\mathrm{d}\eta i + \frac{\partial y}{\partial \eta}\mathrm{d}\eta j \tag{h}$$

根据微分矢量$\mathrm{d}r$与外法向n的正交几何关系有:

$$l = \cos(\mathrm{d}\boldsymbol{r}, y) = \frac{\frac{\partial y}{\partial \eta}}{\sqrt{\left(\frac{\partial x}{\partial \eta}\right)^2 + \left(\frac{\partial y}{\partial \eta}\right)^2}}$$

$$m = -\sin\alpha = -\cos\left(\frac{\pi}{2} - \alpha\right) = \frac{-\frac{\partial x}{\partial \eta}}{\sqrt{\left(\frac{\partial x}{\partial \eta}\right)^2 + \left(\frac{\partial y}{\partial \eta}\right)^2}} \tag{2.201}$$

同理可得到其他 3 个边界的外法向方向的表达式。

在 $\xi = -1$ 的边界上：

$$\left. \begin{aligned} l &= \frac{-\frac{\partial y}{\partial \eta}}{\sqrt{\left(\frac{\partial x}{\partial \eta}\right)^2 + \left(\frac{\partial y}{\partial \eta}\right)^2}} \\ m &= \frac{\frac{\partial x}{\partial \eta}}{\sqrt{\left(\frac{\partial x}{\partial \eta}\right)^2 + \left(\frac{\partial y}{\partial \eta}\right)^2}} \end{aligned} \right\} \tag{2.202}$$

在 $\eta = 1$ 的边界上：

$$\left. \begin{aligned} l &= \frac{-\frac{\partial y}{\partial \xi}}{\sqrt{\left(\frac{\partial x}{\partial \xi}\right)^2 + \left(\frac{\partial y}{\partial \xi}\right)^2}} \\ m &= \frac{\frac{\partial x}{\partial \xi}}{\sqrt{\left(\frac{\partial x}{\partial \xi}\right)^2 + \left(\frac{\partial y}{\partial \xi}\right)^2}} \end{aligned} \right\} \tag{2.203}$$

在 $\eta = -1$ 的边界上：

$$\left. \begin{aligned} l &= \frac{\frac{\partial y}{\partial \xi}}{\sqrt{\left(\frac{\partial x}{\partial \xi}\right)^2 + \left(\frac{\partial y}{\partial \xi}\right)^2}} \\ m &= \frac{-\frac{\partial x}{\partial \xi}}{\sqrt{\left(\frac{\partial x}{\partial \xi}\right)^2 + \left(\frac{\partial y}{\partial \xi}\right)^2}} \end{aligned} \right\} \tag{2.204}$$

2.7.4　等参单元的收敛性、坐标变换对单元形状的要求

为了保证有限元解的收敛性，单元位移模式必须要满足完备性和连续性。现在以 4 结点四边形等参单元为例，讨论等参单元的收敛性。

1. 位移模式的完备性

从对三角形单元收敛性的分析知道，位移模式中如果包含了完全线性项（即一次完全

多项式），就能保证满足完备性要求，即反映了单元的刚体位移和常量应变。

现假设单元位移场是一个完全线性多项式，即：

$$\left.\begin{array}{l} u = a_1 + a_2 x + a_3 y + \cdots \\ v = a_4 + a_5 x + a_6 y + \cdots \end{array}\right\} \tag{a}$$

考察对等参单元（即坐标变换式式（2.188），位移模式式（2.190）将提出什么样的要求。

将式（a）中的位移分量 u 在各结点赋值，即有：

$$\left.\begin{array}{l} u_1 = a_1 + a_2 x_1 + a_3 y_1 + \cdots \\ u_2 = a_1 + a_2 x_2 + a_3 y_2 + \cdots \\ u_3 = a_1 + a_2 x_3 + a_3 y_3 + \cdots \\ u_4 = a_1 + a_2 x_4 + a_3 y_4 + \cdots \end{array}\right\} \tag{b}$$

将其代入位移模式式（2.190），得：

$$\begin{aligned} u &= N_1(a_1 + a_2 x_1 + a_3 y_1) + N_2(a_1 + a_2 x_2 + a_3 y_2) + \\ &\quad N_3(a_1 + a_2 x_3 + a_3 y_3) + N_4(a_1 + a_2 x_4 + a_3 y_4) + \cdots \\ &= a_1(N_1 + N_2 + N_3 + N_4) + a_2(N_1 x_1 + N_2 x_2 + N_3 x_3 + N_4 x_4) + \\ &\quad a_3(N_1 y_1 + N_2 y_2 + N_3 y_3 + N_4 y_4) + \cdots \\ &= a_1 + a_2 x + a_3 y + \cdots \end{aligned} \tag{c}$$

将上式写成：

$$a_1\left(\sum_{i=1}^{4} N_i - 1\right) + a_2\left(\sum_{i=1}^{4} N_i x_i - x\right) + a_3\left(\sum_{i=1}^{4} N_i y_i - y\right) + \cdots = 0 \tag{d}$$

如果要使假设的线性位移场式（a）真实存在，也即 a_1、a_2、a_3 不能为零，那么上式中括号内的项必须为零，即：

$$\left.\begin{array}{l} \sum_{i=1}^{4} N_i = 1 \\ \sum_{i=1}^{4} N_i x_i = x \\ \sum_{i=1}^{4} N_i y_i = y \end{array}\right\} \tag{2.205}$$

这就是等参单元完备性要求对形函数的限制条件。对于等参单元，式（2.205）后两个条件是自然满足的，因此是否满足完备性要求，只需检验第一个条件即形函数之和是否等于1，这是等参单元形函数的基本性质之一。

下面检验 4 结点等参单元是否满足完备性条件。由形函数公式（2.189）：

$$\begin{aligned} \sum_{i=1}^{4} N_i &= \frac{1}{4}(1-\xi)(1-\eta) + \frac{1}{4}(1+\xi)(1-\eta) + \frac{1}{4}(1+\xi)(1+\eta) + \frac{1}{4}(1-\xi)(1+\eta) \\ &= \frac{1}{2}(1-\eta) + \frac{1}{2}(1+\eta) = 1 \end{aligned}$$

可见前面讨论的位移模式满足完备性要求。

以上对完备性要求的分析适用于其他所有等参单元（平面问题或空间问题）。归纳为：对于具有 m 个结点的等参单元，为了位移模式满足完备性要求，形函数必须且仅满足：

$$\sum_{i=1}^{m} N_i = 1 \tag{2.206}$$

2. 位移模式的连续性

位移模式在各单元上自然是连续的，在整个有限元网格上的位移场是否连续，只需考察任意两单元交界面上位移是否连续即可。

以图 2.47a 单元的 23 边界为例。在该边界上 $N_1=0$，$N_2=\frac{1}{2}(1-\eta)$，$N_3=\frac{1}{2}(1+\eta)$，$N_4=0$。代入位移模式式 (2.190)，得：

$$\left.\begin{aligned} u &= \frac{1}{2}(u_3+u_2)+\frac{1}{2}(u_3-u_2)\eta \\ v &= \frac{1}{2}(v_3+v_2)+\frac{1}{2}(v_3-v_2)\eta \end{aligned}\right\} \tag{e}$$

这是一个线性位移函数，在该边界上有两个结点。两个结点的位移值可以唯一确定线性位移函数。因此与其相邻的单元在该交界面上具有相同的位移分布。所以位移模式式 (2.190) 满足连续性要求。

3. 坐标变换对单元形状的要求

等参单元首要条件要建立坐标变换，两个坐标系之间一一对应关系的条件是雅可比行列式 $|\boldsymbol{J}|$ 不得为零。如果 $|\boldsymbol{J}|=0$，雅可比逆矩阵 $\boldsymbol{J}^{-1}$ 就不存在，公式 (2.196) 就不成立，一切计算就无从说起。如果规定 $|\boldsymbol{J}|>0$，那么就不允许 $|\boldsymbol{J}|<0$，否则，由于 $|\boldsymbol{J}|$ 是连续函数，必然存在一点使得 $|\boldsymbol{J}|=0$。从上一节的讨论知道，$|\boldsymbol{J}|$ 相当于实际单元到母单元微面积的放大系数。现在考察图 2.48 单元 4 个角点处的雅可比行列式的值。

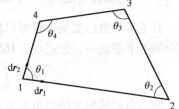

图 2.48 四边形单元

在 1 结点的微面积为

$$dA_1 = |d\boldsymbol{r}_1| \cdot |d\boldsymbol{r}_2|\sin\theta_1 = |\boldsymbol{J}_1|d\xi d\eta$$

则：

$$|\boldsymbol{J}_1| = \frac{|d\boldsymbol{r}_1| \cdot |d\boldsymbol{r}_2|}{d\xi d\eta}\sin\theta_1 = a_1 l_{12} l_{14} \sin\theta_1 \tag{f}$$

其中 l_{ij} 表示 i 结点到 j 结点的距离，即边界的长度，是一个正的调整系数，用来调整微分长度比值与有限长度 l_{12}、l_{14} 的关系。同理可写出其他 3 个结点处的雅可比行列式：

$$\left.\begin{aligned} |\boldsymbol{J}_2| &= a_2 l_{23} l_{21} \sin\theta_2 \\ |\boldsymbol{J}_3| &= a_3 l_{34} l_{32} \sin\theta_3 \\ |\boldsymbol{J}_4| &= a_4 l_{41} l_{43} \sin\theta_4 \end{aligned}\right\} \tag{g}$$

由式 (f) 和式 (g) 可见，为了保证各结点处 $|\boldsymbol{J}_i|>0$，必须满足：

$$0 < \theta_i < \pi \quad (i=1,2,3,4)$$

另外，4 个边界的长度都不能为零，即 $l_{ij}>0$。由此，图 2.49 所示的单元都是不正确的。图 2.49a 中 $l_{34}=0$，它将导致 $|\boldsymbol{J}_3|=|\boldsymbol{J}_4|=0$。图 2.49b 中 $\theta_4>\pi$，使得 $|\boldsymbol{J}_4|<0$，它将导致 4 结点附近某点的 $|\boldsymbol{J}|=0$。

以上讨论可以推广到空间问题。为了保证整体坐标与局部坐标的一一对应关系，单元不

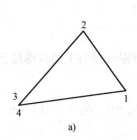 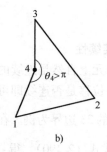

图 2.49 非正确单元

能歪斜，单元的各边长不能等于零。

值得指出的是，某些文献建议，从统一的四边形单元的表达式出发，利用如图 2.49a 所示 2 个结点合并为 1 个结点的方法，将四边形单元退化三角形单元，从而不必另行推导后者的表达式。用类似的方法，将空间六面体单元退化为五面体或四面体单元。在这些退化单元的某些角点 $|J|=0$，但是在实际计算中仍可应用，因为数值计算中，只用到积分点处的 $|J|$，而积分点通常都在单元内部，因此可以避开角点 $|J|=0$ 的问题。应当注意，退化单元由于形态不好，精度较差，在应用中应该尽量避免采用退化元。

2.7.5 单元刚度矩阵、等效结点荷载

有了等参坐标变换，就可以把原先在实际单元域上的积分变换到在母单元上的积分，使积分的上下限统一。公式（2.165）中的单元刚度矩阵 k 和结点荷载可以改写成：

$$k = \int_{\Omega^e} \boldsymbol{B}^\mathrm{T}\boldsymbol{D}\boldsymbol{B}t\mathrm{d}A = \int_{-1}^{1}\int_{-1}^{1}\boldsymbol{B}^\mathrm{T}\boldsymbol{D}\boldsymbol{B}t|\boldsymbol{J}|\mathrm{d}\xi\mathrm{d}\eta \tag{2.207}$$

体力引起的单元结点荷载为：

$$\boldsymbol{R}^e = \int_{\Omega^e} \boldsymbol{N}^\mathrm{T}\boldsymbol{f}t\mathrm{d}A = \int_{-1}^{1}\int_{-1}^{1}\boldsymbol{N}^\mathrm{T}\boldsymbol{f}t|\boldsymbol{J}|\mathrm{d}\xi\mathrm{d}\eta \tag{2.208}$$

面力引起的单元结点荷载，如在 $\xi \pm 1$ 的边界：

$$\boldsymbol{R}^e = \int_{S^e} \boldsymbol{N}^\mathrm{T}\bar{\boldsymbol{f}}t\mathrm{d}S = \int_{-1}^{1}\boldsymbol{N}^\mathrm{T}\bar{\boldsymbol{f}}t\sqrt{\left(\frac{\partial x}{\partial \eta}\right)^2+\left(\frac{\partial y}{\partial \eta}\right)^2}\mathrm{d}\eta \tag{2.209}$$

在 $\eta \pm 1$ 的边界：

$$\boldsymbol{R}^e = \int_{S^e} \boldsymbol{N}^\mathrm{T}\bar{\boldsymbol{f}}t\mathrm{d}S = \int_{-1}^{1}\boldsymbol{N}^\mathrm{T}\bar{\boldsymbol{f}}t\sqrt{\left(\frac{\partial x}{\partial \xi}\right)^2+\left(\frac{\partial y}{\partial \xi}\right)^2}\mathrm{d}\xi \tag{2.210}$$

对于一些几何形状简单的单元，结点荷载可以显式地计算出来。如图 2.50 所示的平行四边形单元，底边长为 a，斜边长为 b。在自重 $\boldsymbol{f} = (0 \quad -\rho g)^\mathrm{T}$ 作用下，单元结点荷载为

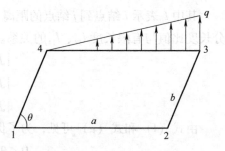

图 2.50 平行四边形单元

$$\boldsymbol{R}^e = \int_{-1}^{1}\int_{-1}^{1}\boldsymbol{N}^\mathrm{T}\begin{pmatrix}0\\-\rho g\end{pmatrix}t|\boldsymbol{J}|\mathrm{d}\xi\mathrm{d}\eta$$

$$= -\rho g\int_{-1}^{1}\int_{-1}^{1}(0 \quad N_1 \quad 0 \quad N_2 \quad 0 \quad N_3 \quad 0 \quad N_4)^\mathrm{T}|\boldsymbol{J}|t\mathrm{d}\xi\mathrm{d}\eta \tag{a}$$

式中的雅可比行列式成为

$$|\boldsymbol{J}| = \begin{vmatrix} \dfrac{\partial x}{\partial \xi} & \dfrac{\partial y}{\partial \xi} \\ \dfrac{\partial x}{\partial \eta} & \dfrac{\partial y}{\partial \eta} \end{vmatrix}$$

$$= \frac{1}{16} \begin{vmatrix} (1-\eta)(x_2-x_1)+(1+\eta)(x_3-x_4) & (1-\eta)(y_2-y_1)+(1+\eta)(y_3-y_4) \\ (1-\xi)(x_4-x_1)+(1+\xi)(x_3-x_2) & (1-\xi)(y_4-y_1)+(1+\xi)(y_3-y_2) \end{vmatrix}$$

$$= \frac{1}{16} \begin{vmatrix} 2a & 0 \\ 2b\cos\theta & 2b\sin\theta \end{vmatrix} = \frac{1}{4}ab\sin\theta = \frac{1}{4}A \tag{b}$$

将形函数的表达式（2.189）及式（b）代入式（a），得：

$$\boldsymbol{R}^e = \frac{-\rho g t A}{4}\int_{-1}^{1}\int_{-1}^{1}(0 \ \ N_1 \ \ 0 \ \ N_2 \ \ 0 \ \ N_3 \ \ 0 \ \ N_4)^{\mathrm{T}}\mathrm{d}\xi\mathrm{d}\eta$$

$$= -\frac{1}{4}\rho g t A(0 \ \ 1 \ \ 0 \ \ 1 \ \ 0 \ \ 1 \ \ 0 \ \ 1)^{\mathrm{T}} \tag{c}$$

即把单元重量平均分配到 4 个结点上。

在 $\eta = 1$ 的边界上（43 边界）受到三角形分布荷载（图 2.50），这时面力矢量为

$$\bar{\boldsymbol{f}} = \begin{pmatrix} 0 & \dfrac{1}{2}(1+\xi)q \end{pmatrix}^{\mathrm{T}}$$

单元的结点荷载为

$$\boldsymbol{R}^e = \int_{-1}^{1}\boldsymbol{N}^{\mathrm{T}}\begin{pmatrix} 0 \\ \dfrac{1}{2}(1+\xi)q \end{pmatrix} t\sqrt{\left(\dfrac{\partial x}{\partial \xi}\right) + \left(\dfrac{\partial y}{\partial \xi}\right)}\mathrm{d}\xi$$

$$= \frac{1}{2}q\int_{-1}^{1}(1+\xi)(0 \ \ N_1 \ \ 0 \ \ N_2 \ \ 0 \ \ N_3 \ \ 0 \ \ N_4)^{\mathrm{T}}t\frac{1}{2}a\mathrm{d}\xi$$

考虑到在 $\eta = 1$ 的边上 $N_1 = 0$, $N_2 = 0$, $N_3 = \dfrac{1}{2}(1+\xi)$, $N_4 = \dfrac{1}{2}(1-\xi)$。

代入上式得：

$$\boldsymbol{R}^e = \frac{1}{2}atq\begin{pmatrix} 0 & 0 & 0 & 0 & 0 & \dfrac{2}{3} & 0 & \dfrac{1}{3} \end{pmatrix}^{\mathrm{T}}$$

即把分布面力的合力的 $\dfrac{2}{3}$ 分配到 3 结点，把 $\dfrac{1}{3}$ 的合力分配到 4 结点。

如果在单元边界上受有法向分布力，式（2.209）和式（2.210）还可以进一步简化。设在边界 $\xi = 1$ 上法向分布面力的集度为 $q(\eta)$，则面力矢量为

$$\bar{\boldsymbol{f}} = \begin{pmatrix} l \\ m \end{pmatrix}q(\eta)$$

将上式代入式（2.209），并考虑到式（2.201），得：

$$\boldsymbol{R}^e = \int_{-1}^{1}\boldsymbol{N}^{\mathrm{T}}\begin{pmatrix} l \\ m \end{pmatrix}q(\eta)t\sqrt{\left(\dfrac{\partial x}{\partial \eta}\right)^2 + \left(\dfrac{\partial y}{\partial \eta}\right)^2}\mathrm{d}\eta$$

$$= \int_{-1}^{1}\boldsymbol{N}^{\mathrm{T}}\begin{pmatrix} \dfrac{\partial y}{\partial \eta} \\ -\dfrac{\partial x}{\partial \eta} \end{pmatrix}q(\eta)t\mathrm{d}\eta \tag{2.211}$$

2.7.6 高斯数值积分

从上节讨论可知,单元刚度矩阵和结点荷载的计算,最后都归结为以下两种标准积分:

$$\text{I} = \int_{-1}^{1} F(\xi) \, d\xi \tag{2.212}$$

$$\text{II} = \int_{-1}^{1}\int_{-1}^{1} F(\xi,\eta) \, d\xi d\eta \tag{2.213}$$

在空间问题中还将遇到三维积分:

$$\text{III} = \int_{-1}^{1}\int_{-1}^{1}\int_{-1}^{1} F(\xi,\eta,\zeta) \, d\xi d\eta d\zeta \tag{2.214}$$

这些被积函数一般都很复杂,不可能解析地精确求出。可以采用数值积分方法计算积分值。

数值积分一般有两类方法,一类是等间距数值积分,如辛普生方法等。另一类是不等间距数值积分,如高斯数值积分法。高斯积分法对积分点的位置进行了优化处理,所以往往能取得比较高的精度。

首先讨论一维积分式(2.212)。高斯数值积分是用下列和式代替原积分式(2.212),即:

$$\begin{aligned}\text{I} &= \int_{-1}^{1} F(\xi) \, d\xi \\ &= H_1 F(\xi_1) + H_2 F(\xi_2) + \cdots + H_n F(\xi_n) \\ &= \sum_{i=1}^{n} H_i F(\xi_i)\end{aligned} \tag{2.215}$$

式中,ξ_i 为积分点坐标(简称积分点),H_i 为积分权系数,n 为积分点个数。

上述近似积分公式在几何上的理解是:用 n 个矩形面积之和代替原来曲线 $F(\xi)$ 在$(-1,1)$区间上所围成的面积,如图2.51所示。

积分点 ξ_i 和积分权系数由下列公式确定:

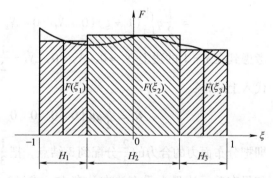

图 2.51 高斯积分

$$\int_{-1}^{1} \xi^{i-1} P(\xi) \, d\xi = 0 \quad (i = 1,2,\cdots,n) \tag{2.216}$$

$$H_i = \int_{-1}^{1} l_i^{(n-1)}(\xi) \, d\xi \tag{2.217}$$

其中 $P(\xi)$ 为 n 次多项式:

$$P(\xi) = (\xi - \xi_1)(\xi - \xi_2)\cdots(\xi - \xi_n) = \prod_{j=1}^{n} (\xi - \xi_j) \tag{2.218}$$

$l_i^{(n-1)}(\xi)$ 为 $n-1$ 阶拉格朗日插值函数:

$$l_i^{(n-1)}(\xi) = \frac{(\xi - \xi_1)(\xi - \xi_2)\cdots(\xi - \xi_{i-1})(\xi - \xi_{i+1})\cdots(\xi - \xi_n)}{(\xi_i - \xi_1)(\xi_i - \xi_2)\cdots(\xi_i - \xi_{i-1})(\xi_i - \xi_{i+1})\cdots(\xi_i - \xi_n)} \tag{2.219}$$

式中 ξ_i 是积分点坐标，ξ^i 表示 ξ 的 i 次幂。

例 3.4 用高斯数值积分法计算积分 $\int_{-1}^{1} \xi^4 \mathrm{d}\xi$。

该积分的精确值为

$$\int_{-1}^{1} \xi^4 \mathrm{d}\xi = \frac{2}{5} = 0.4$$

当取 $n = 2$ 时，高斯积值为

$$\int_{-1}^{1} \xi^4 \mathrm{d}\xi = 1 \times (-0.577\cdots)^4 + 1 \times (0.577\cdots)^4 = 0.22$$

与精确解 0.4 相差很大，误差达 45%。

当取 $n = 3$ 时，高斯积分值为

$$\int_{-1}^{1} \xi^4 \mathrm{d}\xi = 0.555 \times (-0.774)^4 + 0.888 \times (0.00)^4 + 0.555 \times (0.774)^4 = 0.4000$$

这时的高斯数值积分与精确解相同。一维高斯数值积分公式 (2.215) 可以很容易推广到二维积分和三维积分。二维高斯数值积分公式为

$$\mathrm{II} = \int_{-1}^{1}\int_{-1}^{1} F(\xi,\eta) \mathrm{d}\xi\mathrm{d}\eta = \sum_{i=1}^{n}\sum_{j=1}^{n} H_i H_j F(\xi_i, \eta_j) \tag{2.220}$$

三维高斯数值积分公式为

$$\mathrm{III} = \int_{-1}^{1}\int_{-1}^{1}\int_{-1}^{1} F(\xi,\eta,\zeta) \mathrm{d}\xi\mathrm{d}\eta\mathrm{d}\zeta = \sum_{i=1}^{n}\sum_{j=1}^{n}\sum_{k=1}^{n} H_i H_j H_k F(\xi_i, \eta_j, \zeta_k) \tag{2.221}$$

现在分析对于单元荷载列阵和单元刚度矩阵，在用高斯数值积分时，为了得到较高的积分精度或者完全精确的积分值，需要取多少个积分点。

体力引起的单元结点荷载为

$$\boldsymbol{R}^e = \int_{-1}^{1}\int_{-1}^{1} \boldsymbol{N}^\mathrm{T} \boldsymbol{f} t |\boldsymbol{J}| \mathrm{d}\xi\mathrm{d}\eta \tag{a}$$

对于 4 结点四边形等参单元，形函数 N_i 对每个局部坐标都是一次式，因而 $\boldsymbol{N}^\mathrm{T}$ 中的各个元素，每个局部坐标的最高幂次是 1。由公式 (2.206) 可见，雅可比行列式 $|\boldsymbol{J}|$ 每个局部坐标的最高幂次也是 1。如果假设体力矢量 $\boldsymbol{f}$ 为常量时，则式（a）中的被积函数对于每个局部坐标来说，最高幂次是 $m = 1 + 1 = 2$ 次。于是，为了式（a）积分完全精确，在每个方向的积分点数目 $n \geq \frac{2+1}{2} = 1.5$，要取 2 个积分点，2 个方向共需积分点数应为 $2^2 = 4$ 个，即：

$$\boldsymbol{R}^e = \sum_{i=1}^{2}\sum_{j=1}^{2} H_i H_j (\boldsymbol{N}^\mathrm{T}\boldsymbol{f}|\boldsymbol{J}|t)_{\xi=\xi_i, \eta=\eta_j}$$

分布面力引起的单元结点荷载为

$$\boldsymbol{R}^e = \int_{-1}^{1} (\boldsymbol{N}^\mathrm{T})_{\xi=\pm 1} \bar{\boldsymbol{f}} t \left(\sqrt{\left(\frac{\partial x}{\partial \eta}\right)^2 + \left(\frac{\partial y}{\partial \eta}\right)^2}\right)_{\xi=\pm 1} \mathrm{d}\eta \tag{b}$$

对于 4 结点四边形等参单元，式（b）中 $\boldsymbol{N}^\mathrm{T}$ 的元素，η 的最高幂次为 1。面力 $\bar{\boldsymbol{f}}$ 假设为线性分布，是 η 的一次函数，$\sqrt{\left(\frac{\partial x}{\partial \eta}\right)^2 + \left(\frac{\partial y}{\partial \eta}\right)^2}$ 对四边形单元来说是常量，可见，式（b）中的被积函数是 η 的二次多项式。即 η 的最高幂次 $m = 1 + 1 = 2$ 次。为了求得精准积分，需要

积分点数目 $n \geq \frac{2+1}{2} = 1.5$，取 $n = 2$。则分布面力的结点荷载列阵的高斯数值积分表达式为

$$\boldsymbol{R}^e = \sum_{i=1}^{2} H_i \left(\boldsymbol{N}^{\mathrm{T}} \bar{\boldsymbol{f}} t \sqrt{\left(\frac{\partial x}{\partial \eta}\right)^2 + \left(\frac{\partial y}{\partial \eta}\right)^2} \right)_{\eta = \eta_i, \xi = \pm 1}$$

单元刚度矩阵的积分表达式为

$$\boldsymbol{k} = \int_{-1}^{1} \int_{-1}^{1} \boldsymbol{B}^{\mathrm{T}} \boldsymbol{D} \boldsymbol{B} t |\boldsymbol{J}| \mathrm{d}\xi \mathrm{d}\eta \tag{c}$$

由于 $\boldsymbol{B}$ 中的元素是形函数对整体坐标的导数 $\frac{\partial N_i}{\partial x}$ 和 $\frac{\partial N_i}{\partial y}$，如公式（2.205）所示，这些项与 $\boldsymbol{J}^{-1}$ 有关，所以 $\boldsymbol{B}$ 的元素不是多项式，因而，无法用前面的方法分析需要多少积分点的数目。但是，如果单元较小，以致单元中的应变 $\boldsymbol{\varepsilon}$ 和应力 $\boldsymbol{\sigma}$ 可以当作常量，则

$$\boldsymbol{\varepsilon}^{\mathrm{T}} \boldsymbol{\sigma} = (\boldsymbol{B} \boldsymbol{a}^e)^{\mathrm{T}} \boldsymbol{D} \boldsymbol{B} \boldsymbol{a}^e = (\boldsymbol{a}^e)^{\mathrm{T}} \boldsymbol{B}^{\mathrm{T}} \boldsymbol{D} \boldsymbol{B} \boldsymbol{a}^e$$

也可以当作常量，于是 $\boldsymbol{B}^{\mathrm{T}} \boldsymbol{D} \boldsymbol{B}$ 可以当作常量。这样式（c）中被积函数的幂次只取决于 $|\boldsymbol{J}|$ 的幂次。对于 4 结点四边形单元，上面已经分析过，$|\boldsymbol{J}|$ 每个局部坐标的最高幂次都为 1，因而可以把式（c）中的被积函数近似地当作是每个局部坐标的 1 次项式，即 $m = 1$。为了求得精确积分，需要积分点数目 $n \geq \frac{1+1}{2} = 1$，取 $n = 1$。则单元刚度矩阵的高斯数值积分表达式为

$$\boldsymbol{k} = H_1 H_1 (\boldsymbol{B}^{\mathrm{T}} \boldsymbol{D} \boldsymbol{B} t |\boldsymbol{J}|)_{\xi = \xi_1, \eta = \eta_1}$$

单元上的应变 $\boldsymbol{\varepsilon}$ 和 $\boldsymbol{\sigma}$ 一般并不是常量，以上分析的积分点数目是偏少的。所以实际计算中通常取与结点荷载的积分点数目相同的值，也取 $n = 2$，共需 $2^2 = 4$ 个积分点。

需要指出的是，在有限单元法中，所取的位移模式使得每个单元的自由度从无限多减少为有限多个，单元的刚度被夸大了。另外，由数值积分得来的刚度矩阵的数值，总是随着所取积分点的数目减少而减少。这样，如果采用偏少的积分点数目，即积分点数目取少于积分值完全精确时所需的积分点数目，可以使得上述两方面因素引起的误差互相抵消，反而有助于提高计算精度。这种高斯积分点数目低于被积函数精确积分所需要的积分点数目的积分方案称之为减缩积分。实际计算表明，采用减缩积分方案往往可以取得更好的计算精度。

2.7.7 高次等参单元

前面讨论的 4 结点四边形单元是最基本的也是应用最广泛的等参单元，它的位移模式是双线性型。但是，有时为了适应复杂的曲线边界，也为了提高单元的应力精度，需要采用更高次的位移模式。

1. 8 结点等参单元

在四边形单元各边中点都增设一个结点，共有 8 个结点，如图 2.52 所示。8 结点单元的边界可以是曲线边界（图 2.52a），经等参变换后母单元仍然是正方形（图 2.52b）。

坐标变换为

$$\left. \begin{array}{l} x = \sum_{i=1}^{8} N_i x_i \\ y = \sum_{i=1}^{8} N_i y_i \end{array} \right\} \tag{2.222}$$

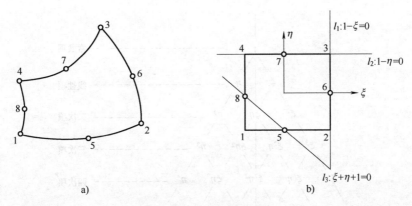

图 2.52　8 节点等参单元

位移模式为

$$\left. \begin{array}{l} u = \sum_{i=1}^{8} N_i u_i \\ v = \sum_{i=1}^{8} N_i v_i \end{array} \right\} \quad (2.223)$$

N_i 是定义在母单元上的形函数。它可以采用待定系数法来确定。以 N_1 为例，设：

$$N_1 = a_1 + a_2\xi + a_3\eta + a_4\xi\eta + a_5\xi^2 + a_6\eta^2 + a_7\xi^2\eta + a_8\xi\eta^2 \quad (2.224)$$

根据形函数的基本性质：

$$N_i(\xi_j, \eta_j) = \delta_{ij} \quad (a)$$

式（a）可以列出 8 个条件，将式（2.224）代入上式，得到关于 $a_i(i=1,2,\cdots,8)$ 的 8 个联立方程组，求解该方程组便可求出待定系数 a。对于高次单元，结点数较多，解析地求解高阶方程组比较困难。因此，在具体构造形函数 N_i 时，基本不用此方法，而是直接根据形函数的基本性质，采用几何的方法来确定形函数。

在介绍几何方法之前，先讨论一下式（2.224）中的各项是如何确定出来的。

首先，8 个结点按式（a）可以列出 8 个条件。因此，式（2.224）中必须包含 8 项才能使待定系数 a_i 唯一确定。其次，多项式的各幂次项按 Pascal 三角形（图 2.53）配置确定。具体说来，从常数项开始，依次由低次幂到高次幂逐行增加到所需的项数。另外，如果单元结点是对称布置的，还必须考虑多项式项的对称配置。若在多项式中包含有 Pascal 三角形对称轴一边的某一项，则必须同时包含它在另一边的对应项，若在一行中只需添加一项，则必须选对称轴上的项。例如，如果我们希望构造一个具有 8 项的三次模型，则应该这样选择所有的常数项、线性项、二次项以及三次项中的 $\xi^2\eta$ 和 $\xi\eta^2$ 项。要注意的是，在三次项中不能取 ξ^3 和 η^3 项，因为 ξ^3 和 η^3 比 $\xi^2\eta$ 和 $\xi\eta^2$ 的幂次高，就是说要使多项式的幂次尽可能最低。所以，若在 Pascal 三角形中的某行只需要其中几项，就应当从对称轴项开始向左右两侧选择增加项。

对于具体的单元类型，按 Pascal 三角形配置的多次式，形函数的表达式总是确定的。位移具有与形函数相同的多项式形式，我们把所有如式（2.224）所表示的多项式的集合，称为有限元子空间。对于具体的单元类型，有限元子空间是确定的，也就是说，规定了单元的结点布置，按 Pascal 三角形配置的有限元子空间是唯一确定的。

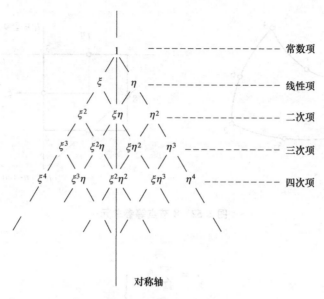

图 2.53　Pascal 三角形

现在回到如何用几何的方法构造形函数。以 N_1 为例，N_1 需要满足条件（a），即它在结点等于 1，在其他所有结点等于零。由图 2.52b 知，三个直线 (l_1, l_2, l_3) 方程的左边项相乘就能保证除 1 结点外其他所有结点处的值都等于零。由此，可设

$$N_1 = A(1-\xi)(1-\eta)(\xi+\eta+1) \tag{b}$$

再根据在 1 结点 $N_1 = 1$ 的条件，确定出 A 值为 $-\dfrac{1}{4}$。代入上式，得：

$$N_1 = \frac{1}{4}(1-\xi)(1-\eta)(-\xi-\eta-1)$$

同理可得其他各结点的形函数。合并写成：

$$\left.\begin{aligned}N_i &= \frac{1}{4}(1+\xi_i\xi)(1+\eta_i\eta)(\xi_i\xi+\eta_i\eta-1)\\ N_5 &= \frac{1}{2}(1-\xi^2)(1-\eta)\\ N_6 &= \frac{1}{2}(1-\eta^2)(1+\xi)\\ N_7 &= \frac{1}{2}(1-\xi^2)(1+\eta)\\ N_8 &= \frac{1}{2}(1-\eta^2)(1-\xi)\end{aligned}\right\} \quad (i=1,2,3,4) \tag{2.225}$$

可以证明，按上述几何方法，根据形函数 N_i 本点为 1 其他点为零的性质构造得到的形函数是唯一的。值得注意的是，所有形函数必须属于有限元子空间，也即形函数中 ξ 和 η 的幂次项不能超出式（2.224）所包含的项。例如，如果把直线 l_3 改成经过 5 结点和 8 结点的某种曲线（ξ,η 的二次式），虽然也能构造出满足本点为 1 其他点为零的形函数 N_1。但是，这时的 N_1 里已包含了 $\xi^3\eta$ 项和 $\xi\eta^3$ 项，超出了式（2.224）的幂次范围，所以这样的 N_1 不属于我们讨论的有限元子空间。因此，对于 N_1 来讲，只有图 2.52b 中规定的三条直线可供选择。

下面分析上述构造得到的位移模式满足完备性要求和连续性要求。

$$\sum_{i=1}^{8} N_i = \frac{1}{4}(1-\xi)(1-\eta)(-\xi-\eta-1) + \frac{1}{4}(1+\xi)(1-\eta)(\xi-\eta-1) +$$

$$\frac{1}{4}(1+\xi)(1+\eta)(\xi+\eta-1) + \frac{1}{4}(1-\xi)(1+\eta)(-\xi+\eta-1) +$$

$$\frac{1}{2}(1+\xi^2)(1-\eta) + \frac{1}{2}(1-\eta^2)(1+\xi) + \frac{1}{2}(1-\xi^2)(1+\eta) + \frac{1}{2}(1-\eta^2)(1-\xi)$$

$$= 1$$

可见，位移模式满足完备性要求。

为了分析位移模式的连续性，以 $\xi=1$ 的边界（即边界263）为例。在该边界上：

$$N_1 = N_4 = N_5 = N_7 = N_8 = 0$$

$$N_2 = -\frac{1}{2}(1-\eta)\eta$$

$$N_3 = \frac{1}{2}(1+\eta)\eta$$

$$N_6 = 1 - \eta^2$$

代入式（2.327）有：

$$u = -\frac{1}{2}(1-\eta)\eta u_2 + \frac{1}{2}(1+\eta)\eta u_3 + (1-\eta^2)u_6$$

$$v = -\frac{1}{2}(1-\eta)\eta v_2 + \frac{1}{2}(1+\eta)\eta v_3 + (1-\eta^2)v_6$$

可见，在该边界上位移是 η 的二次函数。该边界上有3个结点，3点可以唯一确定一个二次函数。因此在任意两相邻单元的交界面上位移保持满足连续性的要求。

2. 变结点等参单元

在对工程结构进行有限元计算时，有些部位需要布置精度高的单元，如8结点单元，有的部位精度要求不高，只需基本单元，如4结点单元；另外，在自适应有限元分析时，有时根据精度要求，需要将某些部位的单元的阶次提高。这些情况下，都会碰到如何将低阶单元与高阶单元联系起来的问题。变结点单元可以解决这个问题。如图2.54a所示，用一个5结点单元作为过渡单元将4结点单元与8结点单元联系在一起，以便使各相邻单元交界面的位移仍保持连续。

变结点单元的形函数可以通过对4结点单元形函数的修正来得到。如图2.54b为一个5结点母单元。

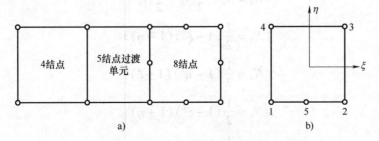

图2.54 变结点等参单元

假设开始只有 4 个角结点，相对应的形函数为

$$\hat{N}_i = \frac{1}{4}(1+\xi_i\xi)(1+\eta_i\eta) \quad (i=1,2,3,4) \tag{c}$$

现在在 1 结点与 2 结点之间增加了一个结点，编为 5 号结点。与该结点相应的形函数可以采用前面介绍的几何划线法得到：

$$N_5 = \frac{1}{2}(1-\xi^2)(1-\eta) \tag{d}$$

现在 5 个结点所对应的形函数情况是：N_5 已满足了形函数的基本条件 $N_5(\xi_j,\eta_j)=\delta_{5j}(j=1,2,3,4,5)$，而 $\hat{N}_i(i=1,2,3,4)$ 中的 $\hat{N}_1$ 和 $\hat{N}_2$ 不再满足 $\hat{N}_1(\xi_5,\eta_5)=0$ 和 $\hat{N}_2(\xi_5,\eta_5)=0$ 的基本条件。为了满足此条件，需要将 $\hat{N}_1$ 和 $\hat{N}_2$ 修正为

$$\hat{N}_1 = N_1 + \frac{1}{2}N_5$$

$$\hat{N}_2 = N_2 + \frac{1}{2}N_5$$

这样就得到了 5 结点单元的形函数：

$$\begin{aligned}
N_1 &= \hat{N}_1 - \frac{1}{2}N_5 \\
N_2 &= \hat{N}_2 - \frac{1}{2}N_5 \\
N_3 &= \hat{N}_3 \\
N_4 &= \hat{N}_4 \\
N_5 &= \frac{1}{2}(1-\xi^2)(1-\eta)
\end{aligned} \tag{2.226}$$

类似地，可以讨论增加其他边中点 6，7，8 的情况，最后得到 4~8 结点单元的形函数的统一形式为

$$\left.\begin{aligned}
N_1 &= \hat{N}_1 - \frac{1}{2}N_5 - \frac{1}{2}N_8 \\
N_2 &= \hat{N}_2 - \frac{1}{2}N_5 - \frac{1}{2}N_6 \\
N_3 &= \hat{N}_3 - \frac{1}{2}N_6 - \frac{1}{2}N_7 \\
N_4 &= \hat{N}_4 - \frac{1}{2}N_6 - \frac{1}{2}N_8 \\
N_5 &= \frac{1}{2}(1-\xi^2)(1-\eta) \\
N_6 &= \frac{1}{2}(1-\eta^2)(1+\xi) \\
N_7 &= \frac{1}{2}(1-\xi^2)(1+\eta) \\
N_8 &= \frac{1}{2}(1-\eta^2)(1-\xi)
\end{aligned}\right\} \tag{2.227}$$

其中：
$$\hat{N}_i = \frac{1}{4}(1+\xi_i\xi)(1+\eta_i\eta) \quad (i=1,2,3,4)$$

读者可以验证式（2.227）所给出的形函数与前面构造的 8 结点单元的形函数公式（2.225）是完全相同的。

如果 5、6、7、8 结点中某一个不存在，则令与它对应的形函数为 0，便成为过渡单元的形函数。

2.7.8 变结点有限元的统一列式

上一节采用变结点的方法将 4~8 结点单元的形函数统一起来，这对编程非常方便，可以把各种单元模型统一在一个程序模块里。这一节将统一列出 4~8 结点单元的有限元计算公式。

设四边形单元具有 m 个结点，$m=4,5,\cdots,8$。与其对应的等参有限元计算公式为

1. 坐标变换

$$x = \sum_{i=1}^{m} N_i x_i$$
$$y = \sum_{i=1}^{m} N_i y_i \tag{2.228}$$

2. 位移模式

$$\boldsymbol{u} = \begin{pmatrix} u \\ v \end{pmatrix} = \begin{pmatrix} N_1 & 0 & N_2 & 0 & \cdots & N_m & 0 \\ 0 & N_1 & 0 & N_2 & \cdots & 0 & N_m \end{pmatrix} \begin{pmatrix} u_1 \\ v_1 \\ u_2 \\ v_2 \\ \vdots \\ u_m \\ v_m \end{pmatrix}$$

$$= (\boldsymbol{IN}_1 \quad \boldsymbol{IN}_2 \quad \cdots \quad \boldsymbol{IN}_m)\boldsymbol{a}^e$$
$$= (\boldsymbol{N}_1 \quad \boldsymbol{N}_2 \quad \cdots \quad \boldsymbol{N}_m)\boldsymbol{a}^e$$
$$= \boldsymbol{N}\boldsymbol{a}^e \tag{2.229}$$

3. 单元应变

$$\boldsymbol{\varepsilon} = (\boldsymbol{B}_1 \quad \boldsymbol{B}_2 \quad \cdots \quad \boldsymbol{B}_m)\boldsymbol{a}^e = \boldsymbol{B}\boldsymbol{a}^e \tag{2.230}$$

其中：

$$\boldsymbol{B}_i = \begin{pmatrix} \dfrac{\partial N_i}{\partial x} & 0 \\ 0 & \dfrac{\partial N_i}{\partial y} \\ \dfrac{\partial u_i}{\partial y} & \dfrac{\partial N_i}{\partial x} \end{pmatrix} \quad (i=1,2,3,4)$$

$$\begin{pmatrix} \dfrac{\partial N_i}{\partial x} \\ \dfrac{\partial N_i}{\partial y} \end{pmatrix} = \boldsymbol{J}^{-1} \begin{pmatrix} \dfrac{\partial N_i}{\partial \xi} \\ \dfrac{\partial N_i}{\partial \eta} \end{pmatrix} \quad (i = 1,2,3,4)$$

$$\boldsymbol{J} = \begin{pmatrix} \dfrac{\partial x}{\partial \xi} & \dfrac{\partial y}{\partial \xi} \\ \dfrac{\partial x}{\partial \eta} & \dfrac{\partial y}{\partial \eta} \end{pmatrix} = \begin{pmatrix} \sum_{i=1}^{m} \dfrac{\partial N_i}{\partial \xi} x_i & \sum_{i=1}^{m} \dfrac{\partial N_i}{\partial \xi} y_i \\ \sum_{i=1}^{m} \dfrac{\partial N_i}{\partial \eta} x_i & \sum_{i=1}^{m} \dfrac{\partial N_i}{\partial \eta} y_i \end{pmatrix}$$

4. 单元应力

$$\boldsymbol{\sigma} = (S_1 \quad S_2 \quad \cdots \quad S_m) \boldsymbol{a}^e = \boldsymbol{S} \boldsymbol{a}^e \tag{2.231}$$

其中：

$$\boldsymbol{S}_i = \boldsymbol{D} \boldsymbol{B}_i = \frac{E}{1-\nu^2} \begin{pmatrix} \dfrac{\partial N_i}{\partial x} & \nu \dfrac{\partial N_i}{\partial y} \\ \nu \dfrac{\partial N_i}{\partial x} & \dfrac{\partial N_i}{\partial y} \\ \dfrac{1-\nu}{2} \dfrac{\partial N_i}{\partial y} & \dfrac{1-\nu}{2} \dfrac{\partial N_i}{\partial x} \end{pmatrix} \quad (i = 1,2,\cdots,m)$$

对于平面应变问题需把上式中的 E 换 $\dfrac{E}{1-\nu^2}$，ν 换成 $\dfrac{\nu}{1-\nu}$。

5. 单元结点荷载列阵

（1）体力引起的单元结点荷载列阵为

$$\boldsymbol{R}^e = \int_{\Omega^e} \boldsymbol{N}^{\mathrm{T}} \boldsymbol{f} t \mathrm{d}A = \int_{-1}^{1} \int_{-1}^{1} \boldsymbol{N}^{\mathrm{T}} \boldsymbol{f} t |\boldsymbol{J}| \mathrm{d}\xi \mathrm{d}\eta \tag{2.232}$$

（2）面力引起的单元结点荷载列阵

在 $\xi = \pm 1$ 的边界：

$$\boldsymbol{R}^e = \int_{S^e} \boldsymbol{N}^{\mathrm{T}} \bar{\boldsymbol{f}} t \mathrm{d}S = \int_{-1}^{1} \boldsymbol{N}^{\mathrm{T}} \bar{\boldsymbol{f}} t \sqrt{\left(\dfrac{\partial x}{\partial \eta}\right)^2 + \left(\dfrac{\partial y}{\partial \eta}\right)^2} \mathrm{d}\eta \tag{2.233}$$

如果受法向压力 q 作用，则上式成为

$$\boldsymbol{R}^e = \pm \int_{-1}^{1} \boldsymbol{N}^{\mathrm{T}} \begin{pmatrix} -\dfrac{\partial y}{\partial \eta} \\ \dfrac{\partial x}{\partial \eta} \end{pmatrix} q(\eta) t \mathrm{d}\eta \tag{2.234}$$

在 $\eta = \pm 1$ 的边界：

$$\boldsymbol{R}^e = \int_{S^e} \boldsymbol{N}^{\mathrm{T}} \bar{\boldsymbol{f}} t \mathrm{d}S = \int_{-1}^{1} \boldsymbol{N}^{\mathrm{T}} \bar{\boldsymbol{f}} t \sqrt{\left(\dfrac{\partial x}{\partial \xi}\right)^2 + \left(\dfrac{\partial y}{\partial \xi}\right)^2} \mathrm{d}\xi \tag{2.235}$$

如果受法向压力 q 作用，则上式成为

$$\boldsymbol{R}^e = \pm \int_{-1}^{1} \boldsymbol{N}^{\mathrm{T}} \begin{pmatrix} \dfrac{\partial y}{\partial \xi} \\ -\dfrac{\partial x}{\partial \xi} \end{pmatrix} q(\xi) t \mathrm{d}\xi \tag{2.236}$$

6. 单元刚度矩阵

$$k = \int_{\Omega^e} B^T DB t dA = \int_{-1}^{1}\int_{-1}^{1} B^T DB t |J| d\xi d\eta \qquad (2.237)$$

7. 整体刚度矩阵

$$K = \sum_e C_e^T k C_e \qquad (2.238)$$

其中 C_e 为单元选择矩阵。

8. 整体荷载列阵

$$R = \sum_e C_e^T R^e \qquad (2.239)$$

9. 有限元支配方程

$$Ka = R \qquad (2.240)$$

在引入位移约束条件以后，求解方程组（2.344）便得整体结点位移 a。再由式（2.230）和式（2.231）就可以求出各单元的应变和应力。

在计算单元刚度矩阵式（2.237）和单元结点荷载列阵式(2.232)～式(2.236)要用到高斯数值积分。下面以 8 结点等参单元为例，讨论如何确定积分点数目。

对于 8 结点等参单元，形函数 N_i（式（2.225））中 ξ 和 η 的最高幂均为 2 次，$|J|$ 中 ξ 和 η 的最高幂次均为 3 次。由此，如果体力是常量，则分布体力的结点荷载列阵式（2.232）中被积函数中每个局部坐标的最高幂次为 5 次，每个坐标方向的积分点数应为 $n \geq \frac{5+1}{2}=3$，取 3 个积分点，应采用 3×3 数值积分方案。

对于分布面力的结点荷载列阵，都以法向面力作用下公式为准，如式（2.234），假设法向面力 $q(\eta)$ 为 η 的一次式，则式（2.234）中被积函数的最高幂次为 4 次。积分点数应为 $n \geq \frac{4+1}{2}=2.5$，取 3 个积分点，应采用 3×3 数值积分方案。

单元刚度矩阵式（2.237），假设 $B^T DB$ 为常量，被积函数的幂次仅取决于 $|J|$，而 $|J|$ 中 ξ 和 η 的最高幂次均为 3 次，每个坐标方向的积分点数应为 $n \geq \frac{3+1}{2}=2$，取 2 个积分点，应采用 2×2 数值积分方案。

2.7.9 ANSYS 平面单元介绍

ANSYS 有限元软件单元库中提供的常用平面单元有 PLANE182 和 PLANE183 单元。

1. PLANE182 单元

PLANE182 用于 2 维 4 节点实体结构建模。本单元即可用作平面单元（平面应力平面应变或广义平面应变），也可作为轴对称单元。本单元有四个节点（如图 2.55 所示），每个节点 2 个自由度：节点 x 和 y 方向的平移。本单元具有塑性、超弹性、应力刚度、大变形和大应变能力。并具有力-位移混合公式的能力，可以模拟接近不可压缩的弹塑性材料和完全不可压缩超弹性材料的变形。

（1）输入数据

节点：I,J,K,L

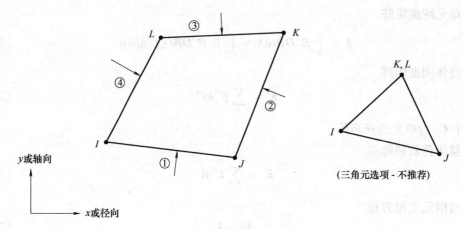

图2.55 PLANE182 单元

自由度：UX,UY

实常数：THK-厚度(仅用于 KEYOPT(3)=3)
　　　　HGSTF 沙漏刚度比例因子(仅用于 KEYOPT(1)=1)；默认为 1.0(如果输入0.0,使用默认值)

材料性能：EX,EY,EZ,PRXY,PRYZ,PRXZ(EX NUXY,NUYZ,NUXZ),ALPX,ALPY,ALPZ,DENS.GXY,GYZ.GXZ.DAMP

面载荷：压力-边 1(J-I),边 2(K-J),边 3(L-K),边 4(I-L)

体载荷：温度-T(I),T(J),T(K),T(L)

求解能力：塑性、超弹性、黏弹性、黏塑性、蠕变、应力刚度、大变形、大应变、初应力输入、单元技术自动选择、生死单元

（2）输出数据

与单元有关的结果输出有两种形式：①包括在整个节点解中的节点位移；②附加的单元输出。

（3）PLANE182 假设和限制

① 单元的面积必须大于零；

② 本单元必须位于总体坐标的 XY 平面中，对于轴对称分析 Y 轴必须是对称轴，轴对称结构建模必须满足 $X \geqslant 0$；

③ 如果定义节点号 K 和 L 相同，可以形成三角形单元；对于三角形单元，可以指定 B-bar 方法或增强应变公式（详见 ANSYS 软件中 Help 文件），并使用退化的形状函数和常规的积分模式；

④ 如果使用混合公式(KEYOPT(6)=1)，必须使用稀疏矩阵求解器（默认）或波前法求解器。

2. PLANE183 单元

PLANE183 是一个高阶 2 维 8 节点单元。PLANE183 具有二次位移函数，能够很好地适应不规则模型的分网（例如由不同 CAD/CAM 所产生的模型）。

本单元有 8 个节点，每个节点有 2 个自由度，分别为 x 和 y 方向的平移（如图 2.56 所示）。本单元既可用作平面单元（平面应力、平面应变和广义平面应变），也可用作轴对称单元。关于本单元的更多细节见 ANSYS 软件中 Help 文件。

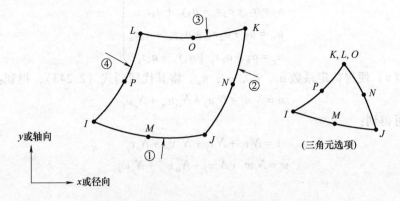

图 2.56　PLANE183 单元

2.8　空间体单元

实际工程中，除了一些简单特殊的结构可以简化成平面问题外，一般都应按空间问题计算。对于空间问题，在进行有限元分析时，首先要用空间立体单元将弹性体离散。目前，常用的空间单元主要有四面体单元、三棱柱单元及六面体单元等。

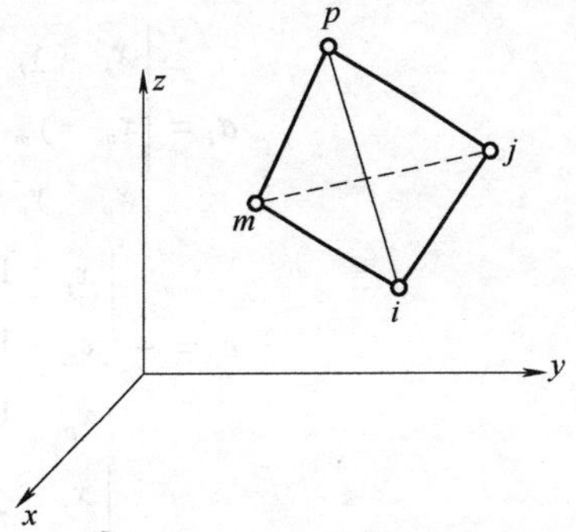

2.8.1　四面体单元

四面体单元是最早被提出，也是最简单的空间单元。如图 2.57 所示的四面体单元，4 个角结点的编码分别为 i, j, m, p。每个结点有 3 个位移分量：

$$a_i = \begin{pmatrix} u_i \\ v_i \\ w_i \end{pmatrix} \qquad (2.241)$$

图 2.57　四面体单元

把 4 个结点的位移分量按顺序排列成单元结点位移列阵：

$$a^e = \begin{pmatrix} a_i \\ a_j \\ a_m \\ a_p \end{pmatrix} = (u_i \quad v_i \quad w_i \quad \cdots \quad u_p \quad v_p \quad w_p)^T \qquad (2.242)$$

假定单元内位移分量是 x, y, z 的线性函数，即：

$$\left. \begin{array}{l} u = a_1 + a_2 x + a_3 y + a_4 z \\ v = a_5 + a_6 x + a_7 y + a_8 z \\ w = a_9 + a_{10} x + a_{11} y + a_{12} z \end{array} \right\} \qquad (2.243)$$

根据插值条件，在 4 个结点处位移应当等于结点位移。以 u 为例，有：

$$\left.\begin{aligned}u_i &= a_1 + a_2 x_i + a_3 y_i + a_4 z_i \\ u_j &= a_1 + a_2 x_j + a_3 y_j + a_4 z_j \\ u_m &= a_1 + a_2 x_m + a_3 y_m + a_4 z_m \\ u_p &= a_1 + a_2 x_p + a_3 y_p + a_4 z_p\end{aligned}\right\} \quad (a)$$

求解式（a）便得待定系数 a_1、a_2、a_3、a_4。将其代回到式（2.243），得到：

$$u = N_i u_i + N_j u_j + N_m u_m + N_p u_p \quad (b)$$

同理，可得到：

$$v = N_i v_i + N_j v_j + N_m v_m + N_p v_p \quad (c)$$

$$w = N_i w_i + N_j w_j + N_m w_m + N_p w_p \quad (d)$$

其中：

$$N_i = \frac{1}{6V}(a_i + b_i x + c_i y + d_i z) \quad (i,j,m,p) \tag{2.244}$$

$$V = \frac{1}{6}\begin{vmatrix} 1 & x_i & y_i & z_i \\ 1 & x_j & y_j & z_j \\ 1 & x_m & y_m & z_m \\ 1 & x_p & y_p & z_p \end{vmatrix} \tag{2.245}$$

$$\left.\begin{aligned} a_i &= \begin{vmatrix} x_j & y_j & z_j \\ x_m & y_m & z_m \\ x_p & y_p & z_p \end{vmatrix} \quad b_i = -\begin{vmatrix} 1 & y_j & z_j \\ 1 & y_m & z_m \\ 1 & y_p & z_p \end{vmatrix} \quad (i,m) \\ c_i &= -\begin{vmatrix} x_j & 1 & z_j \\ x_m & 1 & z_m \\ x_p & 1 & z_p \end{vmatrix} \quad d_i = -\begin{vmatrix} x_j & y_j & 1 \\ x_m & y_m & 1 \\ x_p & y_p & 1 \end{vmatrix} \quad (i,m) \\ a_j &= -\begin{vmatrix} x_j & y_j & z_j \\ x_m & y_m & z_m \\ x_p & y_p & z_p \end{vmatrix} \quad b_j = \begin{vmatrix} 1 & y_j & z_j \\ 1 & y_m & z_m \\ 1 & y_p & z_p \end{vmatrix} \quad (j,p) \\ c_j &= \begin{vmatrix} x_j & 1 & z_j \\ x_m & 1 & z_m \\ x_p & 1 & z_p \end{vmatrix} \quad d_j = \begin{vmatrix} x_j & y_j & 1 \\ x_m & y_m & 1 \\ x_p & y_p & 1 \end{vmatrix} \quad (j,p) \end{aligned}\right\} \tag{2.246}$$

式中，V 为四面体 $ijmp$ 的体积。

为了使四面体的体积 V 不致成为负值，单元结点的编号 i、j、m、p 必须依照一定顺序。在右手坐标系中，当按照 $i \to j \to m$ 的方向转动时，右手螺旋应指向 p 的前进方向，如图 2.51 所示。

把位移分量式（b）、（c）、（d）合并写成矩阵形式：

$$\boldsymbol{u} = \begin{pmatrix} u \\ v \\ w \end{pmatrix} = \boldsymbol{N} \boldsymbol{a}^e \tag{2.247}$$

其中 $\boldsymbol{N}$ 为形函数矩阵：

$$N = \begin{pmatrix} N_i & 0 & 0 & \cdots & N_p & 0 & 0 \\ 0 & N_i & 0 & \cdots & 0 & N_p & 0 \\ 0 & 0 & N_i & \cdots & 0 & 0 & N_p \end{pmatrix} = \begin{pmatrix} IN_i & IN_j & IN_m & IN_p \end{pmatrix}$$

$$= \begin{pmatrix} N_i & N_j & N_m & N_p \end{pmatrix} \tag{2.248}$$

式中，I 为 3 阶单位矩阵。

可以证明式（2.243）中的系数 a_1，a_5，a_9 代表单元刚体位移 u_0，v_0，w_0；系数 a_2，a_7，a_{12} 代表常量正应变；其余 6 个系数反映了单元的刚体转动 w_x，w_y，w_z 和常量切应变。也就是说线性项位移能反映单元的刚体位移和常量应变，也即满足完备性要求。另外，由于位移模式是线性的，任意两相邻单元的交界面上位移能保持一致，即满足连续性要求。

把位移模式式（2.247）代入几何方程得单元应变分量：

$$\varepsilon = \begin{pmatrix} \varepsilon_x \\ \varepsilon_y \\ \varepsilon_z \\ r_{xy} \\ r_{yz} \\ r_{zx} \end{pmatrix} = Lu = LNa^e = Ba^e \tag{2.249}$$

其中 B 称为应变转换矩阵，也简称为应变矩阵，即：

$$B = \begin{pmatrix} B_i & B_j & B_m & B_p \end{pmatrix} \tag{2.250}$$

$$B_i = LN_i = \begin{pmatrix} \dfrac{\partial N_i}{\partial x} & 0 & 0 \\ 0 & \dfrac{\partial N_i}{\partial y} & 0 \\ 0 & 0 & \dfrac{\partial N_i}{\partial z} \\ \dfrac{\partial N_i}{\partial y} & \dfrac{\partial N_i}{\partial x} & 0 \\ 0 & \dfrac{\partial N_i}{\partial z} & \dfrac{\partial N_i}{\partial y} \\ \dfrac{\partial N_i}{\partial z} & 0 & \dfrac{\partial N_i}{\partial x} \end{pmatrix} = \dfrac{1}{6V} \begin{pmatrix} b_i & 0 & 0 \\ 0 & c_i & 0 \\ 0 & 0 & d_i \\ c_i & b_i & 0 \\ 0 & d_i & c_i \\ d_i & 0 & b_i \end{pmatrix} \quad (i,j,m,p)$$

利用物理方程可得单元应力分量：

$$\sigma = \begin{pmatrix} \sigma_x \\ \sigma_y \\ \sigma_z \\ \tau_{xy} \\ \tau_{yz} \\ \tau_{zx} \end{pmatrix} = D\varepsilon = Sa^e \tag{2.251}$$

其中 S 称为应力转换矩阵，也简称为应力矩阵，即：

$$S = (S_i \quad S_j \quad S_m \quad S_p)$$

$$S_i = DB_i = \frac{E(1-\nu)}{6(1+\nu)(1-2\nu)V}\begin{pmatrix} b_i & A_1c_i & A_1d_i \\ A_1b_i & c_i & A_1d_i \\ A_1b_i & A_1c_i & d_i \\ A_2c_i & A_2b_i & 0 \\ 0 & A_2d_i & A_2c_i \\ A_2d_i & 0 & A_2b_i \end{pmatrix} \quad (i,j,m,p)$$

其中：

$$A_1 = \frac{\nu}{1-\nu}, \quad A_2 = \frac{1-2\nu}{2(1-\nu)}$$

2.8.2 单元刚度矩阵、荷载列阵

首先利用最小势能原理建立有限元的支配方程。对于空间弹性力学问题，物体的总势能为

$$\Pi = \frac{1}{2}\int_V \boldsymbol{\varepsilon}^T\boldsymbol{\sigma}\mathrm{d}v - \int_V \boldsymbol{u}^T\boldsymbol{f}\mathrm{d}v - \int_{S_\sigma} \boldsymbol{u}^T\bar{\boldsymbol{f}}\mathrm{d}s \quad (2.252)$$

物体离散化后，将单元上的位移表达式（2.247）、应变表达式（2.249）、应力表达式（2.251）代入上式，得：

$$\Pi = \frac{1}{2}\sum_e\int_{V^e}\boldsymbol{\varepsilon}^T\boldsymbol{\sigma}\mathrm{d}v - \sum_e\int_{V^e}\boldsymbol{u}^T\boldsymbol{f}\mathrm{d}v - \sum_e\int_{S^e}\boldsymbol{u}^T\bar{\boldsymbol{f}}\mathrm{d}s$$

$$= \frac{1}{2}\sum_e(\boldsymbol{a}^e)^T\int_{V^e}\boldsymbol{B}^T\boldsymbol{D}\boldsymbol{B}t\mathrm{d}v\boldsymbol{a}^e - \sum_e(\boldsymbol{a}^e)^T\int_{V^e}\boldsymbol{N}^T\boldsymbol{f}\mathrm{d}v - \sum_e(\boldsymbol{a}^e)^T\int_{S^e}\boldsymbol{N}^T\bar{\boldsymbol{f}}\mathrm{d}s$$

$$= \frac{1}{2}\boldsymbol{a}^T\sum_e\left(\boldsymbol{C}_e^T\int_{V^e}\boldsymbol{B}^T\boldsymbol{D}\boldsymbol{B}t\mathrm{d}v\boldsymbol{C}_e\right)\boldsymbol{a} - \boldsymbol{a}^T\sum_e\boldsymbol{C}_e^T\int_{V^e}\boldsymbol{N}^T\boldsymbol{f}\mathrm{d}v - \boldsymbol{a}^T\sum_e\boldsymbol{C}_e^T\int_{S^e}\boldsymbol{N}^T\bar{\boldsymbol{f}}\mathrm{d}s$$

$$= \frac{1}{2}\boldsymbol{a}^T\boldsymbol{K}\boldsymbol{a} - \boldsymbol{a}^T\boldsymbol{R} \quad (2.253)$$

式中，V^e 表示单元体积域；S^e 表示受面力作用的单元的边界面；$\boldsymbol{C}_e$ 为联系整体结点位移列阵与单元结点位移列阵的选择矩阵，即：

$$\boldsymbol{a}^e = \boldsymbol{C}_e\boldsymbol{a} \quad (2.254)$$

由最小势能原理，总势能的变分 $\delta\Pi = 0$，得到有限单元法的支配方程：

$$\boldsymbol{K}\boldsymbol{a} = \boldsymbol{R} \quad (2.255)$$

其中：

$$\boldsymbol{K} = \sum_e \boldsymbol{C}_e^T \boldsymbol{k} \boldsymbol{C}_e$$

$$\boldsymbol{R} = \sum_e \boldsymbol{C}_e^T \boldsymbol{R}^e$$

$$\boldsymbol{k} = \int_{V^e} \boldsymbol{B}^T\boldsymbol{D}\boldsymbol{B}\mathrm{d}v$$

$$\boldsymbol{R}^e = \int_{V^e}\boldsymbol{N}^T\boldsymbol{f}\mathrm{d}v + \int_{S^e}\boldsymbol{N}^T\bar{\boldsymbol{f}}\mathrm{d}s \quad (2.256)$$

式中，$\boldsymbol{K}$ 为结构整体刚度矩阵，$\boldsymbol{R}$ 为整体结点荷载列阵，$\boldsymbol{k}$ 为单元刚度矩阵，$\boldsymbol{R}^e$ 为由体

力 f 和面力 $\bar{f}$ 引起单元的等效结点荷载。公式（2.256）对于任意空间单元类型都适用。

将应变矩阵 B 式（2.250）代入式（2.256）中的第三行，便得到四面体单元的刚度矩阵：

$$k = \int_{V^e} B^T DB dv = B^T DBV = \begin{pmatrix} k_{ii} & k_{ij} & k_{im} & k_{ip} \\ k_{ji} & k_{jj} & k_{jm} & k_{jp} \\ k_{mi} & k_{mj} & k_{mm} & k_{mp} \\ k_{pi} & k_{pj} & k_{pm} & k_{pp} \end{pmatrix} \tag{2.257}$$

各分块子矩阵的表达式为

$$k_{rs} = B_r^T DB_s V = \frac{E(1-\nu)}{36(1+\nu)(1-2\nu)V} \cdot$$

$$\begin{pmatrix} b_r b_s + A_2(c_r c_s + d_r d_s) & A_1 b_r c_s + A_2 c_r b_s & A_1 b_r b_s + A_2 d_r b_s \\ A_1 c_r b_s + A_2 b_r c_s & c_r c_s + A_2(b_r b_s + d_r d_s) & A_1 c_r d_s + A_2 d_r c_s \\ A_1 d_r b_s + A_2 b_r d_s & A_1 d_r c_s + A_2 c_r d_s & d_r d_s + A_2(b_r b_s + c_r c_s) \end{pmatrix} \quad (r,s = i,j,m,p)$$

若单元受自重作用，体积力 $f = (0 \quad 0 \quad -\rho g)^T$，相应的单元等效结点荷载为

$$R^e = \int_{V^e} N^T \begin{pmatrix} 0 \\ 0 \\ -\rho g \end{pmatrix} dxdydz$$

$$= -\rho g \int_{V^e} (0 \quad 0 \quad N_i \quad 0 \quad 0 \quad N_j \quad 0 \quad 0 \quad N_m \quad 0 \quad 0 \quad N_p)^T dxdydz$$

$$= -\frac{1}{4}\rho g V (0 \quad 0 \quad 1 \quad 0 \quad 0 \quad 1 \quad 0 \quad 0 \quad 1 \quad 0 \quad 0 \quad 1)^T \tag{2.258}$$

表明把单元重量平均分到 4 个结点。

若单元某边界面如 ijm 面 x 方向受线性分力作用，设结点 i 的面力集度为 q，结点 j，p 的集度为 0，则面力矢量 $\bar{f} = (N_i q \quad 0 \quad 0)^T$。相应的单元等效结点荷载为

$$R^e = \int_{S^e} N^T f ds$$

$$= \int_{S^e} (N_i N_i q \quad 0 \quad 0 \quad N_i N_j q \quad 0 \quad 0 \quad N_i N_m q \quad 0 \quad 0 \quad 0)^T ds$$

$$= \frac{1}{3} q A_{ijm} \left(\frac{1}{2} \quad 0 \quad 0 \quad \frac{1}{4} \quad 0 \quad 0 \quad \frac{1}{4} \quad 0 \quad 0 \quad 0 \quad 0 \quad 0 \right)^T \tag{2.259}$$

表明把分布面力合力的 $\frac{1}{2}$ 分配在 i 结点，结点 j 和 m 结点各为合力的 $\frac{1}{4}$。

2.8.3 体积坐标

前面讨论的是常应变四面体单元，若在四面体各棱线上增设结点，便可得到高次四面体单元。对于高次四面体单元，引入体积坐标可以简化计算公式。如图 2.58 所示，在四面体单元 1234 中，任一点 P 的位置可用下列比值来确定。

$$L_1 = \frac{V_1}{V}, \quad L_2 = \frac{V_2}{V}, \quad L_3 = \frac{V_3}{V}, \quad L_4 = \frac{V_4}{V} \tag{2.260}$$

$$V = \frac{1}{6} \begin{vmatrix} 1 & x_1 & y_1 & z_1 \\ 1 & x_2 & y_2 & z_2 \\ 1 & x_3 & y_3 & z_3 \\ 1 & x_4 & y_4 & z_4 \end{vmatrix} \quad (a)$$

式中，V 为四面体的体积，V_1，V_2，V_3，V_4 分别为四面体 $P234$，$P341$，$P412$，$P123$ 的体积，L_1，L_2，L_3，L_4 称为 P 点的体积坐标。

由于 $V_1 + V_2 + V_3 + V_4 = V$，因此有：
$$L_1 + L_2 + L_3 + L_4 = 1 \quad (b)$$

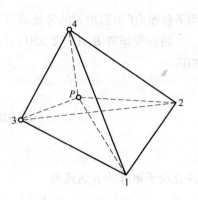

图 2.58 四面体单元

体积坐标与直角坐标之间具有关系：

$$\begin{Bmatrix} L_1 \\ L_2 \\ L_3 \\ L_4 \end{Bmatrix} = \frac{1}{6V} \begin{vmatrix} a_1 & b_1 & c_1 & d_1 \\ a_2 & b_2 & c_2 & d_2 \\ a_3 & b_3 & c_3 & d_3 \\ a_4 & b_4 & c_4 & d_4 \end{vmatrix} \begin{Bmatrix} 1 \\ x \\ y \\ z \end{Bmatrix} \quad (2.261)$$

式中，系数 a_i，b_i，c_i，$d_i (i=1,2,3,4)$ 由式（2.246）确定。

体积坐标各幂次乘积在四面体上的积分公式为

$$\iiint_V L_1^a L_2^b L_3^c L_4^d \mathrm{d}x \mathrm{d}y \mathrm{d}z = 6V \frac{a!b!c!d!}{(a+b+c+d+3)!} \quad (2.262)$$

上节所述的常应变四面体单元，所采用的形函数可用体积坐标表示为

$$N_1 = L_1, \ N_2 = L_2, \ N_3 = L_3, \ N_4 = L_4$$

2.8.4 高次四面体单元

为了提高单元应力精度，适应复杂的曲面边界形状，可以在四面体单元的各棱边增设结点构成高次四面体单元。图 2.59 为 10 结点四面体单元。

设单元位移模式为直角坐标 (x,y,z) 的完全二次多项式，即：

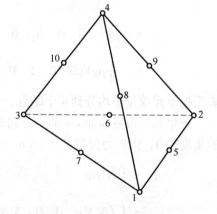

图 2.59 10 结点四面体单元

$$\left. \begin{aligned} u &= a_1 + a_2 x + a_3 y + a_4 z + a_5 xy + a_6 yz + a_7 zx + a_8 x^2 + a_9 y^2 + a_{10} z^2 \\ v &= a_{11} + a_{12} x + a_{13} y + a_{14} z + a_{15} xy + a_{16} yz + a_{17} zx + a_{18} x^2 + a_{19} y^2 + a_{20} z^2 \\ w &= a_{21} + a_{22} x + a_{23} y + a_{24} z + a_{25} xy + a_{26} yz + a_{27} zx + a_{28} x^2 + a_{29} y^2 + a_{30} z^2 \end{aligned} \right\} \quad (a)$$

每个位移分量包含 10 个待定系数，10 个结点（3 个角结点，6 个边中结点）可以列出 10 个条件，正好可以解出这 10 个待定系数，代回到式（a）便可得到用结点位移表示的位移模式。

位移模式（a）中包含了线性多项式，因此它满足完备性条件。又因为它是二次多项式，在单元的每边界面上有 6 个结点，6 个结点可以完全确定面上的二次多项式，因此它也满足位移连续性条件。

但是，对于高次单元采用上述方法来构造位移模式是很费事的，也是很困难的，因为它要解析地求解高阶（10 阶）方程组。下面利用体积坐标，将位移模式直接写为

$$\left.\begin{aligned} u &= \sum_{i=1}^{10} N_i u_i \\ v &= \sum_{i=1}^{10} N_i v_i \\ w &= \sum_{i=1}^{10} N_i w_i \end{aligned}\right\} \tag{b}$$

用矩阵表示为

$$\boldsymbol{u} = \boldsymbol{N} \boldsymbol{a}^e \tag{2.263}$$

其中：

$$\begin{aligned} \boldsymbol{N} &= \begin{pmatrix} N_1 & 0 & 0 & N_2 & 0 & 0 & \cdots & N_{10} & 0 & 0 \\ 0 & N_1 & 0 & 0 & N_2 & 0 & \cdots & 0 & N_{10} & 0 \\ 0 & 0 & N_1 & 0 & 0 & N_2 & \cdots & 0 & 0 & N_{10} \end{pmatrix} \\ &= (\boldsymbol{I} N_1 \quad \boldsymbol{I} N_2 \quad \boldsymbol{I} N_3 \quad \boldsymbol{I} N_4 \quad \boldsymbol{I} N_5 \quad \boldsymbol{I} N_6 \quad \boldsymbol{I} N_7 \quad \boldsymbol{I} N_8 \quad \boldsymbol{I} N_9 \quad \boldsymbol{I} N_{10}) \\ &= (N_1 \quad N_2 \quad N_3 \quad N_4 \quad N_5 \quad N_6 \quad N_7 \quad N_8 \quad N_9 \quad N_{10}) \end{aligned}$$

$$\boldsymbol{a}^e = (u_1 v_1 w_1 \quad u_2 v_2 w_2 \quad u_3 v_3 w_3 \quad u_4 v_4 w_4 \quad u_5 v_5 w_5 \quad u_6 v_6 w_6 \quad u_7 v_7 w_7 \quad u_8 v_8 w_8 \quad u_9 v_9 w_9 \quad u_{10} v_{10} w_{10})^{\mathrm{T}}$$

根据形函数的基本性质 $N_i(x_j, y_j, z_j) = \delta_{ij}(i, j = 1, 2, \cdots, 10)$，式（b）中的形函数可以很方便地用体积坐标表示为

$$\left.\begin{aligned} N_i &= (2L_i - 1)L_i \quad (i = 1, 2, 3, 4) \\ N_5 &= 4L_1 L_2 \quad N_6 = 4L_2 L_3 \\ N_7 &= 4L_1 L_3 \quad N_8 = 4L_1 L_4 \\ N_9 &= 4L_2 L_4 \quad N_{10} = 4L_3 L_4 \end{aligned}\right\} \tag{2.264}$$

还可以利用 2.7.7 节中按构造变结点形函数的方法写出 4～10 变结点四面体单元的形函数：

$$\left.\begin{aligned} N_1 &= L_1 - \frac{1}{2}N_5 - \frac{1}{2}N_7 - \frac{1}{2}N_8 \\ N_2 &= L_2 - \frac{1}{2}N_5 - \frac{1}{2}N_6 - \frac{1}{2}N_9 \\ N_3 &= L_3 - \frac{1}{2}N_6 - \frac{1}{2}N_7 - \frac{1}{2}N_{10} \\ N_4 &= L_4 - \frac{1}{2}N_8 - \frac{1}{2}N_9 - \frac{1}{2}N_{10} \\ N_5 &= 4L_1 L_2 \quad N_6 = 4L_2 L_3 \\ N_7 &= 4L_1 L_3 \quad N_8 = 4L_1 L_4 \\ N_9 &= 4L_2 L_4 \quad N_{10} = 4L_3 L_4 \end{aligned}\right\} \tag{2.265}$$

若某棱边上的结点不存在，就令该结点对应的形函数为 0，便得到变结点过渡单元的形函数。

2.9 空间等参单元

首先通过坐标变换，将实际单元变换到标准单元（母单元）如图2.60所示。

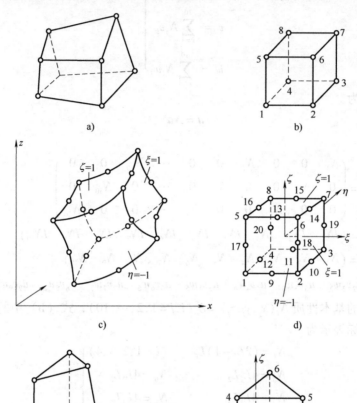

图 2.60 坐标变换

设单元的结点数为 m，则坐标变换式为

$$x = \sum_{i=1}^{m} N_i x_i, \ y = \sum_{i=1}^{m} N_i y_i, \ z = \sum_{i=1}^{m} N_i z_i \tag{2.266}$$

等参单元的位移模式为

$$u = \sum_{i=1}^{m} N_i u_i, \ v = \sum_{i=1}^{m} N_i v_i, \ w = \sum_{i=1}^{m} N_i w_i$$

写成矩阵形式为

$$\boldsymbol{u} = \begin{pmatrix} u \\ v \\ w \end{pmatrix} = \boldsymbol{N} \boldsymbol{a}^e \tag{2.267}$$

式中，N 为形函数矩阵，a^e 为单元结点位移列阵。

$$N = \begin{pmatrix} N_1 & 0 & 0 & N_2 & 0 & 0 & \cdots & N_m & 0 & 0 \\ 0 & N_1 & 0 & 0 & N_2 & 0 & \cdots & 0 & N_m & 0 \\ 0 & 0 & N_1 & 0 & 0 & N_2 & \cdots & 0 & 0 & N_m \end{pmatrix}$$

$$= (IN_1 \quad IN_2 \quad \cdots \quad IN_m)$$

$$= (N_1 \quad N_2 \quad \cdots \quad N_m) \tag{2.268}$$

$$a^e = (u_1 v_1 w_1 \quad u_2 v_2 w_2 \quad \cdots \quad u_m v_m w_m)^T \tag{2.269}$$

上述式子中形函数 $N_i(i=1,2,\cdots m)$ 均是定义在母单元上的，是局部坐标的函数。下面讨论如何确定各种类型单元的形函数。

在平面问题里我们已经知道，基于 Pascal 三角形采用几何划线法构造的形函数所对应的位移模式都能满足完备性要求和连续性要求。在空间问题里，可以采用类似的方法来构造形函数。具体做法是：①根据单元结点数 m 按多项式三角锥（图 2.61）配置形函数表达式的各幂次项构成有限元子空间。②根据形函数的基本性质 $N_i(\xi_j,\eta_j,\zeta_j) = \delta_{ij}$ 采用几何划面法确定形函数。

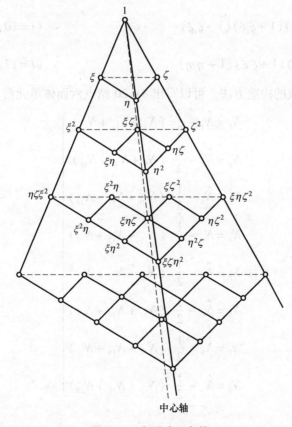

图 2.61 多项式三角锥

三角锥配置多项式的原则是：从上而下逐层增加项数，在每层选择项数时要考虑对称性。例如，8 结点单元的多项式应包含第一层和第二层的所有项，即 1，ξ，η，ζ，第三层选

3项 $\xi\eta$, $\eta\zeta$, $\zeta\xi$。还差一项，这一项应选第四层对称轴上的项 $\xi\eta\zeta$，而不能在第三层剩余的3项中选，否则，不管选哪一项都破坏了对称性。因此8结点单元的形函数只能有如下形式（以 N_1 为例）：

$$N_1 = a_1 + a_2\xi + a_3\eta + a_4\zeta + a_5\xi\eta + a_6\eta\zeta + a_7\zeta\xi + a_8\xi\eta\zeta \qquad (2.270)$$

如式（2.270）所有可能的多项式的集合就构成了8结点有限元子空间。在用几何划面法确定形函数时，要注意所有形函数必须属于有限元子空间，即它们的各幂次项不能超出式（2.270）中所包含的最高幂次。可以验证，按这种方法得出的形函数是唯一的。

根据上述方法，可以很方便地得出各种单元的形函数。

8结点六面体单元的形函数为

$$N_i = \frac{1}{8}(1+\xi_i\xi)(1+\eta_i\eta)(1+\zeta_i\zeta) \quad (i=1,2,\cdots,8) \qquad (2.271)$$

20结点六面体单元的形函数为

$$\left.\begin{aligned}
N_i &= \frac{1}{8}(1+\xi_i\xi)(1+\eta_i\eta)(1+\zeta_i\zeta)(\xi_i\xi+\eta_i\eta+\zeta_i\zeta-2) & (i=1,2,\cdots,8) \\
N_i &= \frac{1}{4}(1-\xi^2)(1+\eta_i\eta)(1+\zeta_i\zeta) & (i=9,11,13,15) \\
N_i &= \frac{1}{4}(1-\eta^2)(1+\xi_i\xi)(1+\zeta_i\zeta) & (i=10,12,14,16) \\
N_i &= \frac{1}{4}(1-\zeta^2)(1+\xi_i\xi)(1+\eta_i\eta) & (i=17,18,19,20)
\end{aligned}\right\} \qquad (2.272)$$

按照变结点形函数的构造方法，可以写出8~20结点六面体单元形函数的统一表达式：

$$\left.\begin{aligned}
N_1 &= \hat{N}_1 - \frac{1}{2}(N_9 + N_{12} + N_{17}) \\
N_2 &= \hat{N}_2 - \frac{1}{2}(N_9 + N_{10} + N_{18}) \\
N_3 &= \hat{N}_3 - \frac{1}{2}(N_{10} + N_{11} + N_{19}) \\
N_4 &= \hat{N}_4 - \frac{1}{2}(N_{11} + N_{12} + N_{20}) \\
N_5 &= \hat{N}_5 - \frac{1}{2}(N_{13} + N_{16} + N_{17}) \\
N_6 &= \hat{N}_6 - \frac{1}{2}(N_{13} + N_{14} + N_{18}) \\
N_7 &= \hat{N}_7 - \frac{1}{2}(N_{14} + N_{15} + N_{19}) \\
N_8 &= \hat{N}_8 - \frac{1}{2}(N_{15} + N_{16} + N_{20})
\end{aligned}\right\} \qquad (2.273)$$

式中：

$$\hat{N}_i = \frac{1}{8}(1+\xi_i\xi)(1+\eta_i\eta)(1+\zeta_i\zeta) \quad (i=1,2,\cdots,8)$$

$N_9 \sim N_{20}$ 仍由式（2.272）中后3式确定。

6结点三棱柱单元的形函数为

$$\left.\begin{array}{ll} N_i = \dfrac{1}{2} L_i (1 - \zeta_i \zeta) & (i = 1,2,3) \\ N_i = \dfrac{1}{2} L_{i-3} (1 + \zeta_i \zeta) & (i = 4,5,6) \end{array}\right\} \quad (2.274)$$

式中，L_i 为三角形单元的面积坐标。

读者可以验证，上述各种单元的形函数均满足：

$$\sum_{i=1}^{m} N_i = 1$$

因此相应的位移模式满足完备性条件，还可以很容易地分析出任意两相邻单元的交界面上的位移也满足连续性条件。

2.9.1 整体坐标与局部坐标之间的微分变换关系

1. 形函数对整体坐标的导数

形函数 N_i 对局部坐标的偏导数可以表示成：

$$\left.\begin{array}{l} \dfrac{\partial N_i}{\partial \xi} = \dfrac{\partial N_i}{\partial x} \dfrac{\partial x}{\partial \xi} + \dfrac{\partial N_i}{\partial y} \dfrac{\partial y}{\partial \xi} + \dfrac{\partial N_i}{\partial z} \dfrac{\partial z}{\partial \xi} \\ \dfrac{\partial N_i}{\partial \eta} = \dfrac{\partial N_i}{\partial x} \dfrac{\partial x}{\partial \eta} + \dfrac{\partial N_i}{\partial y} \dfrac{\partial y}{\partial \eta} + \dfrac{\partial N_i}{\partial z} \dfrac{\partial z}{\partial \eta} \\ \dfrac{\partial N_i}{\partial \zeta} = \dfrac{\partial N_i}{\partial x} \dfrac{\partial x}{\partial \zeta} + \dfrac{\partial N_i}{\partial y} \dfrac{\partial y}{\partial \zeta} + \dfrac{\partial N_i}{\partial z} \dfrac{\partial z}{\partial \zeta} \end{array}\right\} \quad (a)$$

将它集合写成矩阵形式：

$$\begin{pmatrix} \dfrac{\partial N_i}{\partial \xi} \\ \dfrac{\partial N_i}{\partial \eta} \\ \dfrac{\partial N_i}{\partial \zeta} \end{pmatrix} = \begin{pmatrix} \dfrac{\partial x}{\partial \xi} & \dfrac{\partial y}{\partial \xi} & \dfrac{\partial z}{\partial \xi} \\ \dfrac{\partial x}{\partial \eta} & \dfrac{\partial y}{\partial \eta} & \dfrac{\partial z}{\partial \eta} \\ \dfrac{\partial x}{\partial \zeta} & \dfrac{\partial y}{\partial \zeta} & \dfrac{\partial z}{\partial \zeta} \end{pmatrix} \begin{pmatrix} \dfrac{\partial N_i}{\partial x} \\ \dfrac{\partial N_i}{\partial y} \\ \dfrac{\partial N_i}{\partial z} \end{pmatrix} \quad (b)$$

由式（b）可解得形函数 N_i 对整体坐标的导数：

$$\begin{pmatrix} \dfrac{\partial N_i}{\partial x} \\ \dfrac{\partial N_i}{\partial y} \\ \dfrac{\partial N_i}{\partial z} \end{pmatrix} = \boldsymbol{J}^{-1} \begin{pmatrix} \dfrac{\partial N_i}{\partial \xi} \\ \dfrac{\partial N_i}{\partial \eta} \\ \dfrac{\partial N_i}{\partial \zeta} \end{pmatrix} \quad (2.275)$$

其中，$\boldsymbol{J}$ 为雅可比矩阵：

$$\boldsymbol{J} = \dfrac{\partial(x,y,z)}{\partial(\xi,\eta,\zeta)} = \begin{pmatrix} \dfrac{\partial x}{\partial \xi} & \dfrac{\partial y}{\partial \xi} & \dfrac{\partial z}{\partial \xi} \\ \dfrac{\partial x}{\partial \eta} & \dfrac{\partial y}{\partial \eta} & \dfrac{\partial z}{\partial \eta} \\ \dfrac{\partial x}{\partial \zeta} & \dfrac{\partial y}{\partial \zeta} & \dfrac{\partial z}{\partial \zeta} \end{pmatrix} = \begin{pmatrix} \sum_{i=1}^{m} \dfrac{\partial N_i}{\partial \xi} x_i & \sum_{i=1}^{m} \dfrac{\partial N_i}{\partial \xi} y_i & \sum_{i=1}^{m} \dfrac{\partial N_i}{\partial \xi} z_i \\ \sum_{i=1}^{m} \dfrac{\partial N_i}{\partial \eta} x_i & \sum_{i=1}^{m} \dfrac{\partial N_i}{\partial \eta} y_i & \sum_{i=1}^{m} \dfrac{\partial N_i}{\partial \eta} z_i \\ \sum_{i=1}^{m} \dfrac{\partial N_i}{\partial \zeta} x_i & \sum_{i=1}^{m} \dfrac{\partial N_i}{\partial \zeta} y_i & \sum_{i=1}^{m} \dfrac{\partial N_i}{\partial \zeta} z_i \end{pmatrix} \quad (2.276)$$

由式（2.275）和式（2.276）可知，形函数 N_i 对整体坐标的导数已表达为形函数 N_i 对局部坐标的导数，而形函数 N_i 是局部坐标的显式函数，其导数是确定的。

2. 微分体积的变换

在实际单元某点取一体积微元 $\mathrm{d}v$，如图 2.62 所示。该微元是母单元中相应点的微体积 $\mathrm{d}\xi\mathrm{d}\eta\mathrm{d}\zeta$ 变换而来，因此它的棱边就是三个局部坐标的坐标线方向的微分矢量，将它们分别记为 $\mathrm{d}r_\xi$，$\mathrm{d}r_\eta$，$\mathrm{d}r_\zeta$。三个坐标线上的微分矢量分别为

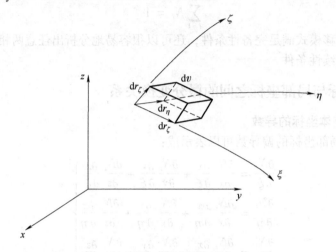

图 2.62 微单元

$$\left.\begin{aligned}\mathrm{d}r_\xi &= \frac{\partial x}{\partial \xi}\mathrm{d}\xi i + \frac{\partial y}{\partial \xi}\mathrm{d}\xi j + \frac{\partial z}{\partial \xi}\mathrm{d}\xi k \\ \mathrm{d}r_\eta &= \frac{\partial x}{\partial \eta}\mathrm{d}\eta i + \frac{\partial y}{\partial \eta}\mathrm{d}\eta j + \frac{\partial z}{\partial \eta}\mathrm{d}\eta k \\ \mathrm{d}r_\zeta &= \frac{\partial x}{\partial \zeta}\mathrm{d}\zeta i + \frac{\partial y}{\partial \zeta}\mathrm{d}\zeta j + \frac{\partial z}{\partial \xi}\mathrm{d}\zeta k\end{aligned}\right\} \tag{c}$$

式中，i，j，k 为直角坐标的单位基矢量。微分体积 $\mathrm{d}v$ 等于三个微分矢量的混合积，即：

$$\mathrm{d}v = \mathrm{d}r_\xi \cdot (\mathrm{d}r_\eta \times \mathrm{d}r_\zeta) = \begin{vmatrix} \frac{\partial x}{\partial \xi} & \frac{\partial y}{\partial \xi} & \frac{\partial z}{\partial \xi} \\ \frac{\partial x}{\partial \eta} & \frac{\partial y}{\partial \eta} & \frac{\partial z}{\partial \eta} \\ \frac{\partial x}{\partial \zeta} & \frac{\partial y}{\partial \zeta} & \frac{\partial z}{\partial \zeta} \end{vmatrix} \mathrm{d}\xi\mathrm{d}\eta\mathrm{d}\zeta = |\boldsymbol{J}|\mathrm{d}\xi\mathrm{d}\eta\mathrm{d}\zeta \tag{2.277}$$

可见，实际单元中的微分体积等于母单元中微分体积乘以 $|\boldsymbol{J}|$，或者说，雅可比行列式 $|\boldsymbol{J}|$ 是实际单元中的微元体积对母单元微分体积的放大系数。

3. 微分面积的变换

以实际 $\xi = \pm 1$ 单元的表面为例。在该表面上取微分面积 $\mathrm{d}s$，它应该等于 η 坐标线和 ζ 坐标线上微分矢量叉乘的模，即：

$$\mathrm{d}s = |\mathrm{d}r_\eta \times \mathrm{d}r_\zeta|$$

将式（c）中后两式代入上式，并注意到 $\xi = \pm 1$，得：

$$ds = \left[\left(\frac{\partial y}{\partial \eta}\frac{\partial z}{\partial \zeta} - \frac{\partial y}{\partial \zeta}\frac{\partial z}{\partial \eta}\right)^2 + \left(\frac{\partial z}{\partial \eta}\frac{\partial x}{\partial \zeta} - \frac{\partial z}{\partial \zeta}\frac{\partial x}{\partial \eta}\right)^2 + \left(\frac{\partial x}{\partial \eta}\frac{\partial y}{\partial \zeta} - \frac{\partial x}{\partial \zeta}\frac{\partial y}{\partial \eta}\right)^2\right]^{1/2} d\eta d\zeta$$

$$= A_\xi d\eta d\zeta \tag{2.278}$$

A_ξ 相当于两个坐标系之间微分面积的放大系数。其他面上的 ds 可由上式轮换 ξ，η，ζ 得到。

4. 单元边界面的外法向

以 $\xi=1$ 的边界面为例，该面的外法向与 $d\mathbf{r}_\eta \times d\mathbf{r}_\zeta$ 的方向相同，因此，该面外法向的方向余弦为

$$\left.\begin{aligned} l &= \frac{1}{A_\xi}\left(\frac{\partial y}{\partial \eta}\frac{\partial z}{\partial \zeta} - \frac{\partial y}{\partial \zeta}\frac{\partial z}{\partial \eta}\right) \\ m &= \frac{1}{A_\xi}\left(\frac{\partial z}{\partial \eta}\frac{\partial x}{\partial \zeta} - \frac{\partial z}{\partial \zeta}\frac{\partial x}{\partial \eta}\right) \\ n &= \frac{1}{A_\xi}\left(\frac{\partial x}{\partial \eta}\frac{\partial y}{\partial \zeta} - \frac{\partial x}{\partial \zeta}\frac{\partial y}{\partial \eta}\right) \end{aligned}\right\} \tag{2.279}$$

其他面的外法向方向余弦可由上式通过转换 ξ，η，ζ 得到。

2.9.2 等参单元的刚度矩阵、荷载列阵

有了单元位移模式后，根据几何方程和物理方程就可得到单元的应变和应力。

$$\boldsymbol{\varepsilon} = \boldsymbol{Lu} = \boldsymbol{LNa}^e = \boldsymbol{Ba}^e \tag{2.280}$$

式中，$\boldsymbol{B}$ 为应变转换矩阵：

$$\boldsymbol{B} = (\boldsymbol{B}_1 \quad \boldsymbol{B}_2 \quad \cdots \quad \boldsymbol{B}_m) \tag{2.281}$$

$$\boldsymbol{B}_i = \boldsymbol{LN}_i = \begin{pmatrix} \frac{\partial N_i}{\partial x} & 0 & 0 \\ 0 & \frac{\partial N_i}{\partial y} & 0 \\ 0 & 0 & \frac{\partial N_i}{\partial z} \\ \frac{\partial N_i}{\partial y} & \frac{\partial N_i}{\partial x} & 0 \\ 0 & \frac{\partial N_i}{\partial z} & \frac{\partial N_i}{\partial y} \\ \frac{\partial N_i}{\partial z} & 0 & \frac{\partial N_i}{\partial x} \end{pmatrix} \quad (i=1,2,\cdots,m)$$

$$\boldsymbol{\sigma} = \boldsymbol{D\varepsilon} = \boldsymbol{DBa}^e = \boldsymbol{Sa}^e \tag{2.282}$$

式中，$\boldsymbol{S}$ 为应力转换矩阵：

$$\boldsymbol{S} = (\boldsymbol{S}_1 \quad \boldsymbol{S}_2 \quad \cdots \quad \boldsymbol{S}_m)$$
$$\boldsymbol{S}_i = \boldsymbol{DB}_i \quad (i=1,2,\cdots,m) \tag{2.283}$$

式中，$\boldsymbol{D}$ 为弹性矩阵。

将应变转换矩阵（2.281）代入式（2.256），再结合式（2.277），便得到单元刚度矩阵：

$$k = \int_{V^e} B^T DB dv = \int_{-1}^{1}\int_{-1}^{1}\int_{-1}^{1} B^T DB |J| d\xi d\eta d\zeta \qquad (2.284)$$

在用高斯积分计算上式时，与平面问题的分析类似，仅用 $|J|$ 的幂次来决定积分点。以 20 结点等参单元为例，形函数 N_i 是 ξ，η，ζ 的 2 次幂，由公式（2.276）可知 $|J|$ 是 ξ，η，ζ 的 5 次幂多项式。因此积分点数目应为 $n \geqslant \frac{5+1}{2} = 3$，取 $n=3$，采用 $3\times 3\times 3$ 积分方案。体力引起的等效结点荷载为

$$R^e = \int_{V^e} N^T f dv = \int_{-1}^{1}\int_{-1}^{1}\int_{-1}^{1} N^T f |J| d\xi d\eta d\zeta \qquad (2.285)$$

若体力 f 为常量，对于 20 结点单元，被积函数关于 ξ，η，ζ 的最高幂次都是 7。因此积分点数目应为 $n \geqslant \frac{7+1}{2} = 4$，取 $n=4$，采用 $4\times 4\times 4$ 积分方案。

在单元某边界面如 $\xi = \pm 1$ 受面力作用，单元的等效结点荷载为

$$R^e = \int_{S^e} N^T \bar{f} ds = \int_{-1}^{1}\int_{-1}^{1} N^T \bar{f} A_\xi d\eta d\zeta \qquad (2.286)$$

由式（2.278）知，A_ξ 是函数的根式，不能化为多项式，因而无法精确判明所需的积分点数目。但是，如果所受的面力是法向压力，式（2.276）就可以得以简化，被积函数将成为多项式。我们可以用法向压力的结点荷载的积分方案，代替一般面力的结点荷载的积分方案。

在单元边界 $\xi = 1$ 上受法向压力作用时，面力矢量 f 成为

$$\bar{f} = -q(\eta,\zeta)\begin{pmatrix} l \\ m \\ n \end{pmatrix}$$

式中，$q(\eta,\zeta)$ 为法向压力的集度，l，m，n 为该面外法向的方向余弦，由公式（2.279）确定。

将上式代入式（2.276），得法向压力的等效结点荷载为

$$R^e = \int_{-1}^{1}\int_{-1}^{1} N^T q(\eta,\zeta) \left(\frac{\partial y}{\partial \eta}\frac{\partial z}{\partial \zeta} - \frac{\partial y}{\partial \zeta}\frac{\partial z}{\partial \eta}, \frac{\partial z}{\partial \eta}\frac{\partial x}{\partial \zeta} - \frac{\partial z}{\partial \zeta}\frac{\partial x}{\partial \eta}, \frac{\partial x}{\partial \eta}\frac{\partial y}{\partial \zeta} - \frac{\partial x}{\partial \zeta}\frac{\partial y}{\partial \eta} \right)^T d\eta d\zeta \qquad (2.287)$$

假设 $q(\eta,\zeta)$ 为线性分布，那么，对于 20 结点单元，上式中被积函数关于 η，ζ 的最高幂次都是 6。因此积分点数目应应为 $n \geqslant \frac{6+1}{2} = 3.5$，取 $n=4$，采用 4×4 积分方案。

2.9.3 ANSYS 体单元介绍

Solid185 是 3 维 8 节点固体结构单元（如图 2.63 所示），通过 8 个节点来定义，每个节点有 3 个沿着 xyz 方向平移的自由度，单元具有超弹性，应力钢化，蠕变，大变形和大应变能力，还可采用混合模式模拟几乎不可压缩弹塑材料和完全不可压缩超弹性材料。

Solid185 单元的更高阶单元是 Solid186。Solid186 是一个高阶 3 维 20 节点固体结构单元（如图 2.64 所示），Solid186 具有二次位移模式可以更好地模拟不规则的网（例如通过不同的 CAD/CAM 系统建立的模型）。单元通过 20 个节点来定义，每个节点有 3 个沿着 xyz 方向平移的自由度。Solid186 可以具有任意的空间各向异性，单元支持塑性，超弹性，蠕变，应力钢化，大变形和大应变能力．还可采用混合模式模拟几乎不可压缩弹塑材料和完全不可压

缩超弹性材料。

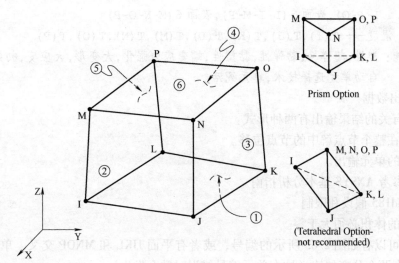

图 2.63　Solid185 单元

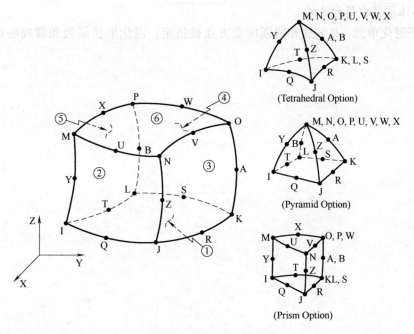

图 2.64　Solid186 单元

(1) 输入数据

节点：I,J,K,L,M,N,O,P

节点自由度：UX,UY,UZ

实常数：如果 KEYOPT(2)=0,没有实常数。HGSTE-如果 KEYOPT(2)=1 沙漏刚度缩减因子(默认为 1.0,任何正数都是合法的,如果设为 0.0,则自动取 1.0。

材料参数：EX,EY,EZ,(PRXY,PRYZ,PRXZ Or NUXY NUYZ,NUXZ),ALPX,ALPY,ALPZ (或 CTEX,CTEY,CTEZ 或 THSX,THSY,THSZ,DENS,GXY,GYZ,GXZ,DAMP)

表面载荷：压力 s——表面1(J-I-L-K)，表面2(I-J-N-M)，表面3(J-K-O-N)，表面4(K-L-P-O)，表面5(L-I-M-P)，表面6(M-N-O-P)

体载荷：温度——T(I),T(J),T(K),T(L),T(M),T(N),T(O),T(P)

特殊功能：塑性，超弹性，黏弹性，黏塑性，蠕变应力强化，大变形，大应变，初始应力导入，自动单元选择技术，单元死活。

(2) 输出数据

与单元有关的结果输出有两种形式：

① 包括在整个节点解中的节点位移。

② 附加的单元输出。

具体请参考 ANSYS 基本分析指南。

(3) solid185 假设和限制

① 单元的体积必须大于零。

② 单元可以有如图 2.63 所示的编号，或者有平面 IJKL 和 MNOP 交叉，单元不能扭曲以至于单元有两个分离的体（这在单元编号错误时常会发生）。

③ 所有的单元必须有 8 个节点，你可以通过使节点 K 和 L 重合或 O 和 P 重合来得到棱柱体，四面体形状也是允许的。

④ 对于退化单元，$\bar{B}$ 方法和增强应变方法被指定，退化形状函数和常规的积分方法被使用。

第 3 章　ANSYS 基本介绍与操作

3.1　ANSYS 简介及产品

　　1970 年成立的美国 ANSYS 公司是世界 CAE 行业最著名的公司之一，长期以来一直致力于设计分析软件的开发、研制，其先进的技术及高质量的产品赢得了业界的广泛认可。ANSYS 软件是集结构、热、流体、电磁、声学于一体的大型通用商业套装工程分析有限元软件。所谓工程分析软件，主要是在机械结构系统受到外力负载所出现的反应，例如应力、位移、温度等，根据该反应可知道机械结构系统受到外力负载后的状态，进而判断是否符合设计要求。目前，ANSYS 软件广泛应用于铁道、石油化工、航空航天、机械制造、能源、汽车交通、国防军工、电子、土木工程、生物医学、水利、日用家电等一般工业及科学研究。例如三峡工程、二滩电站、黄河下游特大型公路斜拉桥、国家大剧院、浦东国际机场、上海科技城太空城、深圳南湖路花园大厦等在结构设计时都采用了 ANSYS 作为分析工具。它包含了前处理模块、求解模块和后处理模块，将有限元分析、计算机图形学和优化技术相结合，已成为现代工程学问题必不可少的有力工具。

　　目前，ANSYS 软件已形成完善、成熟、完整的 FEA（有限元分析）软件包，其三大核心体系：以结构、热力学为核心的 MCAE 体系；以计算流体动力学为核心的 CFD 体系；以计算电磁学为核心的 CEM 体系。这三大体系不仅提供 MCAE/CFD/CEM 领域的单场分析技术，各单场分析技术之间还可以形成多物理场耦合分析机制。

　　ANSYS 软件包含了多个模块，其中 ANSYS Multiphysics 是 ANSYS 产品的"旗舰"，它包括工程学科的所有功能。ANSYS/Multiphysics 由三个主要产品组成：ANSYS/Mechanical（结构及热）；ANSYS/Emag（电磁）；ANSYS/FLOTRAN（计算流体动力学）。

　　ANSYS 其他产品有：ANSYS Workbench（与 CAD 结合的开发环境）；ANSYS LS-DYNA（用于高度非线性问题）；ANSYS Professional（用于线性结构和热分析），是 ANSYS Mechanical 的子集。ANSYS DesignSpace（用于线性结构和稳态热分析）是 Workbench 环境下的 ANSYS Mechanical 的子集。

　　ANSYS 软件可以进行下面的分析类型：

1. 结构静力分析

　　用来求解外载荷引起的位移、应力和力。静力分析很适合求解惯性和阻尼对结构的影响并不显著的问题。ANSYS 程序中的静力分析不仅可以进行线性分析，而且还可以进行非线性分析，如塑性、蠕变、膨胀、大变形、大应变及接触分析。

2. 结构动力学分析

　　结构动力学分析用来求解随时间变化的载荷对结构或部件的影响。与静力分析不同，动力分析要考虑随时间变化的力载荷以及它对阻尼和惯性的影响。ANSYS 可进行的结构动力学分析类型包括：瞬态动力学分析、模态分析、谐波响应分析及随机振动响应分析。

3. 结构非线性分析

结构非线性导致结构或部件的响应随外载荷成非比例变化。ANSYS 程序可求解静态和瞬态非线性问题，包括材料非线性、几何非线性和单元非线性三种。

4. 动力学分析

ANSYS 程序可以分析大型三维柔体运动。当运动的积累影响起主要作用时，可使用这些功能分析复杂结构在空间中的运动特性，并确定结构中由此产生的应力、应变和变形。用 ANSYS/LS-DYNA 进行显式动力分析，模拟以惯性力为主的大变形分析及用于模拟碰撞、挤压和快速成型等。

5. 热分析

程序可处理热传递的三种基本类型：传导、对流和辐射。热传递的三种类型均可进行稳态和瞬态、线性和非线性分析。热分析还具有可以模拟材料固化和熔解过程的相变分析能力以及模拟热与结构应力之间的热-结构耦合分析能力。

6. 电磁场分析

电磁分析用于计算电磁设备中的磁场。其静态和低频电磁场分析模拟由直流电源，低频交流电或低频瞬时信号引起的磁场。例如：电磁铁、电动机、变压器。磁场分析中考虑的物理量是：磁通量、磁场密度、磁力和磁力矩、阻抗、电感、涡流、能耗及磁通量泄漏等。

7. 流体动力学分析

计算流体动力分析（CFD）用于确定流体中的流动状态和温度；ANSYS/FLOTRAN 能模拟层流和湍流，可压缩和不可压缩流体，以及多组份流；应用：航空航天、电子元件封装、汽车设计。典型的物理量是：速度、压力、温度和对流换热系数。

8. 声场分析

用来研究在含有流体的介质中声波的传播或分析浸在流体中的固体结构的动态特性。这些功能可用来确定音响话筒的频率响应，研究音乐大厅的声场强度分布，或预测水对振动船体的阻尼效应。

9. 压电分析

用于分析二维或三维结构对 AC（交流）、DC（直流）或任意随时间变化的电流或机械载荷的响应。这种分析类型可用于换热器、振荡器、谐振器、麦克风等部件及其他电子设备的结构动态性能分析。可进行四种类型的分析：静态分析、模态分析、谐波响应分析、瞬态响应分析。

10. 耦合场分析

耦合场分析考虑两个或多个物理场之间的相互作用。因为两个物理场之间相互影响，所以不能单独求解一个物理场。需要将两个物理场结合到一起求解。例如：热-应力分析；压电分析（电场和结构）；声学分析（流体和结构）；热-电分析；感应加热（磁场加热）；静电-结构分析。

11. 优化设计

优化设计是一种寻找最优设计方案的技术。ANSYS 程序提供多种优化方法，包括零阶方法和一阶方法等。对此，ANSYS 提供了一系列的分析-评估-修正的过程。此外，ANSYS 程序还提供一系列的优化工具以提高优化过程的效率。

12. 用户编程扩展功能

用户可编辑特性（UPFS）是指，ANSYS 程序的开放结构允许用户连接自己编写的 FORTRAN 程序和子过程。UPFS 允许用户根据需要定制 ANSYS 程序，如用户自定义的材料性质、单元类型、失效准则等。通过连接自己的 FORTRAN 程序，用户可以生成一个针对自己特定计算机的 ANSYS 程序版本。

13. 其他功能

ANSYS 程序支持的其他一些高级功能包括拓扑优化设计、自适应网格划分、子模型、子结构、单元的生和死。

3.2 ANSYS 软件的安装与启动

3.2.1 ANSYS 软件安装对计算机的要求

以目前大多数台式计算机或者笔记本电脑的硬件和系统软件配置，基本上都能满足 ANSYS 安装程序的需求。

3.2.2 安装 ANSYS

由于 ANSYS 软件不断地出现新的版本，其安装方法和步骤随着版本的不同略有不同。可以根据计算机的配置选择合适的 ANSYS 软件版本进行安装。值得注意的是，安装 ANSYS Product 产品时，应根据需要选择合适的产品模块。

3.2.3 配置启动 ANSYS 产品程序

一般第一次使用 ANSYS 要进入 ANSYS 总控制启动运行环境，设置其运行环境，而下一次如果默认前一次设置就可以直接启动 ANSYS 了。例如，选择"所有程序"> ANSYS 15.0 > ANSYS Product Launcher，弹出 ANSYS 总控制启动对话框，进行 ANSYS 运行环境的综合设置与选择。

1. 选择产品类型

ANSYS 总控制启动对话框中，如图 3.1 所示，在 Simulation Environment 中定义产品类型，一般选 ANSYS 即经典的 ANSYS 产品；在 License 选择列表中的授权产品类型，用户根据授权产品进行选择，例如，选择 ANSYS Multiphysics。

2. 文件管理

ANSYS 总控制启动对话框中选择 File Management 选项卡，如图 3.2 所示，在 Working Directory 中设置工作路径（必须事先建立好），ANSYS 程序生成的所有文件读写存储均发生在该文件夹下；在 Job Name 中指定默认的工作文件名，ANSYS 在分析求解进程中所有文件都将使用该文件名（扩展名可不同）。该文件名最多可包含 64 个字符。

设置完毕后，按 Run 按钮完成设置，进入 ANSYS 环境。

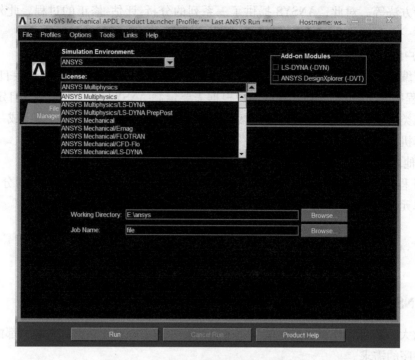

图 3.1　设置产品类型及进行文件管理

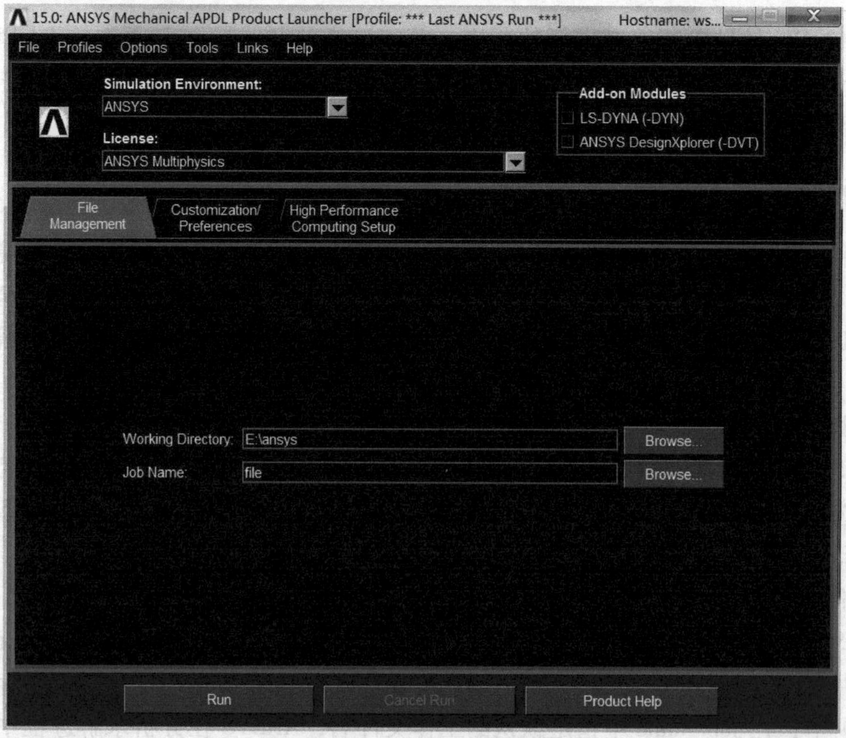

图 3.2　设置工作路径

3.2.4 启动和退出 ANSYS

1. 启动 ANSYS

ANSYS 最为常用的是从计算机"开始"菜单，选择"所有程序"> ANSYS 15.0 > Mechanical APDL 15.0，鼠标左键单击，即可启动 ANSYS 15.0（图 3.3），其设置均默认前一次启动 ANSYS 的设置。

2. ANSYS 主窗口

典型的 ANSYS 15.0 界面布局如图 3.4 所示。用户也可以设置界面布局，界面布局的系统字体和颜色也可由用户设定。整个窗口系统称为 GUI（Graphical User Interface）。另外，还有一个隐藏的输出窗口，如图 3.5 所示。主要作用是显示 ANSYS 软件对已输入命令或使用功能的响应信息，包括使用命令的出错信息和警告信息。

图 3.3 ANSYS 15.0 开始菜单启动

图 3.4 ANSYS 15.0 主窗口

3. 退出 ANSYS

有三种退出 ANSYS 的方法：

（1）从 ANSYS 工具条 Toolbar > QUIT；

（2）从公用菜单中退出，选择菜单路径为 Utility Menu > File > Exit；

（3）在命令输入窗口键入"/Exit"命令。

执行上述操作后，将弹出退出对话框如图 3.6 所示，各选项意义如下：

◆ Save Geom + Loads：存储几何图形与载荷数据；

◆ Save Geom + Ld + Solu：存储几何图形、载荷与求解数据；

图 3.5 隐藏的输出窗口

◆ Save Everything：存储所有数据；
◆ Quit- No Save!：不存储任何数据。
选择完成后按 OK 按钮退出。

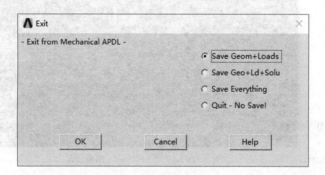

图 3.6 退出 ANSYS

3.3 菜单介绍

下面介绍图 3.4 所示主窗口的主要菜单及功能。

3.3.1 公用菜单介绍

ANSYS Utility Menu（公用菜单），如图 3.7 所示。
① File（文件）：包括与创建文件和数据库的命令；

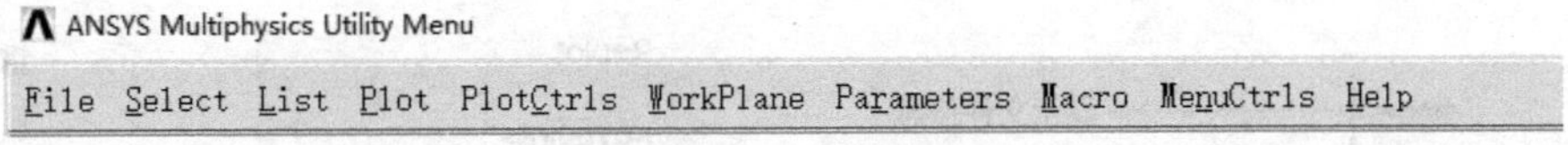

ANSYS Multiphysics Utility Menu
File Select List Plot PlotCtrls WorkPlane Parameters Macro MenuCtrls Help

图 3.7　公用菜单

② Select（选择）：包括允许用户选择数据的某一部分，并生成组件的命令；

③ List（列表）：包括列出保存在数据库中的数据命令；

④ Plot（显示）：包括显示关键点、线、面、体、节点、单元和以图形显示其他数据的命令；

⑤ PlotCtrls（显示控制）：包括控制视图、样式和其他图形显示特性的命令；

⑥ WorkPlane（工作平面）：包括打开/关闭、移动、旋转和其他操作工作平面的命令；

⑦ Parameters（参数化）：包括定义、编辑和删除标量或矢量参数的命令；

⑧ Macro（宏）：执行宏文件和数据程序；

⑨ MenuCtrls（菜单控制）：包括打开/关闭主窗口的命令；

⑩ Help（帮助）：进入帮助系统。

其中：

1. 文件菜单（File），如图 3.8 所示。

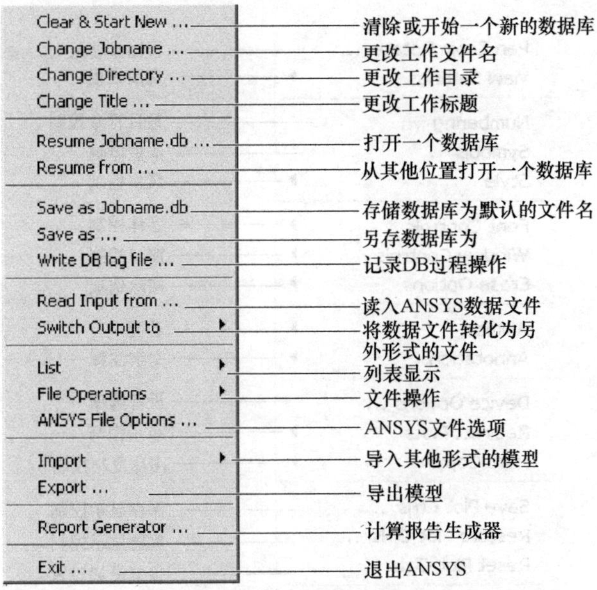

Clear & Start New ...
清除或开始一个新的数据库
Change Jobname ...
更改工作文件名
Change Directory ...
更改工作目录
Change Title ...
更改工作标题
Resume Jobname.db ...
打开一个数据库
Resume from ...
从其他位置打开一个数据库
Save as Jobname.db
存储数据库为默认的文件名
Save as ...
另存数据库为
Write DB log file ...
记录DB过程操作
Read Input from ...
读入ANSYS数据文件
Switch Output to
将数据文件转化为另外形式的文件
List
列表显示
File Operations
文件操作
ANSYS File Options ...
ANSYS文件选项
Import
导入其他形式的模型
Export ...
导出模型
Report Generator ...
计算报告生成器
Exit ...
退出ANSYS

图 3.8　文件菜单

2. 选择菜单（Select），如图 3.9 所示。

3. 列表显示菜单（List），如图 3.10 所示。

4. 图形显示菜单（Plot），如图 3.11 所示。

Entities ...
选择项目
Component Manager ...
组件管理器
Comp/Assembly
组件创建
Parts ...
选择部件
Everything
选择所有
Everything Below
按项选择

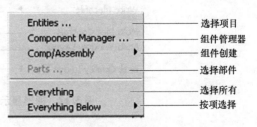

图 3.9　选择菜单

图 3.10 列表显示菜单

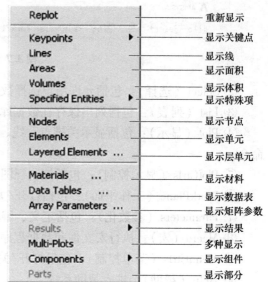

图 3.11 图形显示菜单

5. 图形显示控制菜单（PlotCtrls），如图 3.12 所示。

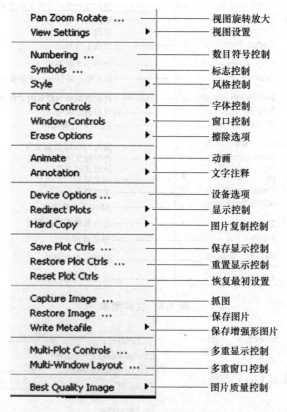

图 3.12 图形显示控制菜单

6. 工作平面菜单（WorkPlane），如图 3.13 所示
7. 参数菜单（Parameters），如图 3.14 所示。

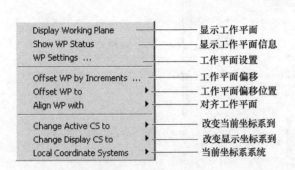

图 3.13　工作平面菜单

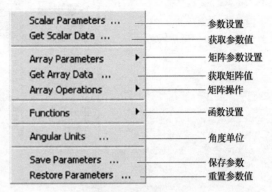

图 3.14　参数菜单

8. 宏命令菜单（Macro），如图 3.15 所示。

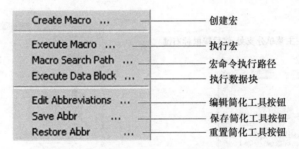

图 3.15　宏命令菜单

9. 菜单控制菜单（MenuCtrls），如图 3.16 所示。

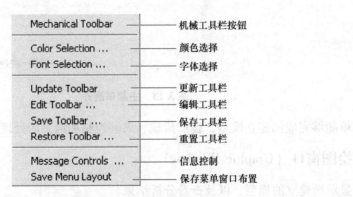

图 3.16　菜单控制菜单

3.3.2　Main Menu（主菜单）介绍

ANSYS 的主菜单为树形结构，它包含分析所需的主要功能，可使用滚动条浏览长树形结构，如图 3.17 所示。通过树形结构特性可预置下级分支，如图 3.18 所示。在主菜单上，可以展开所有选项。

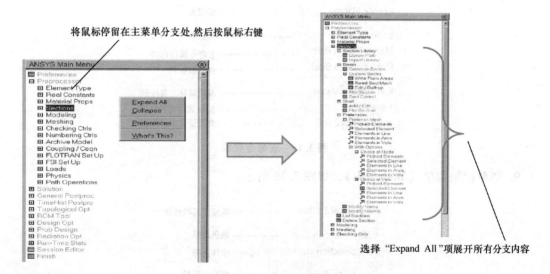

图 3.17 主菜单

图 3.18 主菜单展开

主菜单能够完成如建立模型、施加荷载、求解控制和结果后处理等操作。

3.3.3 绘图窗口（Graphic Window）

用于显示所建立的模型，以及查看分析结果。

3.3.4 模型控制工具条

在 ANSYS 的操作界面中，当用户需要对图形输出窗口的模型进行放大、缩小或平移时，可以用下列两种方法。

第一种方法：ANSYS 主窗口右侧图形显示控制按钮，由若干快捷键组成，能够提供快速的图形显示控制，可以方便地实现图形的平移、旋转和缩放等操作，如图 3.19 和图 3.20 所示。

第3章 ANSYS 基本介绍与操作

按钮	作用	按钮	作用
1▼	选择图形显示窗口	🔍	全局缩小
⬡	查看模型的正等轴视图	◀⊕	左移
⬢	查看模型的斜视图	⊕▶	右移
⬜	查看模型的前视图	⬆	上移
⬜	查看模型的右视图	⬇	下移
⬜	查看模型的俯视图	⊗	绕X轴顺时针旋转
⬜	查看模型的后视图	⊗	绕X轴逆时针旋转
⬜	查看模型的左视图	Y	绕Y轴顺时针旋转
⬜	查看模型的仰视图	Y	绕Y轴逆时针旋转
🔍	缩放至合适大小	Z	绕Z轴顺时针旋转
🔍	局部放大	Z	绕Z轴逆时针旋转
🔍	恢复到局部放大前的大小	3▼	模型改变量控制
🔍	全局放大	⬛	动态控制按钮

图 3.19 模型控制
工具条

图 3.20 模型控制工具条按钮说明

第二种方法：GUI：Utility Menu > PlotCtrls > Pan-Zoom-Rotate，如图 3.21 所示。
平移、缩放和旋转对话框中各部分的功能如下所示：

1. 选择活动窗口：在 ANSYS 的操作界面上，一次最多可激活 5 个活动窗口。该项操作是确定对话框与活动窗口之间的一致性，即确定对话框对哪个活动窗口进行控制。

2. 视线方向：即用户从不同的角度去观察模型。

① Top：从模型的顶端向下观察，即 Y 轴的正向。

② Bot：从模型的底端向上观察，即 Y 轴的负向。

125

③ Front：从模型的前面向里观察，即 Z 轴的正向。
④ Left：从模型的左面向右观察，即 X 轴的负向。
⑤ Right：从模型的右面向左观察，即 X 轴的正向。
⑥ Iso：等轴测方向观察，即 $X=1$、$Y=1$、$Z=1$ 方向。
⑦ Obliq：斜轴测方向观察，即 $X=1$、$Y=2$、$Z=3$ 方向。
⑧ WP：观察在工作平面上的模型。

3. 局部缩放操作：可以改变缩放的方式。

① Zoom：定义矩形窗口的中心和一条边来生成一个正方形窗口，落在正方形窗口里的模型将会显示在图形输出窗口中。

② Box Zoom：通过设定矩形窗口的两个角点来定义一个可显示区域。

③ Win Zoom：通过定义矩形窗口的一个角点和一个边来确定一个定纵横比的矩形窗口。

④ Back Up：缩小或恢复到 Zoom 命令以前的状态，最多可以恢复 5 步 Zoom 命令操作。

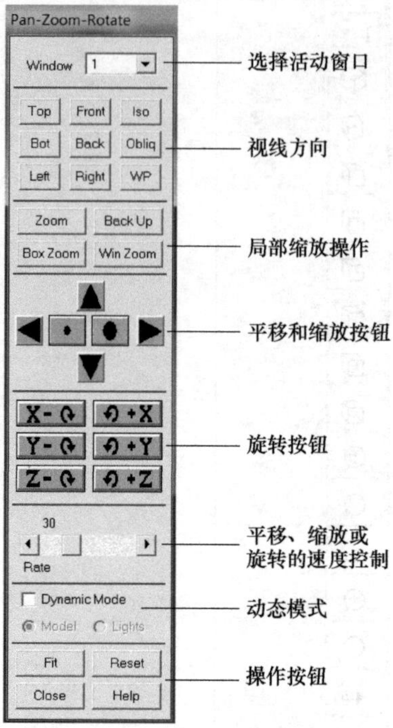

4. 平移和缩放按钮：按"箭头键"可以左、右、上、下移动模型，按"点键"可以放大、缩小模型，移动和缩放的量由"旋转按键"下面的速度来控制。

图 3.21 图形显示控制按钮

5. 旋转按钮：可分别按 X-Y-Z 轴进行转动，旋转量是由其下面的速度来控制的。

6. 速度控制：它控制着平移、缩放和旋转量的速度，其速度可以是 1~100 中的任何一个数值。

7. 动态模式：当该项被选中后，鼠标的形状在绘图区将发生改变，按住鼠标的左键不放可以平移模型，按住鼠标的右键不放可以旋转模型。

8. 操作按钮

① Fit 键：可以自动调整模型在图形窗口中的大小，使整个模型均以最大的方式出现在图形中。

② Reset 键：取消所有的平移、缩放和旋转操作，回到模型的默认显示方式，并以最大的方式出现在图形窗口中。

③ Close 键：关闭该对话框。

④ Help：提供对该对话框的在线帮助。

3.3.5 提示栏

提示栏用来显示当前系统的基本信息，包括与当前操作相关的提示信息，显示当前材料号、单元类型号、实常数号、坐标系号和截面号，如图 3.22 所示。

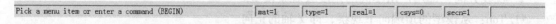

图 3.22 信息提示栏

3.3.6 缩写工具条菜单

在 ANSYS 中，可以对命令缩写，这是使用常用命令和功能的捷径。只有少许预先定义好的缩写可直接使用，但用户可在缩写工具条内添加自己的缩写。这需要用户了解 ANSYS 命令。强大的功能允许用户建立自己的"按钮菜单"体系。如图 3.23 所示。

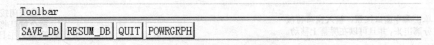

图 3.23　缩写工具条菜单

3.3.7 工具栏菜单图标

在工具栏菜单上包含有常用的工具图标，如图 3.24 所示。用户也可以设置工具图标内容（如：添加项目，辅助工具条）。

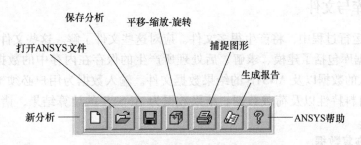

图 3.24　工具栏菜单上常用的工具图标

当使用打开 ANSYS 文件图标时，工作名会被重新定义，ANSYS 工作名将被改为恢复的数据文件的文件名（数据文件的前缀）。如图 3.25 所示。

图 3.25　使用打开文件工具图标

3.3.8 输入窗口

ANSYS 不仅可以通过菜单来操作，还允许用户输入命令（大多数 GUI 功能都能通过输入命令来实现)。如果用户采用命令方式操作,可以通过输入窗口键入。命令格式动态显示见图 3.26。

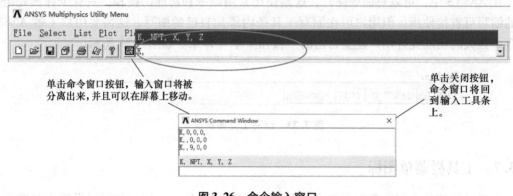

图 3.26 命令输入窗口

3.3.9 数据库与文件

在 ANSYS 运行过程中,将产生很多文件。应对这些文件了解。这些文件有:

ANSYS 数据库包括了建模、求解、后处理所产生的保存在内存中的数据文件。数据库存贮了用户输入的数据以及 ANSYS 的结果数据文件。输入数据为用户必须输入的信息,诸如模型尺寸,材料特性以及荷载数据。结果数据为 ANSYS 的计算结果,诸如位移、应力、应变和反力。

1. 保存和恢复数据

ANSYS 的数据库文件保存了 ANSYS 运行过程中的信息,它可存储和恢复这些信息。对其操作应不时地把数据库存储在计算机的内存(RAM),这是一个应有的习惯,这样可以在计算机损坏或断电的情况下重新恢复数据库内的有关信息。注意,ANSYS 没有 Undo 功能。SAVE 操作把数据库从内存拷贝到名为 database file 的文件(or db file for short)。最简单的存储操作是点击 Toolbar > SAVE_DB(如图 3.27 所示)或使用 Utility Menu > File > Save as Jobname.db、Utility Menu > File > Save as…命令(如图 3.28 所示)。

图 3.27 保存数据库文件命令 1

图 3.28 保存数据库文件命令 2

将数据库恢复到内存，使用 RESUME 操作。Toolbar > RESUME_DB（如图 3.29 所示）或使用 Utility Menu > File > Resume Jobname.db、Utility Menu > File > Resume from…（如图 3.30 所示）命令。

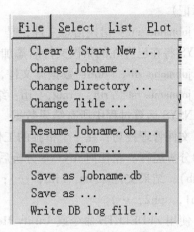

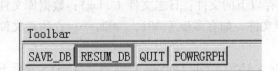

图 3.29　恢复数据库到 ANSYS 环境 1　　　图 3.30　恢复数据库到 ANSYS 环境 2

缺省的保存和恢复的文件名为 jobname.db，当然也可以使用 Save as 或 Resume from 选择不同的文件名。

保存和恢复应注意：选择"Save as"或"Resume from"不改变当前工作名。如果使用缺省文件名，此前已有一个同名数据库文件，ANSYS 先将旧文件改为 jobname.dbb 作为备份。db 文件是保存时刻内存数据库的"快照"。

保存和恢复技巧：分析过程中定期保存数据库。ANSYS 不能自动保存。在尝试一个不熟悉的操作时（如布尔操作或剖分网格）或一个操作将导致较大改变时（如删除操作），应先保存数据库。如果不满意这次的结果，可以用恢复重做。在求解之前应该保存数据库。

2. 清除数据

清除数据库允许对数据库清零，并重新开始。相当于退出 ANSYS。使用 Utility Menu > File > Clear & Start New（图 3.31）或使用 /CLEAR 命令（图 3.32）。

ANSYS 在一个分析中要读写几个文件。文件名的格式为 jobname.ext。

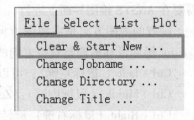

图 3.31　清除数据菜单

图 3.32　清除数据命令菜单

工作名是在启动 ANSYS 之前选择一个不超过 32 个字符的作业名。缺省为 file。在 ANSYS 中，可使用 /FILNAME 命令来修改文件名（Utility Menu > File > Change Jobname）。

扩展名用以区别文件的内容，例如，.db 是数据库文件。通常扩展名由 ANSYS 自己指定，但也可以由用户指定（/ASSIGN）。

几个典型文件：

jobname.log：日志文件，是 ASCII 码文件。它包括了运行过程中的每一个命令。如果您用同样的作业名在同一目录中开始另一轮操作，ANSYS 将增添原先的日志文件（作一个时间标记）。

jobname.err：错误信息文件，是 ASCII 码文件。包括了运行过程中的所有错误和警告。ANSYS 将在已存在的错误文件后添加新信息。

jobname.db，.dbb：数据库文件，是二进制文件，与所有支持平台兼容。

jobname.rst，.rth，.rmg，.rfl：结果文件，是二进制文件，与所有支持平台兼容。包括了 ANSYS 运算过程中所有结果数据。

文件管理技巧：在一个单独的工作目录中运行一个分析作业；用不同的作业名，区分不同的分析运行。在任何 ANSYS 分析后，应保存以下的文件：日志文件（.log）；数据库文件（.db）；结果文件（.rst，.rth，…）；荷载步文件，如有多步（.s01，.s02，…）；物理文件（.ph1，.ph2，…）。

使用 /FDELETE 命令或 Utility Menu > File > ANSYS File Options 自动删除 ANSYS 分析不再需要的文件。

3.4 鼠标功能操作

主要介绍在 GUI 方式下如何查看和操作几何实体（包括体、面、线，关键点）以及有限元实体（包括节点、单元）。

3.4.1 模型查看

用 ANSYS 作有限元分析时，常常要查看分析对象的几何模型和有限元模型。这些工作需要在 ANSYS 绘图界面上进行。

缺省的视图方向是主视图方向：是从 $+Z$ 轴观察模型。用动态模式（拖动模式）是用 Control 键和鼠标键调整观察方向的途径。

Ctrl + Left（鼠标左键）：可以平移模型。

Ctrl + Middle（鼠标中键）：Zooms（缩放）模型。

Ctrl + Right（鼠标右键）旋转模型：旋转模型（绕屏幕 Z 轴方向）、绕屏幕 X 轴方向、绕屏幕 Y 轴方向，如图 3.33 所示。

注意：两键鼠标上 Shift + 鼠标右键的功能完全等同于三键鼠标上中键的功能。

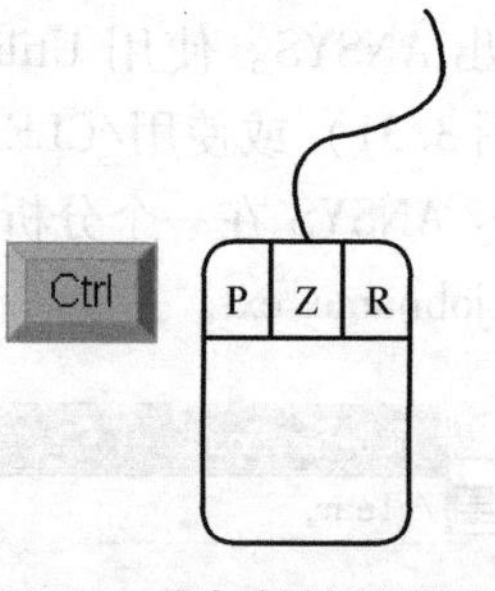

3.4.2 拾取

图 3.33 鼠标键控制视图

允许用户在图形窗口点击模型位置或指明模型实体来拾取。典型拾取操作通过鼠标（图 3.34 所示）或拾取菜单完成。例如，用户可以在图形窗口拾取关键点，如图 3.35 所示。

鼠标左键拾取、右键取消距离鼠标光点最近的实体或位置。按住左键拖拉，可以预览被拾取（或取消）项。

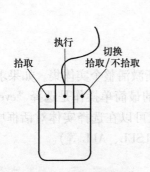
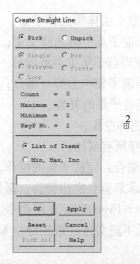

图 3.34　鼠标键功能　　　　　图 3.35　左键单击拾取关键点

鼠标右键在拾取、取消之间切换。光标显示：⇧拾取；⇩不拾取（取消）。

3.4.3　选择

选择实体对话框的工具：Utility Menu > Select > Entities。

选择所用的准则，如图 3.36 所示：

By Num/Pick：通过键入实体号码或用拾取操作进行选择；

Attached to：通过相关实体选择。例如，选择与面相关的线；

By Location：根据 X、Y、Z 坐标位置选择。如，选择所有 $X=2.5$ 的节点，X、Y、Z 是激活坐标系的坐标；

By Attributes：根据材料号，实常数号等选择。不同实体的属性不尽相同；

Exterior：选择模型外边界；

By Results：根据结果数据选择。例如，按节点位移。

选择方式，如图 3.37 所示：

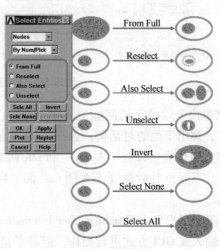

图 3.36　选择准则　　　　　　图 3.37　选择方式

From Full：从整个实体集选择子集；

Reselect：从当前子集中再选择子集；

Also Select：在当前子集中再添加另一个子集；

Unselect：从当前子集中去掉一部分；

Invert：选择当前子集的补集；

Select None：选择空集；

Select All：选择所有实体。

重新激活整个集合：完成子集的操作之后，应重新激活整个实体集。如果求解时不激活所有节点和单元，求解器会发出警告。激活整个实体的最简单操作是选择"everything"：用 Utility Menu > Select > Everything 或用命令 ALLSEL。也可以在选择实体对话框中选择"Sele All"按钮分别激活不同实体（或用命令 KSEL、ALL、LSEL、ALL 等）。

3.5　ANSYS 通用操作

1. 在菜单命令后出现符号"▶"，表示该命令后还有下一级子菜单。如图 3.38 所示：

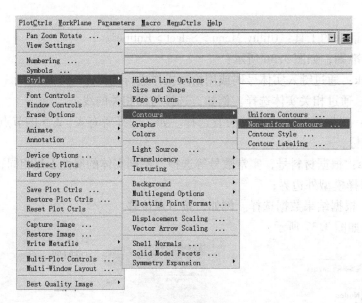

图 3.38　次级菜单

2. 若在菜单命令后没有任何标记，则单击后仅执行某个功能。如上图点击"Non-uniform Contours"，弹出下面的对话框，如图 3.39 所示。

3. 在大多数对话框中都有"Apply"和 OK 两个按钮，它们的区别是："Apply"为完成对话框的设置，不退出对话框（不关闭）。而"OK"为完成对话框的设置，退出对话框，如图 3.40 所示。

4. GUI：图形用户界面 Graphics User Interactive 的英文缩写。用户进入 ANSYS 软件后，可以采用命令输入或 GUI 方式进行操作，但对于初级用户或者高级用户来说，GUI 方式是一种最简便的方式，也是一种推荐的方式。

第 3 章 ANSYS 基本介绍与操作

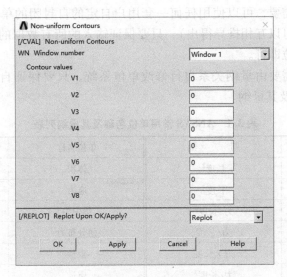

图 3.39 Non-uniform Contours 对话框

5. 命令的灰色显示：在有些菜单或对话框中，有些命令会以灰色显示出来，其中灰色的命令一般表示该命令在当前状态是不能进行操作的。只有高亮度显示的命令，用户才能对其进行操作和使用，如图 3.41 所示。

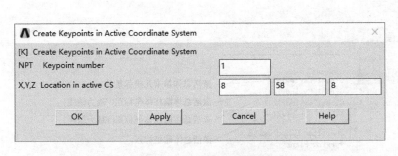

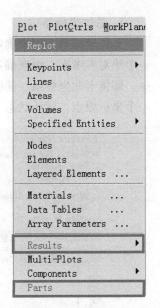

图 3.40 Apply 和 OK 两种按钮的设置差异　　　　　图 3.41 灰色显示菜单不能操作

3.6　ANSYS 的单位制

ANSYS 软件本身内部并没有为某个具体的问题分析指定系统单位。在工程问题分析中，

133

用户根据工程问题的需要，可以使用任何一套用户自定的自封闭的单位制（所谓自封闭是指这些单位量纲之间可以互相推导得出），只要保证输入的所有数据的单位都是正在使用的同一套单位制里的单位即可。

可以根据自己的需要由量纲关系自行修改单位系统，只要保证自封闭即可。表 3.1 为 ANSYS 常用单位名称及其量纲。

表 3.1　ANSYS 常用单位名称及其量纲列表

单位名称	量　　纲	单位名称	量　　纲
面积	长度^2	体积	长度^3
惯性矩	长度^4	应力	力/长度^2
弹性模量（剪切模量）	力/长度^2	集中力	力
线分布力	力/长度	面分布力	力/长度^2
弯矩	力×长度	重量	力
容重	力/长度^3	质量	力×秒^2/长度
重力加速度	长度/秒^2	密度	力×秒^2/长度^4

3.7　ANSYS 的坐标系及切换

1. 总体坐标系

总体坐标系：用来确定几何形状的参数，如节点、关键点等的空间位置。总体坐标系是一个绝对参考系，用来确定空间几何结构的位置。ANSYS 中有 3 类总体坐标系可以供用户选择，即笛卡儿坐标系、圆柱坐标系和球坐标系。这三种坐标系都属于右手坐标系，而且公用一个坐标原点。默认状态下，建模操作使用的坐标系是总体笛卡儿坐标系，如图 3.42 所示。

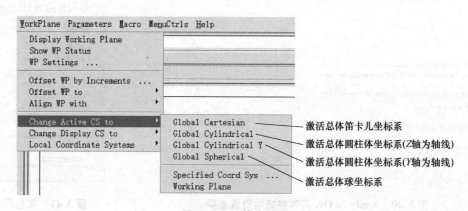

图 3.42　总体坐标系

2. 局部坐标系

局部坐标系是用户定义的坐标系。用户可用于建模等操作，如图 3.43 所示。由于很多分析中的模型很复杂，仅使用总体坐标系是不够的，这是我们必须建立自己的坐标系，即局部坐标系。局部坐标系的原点可以与总体坐标系的原点偏移一定的距离，或者不同于先前定义的总体坐标系。与总体坐标系一样，局部坐标系也可以有笛卡儿坐标系、球坐标系和圆柱坐标系。局部坐标系可以是圆的，也可以是椭圆的，此外还可以是环形局部坐标系。

图 3.43 定义局部坐标系

例如，单击"At WP Origin..."，弹出如图 3.44 所示的对话框。

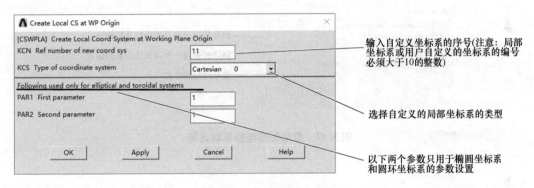

图 3.44 局部坐标系设置

3. 激活坐标系

激活坐标系或当前坐标系是分析中特定阶段的参考坐标系。缺省为总体笛卡儿坐标系。所有的局部坐标系和总体坐标系都可以当做当前坐标系来使用，但只能有 1 个当前激活的坐标系。

（1）每次定义一个局部坐标系后，它自动被激活成当前坐标系。这是随后的操作所使用的坐标系。

（2）可以使用激活坐标系的命令（csys）来改变激活坐标系。菜单中激活坐标系的路径：WorkPlane > Change Active CS to >选择一个已经定义的坐标系，如图 3.45 所示。

4. 删除坐标系

GUI：WorkPlane > Local Coordinate Syetems > Delete Local CS...，如图 3.46

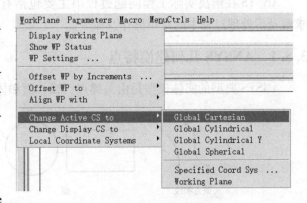

图 3.45 激活坐标系的改变

所示，单击 Delete Local CS。弹出如图 3.47 所示对话框。

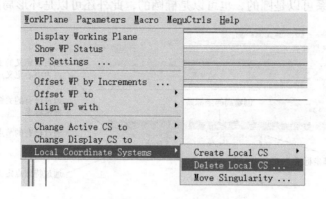

图 3.46　删除局部坐标系菜单

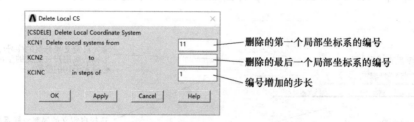

图 3.47　删除局部坐标系对话框

3.8　ANSYS 几何建模基本操作

有限元分析的最终目的是要还原一个实际工程系统的数学行为特征，即是有限元分析必须是针对一个物理原型准确的数学模型。广义上讲，有限元模型包括所有的节点、单元、材料属性、实常数、边界条件，以及其他用来表现这个物理系统的特征。

ANSYS 在解决实际工程问题过程中主要包括有限元模型建立、网格划分、载荷施加、求解及后处理过程中的常用操作及命令。

3.8.1　ANSYS 几何建模特点

ANSYS 典型的实体模型是由关键点、线、面和体组成的，如图 3.48 所示。

图 3.48　实体模型

(1) 线由关键点组成，用来描述物体的边。
(2) 面由线围成，用来描述物体的表面或者块、壳等。
(3) 体由面围成，用来描述实体物体。

另外，一个只有面及面以下层次组成的实体，如壳或二维平面模型，在 ANSYS 软件中仍称为实体。在实体模型间有一个内在层次关系如图 3.49 所示。实体的层次从低到高：关键点-线-面-体。关键点是实体的基础，线由点生成，面由线生成，体由面生成。这个层次的顺序与模型怎样建立无关。ANSYS 不允许直接删除或修改与高层次相连接的低层次实体。即如果高一级的实体存在，则低一级的与之依附的实体不能删除。

建立实体模型可以通过两个途径：①自顶向下；②自底向上。

自顶向下建模：此方法直接建立较高单元对象，其所对应的较低单元对象一起产生，对象单元高低顺序依次为体积、面积、线段及点，如图 3.50 所示。

图 3.49　实体模型的层次关系　　　图 3.50　自顶向下建立实体模型

自底向上建模：由建立最低单元的点到最高单元的体积，即建立点，再由点连成线，然后由线组合成面积，最后由面积组合建立体积，如图 3.51 所示。

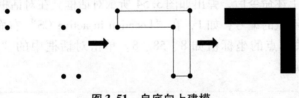

图 3.51　自底向上建模

混合使用前两种方法：可以根据模型形状选择最佳建模途径。ANSYS 软件有一组很方便的几何作图工具，如图 3.52 所示为建立几何模型的子菜单。操作命令有：GUI：Main Menu > Preprocessor > Modeling > Create

3.8.2　几何建模

ANSYS 几何建模有 3 种方法：可以采用直接在 ANSYS 绘图窗口中建立几何模型；可以通过 APDL 命令流建立几何模型；也可以先在 CAD 系统中建立几何模型，然后导入 ANSYS 的方法。这里首先介绍 ANSYS 中直接建立模型方法。

1. Keypoints 创建关键点

用自底向上的方法构造模型时，首先定义最低级的图元。关键点是最低级图元的一种，关键点是在当前激活的坐标系内定义的。ANSYS 提供了在多种条件下生成关键点的方法。如图 3.53 所示为创建关键点的子菜单。

GUI：Main Menu > Preprocessor > Modeling > Create > Keypoints

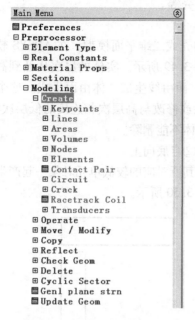
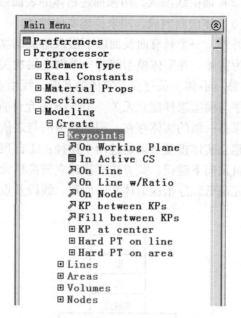

图 3.52　建立几何模型子菜单　　　　图 3.53　创建关键点子菜单

（1）In Active CS

功能：按给定的坐标位置定义单个关键点。

GUI 操作命令：Main Menu > Preprocessor > Modeling > Create > Keypoints > In Active CS

操作说明：执行上述命令后，弹出如图 3.54 所示对话框。在对话框"Keypoint Number"右面输入栏中输入关键点的编号，如 1，在"Location in active CS"右面的输入框中按"X、Y、Z"的顺序输入关键点的坐标值如 8、58、8。单击对话框中的"OK"键或"Apply"键，则创建一个关键点。

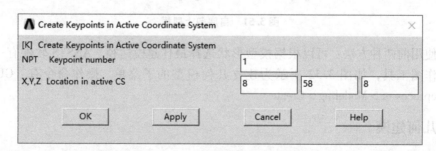

图 3.54　创建关键点对话框

注意：如果输入的关键点号与既有的关键点号相同，则覆盖既有关键点，即关键点是唯一的，并以最后一次输入的为准。如果既有关键点与较高级图元相连或已经划分网格，则不能覆盖，并给出错误信息。

（2）KP between KPs

功能：在已有两个关键点之间生成关键点。

GUI 操作命令：Main Menu > Preprocessor > Modeling > Create > Keypoints > KP between KPs

操作说明：执行上述命令后，弹出一个拾取框，如图 3.55 所示，用鼠标在图形输出窗口中拾取要在两个关键点之间生成关键点的两点，例如，关键点 2，3。单击拾取框中"OK"键，又弹出如图 3.56 所示对话框完成对话框设置后，单击对话框上的"OK"键，即可生成新的关键点 4。

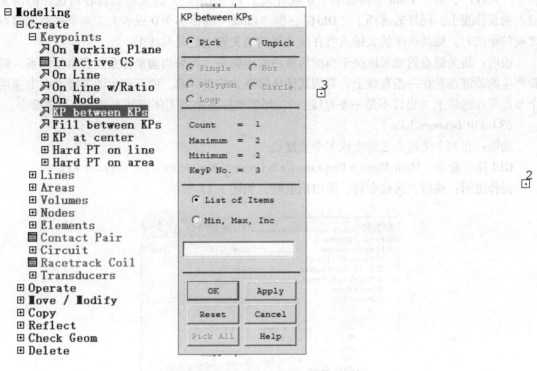

图 3.55　KP between KPs 拾取对话框

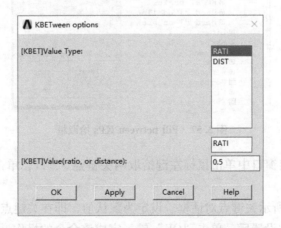

图 3.56　KP between KPs 生成新关键点对话框

对话框中各项的意义如下：

1) Value Type：设置产生新关键点的方式，在右面的选择栏中有两个选项：

＜1＞RATI：新产生的关键点到第一个关键点之间的距离与两个选择的关键点之间的距离之比，即（K1 – Knew)/(K1 – K2)。

＜2＞DIST：新产生的关键点到第一个关键点之间的绝对距离，该方式只能在直角坐标系中有效。

2) Value (ratio, or distance)：新产生关键点的位置，默认值是 0.5，如果选择栏中选择了"RAT1"，而"Value"的值小于 0 或者大于 1，则新产生的关键点将在所选择的两关键点的延伸线上，同样若选择了"DIST"，当"value"的值小于 0 或者大于两个选择关键点之间的距离时，则新产生的关键点将在所选择的两关键点的延伸线上。

说明：新关键点的放置取决于当前所激活的坐标系，如果当前坐标系是直角坐标系，则新产生的关键点是在一条直线上，若为其他坐标系如柱坐标系，则新产生的关键点在由这两个节点所连的线上（也许不是一条直线）。在环形坐标系中的实体模型不推荐使用该命令。

(3) Fill between KPs

功能：在两个关键点之间生成多个关键点。

GUI 操作命令：Main Menu > Preprocessor > Create > Keypoints > Fill between KPs

操作说明：执行上述命令后，弹出拾取框，如图 3.57 所示。

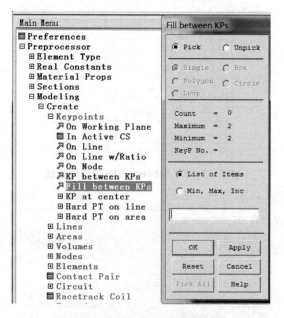

图 3.57　Fill between KPs 拾取框

例如，在图形输出窗口中单击鼠标左键拾取两关键点 5、11，单击拾取框中 OK 键，如图 3.58 所示。

又弹出如图 3.59 所示关键点对话框。设定为默认值，即在关键点 5 和 11 之间生成 5 个关键点。完成对话框的设置后，单击"OK"键，完成该命令的操作过程。如图 3.59 所示。

对话框中各项的意义如下：

1) Fill between keypoints：将要在其中生成关键点的所选择的两个关键点编号，由系统自动给出。

第 3 章 ANSYS 基本介绍与操作

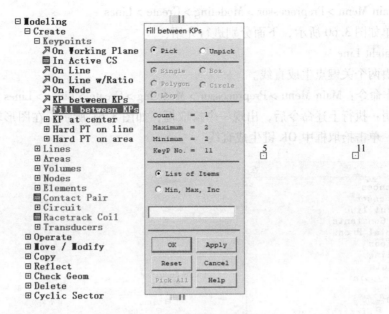

图 3.58 单击左键拾取关键点 5，11

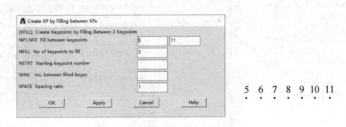

图 3.59 关键点生成设置

2) No of keypoints to fill：在选择的两个关键点之间将要生成的关键点个数，该值必为正，默认值为 $|NP2-NP1|-1$，由系统计算得出。

3) Starting keypoint number：设置新生成第一个关键点的编号，其他新生成的关键点号将在这个值的基础上再加 1；默认值为第一个选择的关键点编号再加上其下设置的关键编号的增量。

4) Inc. between filled keyps：设置新生成关键点编号的增量，可以为正或负，默认值为 $(NP2-NP1)/(NFILL+1)$。

5) Spacing ratio 设置间距比，它表示最后的间距与第一个间距之比，默认值为 1，其值如果大于 1，则关键点分布的最后间距将增大，若小于 1 则减小。

说明：选择关键点的编号 NP1、NP2 系统自动给出。因此这两个关键点必须存在。环形坐标系中的实体模型建议不要使用该命令，填充的关键点个数可以任意指定，关键点编号的顺序也可以指定。

2. Lines 生成线

线主要用于表示物体的边。同关键点一样，线是在当前激活的坐标系内定义的。ANSYS 提供了多种生成线（包括直线和弧线）的方法。操作命令有：

GUI：Main Menu > Preprocessor > Modeling > Create > Lines

其子菜单如图 3.60 所示，下面分别进行介绍：

(1) Straight Line

功能：由两个关键点生成直线。

GUI 操作命令：Main Menu > Preprocessor > Modeling > Create > Lines > Lines > Straight Line

操作说明：执行上述命令后，出现一个拾取框，如图 3.61 所示。在图形输出窗口中先后拾取两点，单击拾取框中 OK 键生成直线。

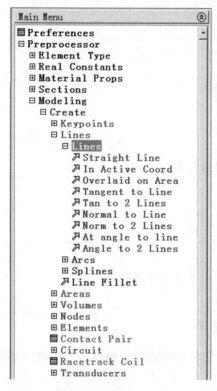

图 3.60　生成线子菜单

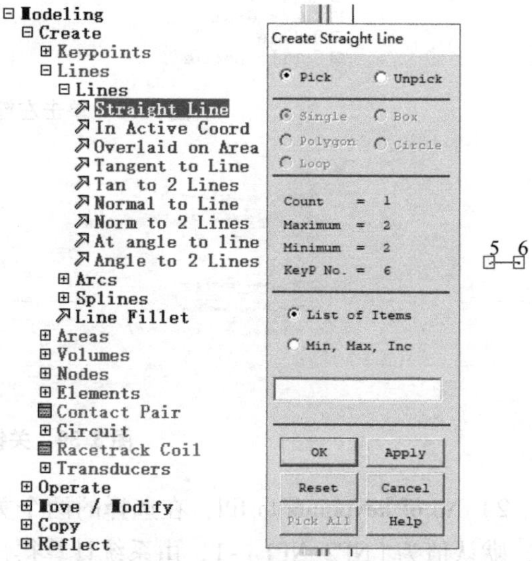

图 3.61　Straight Line 对话框

说明：不管激活的是何种坐标系都生成直线。

(2) Arcs 圆弧线

ANSYS 提供了多种生成圆弧线的方法，如图 3.62 所示为生成圆弧线的子菜单。操作命令：

GUI：Main Menu > Preprocessor > Modeling > Create > Lines > Arcs

1) Through 3 KPs。

功能：通过 3 个关键点生成一条弧线。

GUI 操作：Main Menu > Preprocessor > Modeling > Create > Lines > Arcs > Through 3 KPs

操作说明：执行上述命令后，出现一个拾取框，

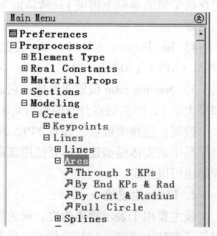

图 3.62　生成圆弧子菜单

如图 3.63 所示。例如，由关键点 5、11、13 生成弧线，拾取关键的方向为逆时针方向，先拾取关键点 11，再拾取关键点 5，作为弧线的起点和终点，最后拾取关键点 13 为弧线通过的点，然后单击"OK"键生成一条弧线。

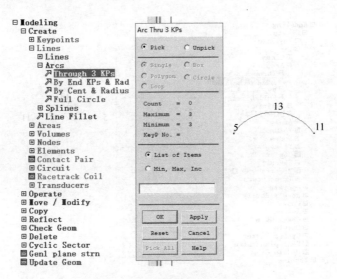

图 3.63　Through 3 KPs 对话框

2) By End KPs & Rad。

功能：通过两个关键点和半径生成一条弧线

GUI 操作命令：Main Menu > Preprocessor > Modeling > Create > Lines > Arcs > By End KPs & Rad

操作说明：执行上述命令后，出现第一个拾取框，在图形输出窗口中拾取两个关键点作为弧的起始点和终止点，如图 3.64 所示。例如，在关键点 5 和 11 形成一个半径为 6 的圆弧。

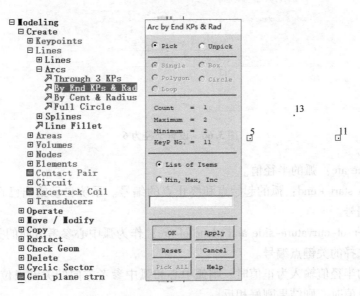

图 3.64　By End KPs & Rad 对话框

单击 OK 键出现第二个拾取框，图 3.65 所示，在图形输出窗口中拾取一个关键点作为弧中心的参考方向（例如，选择关键点 13 作为弧中心参考方向），单击 OK 键弹出一个对话框。

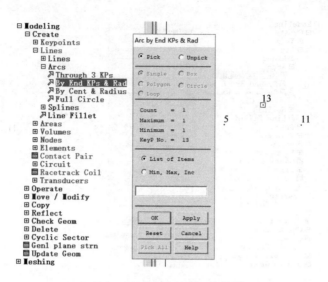

图 3.65　关键点 13 为弧中心参考方向

如图 3.66 所示，设置圆弧半径为 6，单击对话框中的 OK 键，完成该命令的操作。对话框中各项的意义如下：

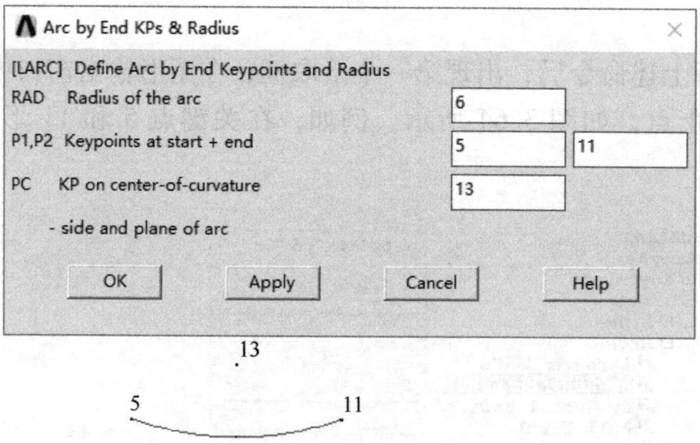

图 3.66　设置半径为 6

Radius of the arc：弧的半径值。

Keypoints at start + end：弧的起始点和终止点的编号。系统自动给出已选择的弧的起始点和终止点的编号。

KP on center-of-curvature-side and plane of arc：作为弧中心参考方向的关键点编号。系统自动给出已选择的关键点编号。

说明：弧的半径值输入为正值时，则弧中心和弧中参考方向的关键点位于其弦的同侧；半径值输入为负值时，则结果刚好相反。

3) By Cent &radius。

功能：通过中心和半径生成圆弧线。

GUI 操作命令：Main Menu > Preprocessor > Modeling > Create > Lines > Arcs > By Cent &radius

操作说明：执行上述命令后，出现第一个拾取框，在图形输出窗口中拾取一点作为弧的中心（一般采取输入坐标值的方法），如图 3.67 所示。例如，中心坐标为 (7，9)，单击 "Apply"，出现另一个对话框，如图 3.68 所示。设定圆的半径为 2，单击 "OK" 键，出现对话框如图 3.69 所示，选择生成圆弧的角度，例如 360°。

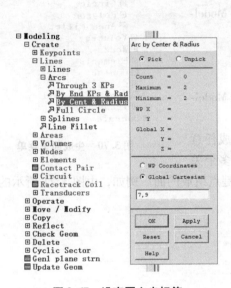

图 3.67　设定圆心坐标值

图 3.68　设定圆的半径为 2

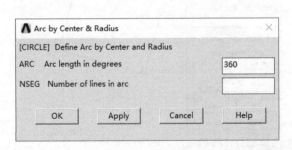

图 3.69　设定生成圆弧的角度

对话框中各项的意义如下：

① Arc length in degrees：弧的角度。

② Number of lines in arc：弧线分成线段的数目（默认值为 90°的圆弧）。

说明：圆弧的角度为 360°时，则生成一整个圆弧线。弧线分成线段的数目系统自动给出，若要分成不同数目的线段，则输入相应数字。

3. Areas 面

自顶向下生成面，将自动生成面、线、关键点，线的曲率由当前激活坐标系确定。自底向上的方法生成面时，需要的关键点或线必须已经定义。

ANSYS 提供了多种生成不同形状平面的方法，如图 3.70 所示，操作命令有

GUI：Main Menu > Preprocessor > Modeling > Create > Areas

（1）Arbitrary 任意形状的面

GUI 操作命令：Main menu > Preprocessor > Modeling > Create > Areas > Arbitrary

1）Through KPs。

功能：通过已存在的关键点定义一个面。

GUI 操作命令：Main Menu > Preprocessor > Modeling > Create > Areas > Arbitrary > Through KPs

操作说明：执行上述命令后，出现一个生成任意形状面的拾取框。在图形输出窗口中拾取任意多个关键点，单击拾取框中 OK 键则生成由所选择关键点组成的面。例如，由图 3.71 所示的 1、2、3、4 关键点生成面。

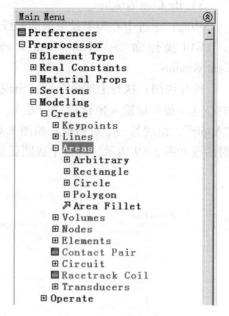

图 3.70 生成面子菜单

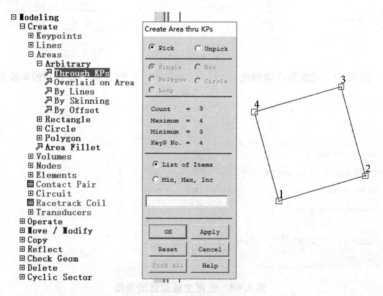

图 3.71 由关键点生成面

说明：需选择 3 个或 3 个以上不共线的多个关键点。关键点必须沿面的周围按照顺时针或逆时针的方向拾取，这个拾取的方向就决定了按右手法则所确定的面的正法线方向。如果组成面的关键点超过 4 个，则这些关键点必须要在激活坐标系中有一个共同的坐标值，只有没有依附于体的面才能重新定义，环形坐标系建议不要使用该命令。

2) By Lines。

功能：通过拾取边界线定义一个面（即通过一系列线定义周边）

GUI 操作命令：Main Menu > Preprocessor > Modeling > Create > Areas > Arbitrary > By Lines

操作说明：执行上述命令后，出现一个生成任意形状面的拾取框。在图形输出窗口中拾取几条首尾相接的线，单击拾取框中"OK"键生成面，如图 3.72 所示。

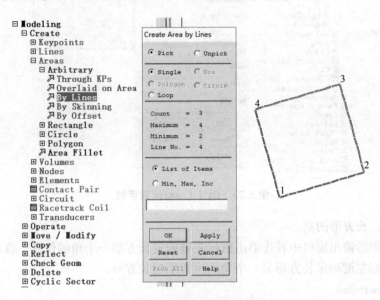

图 3.72　拾取边界线生成面

说明：至少要拾取 3 条线才能生成一个面，面的正法线方向按右手法则由第一条拾取线的方向确定。线的拾取顺序可以任意，但最后必须要做到首尾相接即形状必须是封闭的，当超过 4 条线时，必须要保证这 4 条线在同一平面内或在激活坐标系中有一个常量坐标值。环形坐标系建议不要使用该命令，只有那些没有依附于体的面才能进行修改。

(2) Rectangle 矩形面

GUI 操作命令：Main Menu > Preprocessor > Modeling > Create > Areas > Rectangle

操作说明：ANSYS 提供了 3 种生成矩形面的方法。

1) By 2 Corners。

功能：通过两个角点生成一个长方形。

GUI 操作命令：Main Menu > Preprocessor > Modeling > Create > Areas > Rectangle > By 2 Corners

操作与示例：执行上述命令后，弹出如图 3.73 所示拾取框。例如，生成一个角点坐标在 (1, 0)、宽度是 1.5、高度为 0.8 的矩形，完成对话框设置后，单击拾取框中的 OK 键生成矩形。

拾取框中各项的意义如下：

① WPX：长方形左下角（即起始角点）在作平的 X 方向坐标值。

② WPY：长方形左下角（即起始角点）在上作平面的 Y 方向坐标值。

③ Width：长方形的宽。

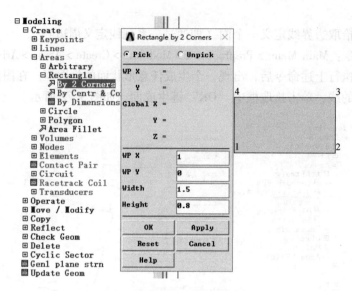

图 3.73 By 2 Corners 对话框

④ Height：长方形的高。

也可以在图形输出窗口中首先单击鼠标左键确定长方形一个角的位置，移动鼠标到所需位置后单击鼠标左键确定长方形另一个角的位置生成长方形。

2）By Dimensions。

功能：通过尺寸生成一个长方形区域。

GUI 操作命令：Main Menu > Preprocessor > Modeling > Create > Areas > Rectangle > By Dimensions

操作说明：执行上述命令后，弹出如图 3.74 所示长方形对话框。例如，从坐标原点生成一个宽度为 2，高度为 1 的矩形，完成对话框设置后，单击对话框中的 OK 键生成长方形。

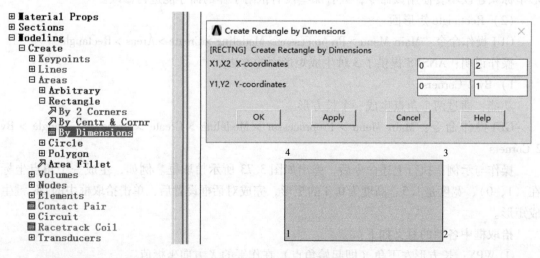

图 3.74 By Dimensions 对话框

对话柜中各项的意义如下：

① X-coordinates：长方形在 X 方向的坐标从 X1 变化到 X2 的值，默认值为 0。
② Y-coordinates：长方形在 Y 方向的坐标从 Y1 变化到 Y2 的值，默认值为 0。

4. Circle 生成圆

GUI 操作命令：Main Menu > Preprocessor > Modeling > Create > Areas > Circle

操作说明：ANSYS 提供了 3 种生成圆的方法：

（1）Solid circle

功能：以工作平面原点为圆心生成一个实心圆面。

GUI 操作命令：Main Menu > Preprocessor > Modeling > Create > Areas > Circle > Solid Circle

操作说明：执行上述命令后，弹出如图 3.75 所示实心圆拾取框。例如，圆心坐标为 (0，1)，半径为 0.5 的圆，完成对话框设置后，单击 OK 键生成实心圆。

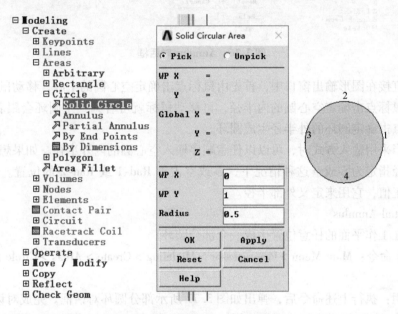

图 3.75　Solid Circle 对话框

拾取框中各项的意义如下：

① WP X：实心圆中心在工作平面内的 X 方向坐标值。
② WP Y：实心圆中心在下作平面内的 Y 方向坐标值。
③ Radius：实心圆的半径值。

也可以在图形输出窗口中首先由鼠标点击确定实心圆的圆心，移动鼠标到所需位置后由鼠标点击确定实心圆的半径以生成实心圆。

（2）Annulus

功能：在工作平面的任意位置生成一个圆环。

GUI 操作命令：Main Menu > Preprocessor > Modeling > Create > Areas > Circle > Annulus

操作与示例：执行上述命令后，弹出一个圆环拾取框。输入空心圆中心的 X 方向坐标值和 Y 方向坐标值及空心圆的内外半径值。单击拾取框中的"OK"键生成圆环。例如，在圆心坐标 (1，1.5) 处，生成内径为 0.8，外径为 1 的圆环。如图 3.76 所示。

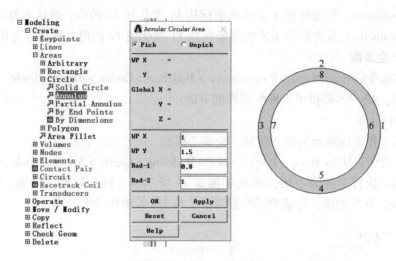

图 3.76 Annulus 对话框

也可以直接在图形输出窗口中,首先由鼠标点击确定空心圆的中心,移动鼠标到所需位置,然后由鼠标点击确定空心圆的内半径,再移动鼠标就可看到一个圆环会跟着鼠标移动,最后由鼠标点击确定圆环的外半径生成圆环。

说明:当采用输入方式时,可以以任意顺序输入空心圆的内外半径。如果想生成个实心圆,内部半径指定为零或空这种情况下,零或空占据 Rad-1 或 Rad-2 的位置。另外一个值必须指定为正值,它用来定义外部半径。

(3) Partial Annulus

功能:在工作平面的任意位置生成一个部分圆环。

GUI 操作命令:Main Menu > Preprocessor > Modeling > Create > Areas > Circle > Partial Annulus

操作说明:执行上述命令后,弹出如图 3.77 所示部分圆环对话框。完成对话框设置后,单击对话框中的 OK 键生成部分圆环。例如,圆心坐标 (0, 0),内径 0.8,外径 1,起始角度 0°,终止角度 60°的部分圆环,其对话框设置如图 3.77 所示。

拾取框中各项的意义如下:

① WP X:部分圆环中心在工作平面内的 X 方向坐标值。

② WP Y:部分圆环中心在工作平面内的 Y 方向坐标值。

③ Theta-1、Theta-2:部分圆环的起始和终止角度。

④ Rad-1、Rad-2:圆环的内外半径。

或在图形输出窗口中首先由鼠标点击确定部分圆环的中心,移动鼠标到给定位置,然后由鼠标点击确定部分圆环的内半径和起始角,最后拖动光标到用户希望的位置,由鼠标点击确定部分圆环的外半径和终止角以生成部分圆环。

说明:当采用拾取框输入时,部分圆环的两个半径值(Rad-1 和 Rad-2)可以以任意顺序指定,小的值是其内部半径,大值为外部半径。

部分圆环的两个角度值(Theta-1 和 Theta-2)也可以以任意顺序指定,小的值是起始角度,大值为终止角度。

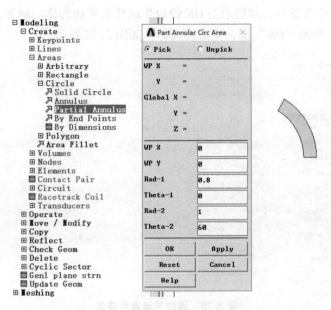

图 3.77 Partial Annulus 对话框

如果想生成一个实心圆，内部半径指定为零或空，这种情况下零或空占据 Rad-1 或 Rad2 的位置。另外一个值必须指定为正值，它用来定义外部半径。开始角度、终止角度指定为零或空或 360°。

5. Volumes 体

体用于描述三维实体，生成体的命令自动生成低级的图元。用由下向上的方法生成体时，需要的关键点或线或面必须已经定义。

GUI 操作命令：Main Menu > Preprocessor > Modeling > Create > Volumes

ANSYS 软件可以生成多种不同的体如任意形状的体（Arbitrary）、长方体（Block）、圆柱体（Cylinder）、棱柱（Prism）、球（Sphere）、圆锥（Cone）、圆环（Torus）等实体，如图 3.78 所示。

（1）Arbitrary 任意形状体

操作命令有：

GUI：Main Menu > Preprocessor > Modeling > Create > Volumes > Arbitrary

ANSYS 软件可以通过已存在的关键点和面来生成体，即可以采用自底向上的建模方式来生成体。

1）Through KPS。

功能：通过顶点定义体（即关键点）。

GUI 操作命令：Main Menu > Preprocessor > Modeling > Create > Volumes > Arbitrary > Through KPS

操作与示例：执行上述命令后，弹出一个生成任意形状体的拾取框。在图形输出窗口中，单击鼠标左

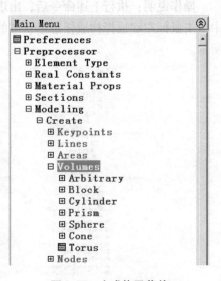

图 3.78 生成体子菜单

键选择空间中的多个关键点,然后单击 OK 键以生成任意形状的体。例如,依次左键拾取关键点 1、2、3、4,单击"OK"键,生成四面体。如图 3.79 所示。

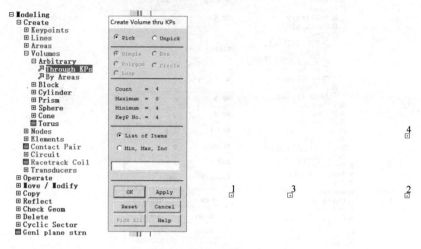

图 3.79　通过关键点生成体

说明:通过关键点生成几何体时,其中关键点的个数必须是 4、6 或 8,在拾取或输入关键点时必须要按连续的顺序输入,首先沿体下部依次定义一圈连续的关键点,再沿体上部依次定义一圈连续的关键点,必需的线和面也跟着生成。当重复拾取或输某个关键点时,其中的某个面也许会被压缩成线或点,建议在环形坐标系中不要使用该命令。

2) By Areas。

功能:通过边界面定义体(即用一系列表面定义体)。

GUI 操作命令:Main Menu > Preprocessor > Modeling > Create > Volumes > Arbitrary > By Areas

操作说明:执行上述命令后,出现一个生成任意形状体的拾取框。首先在图形输出窗口中单击鼠标左键选择构成任意形状体的面,然后单击 OK 键以生成任意形状的体,如图 3.80 所示。

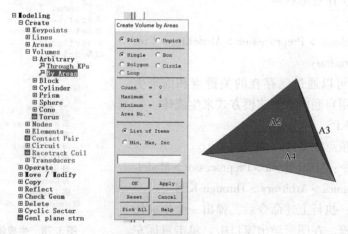

图 3.80　由面生成体

说明：至少要拾取 4 个面才能生成体，其中拾取面的顺序没有限制，体的外表面必须要连续，但允许一个孔能够完整地通过体，面必须是体的边界面。

(2) Block 长方体

ANSYS 提供了两种生成块或部分块的方法，

GUI：Main Menu > Preprocessor > Modeling > Create > Volumes > Block

1) By 2 Corners & Z。

功能：通过 2 个角点和 Z 方向的尺寸生成长方体。

GUI：Main Menu > Preprocessor > Modeling > Create > Volumes > Block > By 2 Corners &Z

操作与示例：执行上述命令后，弹出如图 3.81 所示实心长方体对话框。例如，生成一个左下角顶点坐标为 (0, 0)，宽边长为 2，高为 1，深度为 0.6 的长方体，完成对话框设置后，单击拾取框中的 "OK" 键生成实心长方体。

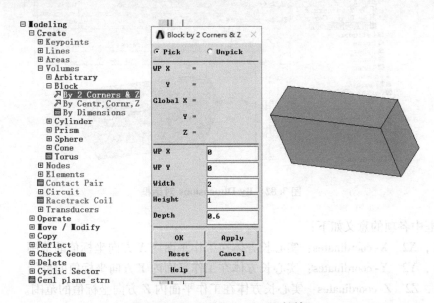

图 3.81 By 2 Corners & Z 对话框

拾取框中各项的意义如下：

① WP X：实心长方体左下角顶点在工作平面内的 X 方向坐标值。

② WP Y：实心长方体左下角顶点在工作平面内的 Y 方向坐标值。

③ Width：实心长方体的宽，即 X 轴方向的距离。

④ Height：实心长方体的高，即 Y 轴方向的距离。

⑤ Depth：实心长方体的深（即 Z 方向的长度，输入的正负方向与坐标轴的正负相同），若输入为 0，则在工作平面上生成一个矩形。

或在图形输出窗口中先单击鼠标左键，确定实心长方体底面一个端点的位置，然后拖动光标单击鼠标左键确定底面另一个对角端点的位置，最后拖动光标单击鼠标左键确定实心长方体的深度以生成长方体。

说明：在工作平面的任何地方定义一个矩形或六面体，矩形必须要有 4 个顶点和 4 条线，六面体将有 8 个角点、12 条线和 6 个面，其中顶面和底面与工作平面平行。

2) By Dimensions。

功能：在基于工作平面坐标上输入坐标值生成长方体。

GUI 操作命令：Main Menu > Preprocessor > Modeling > Create > Volumes > Block > By Dimensions

操作：执行上述命令后，弹出如图 3.82 所示实心长方体对话框。例如，生成一个左下角顶点坐标为 (0, 0)，宽边长为 2，高为 1，深度为 0.6 的长方体，完成对话框设置后，单击拾取框中的"OK"键生成实心长方体。

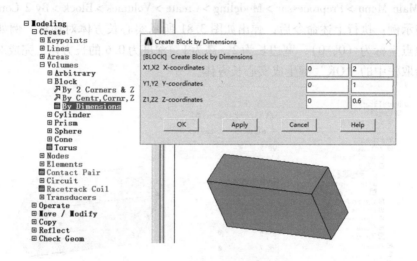

图 3.82　By Dimensions 对话框

对话框中各项的意义如下：

① X1，X2　X-coordinates：实心长方体在工作平面内 X 方向坐标值的范围。

② Y1，Y2　Y-coordinates：实心长方体在工作平面内 Y 方向坐标值的范围。

③ Z1，Z2　Z-coordinates：实心长方体在工作平面内 Z 方向坐标值的范围。

说明：该命令在工作平面坐标内定义一个六面体：其中必须要定义一个在空间存在的体，即 Z 方向的坐标值不能全为0，其中"X1，X2"、"Y1，Y2"和"Z1，Z2"输入栏中的值可以任意输入，ANSYS 总是把某方向的最小值作为在该轴的起点位置，默认为0。

6. Cylinder 圆柱体或部分圆柱体

GUI 操作命令：Main Menu > Preprocessor > Modeling > Create > Cylinder

（1）Solid Cylinder（实心圆柱体）

功能：在工作平面的任意处生成实心圆柱体。

GUI 操作命令：Main Menu > Preprocessor > Modeling > Create > Cylinder > Solid Cylinder

操作与示例：执行上述命令后．弹出实心圆柱体对话框。例如，生成一个底面圆心坐标为 (0, 0)，半径为 0.5，深度为 2 的圆柱体，完成对话框设置后，单击对话框中的 OK 键生成实心圆柱体，如图 3.83 所示。

对话框中各项的意义如下：

① WP X：实心圆柱体底面圆心在工作平面上的 X 方向坐标值。

② WP Y：实心圆柱体底面圆心在工作平面上的 Y 方向坐标值。

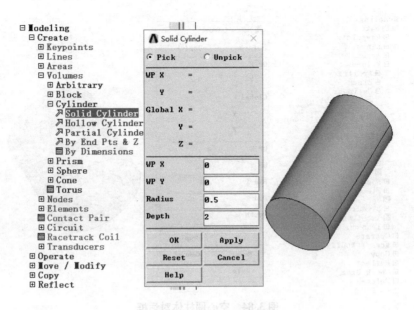

图 3.83　实心圆柱体对话框

③ Radius：实心圆柱体底面圆的半径值。

④ Depth：实心圆柱体的深度，即 Z 方向的距离，输入为正值，则沿 Z 轴正向延伸。如果该值为 0，则在 X-Y 平面内生成一个圆。或在图形输出窗口中单击鼠标左键两次，依次确定实心圆柱体底面圆的圆心和半径，移动鼠标到圆柱体的高度值后单击鼠标左键，则生成一个实心圆柱体。

（2）Hollow Cylinder

功能：在工作平面的任意处生成空心圆柱体。

GUI 操作命令：Main Menu > Preprocessor > Modeling > Create > Cylinder > Hollow Cylinder

操作与示例：执行上述命令后，出现一个空心圆柱体对话框。例如，生成一个空心圆柱体底面圆心的 X、Y 方向坐标值为 (0, 0)，内径 0.6，外径 1，深度（Z 轴方向）2 的空心圆柱体。单击对话框中的"OK"键，生成空心圆柱体，如图 3.84 所示。

也可以在图形输出窗口中单击鼠标左键首先确定空心圆柱体底面圆心，移动鼠标单击鼠标左键确定空心圆柱体内半径，移动鼠标单击鼠标左键确定空心圆柱体外半径，再沿 Z 方向移动鼠标单击鼠标左键确定空心圆柱体高度以生成空心圆柱体。

说明：若输入的 Z 坐标值为 0，则在 X—Y 平面内生成一个圆环，"Rad-1，Rad-2"表示内外半径，输入的顺序没有要求，但输入的值要大于 0，ANSYS 软件会将其中的最小值作为内径，最大值作为外径。底面圆和顶圆都由 4 条线构成，圆柱体的侧面被分成两块。

（3）Partial Cylinder

功能：在工作平面的任意处生成部分空心圆柱体。

GUI 操作命令：Main Menu > Preprocessor > Modeling > Create > Cylinder > Partial Cylinder

操作与示例：执行上述命令后，弹出部分空心圆柱体对话框。例如，生成一个部分空心圆柱体底面圆心的 X、Y 方向坐标值为 (0, 0)，内径 0.6，外径 1，深度（Z 轴方向）2，

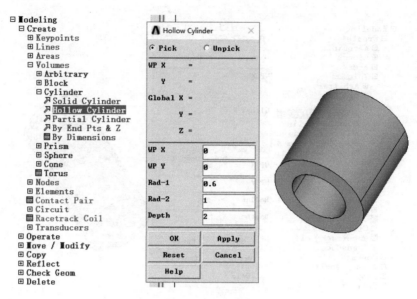

图 3.84 空心圆柱体对话框

起始角度为 0°，终止角度为 60° 的部分空心圆柱体。完成对话框设置后，单击对话框中的 "OK" 键，生成部分空心圆柱体，如图 3.85 所示。

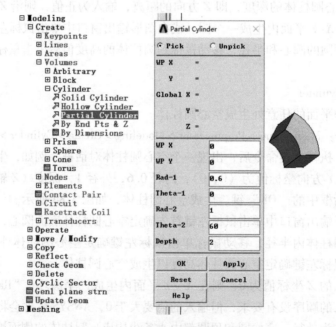

图 3.85 部分空心圆柱体对话框

对话框中各项的意义如下：

① WP X：部分空心圆柱体底面圆心在工作平面上的 X 方向坐标值。

② WP Y：部分空心圆柱体底面圆心在工作平面上的 Y 方向坐标值。

③ Rad-1，Rad-2：部分中心圆柱体的内外半径值，输入顺序没有要求，总是把最小的

半径值作为内半径。

④ Theta-1，Theta-2：部分空心圆柱体的起始和终点角度，输入顺序没有要求，总是把最小的角度作为起始角度。

⑤ Depth：部分空心圆柱体的深度，即在 Z 方向的坐标值。

说明：如果想生成一个实心圆柱体，内部半径指定为零或空．这种情况下零或空占据 Rad-1 或 Rad-2 的位置。另外一个值必须指定为正值，它用来定义外部半径。开始角度、终止角度指定为零或空或 360°。

(4) By Dimensions

功能：以工作平面原点为圆心生成圆柱体。

GUI 操作命令：Main Menu > Preprocessor > Modeling > Create > Cylinder > By Dimensions

操作说明：执行上述命令后，弹出如图 3.86 所示圆柱体对话框。例如，生成一个空心圆柱体底面圆心的 X、Y 方向坐标值为 (0, 0)，内径 0.6，外径 1，深度（Z 轴方向）2 的空心圆柱体。完成对话框设置后，单击对话框中的"OK"键，生成圆柱体。

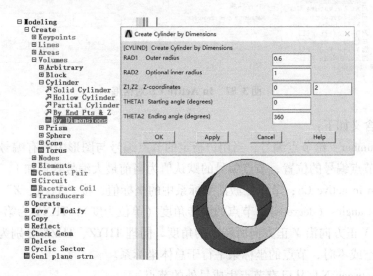

图 3.86 By Dimensions 对话框

对话框中各项的意义如下：

① Outer radius：圆柱体的外半径值。

② Optinal inner radius：圆柱体的内半径值。

③ Z-coordinates：圆柱体在 Z 方向的变化范围值。

④ Staring angle (degrees)：圆柱体的起始角。

⑤ Ending angle (degrees)：圆柱体的终结角。

说明：空心圆柱体的两个半径值（RAD1 和 RAD2）可以以任意顺序指定半径，小的值是内部半径，大值为外部半径。

如果想生成一个实心圆柱体，内部半径指定为零或空．这种情况下零或空占据 RAD1 或 RAD2 的位置。另外一个值必须指定为正值，它用来定义外部半径。如果要生成部分圆柱体，则改变其起始角及终结角的大小。

7. Nodes 节点

GUI 操作命令：Main Menu > Preprocessor > Modeling > Create > Nodes

操作说明：ANSYS 提供了多种直接生成节点的方法。

（1）In Active CS 定义节点

功能：在激活的坐标系中生成节点。

GUI 操作命令：Main Menu > Preprocessor > Modeling > Create > Nodes > In Active CS

操作说明：执行上述命令后，弹出如图 3.87 所示的对话框，例如，生成一个坐标值为 (1, 0.6, 1.2) 的节点，完成对话框设置，单击"OK"键则在图形输出窗口上生成一个节点。

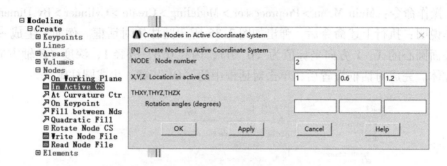

图 3.87　In Active CS 对话框

对话框的含义如下：

① Node number：给节点编号，当用户指定的节点编号与图形中已有编号数相同时，该命令将更新该节点编号的位置，节点编号的默认值为当前最大编号数再加 1。

② Location in active CS：节点在激活坐标系中的坐标值，按"X、Y、Z"的顺序输入。

③ Rotation angles（degrees）：节点的旋转角度（单位为度），THXY 为第一个旋转角度，它是绕 Z 轴由 X 正方向沿 Y 正方向所转动的角度。同理 THYZ、THZX 分别为第二、三个旋转角度。当为空或零时，节点的坐标系平行于总体坐标系。

（2）Fill between Nds 从已有节点生成另外的节点

功能：在已有两节点间的连线上生成节点。

GUI 操作命令：Main Menu > Preprocessor > Modeling > Create > Nodes > Fill between Nds

操作说明：执行上述命令后，出现一个拾取框，在图形输出窗口上拾取两个节点，如图所示，单击拾取框上的"OK"键，如图 3.88 所示。

弹出图 3.89 对话框完成设置后，单击对话框上的"OK"键，则在所选择的两节点之间生成用户所设置的节点数。

对话框中各项的意义如下：

① Fill between nodes：用户先后选择的两个节点编号，由系统自动给出，用户也可以对节点的编号进行设置。

② Number of nodes to fill：在两节点之间生成节点的个数，系统自动根据两节点的编号计算出所要填充的节点个数即由公式"|node2-node1|-1"算出，用户可以根据需要对这个值进行设置。

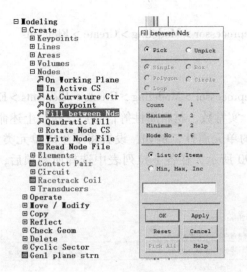

图 3.88 拾取节点

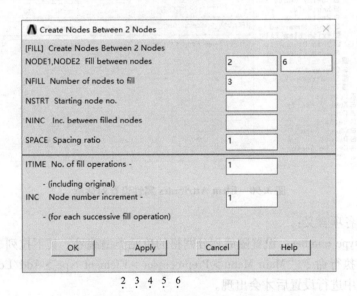

图 3.89 Fill between Nds 对话框

③ Starting node no.：生成新节点的起始编号，由用户指定，默认值为第一个选择的节点编号再加上其下设置的节点编号之间的增量。

④ Inc. between filled nodes 新生成节点编号之间的增量，该值可以为正也可以为负，默认值为1。

⑤ Spacing ratio：间距率，即最后一个节点之间的间距与第一个节点之间的间距之比，如果大于1，则最后一个间距的长度将大于其前面的间距；若小于1，则小于其前面的间距；若为1则节点间距为均布。

⑥ No. of fill operations：设置填充操作的次数。

⑦ Node number increment：在多次填充操作中节点编号的增量。

8. Elements 单元

GUI 操作命令：Main Menu > Preprocessor > Modeling > Create > Elements

Elem Attributes 单元属性：

功能：选择单元属性。

GUI 操作命令：Main Menu > Preprocessor > Modeling > Create > Elements > Elem Attributes

操作说明：在设置了单元类型，实常数，材料属性等信息后，执行上述命令后，弹出单元属性对话框，可以设置将要生成的单元属性，例如，设置将要生成单元类型为 LINK180，材料属性编号为 1 的单元，如图 3.90 所示，在各下拉列表中选择所需项后，单击 OK 键完成属性设置任务。

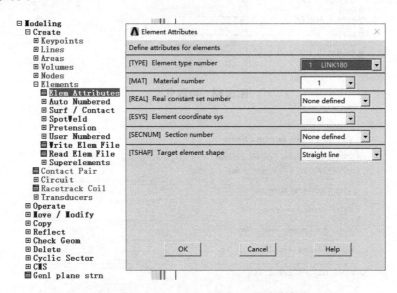

图 3.90　Elem Attributes 属性设置对话框

对话框中的各项含义：

① Element type number：设置随后划分网格的单元类型编号，其下拉列表框中所出现的单元编号必须是执行命令"Main Menu > Preprocessor > Element type > Add/Edit/Delete，然后在出现的对话框中进行设置后才会出现。

② Material number：设置随后划分网格的材料属性编号；其下拉列表框中所出现的材料编号必须是执行命令"Main Menu > Preprocessor > Material Prop > Material Model"然后在出现的对话框中进行设置后才会出现。

③ Real constant set number：设置随后划分网格时，对单元设置的实常数编号；其下拉列表中所出现的实常数编号必须是执行命令"Main Menu > Preprocessor > Real Constants > Add/Edit/Delete"，然后在出现的对话框中进行设置后才会出现。

④ Element coordinate sys：单元坐标系编号。

⑤ Section number：预拉伸剖面的编号。

说明：下拉列表中的各项必须是已定义好的。单元类型参考号和材料类型号系统默认值为 1。然后，根据问题分析需要，选择合适的生成单元的方法。例如，选用：

Main Menu > Preprocessor > Modeling > Create > Elements > Auto Numbered > Thru Nodes

单击鼠标左键，弹出对话框，鼠标左键拾取节点2，3，单击"OK"键，即可生成一个单元，如图3.91所示。

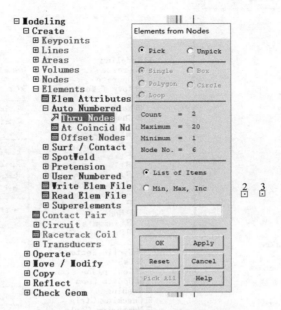

图3.91 Thru Nodes 生成单元对话框

9. Operate 组合运算操作

任何复杂的图元都是由一些基本的图元通过各种组合运算而得到，这些运算主要包括拖拉、延伸、缩放和布尔运算，对于通过自底向上或自顶向下生成的图元均有效。限于篇幅和本书内容安排，在本书中不再对基本图元如何组合运算进行介绍，请参考相关其他书籍。

10. Delete 删除操作

用户可用下面描述的图元删除命令来删除实体模型图元包括点、线、面和体，删除有限元模型中的节点和单元。如果某个较低级的图元依附于某个较高级的图元，那么它们就不能被单独地删除，必须采用逐层递减的顺序进行删除，即按体、面、线、关键点的顺序进行删除。如果激活"扫掠"选项，用户就可以指示程序自动地删除所有联系较低级的图元。

GUI 操作命令：Main Menu > Preprocessor > Modeling > Delete

执行上述命令，弹出子菜单如图 3.92 所示。

（1）Keypoints（关键点）

功能：删除没有划网格的关键点。

GUI 操作命令：Main Menu > Preprocessor > Delete > Keypoints

操作说明：执行上述命令后，出现一个拾取框，鼠标左键拾取将要删除的关键点，单击拾取框上的 OK 键，所选择的关键点被删除。例如，删除关键点1，如图 3.93 所示。

说明：删除所选择的关键点，附在线上的关键点是不能被删除，除非这条线在删除关键点之前被删除。

（2）Hard Points（硬点）

功能：删除所选择的硬点。

GUI：Main Menu > Preprocessor > Delete > Hard Points

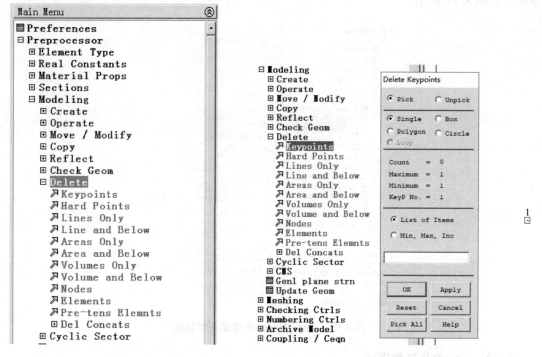

图 3.92　Delete 子菜单　　　　　　　图 3.93　删除关键点对话框

操作说明：执行上述命令后，出现一个拾取框，用鼠标左键选择将要删除的硬点，单击拾取框上的 OK 按钮，所选择的硬点被删除。例如，删除硬点 1，如图 3.94 所示。

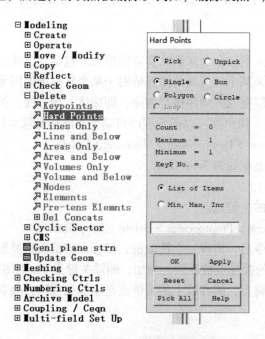

图 3.94　删除硬点对话框

说明：除了删除指定硬点本身外，还删除所有附在指定硬点上的属性。如果任何实体被附在指定硬点上，该命令将会把实体与硬点分开，这时会出现一个警告信息框。

(3) Lines（线）

① Lines Only。

功能：仅删除没有划分网格的线段。

GUI 操作命令：Main Menu > Preprocessor > Delete > Lines only

操作说明：执行上述命令后，比现一个拾取框，用鼠标左键单击将要删除的线段，单击拾取框上 OK 键，完成所选择线的删除。例如，删除关键点 1，2 形成的线段，但是，删除线段后，关键点 1，2 并没有删除，如图 3.95 所示。

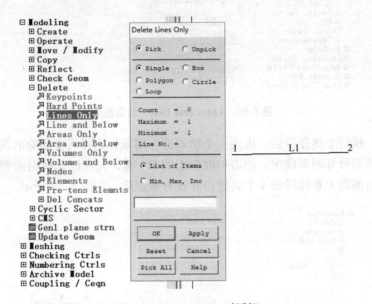

图 3.95 Lines Only 对话框

说明：该命令仅删除线段，其下的低级图元，如附在所选择线上的关键点并没有删除。附加在面上的线段不能被删除，除非在删除线段之前先删除面。

② Lines and Below。

功能：删除没有划网格的线段及其下的低级图元。

GUI 操作命令：Main Menu > Preprocessor > Delete > Lines and Below

操作说明：执行上述命令后，出现一个拾取框，用鼠标选择将要删除的线段，单击拾取框上的 OK 键，完成所选择线的删除。例如，删除关键点 1、2 形成的线段，并且，删除线段后，关键点 1、2 也相应删除，如图 3.96 所示。

说明：该命令除了删除线段本身以外，还删除线段以下的低级图元如关键点。其他与"Lines only"命令相同，与其他实体共享的低级图元不会被删除。

(4) Areas（面）

① Areas Only。

功能：仅删除没有划网格的面。

GUI 操作命令：Main Menu > Preprocessor > Delete > Areas Only

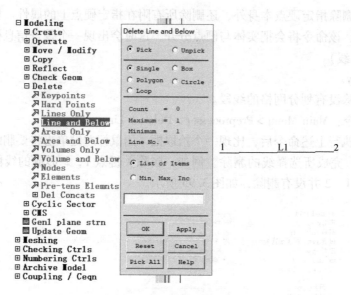

图 3.96　Lines and Below 对话框

操作说明：执行上述命令后，出现一个拾取框，用鼠标选择将要删除的面，或在命令提示行中输入面的编号并回车确定，单击拾取框上的 OK 键，完成所选择面的删除。例如，删除面，但是形成面的 4 条线段和 4 个关键点并没有被删除，如图 3.97 所示。

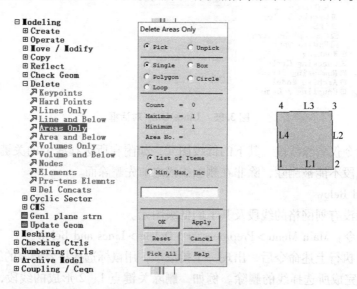

图 3.97　Areas Only 对话框

说明：该命令仅删除面，其下的低级图元如附在所选择面上的关键点、线等并没有删除。附加在实体上的面不能被删除，除非在删除面之前先测除体。

② Areas and Below。

功能：删除没有划网格的面及与该面相关的所有低级图元。

GUI 操作命令：Main Menu > Preprocessor > Delete > Areas and Below

操作说明：执行上述命令后，出现一个拾取框，用鼠标左键选择将要删除的面，或在命令提示行中输入面的编号并回车确定,单击拾取框上的"OK"键,完成所选择面的删除,例如,删除面,并且形成面的 4 条线段和 4 个关键点也将删除,如图 3.98 所示。

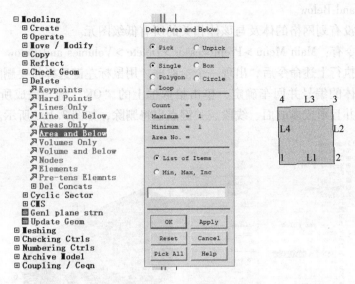

图 3.98　Areas and Below 对话框

说明:该命令除删除面本身以外,还删除面下的所有低级图元如附在所选择面上的关键点、线等。附加在实体上的面不能被删除,除非在删除面之前先删除体。与其他实体共享的低级图元不会被删除。

(5) Volumes(体)

① Volumes Only。

GUI 操作命令:Main Menu > Preprocessor > Delete > Volumes Only

操作说明:执行上述命令后,出现一个拾取框,用鼠标左键选择将要删除的体,或在命令提示行中输入体的编号并回车确定,单击拾取框上的"OK"键,完成所选择体的删除。例如,删除体,但是形成体的面、线段、关键点并没有删除,如图 3.99 所示。

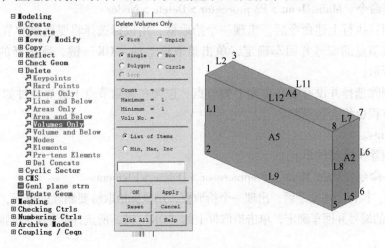

图 3.99　Volumes Only 对话框

165

说明：该命令仅删除体，其下的低级图元如附在所选择体上的关键点、线、面等并没有删除。

② Volumes and Below。

功能：删除没有划网格的体及与该体相关的所有低级图元。

GUI 操作命令有：Main Menu > Preprocessor > Delete > Volumes and Below

操作说明：执行上述命令后，出现一个拾取框，用鼠标左键选择将要删除的体，或在命令提示行中输入体的编号并回车确定，单击拾取框上的"OK"键，完成所选择体的删除。例如，删除体，并且形成体的面、线段、关键点也将删除，如图 3.100 所示。

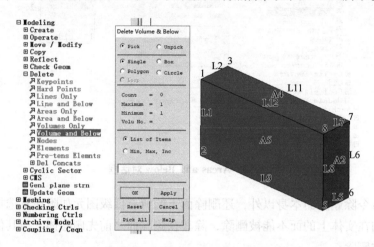

图 3.100　Volumes and Below 对话框

说明：该命令除删除体本身以外，还删除体下的所有低级图元如附在所选择体上的关键点、线、面等，与其他实体共享的低级图元不会被删除。

(6) 节点与单元

① Nodes。

功能：删除所选择的节点。

GUI 操作命令：Main Menu > Preprocessor > Delete > Nodes

操作说明：执行上述命令后，出现一个拾取框，用鼠标选择将要删除的节点，或在命令提示行中输入节点的编号并回车确定，单击拾取框上的"OK"键，所选择的节点被删除，如图 3.101 所示。

说明：删除选择并没有附在单元上的节点，包含在删除节点上边界条件如位移、力以及耦合或约束方程也将会被删除。

② Elements。

功能：删除所选择的单元。

GUI 操作命令：Main Menu > Preprocessor > Delete > Elements

操作说明：执行上述命令后，出现一个拾取框，用鼠标拾取将要删除的单元，或在命令提示行中输入单元的编号并回车确定，单击拾取框上的"OK"键，所选择的单元被删除，如图 3.102 所示。

说明：被删除的单元可以用"空"单元来替代，"空"单元仅用来保留单元编号，这样

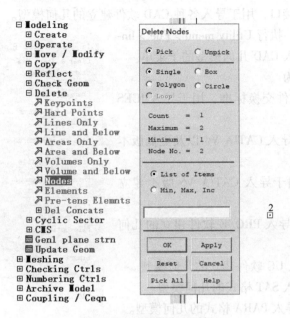

图 3.101 删除节点对话框

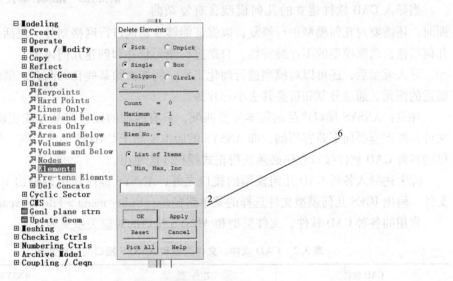

图 3.102 删除单元对话框

模型中其他单元的编号顺序不会因为删除单元而发生改变，空单元也可以用命令"NUMC-MP 移去"。如果与单元相关的数据如面、力也要删除，那么在删除单元之前先删除这些相关数据，该命令仅删除纯单元。即所删除单元上没有附着任何相关联的要素。

3.8.3 CAD 几何模型导入 ANSYS

用户可以在 ANSYS 中直接建立模型，然而，ANSYS 的建模功能有时无法满足现实需要，尤其是建立复杂的几何模型时，不如其他 CAD 软件方便和准确。我们可以在 CAD 软件中建立几何模型，然后把几何模型导入 ANSYS 进行分析。ANSYS 提供各种 CAD 软件的直接接口和中间几何文件接口,用于导入各种 CAD 软件建立的几何模型。

如图 3.103 所示,执行 Utility menu > File > Import,出现 ANSYS 导入 CAD 几何模型的子菜单。

其中的各项意义为

- IGES:初始文件交换标准,用于导入 IGES 格式的几何模型。
- CATIA:用于导入 CATIA V4 以及更低版本建立的几何模型。
- CATIA V5:用于导入 CATIA V5 版本建立的几何模型。
- PRO/E:用于导入 PRO/E 软件建立的几何模型。
- UG:用于导入 UG 软件建立的几何模型。
- SAT:用于导入 SAT 格式的几何模型。
- PARA:用于导入 PARA 格式的几何模型。
- CIF:用于导入 CIF 格式的几何模型。

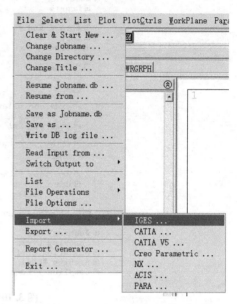

图 3.103 Import 导入几何模型菜单

当导入 CAD 软件建立的几何模型含有复杂曲面时,还需要对几何模型进行修复,以保证能够成功地进行网格划分。包括是否忽略细小的几何特性,消除模型的不连续特性,自动进行图元合并和创建几何体等。

导入模型后,还可以对模型进行简化工作。例如去除某些孔和凸台、消除小单元、合并临近的图元、通过分割和折叠移去小碎片等。

注意:ANSYS 接口产品的版本号要匹配,只有匹配的接口产品才能正确导入各种 CAD 文件。匹配遵循向下兼容原则,即 ANSYS 的版本要高于 CAD 软件的版本。另外,ANSYS 提供的各种 CAD 软件接口程序必须获得正式授权才能使用。

除上述导入各种 CAD 几何模型的接口之外,ANSYS 程序还可以输出 IGES 的几何模型文件。输出 IGES 几何模型文件选择的菜单路径是:Utility menu > File > Export。

常用的各种 CAD 软件、文件类型和 ANSYS 接口的对应关系见表 3.2。

表 3.2 CAD 软件、文件类型和 ANSYS 接口的对应关系

CAD 软件	文 件 类 型	ANSYS 接口
CATIA 4. X 及低版本	.model 或 .dlv	CATIA
CATIA 5. X	.CATPart 或 .CATProduct	CATIA V5
Pro/ENGINEER	.prt	Pro/ENGINEER
Unigraphics	.prt	Unigraphics
Parasolid	.x_t 或 .xmt_txt	Parasolid
Solid Edge	.x_t 或 .xmt_txt	Parasolid
SolidWorks	.x_t	Parasolid
Unigraphics	.x_t 或 .xmt_txt	Parasolid
AutoCAD	.sat	SAT

(续)

CAD 软件	文件类型	ANSYS 接口
Mechanical Desktop	.sat	SAT
SAT	.sat	SAT
Solid Designer	.sat	SAT

1. 中间格式 IGES 导入 ANSYS

IGES（Initial Graphics Exchange Specification）是一种被广泛接受的中间标准格式，用来在不同的 CAD 和 CAE 系统之间交换几何模型。该过滤器可以输入部分文件，所以用户至少可以通过它来输入模型的一部分从而减轻建模工作量。用户也可以输入多个文件至同一个模型，但必须设定相同的输入选项。

（1）设定输入 IGES 文件的选项

GUI：Utility Menu > File > Import > IGES

执行以上命令后，弹出 Import IGES File 对话框，如图 3.104 所示，单击 OK 按钮。

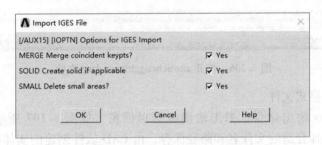

图 3.104 Import IGES File 对话框

（2）选择 IGES 文件

在上述 GUI 操作之后，会弹出如图 3.105 所示的 Import IGES File 对话框，输入适当的文件名，单击 OK 按钮。在弹出的询问对话框中单击"Yes"按钮，执行 IGES 文件输入操作。

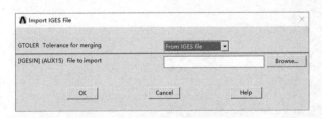

图 3.105 Import IGES File 对话框

2. SAT 文件导入 ANSYS

ANSYS 的 SAT 接口可以导入在 ACIS7.0 及其更低的版本上创建的模型。ACIS 是一个几何工具模块，它所创建的几何模型文件的扩展名为 .SAT。基于 ACIS 创建的 .SAT 文件的 CAD 软件有 AutoCAD、SolidWorks 等。

下面以 AutoCAD 软件为例介绍 SAT 文件导入 ANSYS 的具体方法。

(1) 启动 AutoCAD

执行菜单文件 > 打开命令，弹出选择文件对话框，例如，打开某磁盘文件夹下的 zhouchengzhizuo. dwg 文件，如图 3.106 所示。

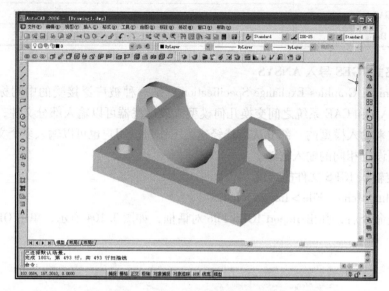

图 3.106　打开 zhouchengzhizuo. dwg 文件

(2) 输出 SAT 格式文件

执行菜单文件 > 输出命令，弹出输出数据对话窗，如图 3.107 所示。文件类型选择 ACIS（*.sat），选择合适的文件名和路径保存，由 CAD 软件创建的实体必须存放在由英文命名的文件夹中，文件名也必须由英文命名。在文件名栏内输入 zhouchengzhizuo 后，单击保存按钮。提示选择实体，用鼠标选择模型实体，回车。

图 3.107　选择输出项

(3) 导入 SAT 格式文件

运行菜单 Utility Menu > File > Import > SAT... 命令。弹出 ANSYS Connection for SAT 对话

窗，在弹出的对话框中选择已保存的 zhouchengzhizuo.sat 文件，单击"OK"按钮，导入实体。

（4）把线框模型变为实体模型

运行菜单 Utility Menu > PlotCtrls > Style > Solid Model Facets 命令，弹出 Solid Model Facets 对话框，在下拉菜单中选择 Normal Faceting，单击 OK 按钮，如图 3.108 所示。

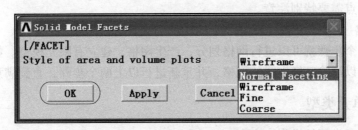

图 3.108　Solid Model Facets 对话框

（5）重新显示

运行菜单 Utility Menu > Plot > Replot 命令。生成完整轴承支座模型，如图 3.109 所示。

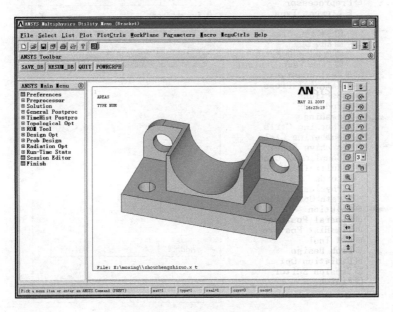

图 3.109　显示导入的实体

其他相关 CAD 模型导入 ANSYS 的方法请参阅相关书籍和资料。

3.9　材料参数设置与网格划分

实体模型建立之后，将对其划分网络，从而建立有限元模型。对实体模型进行网格划分过程包括三个步骤：

1. 定义单元属性

单元属性包括单元类型（element type），定义实常数（real constants），定义材料特性（material props）。

2. 定义网格生成控制（即设定网格建立所需的参数）

主要用于定义对象边界（即线段）元素的大小与数目，这一步非常重要，它将直接影响分析时的正确性和经济性。一般来说，网格越细得到的结果越好，但网格太细会占用大量的分析时间，造成资源浪费，同时太细的网格在复杂的结构中，常会造成划分不同网格时的连接困难，这一点需要特别注意。

3. 生成网格

完成以上两个步骤就可以进行网格划分，产生网格，建立有限元模型。如果不满意网格划分的结果，可以清除已经生成的网格，并重新进行以上两个步骤，直到满意为止。

3.9.1 设置单元类型

进入设置单元类型的操作命令有：

GUI：Main Menu > Preprocessov > Element Type

执行上述命令后，得出如图 3.110 所示的子菜单。

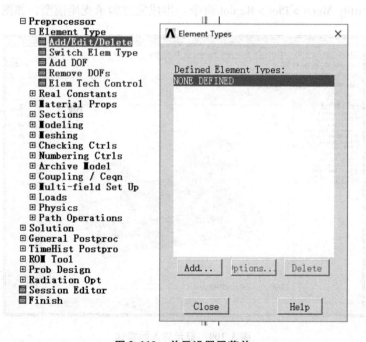

图 3.110 单元设置子菜单

1. Add/Edit/Delede 编辑单元类型

功能：添加、编辑和删除单元类型。

操作命令：Main Menu > Preprocessov > Element Type > Add/Edit/Delede

操作说明：执行上述命令后，弹出如图 3.110 所示的对话框。单击"Add"键，又弹出如图 3.111 所示的对话框。用户可在"Library of Element Types"左面框内选择分析类型，如"Structural Solid"，在右面的框内选择单元类型如"Solid186"。单击"Apply"键。用户可以选择多个单元，所选择的单元都将会出现在图 3.112 所示的对话框。在单元选择完后，单击"OK"键，关闭"Library of Element"对话框，回到图 3.112 对话框的状态，单击"Close"

关闭"Element Types"对话框,结束单元类型的设置。

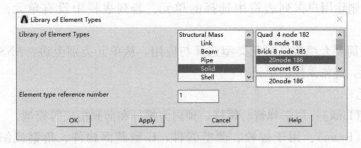

图 3.111 单元选择对话框

图 3.111 对话框中各选项的意义如下:

(1) Library of Element Types(单元模型库):在其右面的栏中列出了供用户选择的所有单元类别,包含结构分析、超弹性分析、黏弹性分析、接触分析、热分析、流体分析、耦合分析等多种单元类别。其中结构分析的单元类型有:

① Structural Mass:表示结构质量模型,仅有一个名为"3D Mass 21"的单元。

② Structural Link:表示结构杆模型。

③ Structural Beam:表示结构梁模型。

④ Structural Pipe:表示结构管模型。

⑤ Structural Solid:表示结构实体模型。

⑥ Structural Shell:表示结构壳体模型。

(2) Element type reference number(单元类型参考号):在其右面的输入栏中设置单元类型号,方便系统内部管理,系统自动计算当前的参考号,单元模型参考号与分析计算无关。

说明:一般情况下,每个分析模型都包含多个单元。所以,ANSYS 有近 200 个单元类型。其选择应根据分析模型,在图 3.111 单元模型库对话框右面的选择栏内按需要确定。

图 3.112 对话框中各选项的意义如下:

① 单元类型列表栏:列出当前所定义的所有单元,可对该栏内的单元进行单元选项的设置和删除,被选中的单元将会高亮度显示。列表栏单元的编号按用户添加的顺序自动排列而成。

② Add:调用图 3.111 所示的"Library of Element Types"对话框,用户能够添加新的单元到这个列表栏中。

③ Options:调用图 3.112 所示"Element Type Options"对话框,用户能够在所在列表栏中选择的单元进行单元选项设置。不同的单元会有不同的选项设置,用户要想详细了解每个单元的选项属性可参考《ANSYS 单

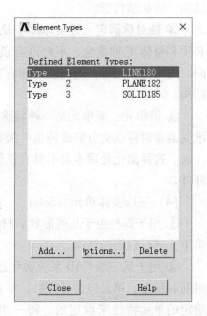

图 3.112 单元类型对话框

元手册》。

④ Delete：删除用户在列表栏中选择的单元，若列表栏中没有单元，则该项显示为灰色。

另外，这里简要介绍常见单元类型选择与应用。从单元类别上讲，ANSYS 提供了许多不同类别的单元。经常采用的单元有：

（1）线单元

① 杆单元（Link）：用于弹簧、螺杆、预内力螺杆和薄膜桁架等模型。

② 梁单元（Beam）：用于螺栓、薄壁管件、C 型截面构件、角钢或细长薄膜构件等模型。

③ 弹簧单元（Combination）：用于弹簧、螺杆、细长构件或通过刚度等效替代复杂结构等模型。

（2）壳单元（Shell）

① 壳单元用于薄板或曲面模型。

② 壳单元分析应用的基本原则是每块面板的主尺寸不低于其厚度的 10 倍。

（3）二维实体单元（Solid）

二维实体单元必须在全局直角坐标 X-Y 平面内建模，用于模拟实体的截面，所有的荷载均作用在 X-Y 平面内，并且其响应（位移）也在 X-Y 平面内。单元的特性为：

① 平面应力：平面应力假定沿 Z 方向的应力等于零（当 Z 方向上的尺寸远远小于 X 和 Y 方向上的尺寸才有效，沿 Z 方向的应变不等于零，沿 Z 方向允许选择厚度），平面应力分析是用来分析诸如承受面内载荷的平板，承受压力或离心载荷的薄盘等结构。

② 平面应变：平面应变假定沿 Z 方向的应变等于零（当 Z 方向上的尺寸远远大于 X 和 Y 方向上的尺寸才有效，沿 Z 方向的应力不等于零），平面应变分析适用于分析等截面细长结构，诸如结构梁。

③ 轴对称假定三维实体模型及其载荷是由二维横截面绕 Y 轴旋转 360°形成的（对称轴必须和整体 Y 轴重合，不允许有负的 X 坐标。Y 方向是轴向，X 方向是径向，Z 方向是周向。周向位移是零，周向应力和应变十分明显）。轴对称分析用于压力容器，直管道，杆等结构。

④ 谐单元：谐单元是一种特殊情形的轴对称，因为载荷不是轴对称的。将轴对称结构承受的非对称载荷分解成傅里叶级数，博里叶级数的每一部分独立进行求解，然后再合并到一起。这种简化处理本身不具有任何近似。谐单元分析用于非对称载荷结构，如承受力矩的杆件。

（4）三维实体单元（Solid）

① 用于那些由于几何形状、材料、载荷或分析要求考虑细节等原因造成无法采用更简单单元进行建模的结构。

② 用于从三维 CAD 系统转化过来的几何模型，把它转化为二维或壳体需要花费大量的时间和精力。单元包含有阶数，单元的阶数是指单元形函数的多项式阶数。形函数总是根据给定的单元特性来没定的。每一个单元形函数反映单元真实特性的程度，直接影响求解精度。

3.9.2 实常数设置

功能:为所定义的单元添加、编辑或删除实常数。

GUI 操作命令:Main Menu > Preprocessor > Real Constants > Add/Edit/Delete

操作说明:执行上述命令后,弹出一个如图 3.113 所示的对话框,单击"Add"弹出如图 3.114 所示的"Element Type for Real Constant"对话框,在选择栏中选择一个单元类型如 LINK180,单击"OK"键,又弹出如图 3.115 所示"Real Constant Set Number1, for LINK180"对话框。完成图 3.115 的设置后,单击"OK"键,则关闭该对话框,又回到了"Real Constants"对话框,单击"OK"键,结束实常数的设置。

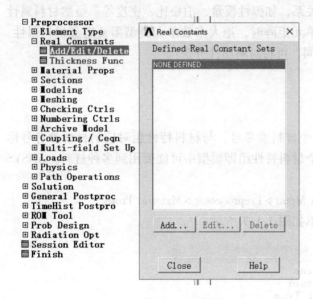

图 3.113 实常数设置对话框

图 3.114 Element Type for Real Constant 对话框

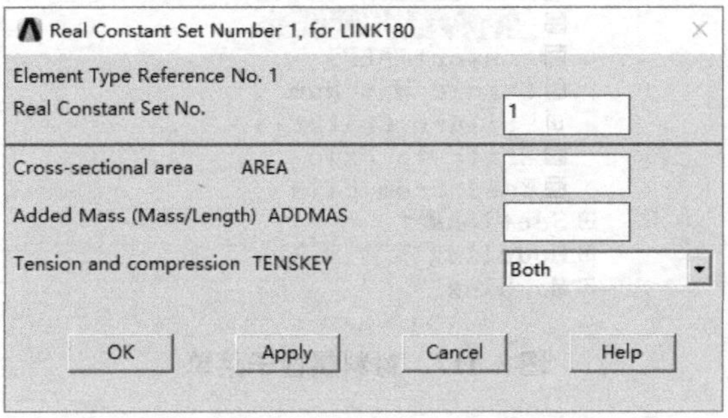

图 3.115 实常数输入对话框

说明:并不是每个单元都有实常数,当用户选择一个单元关型进行实常数设置时,必须要了解该单元是否具有实常数,若没有实常数.则会出现一个如图 3.116 所示信息提示框,对于每个单元的实常数的具体设置,用户可参考《ANSYS 的单元手册》。

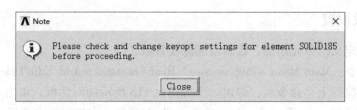

图 3.116　信息提示框

3.9.3　材料属性设置

材料属性是与几何模型无关的本构关系，如弹性模量、泊松比、密度等。虽然材料属性并不与单元类型联系在一起，但在计算单元矩阵时，绝大多数单元类型需要定义材料属性，ANSYS 软件根据实际工程问题应用的不同，可将材料属性分为：

① 线性或非线性。
② 各向同性、正交异性或非弹性。
③ 不随温度变化或随温度变化。

在 ANSYS 中，每一组材料属性有一个材料参考号，与材料特性组对应的材料参考号称为材料表。在每一个分析中，可能有多个材料特性组即模型中可能要用到多种材料。ANSYS 用唯一的参考号来识别每个材料特性组。

材料属性设置的命令为，GUI：Main Menu > Preprocessor > Material Props

执行上述命令后，材料属性的子菜单如图 3.117 所示。

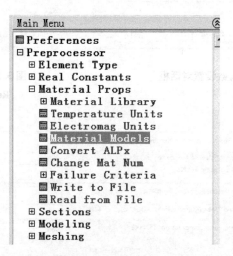

图 3.117　材料属性子菜单

Material Models

功能：定义材料模型、材料属性和模型组合。

GUI 操作命令：Main Menu > Preprocessor > Material Props > Material Models

操作说明：执行上述命令后，弹出如图 3.118 所示的对话框，通过该对话框，用户能够定义在模型中所需要的所有材料的属性，设置完成后，单击"Material > Exit"，结束材料属性的定义。

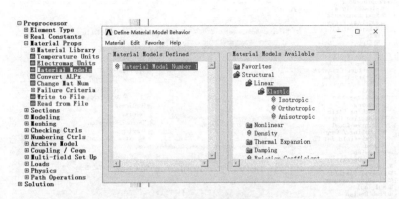

图 3.118　材料属性定义

图 3.118 对话框中有两个下拉菜单，两个交互波动的树结构窗口，其各选项的意义如下：

（1）Material 下拉菜单：用户能够设置材料模型编号和退出该对话框，它有下列两个子菜单项：

① New Model：出现一个对话框，用户在对话栏中指定所要定义材料模型的唯一 ID 号。ANSYS 的默认是自动指定第 1 个材料模型的 ID 号，当用户是定义第 1 个材料模型时，没有必须要选择该项，为默认状态。

② Exit：关闭对话框，用户在出现该对话框时所进行的设置都将被保留在数据库里。

（2）Edit 下拉菜单：允许用户复制和删除材料模型，它有两个选项：

① Copy：选择该选项后，弹出一个对话柜，用户可在"From Material number"中选择一个将要复制的构料 ID 号，在"To Material number"指定一个新的材料编号，单击"OK"键后，复制 ID 号材料到新指定的材料编号中。

② Delete：在"Material Model Define"窗口中选择将要删除的材料号，然后单击该命令，则系统将删除所选择的材料。

（3）Material Model Defined：在该窗口中，列出用户在"Material Model Available"窗口中指定的每一个材料模型编号。当用户将与材料属性或模型相关的材料数据输入对话框中，单击 OK 键时，则相关的列表就会显示出来。当用户双击每个材料属性前面的小图标时，该材料的属性就会显示出来，用户可以对这些数据进行编辑或修改。

（4）Material Models Available：在该窗口中列出构料的分类，如结构、热分析、电磁等。双击材料的分类，用户可以看该类型下的子类，再双击子类，直到出现该子类所包含的材料项，用户可以选择一种与分析类型相适应的材料类型，在确定好所选择项后，双击该项，将弹出一个要求输入相关数据的对话框，在输入完所要求的数据后，单击对话柜中的"OK"键，则材料类型号将出现在"Material Models Defined"的窗口中。例如，低碳钢的材料属性：弹性模量 $E = 210\text{GPa}$，泊松比 0.3，密度 7800kg/m^3。在 ANSYS 材料属性设置里，如果采用国际制单位，设置材料属性编号为 1，其输入值如图 3.119 和图 3.120 所示。

说明：对一个结构分析来说，某些非弹性材料模型除了要求输入为该模型指定的非弹

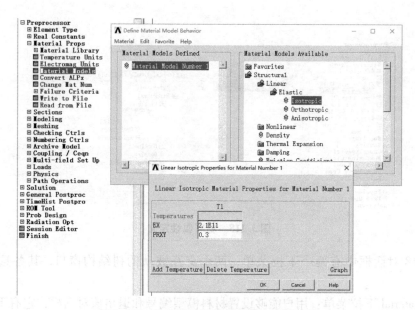

图 3.119　材料弹性模量与泊松比参数设置

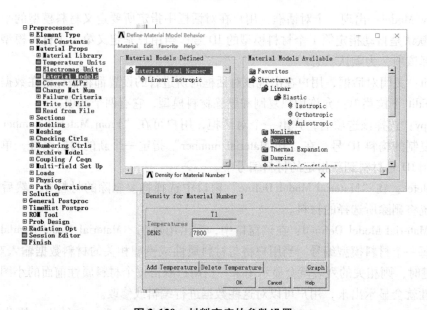

图 3.120　材料密度的参数设置

性材料常数如屈服应力以外,还要求输入弹性材料属性如弹性模量和泊松比,并在输入非弹性属性之前,要求先输入弹性材料属性。在输入复合模型时,当输入完第 1 种材料模型的常数后,单击"OK"键,第 2 种材料模型的对话框将会出现,这时可以输入第 2 种材料的属性。

3.9.4　几何模型网格划分

几何实体模型(图 3.121a)并不参与有限元分析,所有施加在有限元边界上的载荷或约束，必须最终传递到有限元模型上（节点和单元）（图 3.121b）进行求解。因此，在完成实体建模之后，要进行有限元分析，需对模型进行网格划分——将实体模型转化为能够直接计算的网格，生成节点和单元，如图 3.121 所示。

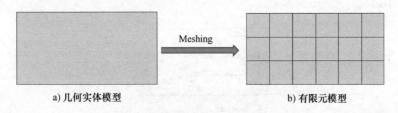

a) 几何实体模型　　　　　　b) 有限元模型

图 3.121　几何模型网格划分为有限元模型

1. 网格划分的种类

网格可分为自由网格划分（Free meshing）和映射网格划分（Mapped meshing）。在对模型进行网格划分之前，要确定采用自由网格还是映射网格进行分析，这是非常重要的。

自由网格对实体模型无特殊要求，对任何几何模型，规则的或不规则的，都可以进行网格划分，并且没有特定的准则。所用单元形状取决于对面还是对体进行网格划分，自由面网格可以只有四边形单元组成，也可以只有三角形单元组成，或由两者混合组成。自由体网格一般限定为四面体单元，如图 3.122a 所示。

映射网格划分要求面或体是有规则的形状，而且必须遵循一定的准则。与自由网格相比映射面网格只包含四边形或三角形单元。而映射体网格只包含六面体单元。映射网格具有规则形状，单元呈规则排列，如图 3.122b 所示。

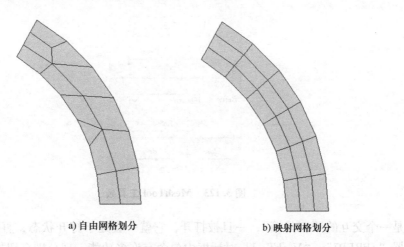

a) 自由网格划分　　　　　　b) 映射网格划分

图 3.122　自由网格划分与映射网格划分

对平面 2-D 结构而言，若为四边形结构，则用映射网格划分时，其对应边的线段分割数目一定相等，而用自由网格划分时，其对应边的线段分割数目不一定相等。若为三角形结构，则用映射网格划分时，其三边线段分割数目一定相等且为偶数，而用自由网格划分时其对应边线段分割数目一定不相等。对 3-D 结构而言，映射网格划分时，其对应边的线段分割数目一定相等，而自由网格划分时则不一定。

2. MeshTool-网格划分工具

ANSYS 提供了最常用的网格划分控制工具"MeshTool",它是网格划分的操作捷径。图 3.123 所示为网格划分控制"MeshTool"工具条。操作命令为 GUI:Main Menu > Preprocessor > Mesh Tool。

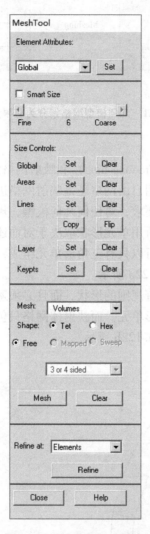

图 3.123　MeshTool 工具条

这是一个交互的"工具箱",一旦被打开,它就一直处于打开状态,直到被关闭或离开前处理器"/PREP7"。"MeshTool"对话框中包含有许多功能。现分别介绍如下:

(1) Element Attributes 单元属性

功能:对将要划分的网格单元设置单元属性。

操作说明:在"Element Attributes"下面的下拉列表栏中有 5 个选项,即"Global"、"Volumes"、"Areas"、"Lines"和"Keypoints",如图 3.124 所示。

例如:对模型结构中的线进行单元属性设置。第一步:在 Element Attributes 下面的 Set 下拉菜单里选择 Line 选项,单击"Set"按钮(图 3.125),出现拾取框(图 3.126)。

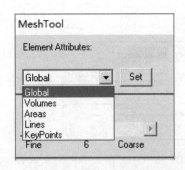 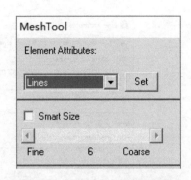

图 3.124　Element Attributes 对话框　　　　图 3.125　设置单元属性赋予对象

第二步：用鼠标左键选取将要赋予单元属性的线，此时被选取的线将高亮显示，如图 3.126 所示，单击拾取框的"OK"按钮，将弹出单元属性赋予对话框，该对话框的作用就是赋予刚刚被选取线的单元属性。

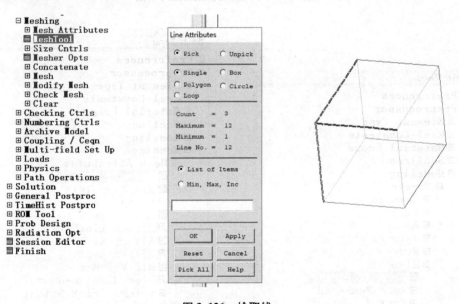

图 3.126　拾取线

第三步：设置被选取的线的单元属性，例如，赋予所选线的材料属性为编号 1 的材料参数，线的单元类型为 LINK180 杆单元。如图 3.127 所示。设置完毕之后，按 OK 键关闭对话框。

值得注意的是：设置单元属性还可以通过以下两种路径实现，如图 3.128 和图 3.129 所示。应用这两种单元属性设置路径，其对话框设置与上述一样，不再赘述。

①第一种路径：GUI：Main Menu > Preprocessor > Create > Elements > Elem Attributes

②第二种路径：GUI：Main Menu > Preprocessor > Meshing > Mesh Attributes > Default Attribs

(2) Smart Size 智能化控制

功能：对网格划分进行智能化控制。

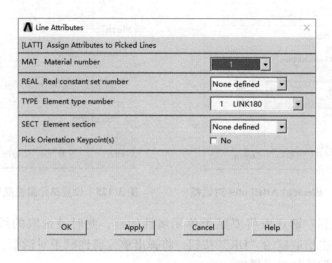

图 3.127　单元属性参数设置对话框

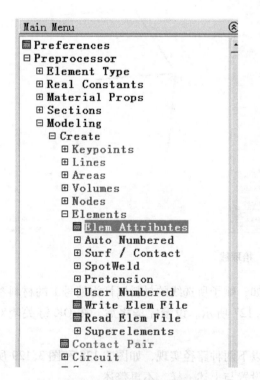

图 3.128　设置单元属性子菜单

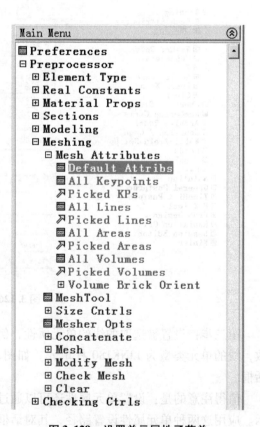

图 3.129　设置单元属性子菜单

操作说明：在"Smart Size"前方框中点击（图 3.130），出现✔，表明已经激活"Smart Size"命令，可在其下的滚动栏中出现一个滚动条，滚动条由细（Fine）到粗（Coarse）可以在 1～10 之间变化，以此决定网格划分密度，"Smart Size"的默认值为 6。

说明："Smart Size"命令建议在自由网格操作中使用，不能用于映射网格操作。

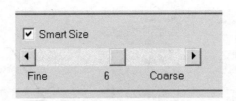

图 3.130　Smart Size 对话框

例如，在图 3.126 拾取线所示的已经选取的线进行 Smart Size 网格划分，在"Smart Size"前方框中点击（图3.131），出现✔，滚动条设定为5，在 Mesh 对话框中，右侧下拉菜单中，选择 Lines，单击下面的"Mesh"按钮，出现线的拾取对话框。

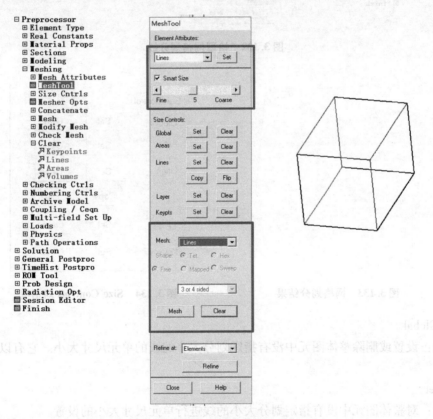

图 3.131　设定网格划分对象为线

在线的拾取对话框中，用鼠标左键单击将要网格划分的线，然后单击"OK"键，完成所选线的网格划分，如图 3.132 所示。图 3.133 所示为应用 Smart Size 为 5 的智能网格划分结果。

（3）Size Controls 单元划分大小控制

在 Smart Size 智能化控制网格划分，应该是对模型网格的一种粗略的划分方法，为了较为精确地设定每个线、面、体的网格尺寸大小，可以使用 Size Controls 对话框进行单元划分大小的精确控制。

功能：单元尺寸大小控制，可以对不同的网格单元进行尺寸控制，如图 3.134 所示。

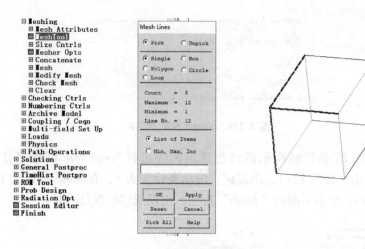

图 3.132 拾取网格划分线

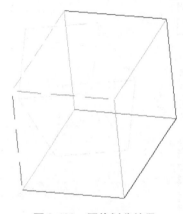

图 3.133 网格划分结果

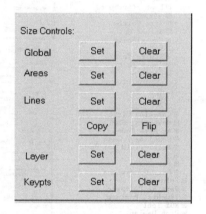

图 3.134 Size Controls 对话框

1) Global

功能：设置或删除整体图元中没有指定划分大小的线的单元尺寸大小。它有以下两个功能键：

① Set

功能：对整体图元中没有指定划分大小的线进行单元尺寸大小的设置。

操作说明：执行上述命令后，会弹出一个如图 3.135 所示的对话框，尺寸设置完毕单击"OK"键，关闭对话框。完成该命令的操作过程。

网格单元尺寸设置有下列两种方式：

Element edge length：设定单元边长 5，即划分网格中单元边的长度。单元边长值设定好之后，系统自动根据所设定的值沿着实体表面边界（如线）的长度进行分割。如果根据这个值不能将线段分割成整数份，则系统会自动对其进位取整，将线段分割成整数份。

No. of element divisions：设定分割单元个数。如果"SIZE"一栏中默认值为 0 或为空白，则可使用这种设置方式。在输入栏中输入要分割的等份数（必须为整数），则系统将根据这个设定值将边界线分割成整数份，即在边界线上的网格单元个数。

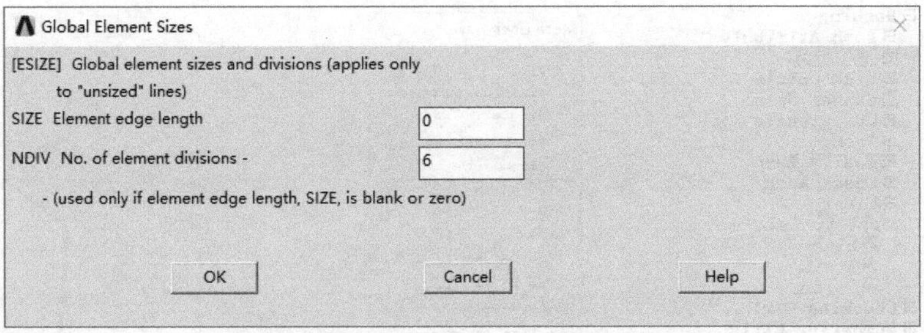

第3章 ANSYS 基本介绍与操作

图 3.135 Global Element Size 对话框

说明：建议这两种方式不要同时使用，若同时使用，则系统将默认"SIZE"方式。另外，在自由网格操作中，如果已经在"Smart Size"或"ESIZE"命令中设置了网格单元密度，那么单元尺寸已被指定，并将这个设置值作为初始值进行网格划分，但是为了适应单元曲率小的特征，需要用更小的值来替代初始值。

② Clear

功能：删除整体图元上用"Set"命令设置的网格单元尺寸大小。

操作说明：单击"Clear"键，则可以删除已经在整体图元上用"Set"命令设置的网格单元尺寸大小。例如，在上述问题中采用 Global 进行线的网格划分，如图 3.136 所示，首先应将 Smart Size 选项关闭，然后，在 Size Controls 下面的 Global 右面点击"Set"按钮，弹出对话框。假定设置 NDIV 为 6，即每条线段均被划分为 6 个单元。点击"OK"按钮，回到 Mesh Tool 对话框。单击"Mesh"按钮，出现拾取框，如图 3.137 所示，在线的拾取对话框中，用鼠标左键单击将要网格划分的线，然后单击"OK"按钮，完成所选线的网格划分。

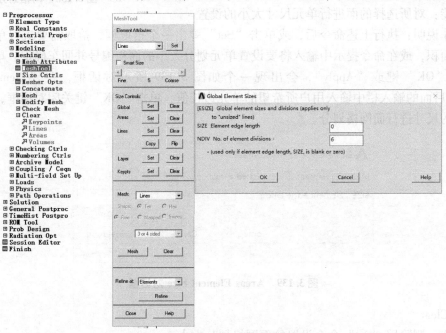

图 3.136 Global 进行线的网格划分

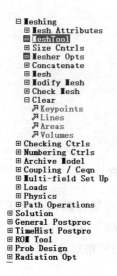 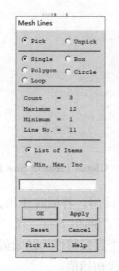 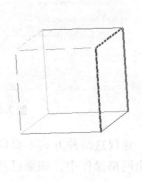

图3.137 拾取网格划分线

从图3.138所示与Smart Size为5的智能网格划分结果相比，应用网格划分段数设定为6的方法，所有的线段均被划分为6个单元。

2）Areas

功能：对所选择的面进行单元尺寸大小设置和删除。它有下面两个功能键：

① Set

图3.138 网格划分结果

功能：对所选择的面进行单元尺寸大小的设置。

操作说明：执行上述命令后，或单击"Set"弹出一个拾取框，拾取需要进行单元尺寸设置的面积，或在命令提示中输入将要设置单元划分大小的面积编号并回车确定。单击拾取框上的"OK"键或"Apply"，会出现一个如图3.139所示对话框，在"Element edge length"后面的输入栏中输入用户所希望的单元边长值，单击"OK"键关闭对话框，系统将按设置的尺寸进行面网格划分。

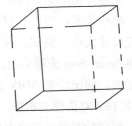

图3.139 Areas Element Size 对话框

② Clear

功能：删除用"Set"命令设置的面网格划分大小。

操作说明：单击"Clear"键，将会弹出一个拾取框，拾取要删除已进行网格划分的面，然后单击"OK"键,关闭对话框,则系统将删除被拾取的面上的网格划分大小的设置。

说明:"AESIZE"命令可以对任何面或体的表面内部进行单元尺寸设置。面上的任意条线本身不能进行尺寸设置,也不受关键点尺寸设置的约束,因此,最好沿面上的线划分面单元尺寸,但如果与这个面相邻的面积内的网格单元尺寸要小一些,那么这个面设定的单元尺寸将会被那个小值替代,如果"AESIZE"也控制面的边界,同时"Smart Size"是被激活的,那么由于边界曲率和精度的关系,边界网格单元尺寸可能会被细化。

3) Lines

功能:对所选择线段进行划分单元大小的设置和删除。它有下面 4 个功能键:

① Set

功能:对所选择的线段进行将要划分网格单元大小的设置。

操作说明:如图所示,单击"Set",弹出一个拾取框,如图 3.140 所示,用鼠标左键在模型上拾取要进行尺寸设置的线段(拾取后的线段将高亮显示),如图 3.141 所示,拾取完毕后,单击"OK"键或"Apply",会弹出一个如图 3.142 所示的单元尺寸设置对话框,尺寸设置完毕后单击"OK"键,关闭对话框。

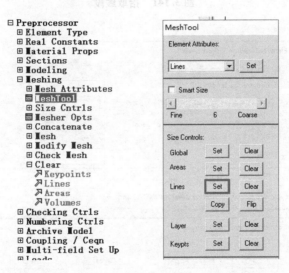

图 3.140 Size Controls 中的 Lines 设置对话框

注意:对话框中的"Element edge length"和"No. of element divisions"后输入栏中的值,一般设置其中的一项。

另外还有几个选项的意义如下:

SIZE, NDIV can be changed:表示智能化大小("Smart Sizing")设置能否优先于所指定的尺寸大小和间距率的设置;若选择"Yes",表示在曲率或者邻域附近智能化大小设置优先于尺寸和间距率的设置,映射网格能够克服尺寸设置并获得相匹配的尺寸大小。这种设置使得"指定的尺寸大小是柔和的",若选择"No",则结果与上述相反,但如果指定尺寸大小不相匹配,则映射网格过程将失败。

Spacing natio:表示分割线段的步长比率。如果设定值为正,则表示线段尾端对首端的步长比率(如果"SPACE > 1.0",则从首端到尾端步长增加(线段生成的方向),如果"SPACE < 1.0",则减小)。如果设定值为负,则它的绝对值表示线段中部对两端的步长比

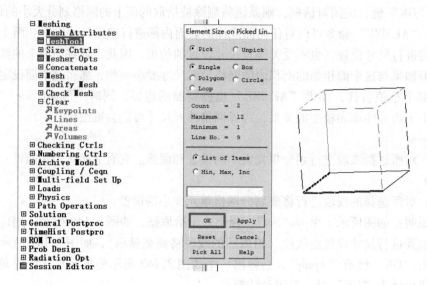

图 3.141 拾取线段

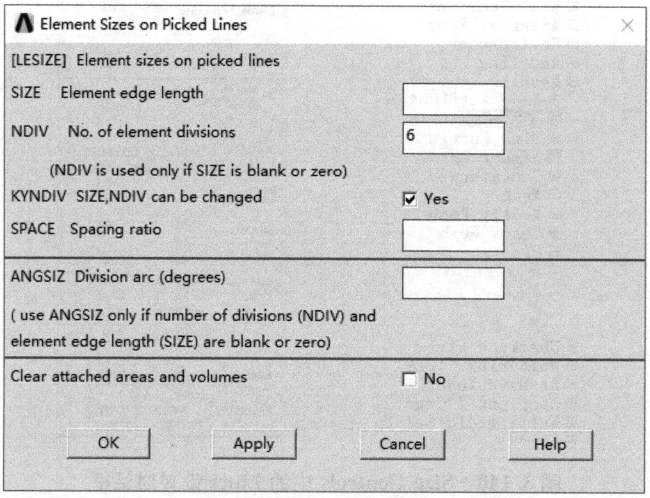

图 3.142 Lines Element Size 对话框

率。"SPACE"的默认值为 1.0（表示线段各处步长相等）。对于层网格，通常取"SPACE = 1.0"，如果"SPACE = FREE（自由网格）"，则步长比率由其他因素决定。

Division arc（Degrees）：将曲线分割成许多角度，则角度在曲线上的跨度即是网格单元的边长（直线除外，因直线通常导致一次分割）。分割数是系统根据所设定的角度值自动沿着线长进行计算分割成整数份（如果不能分成整数份，系统将自动进位取整）。"ANGSIZ"选项只在"SIZE"和"NDIV"选项框值为零或为空白时使用。

Clear attached areas and volumes：选择是否删除相连的面和体。若删除就选择"Yes"，否则就选择"No"。

说明：该命令也可对已设置好的划分网格大小的线段进行重新定义。

② Clear

功能：删除线段上已设置的单元划分尺寸。

操作说明：单击"Clear"键，会弹出一个拾取框，如图 3.143 所示，拾取需要删除已设置单元尺寸划分的线段。单击拾取框上的"OK"键，关闭拾取框，系统将删除所拾取线段上的单元划分尺寸设置。

③ Copy

功能：对线段进行网格划分尺寸的复制。

操作说明：单击"Copy"键，会弹出个拾取框，如图 3.144 所示，先选择被拷贝的源对象线段，单击"OK"键或"Apply"键，再选择要拷贝的目的对象（没有划分网格的线段），然后单出 OK 键，关闭对话框，则源对象的尺寸设置（网格划分密度）就被拷贝到目的对象上（即目的对象的网格密度与源对象的相同）。

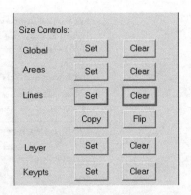

图 3.143　Clear 设置

说明：如果在复制之前目的对象已经进行了尺寸设置，则拷贝的尺寸大小将覆盖原有尺寸的设置。

④ Flip

功能：在线段上进行步长比率转换。

操作说明：单击"Flip"键，弹出一个拾取对话框，如图 3.145 所示，选中要进行步长比率转换的对象，然后单击 OK 键，关闭对话框，则被选中的线段上的步长比率在位置上进行了转换，线段首尾的比率或中间和两端的比率互调。

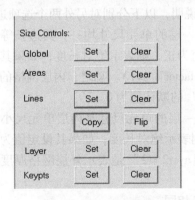

图 3.144　Copy 设置

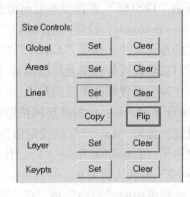

图 3.145　Flip 设置

4）Layer

功能：对层进行单元尺寸设置。

以下分别介绍"Layer"的各功能键：

① Set

功能：对层进行单元尺寸设置。

操作说明：单击"Set"键，弹出一个拾取框，拾取要设置的对象，然后单击"OK"键或"Apply"键，将出现一个对话框，图 3.146 所示。层网格参数设置完毕，单击"OK"键关闭对话框，则系统将根据设定值产生层网格。

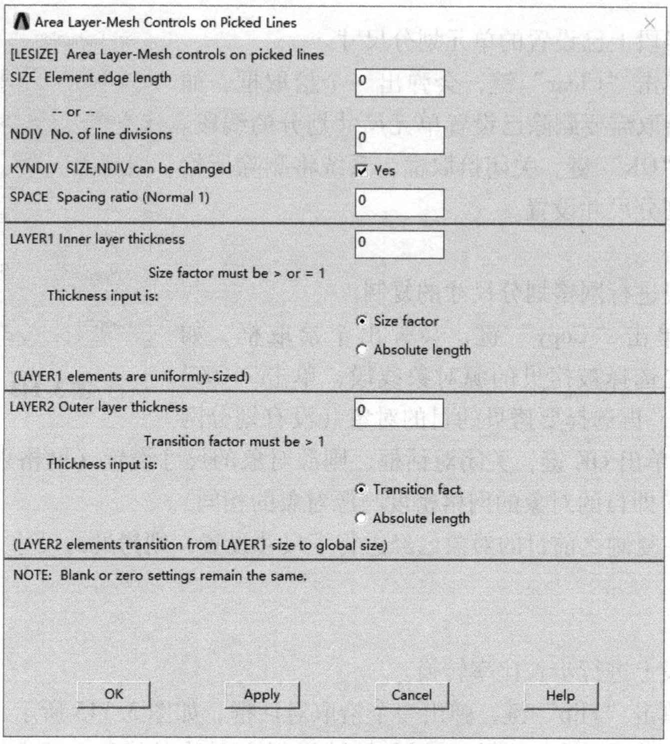

图 3.146　层网格设置对话框

对话框中"LESIZE"各选项参见前面的相关说明，以下分别对另外两个选项进行说明：

Inner layer thickness：设置内层网格厚度。这一层的单元尺寸均一，其边长等于已经在线上设置好的单元尺寸。如果"Layer1"的设定值为正，则表示绝对长度；如果其设定值为负，则表示对已经设置好的单元尺的增量（"Size factor"≥1）。总之，内层网格的最终厚度大于或等于在线上设置好的单元的尺寸。"Layer1"的默认值为0。

Outer layer thickness：设置外层网格厚度。这一层的单元尺寸是内层单元尺小到整体单元尺寸的过渡。如果"Layer2"的设定值为正，则表示绝对长度；如果其设定值为负，则表示网格过渡因子（Transition factor > 1），比如，"Layer2 = 2"是表示外层网格厚度是内层的两倍。"Layer2"的默认值为0。

说明：选项框中的"空白"或"0"设置意义相同。

② Clear

功能：删除层网格尺寸的设置。

操作说明：单击"Clear"键，会弹出一个拾取框，拾取要删除网格的层，然后单击 OK 键关闭拾取框，则系统将删除所拾取层的网格大小的设置。

5）Keypts

功能：设定离关键点最近单元的边长大小，适用于智能化网格划分。它有下面二个功能键：

① Set

功能：设置离关键点最近单元的边长大小。

操作说明：执行上述命令后，或单击"Set"，弹出一个拾取框，拾取关键点，或在命令提示行中输入关键点的编号并回车确定，然后单击"OK"键或"Apply"键，会出现一个对话框如图 3.147 所示。在"Element edge length"后面的输入栏中输入单元边长值，然后单击"OK"键关闭对话框。

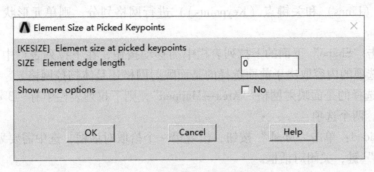

图 3.147　Keypts 网格设置对话框

② Clear

功能：删除用命令"Set"设置的离关键点最近单元的边长大小。

操作说明：单击"Clear"，会弹出一个拾取框，拾取要删除单元边长大小的关键点，单击"OK"键关闭拾取框，结束操作。

3. Meshing Controls 网格划分控制

功能：对实体模型图元划分网格控制，如图 3.148 所示。

操作说明：选择"Mesh"后的下拉列表栏，在下拉列表栏中有"Volumes"、"Areas"、"Lines"、"Keypoints"四个选项，选中需要划分网格的实体类型，如果选中的是"Volumes"或"Areas"，再在"Shape"（图 3.149）一栏中选择适用实体模型的网格单元形状。选择不同的实体模型，就会有不同的单元形状选项，再选择网格划分类型。

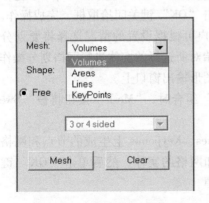 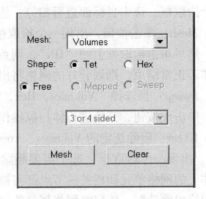

图 3.148　网格划分控制对话框　　　　图 3.149　网格划分形状控制

下面分别讨论几种组合情况：

（1）网格划分的对象是：Volumes（体）

① 在"Shape"后面选择"Tet"（四面体单元），则只能采用"Free"，即自由网格划分形式。

② 若在"Shape"后面选择"Hex"（六面体单元），网格的划分方式可以用"Mapped"（映射网格划分）和"Sweep"（体扫掠网格划分）。

（2）网格划分的对象是：Area（面），则无论选择自由网格还是映射网格，都可以自由匹配三角形（Tri）或四边形（Quad）单元形状。具体情况具体分析选择。

（3）对线（Lines）和关键点（Keypoints）进行网格划分，则单元形状和网格划分种类选项不响应。

另外，单击"Shape"下面的下拉列表栏中的移动按钮，在下拉列表栏中，将出现一些相关的选项。选项的内容取决于前面选择的是面映射网格还是体扫掠网格。

（4）如果选择的是面映射网格"Area→Mapped"，则下拉列表栏中有"3 or 4 sided"和"Pick corners"，两个选项：

① 3 or 4 sided：单击"Mesh"按钮，出现第一个拾取对话框，选中需要划分网格的面，然后单出"OK"键，关闭对话框。

② Pick corners：单出"Mesh"按钮，出现第一个拾取框，选中将要划分单元的面积对象，单出"OK"键或"Apply"键，出现第二个拾取框，选中所选面积的3或4个角点，这些角点将作为映射网格角点的关键点。系统内部将关键点用线连接起来，用四边形单元进行网格划分。

（5）如果选择的是体扫掠网格，则下拉菜单中有"Auto Src/Trg"和"Pick Src/Trg"两个选项：

① Auto Src/Trg：单击"Sweep"按钮，出现一个拾取框，选中需要扫掠的体（允许一次选择多个体），系统内部将确定体扫掠的方向，单击"OK"键，关闭对话框。

② Pick Src/Trg：系统内部不能自动确定源面和目标面，而且如果你想在扫掠方向指定一条对角线或一个特定的单元层，就可以选择"Pick Src/Trg"。单击"Sweep"按钮，出现第一个拾取框，选中要扫掠的体（一次只允许选择一个体），单击"OK"键或"Apply"键，又出现第二个拾取框，选中源面进行扫掠，再单击"OK"键或"Apply"键，这时出现第三个拾取框，选中目标面进行扫掠，然后单击"OK"键关闭拾取框，完成操作。

（6）Mesh：单击按钮，出现一个拾取框．用户可根据设置的情况选择将要划分的实体或图元，然后单击拾取框上的"OK"，则系统开始对所选择的实体进行网格划分操作。网格划分操作若正常结束，则划分好的网格将出现在图形输出窗口上。

（7）Sweep：当选择"Volumes, Hex, Sweep"组合时，"Mesh"按钮将被"Sweep"按钮替代。单击此按钮，开始进行体扫掠操作。

（8）Clear：删除选定的 Volumes、Areas、Lines、Keypoints 上生成的节点和网格。单击"Clear"，出现一个拾取框，选中需要删除节点和网格的实体，然后单击"OK"键，则已选择实体上的网格单元和相关的节点都将被删除掉。

下面给出面映射，体扫略网格划分的例子。

（1）面映射网格划分

面映射网格包括全部是四边形的单元或全部是三角形的单元，面映射网格需满足以下条件。

① 该面必须是三条边或四条边（有无连接均可）。

② 如果是四条边，面的对边必须划分为相同数目的单元，或者是划分一过渡型网格。

如果是三条边，则线分割总数必须为偶数且每条边的分割数相同。

③ 网格划分必须设置为映射网格。

如果一个面多于四条边，不能直接用映射网格划分，但可以合并或连接某些线，使总线数减少到四条之后再用映射网格划分。

例如，图 3.150 所示 5 边形，进行映射网格划分。

第一步：在定义了平面单元 PLANE182、实常数及材料属性等信息后，进行合并线操作：GUI：Main Menu > Preprocessor > Modeling > Operate > Booleans > Add > Lines，进行合并线的操作。如图 3.151 所示，鼠标左键拾取将要合并的线段（高亮显示的线段）。拾取相邻线段后，单击对话框中的"OK"按钮。出现对话框，如图 3.152 所示，单击对话框中的"OK"按钮。注意：选择线段，要选择一条线段的对面有多条线段的情况。

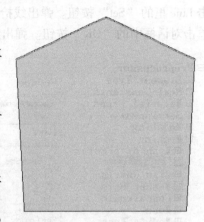

图 3.150　5 边形平面几何模型

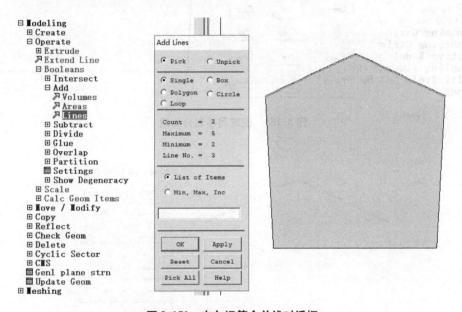

图 3.151　布尔运算合并线对话框

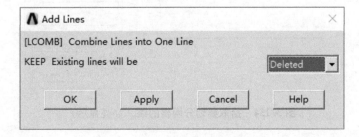

图 3.152　合并后删除原有线对话框

第二步：GUI：Main Menu > Preprocessor > Meshing > MeshTool，弹出对话框，鼠标左键单击 Line 里的"Set"按钮。弹出线拾取对话框，如图 3.153 所示。拾取合并的线和对面的线。单击对话框中的"OK"按钮。弹出线网格划分对话框。如图 3.154 所示。

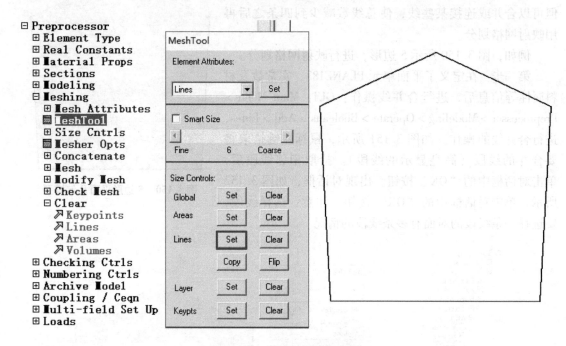

图 3.153　设定网格划分为线

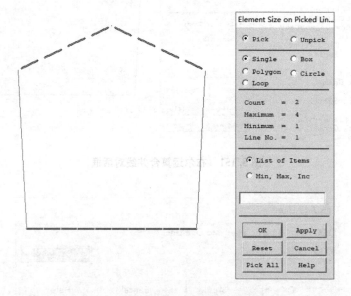

图 3.154　拾取要划分网格的线（高亮显示）

在线网格划分对话框里，如图 3.155 所示。设置线划分的单元数，例如为 8，即合并的线与其对面的线划分相同的单元数。划分后的结果如图 3.156 所示。

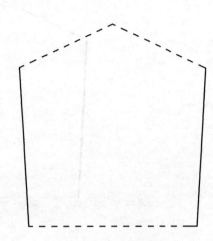

图 3.155　划分线的单元数　　　　　图 3.156　划分结果

　　类似的方法，划分左侧线或右侧线，如图 3.157 所示。鼠标左键单击 Line 里的 "Set" 按钮。弹出线拾取对话框，如图 3.158 所示。拾取左右侧的线，单击对话框中的 "OK" 按钮，弹出线网格划分对话框。

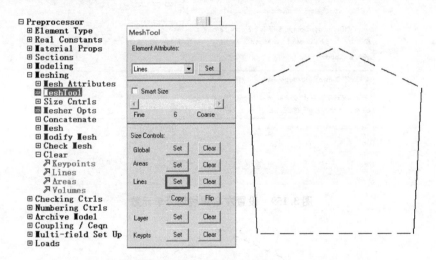

图 3.157　划分右侧的线

　　在线网格划分对话框里，如图 3.159 所示。设置线划分的单元数，例如为 9，即左右侧线分别划分的单元数。划分后的结果如图 3.160 所示。

　　在 MeshTool > Mesh 中选择 Areas，Shape 中选择 Quad，再选择 Mapped。如图 3.161 所示。鼠标左键单击 "Mesh" 按钮，出现选择面的拾取对话框，如图 3.162 所示，用鼠标左键移动到模型上，单击左键，拾取该多边形模型。然后单击拾取框中的 "OK" 按钮，即完成面的映射网格划分，结果如图 3.163 所示。图 3.164 所示为自由网格划分时的结果。

ANSYS 有限元理论及基础应用

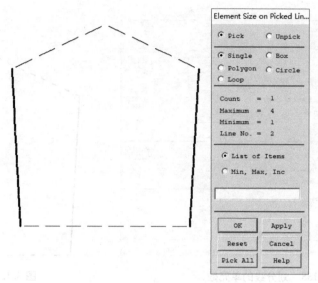

图 3.158　拾取左右侧的线

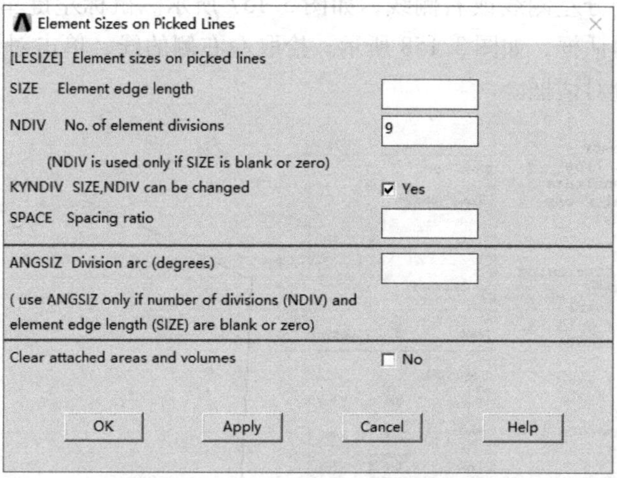

图 3.159　设置左右侧线划分单元数

图 3.160　划分后的结果

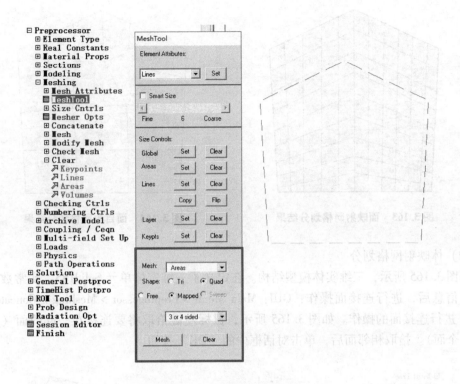

图 3.161　面网格划分设置

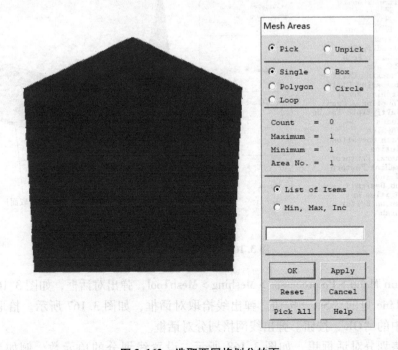

图 3.162　选取要网格划分的面

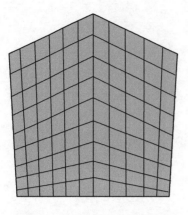 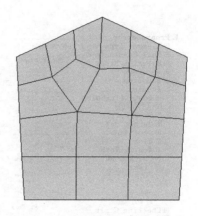

图 3.163　面映射网格划分结果　　　　　图 3.164　面自由网格划分结果

(2) 体映射网格划分

如图 3.165 所示，三维实体模型结构。在定义了三维实体单元 Solid185、实常数及材料属性等信息后，进行连接面操作：GUI：Main Menu > Preprocessor > Meshing > Concatenate > Areas，进行连接面的操作。如图 3.165 所示，鼠标左键拾取将要连接在一起的面（高亮显示的 2 个面）。拾取相邻面后，单击对话框中的"OK"按钮。

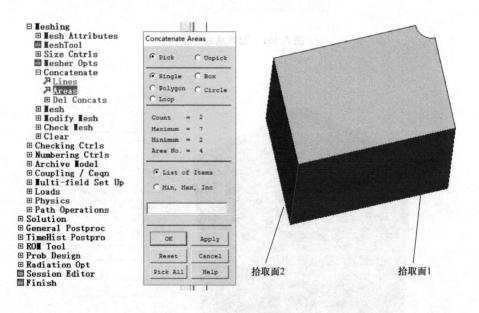

图 3.165　拾取相邻面 1，2

GUI：Main Menu > Preprocessor > Meshing > MeshTool，弹出对话框，如图 3.166 所示，鼠标左键单击 Line 里的 "Set" 按钮。弹出线拾取对话框，如图 3.167 所示。拾取一条边线。单击对话框中的 "OK" 按钮。弹出线网格划分对话框。

在线网格划分对话框里，如图 3.168 所示，设置线划分的单元数，例如为 10。单击"OK" 按钮。

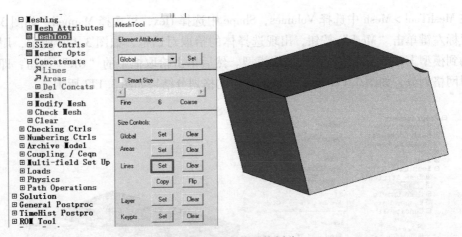

图 3.166 设置线网格划分

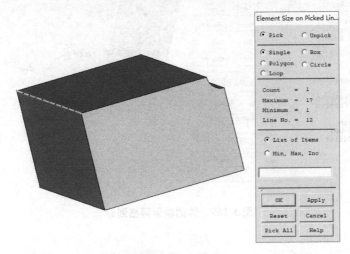

图 3.167 拾取线

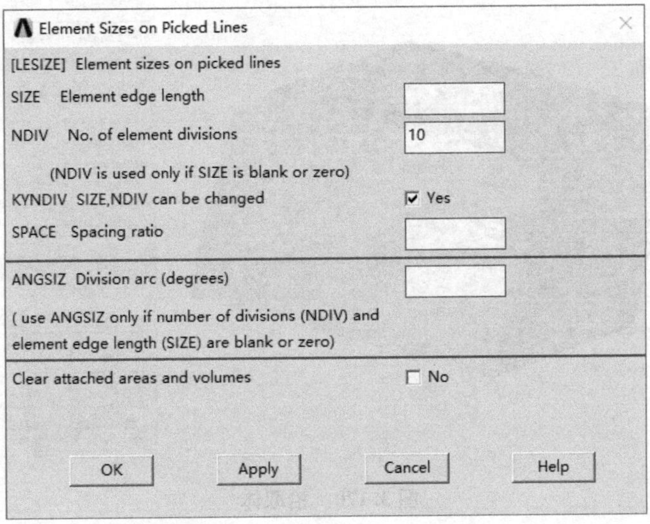

图 3.168 设置线划分单元数

在 MeshTool > Mesh 中选择 Volumes，Shape 中选择 Hex，再选择 Mapped。如图 3.169 所示。鼠标左键单击"Mesh"按钮，出现选择体的拾取对话框，如图 3.170 所示，用鼠标左键移动到模型上，单击左键，拾取该体模型。然后单击拾取框中的"OK"按钮，即完成体的映射网格划分，如图 3.171 所示。体的自由网格划分结果如图 3.172 所示。

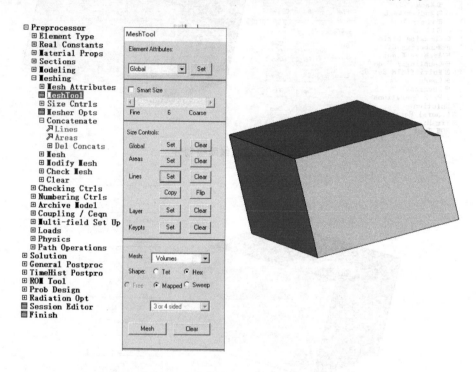

图 3.169　体的映射网格划分

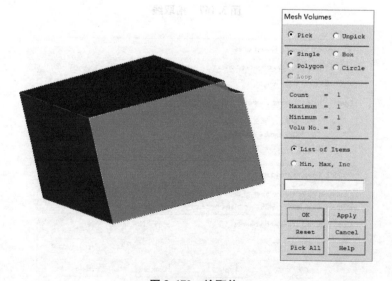

图 3.170　拾取体

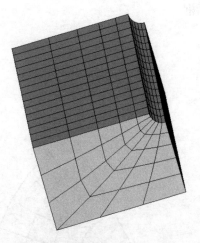
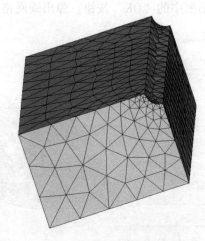

图 3.171　体映射网格划分结果　　　　图 3.172　体自由网格划分结果

(3) 体扫略网格划分

如图 3.173 所示，三维实体模型结构，其截面形状为扇形。在定义了二维面单元 PLANE182、三维实体单元 Solid185、实常数及材料属性等信息后，先进行面单元的网格划分，这里选择自由网格划分，单击"Mesh"按钮，如图 3.173 所示，弹出拾取面对话框，如图 3.174 所示，拾取截面（高亮显示），单击"OK"按钮。截面自由网格划分结果如图 3.175 所示。

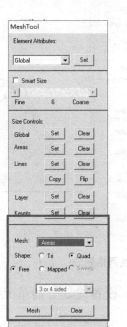
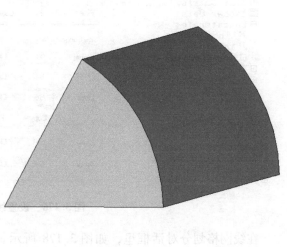

图 3.173　面网格划分设置

GUI：Main Menu > Preprocessor > Meshing > MeshTool，弹出对话框，如图 3.176 所示。鼠标左键单击 Line 里的"Set"按钮。弹出线拾取对话框，如图 3.177 所示。拾取一条边线。

单击对话框中的"OK"按钮。弹出线网格划分对话框。

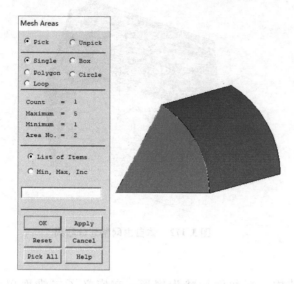

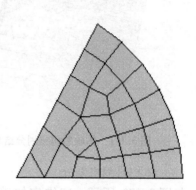

图 3.174　拾取面　　　　　　　　　　图 3.175　截面网格划分结果

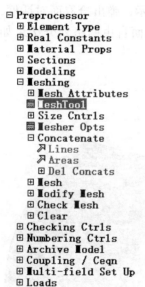

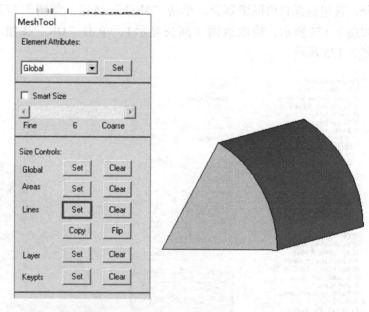

图 3.176　设置线网格划分

在线网格划分对话框里，如图 3.178 所示。设置线划分的单元数，例如为 20。单击"OK"按钮。

在 MeshTool > Mesh 中选择 Volumes，Shape 中选择 Hex，再选择 Sweep。如图 3.179 所示。鼠标左键单击"Sweep"按钮，出现选择体的拾取对话框，如图 3.180 所示，用鼠标左键移动到模型上，单击左键，拾取该体模型。然后单击拾取框中的"OK"按钮，即完成体的扫略网格划分，如图 3.181 所示。体的自由网格划分结果如图 3.182 所示。

第 3 章 ANSYS 基本介绍与操作

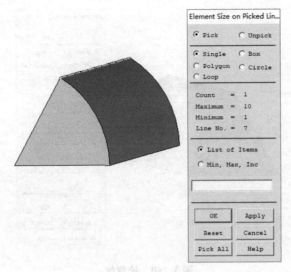

图 3.177　拾取线

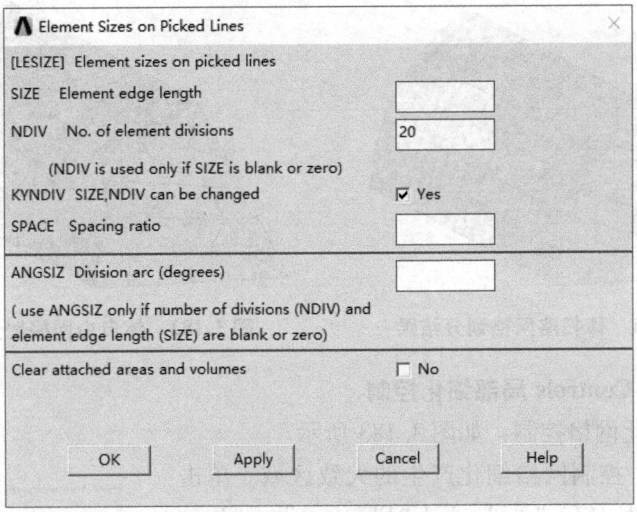

图 3.178　设置线的单元数

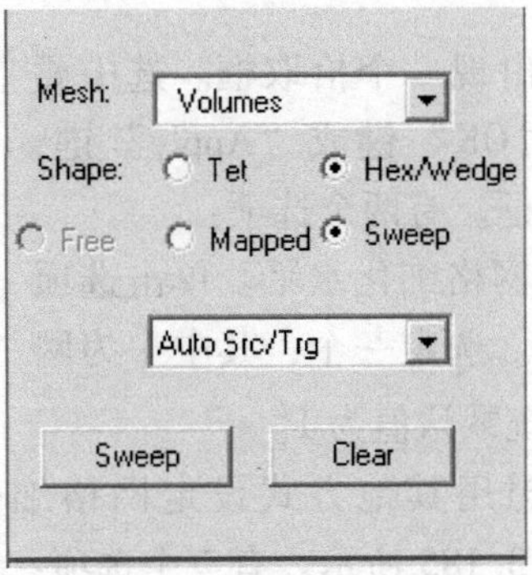

图 3.179　扫略划分网格

203

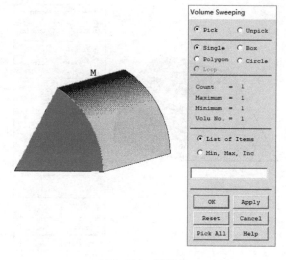

图 3.180 拾取体

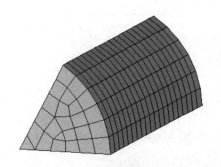

图 3.181 体扫略网格划分结果

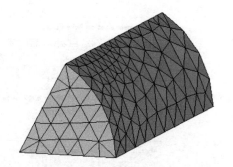

图 3.182 体自由网格划分结果

4. Refinement Controls 局部细化控制

功能：局部细化网格控制，如图 3.183 所示。

（1）Refine at：控制网格细化产生的大致区域。单击选项框，在下拉列表中有"Nodes"、"Elements"、"Keypoints"、"Lines"、"Areas"、"All Elems"等六个选项，选中需要进行网格细化的对象。

（2）Refine：单击此按钮，出现一个拾取框。选中要进行网格细化的对象，再单击"OK"键或"Apply"键，出现一个如图 3.184 所示的对话框。有两个选项：

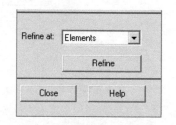

图 3.183 局部细化网格控制对话框

① Level of refinement：设定网格细化水平。单击选项框，有五个选项，在这五个值中。选定一个，其中 1 为网格细化最小值，5 为最大值，系统默认值为 1。

② Advanced options：如果想用其他方式设定网格细化数，可以激活此选项，单击"OK"键出现一个子对话框如图 3.185 所示。有三个选项：

Depth of refinement：根据指定的单元以外的单元数量设定网格细化深度。默认值为 0。

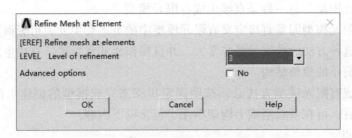

图 3.184 局部细化网格对话框

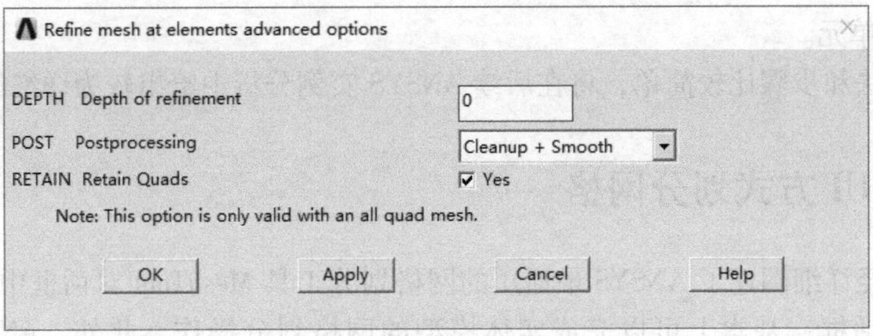

图 3.185 Advanced options 对话框

Postprocessing：为了改善单元质量，在单元细化后进行后加工处理，可以选择不同的方法。单击选项框，在下拉列表中有三个选项：

Off：不进行后加工处理。

Cleanup + Smooth：进行精加工和清除操作。现有单元可能会被删除，同时，节点位置会发生变化。

Retain Quads：选样对全部为四边形单元的网格进行细化时是否必须保留四边形单元（ANSYS 在对不完全为四边形单元进行细化时，忽略"RETAIN"功能）。如果不激活（即为"No"），表示细化后的网格全部由四边形单元组成，而不考虑单元的质量；如果激活（即为"Yes"），表示为了保证最终的网格单元的质量和提供单元的过渡，细化后的网格可以包含一些三角形单元。

说明：

① "EREFINE" 命令是对选定单元及其周围的单元进行网格细化、在默认条件下、即 "LEVEL = 1"，周围的单元分裂生成新的单元，新单元的边长是原始单元的 1/2 倍。

② "EREFINE" 命令是对选定单元及其临近的面单元和四面体单元进行网格细化，任何临近选定单元的体单元，如果不是四面体单元（例如锥体单元、金字塔单元），都不能被细化。

③ 不能在节点或单元上已经直接加载，或具有边界条件，或施加约束，或者包含了其他初始条件的实体模型上，使用网格细化功能。

3.9.5 直接生成有限元模型

ANSYS 提供两种生成有限元模型的方法，一种是首先建立几何实体模型，然后进行网格划分生成有限元模型。另一种是直接生成有限元模型。

直接生成有限元模型即是直接定义有限元模型中的节点和单元。可想而知，对于一个复杂的模型，采用这种方法的数据量将非常大，并且操作也非常烦琐。直接生成有限元模型的方法适用于比较简单的模型结构。

采用直接生成有限元模型方法必须按照固定步骤来完成模型的创建：首先需定义好节点，节点定义完后，可在节点基础上构架单元。包含以下内容：

(1) 定义节点。
(2) 设置单元属性。
(3) 分配单元属性给单元。
(4) 定义单元。

由于该方法和步骤比较简单，将在后续 ANSYS 实例分析中给出较为详细的介绍。

3.10　GUI 方式划分网格

在上面已经详细阐述了 ANSYS 最通用的网格划分工具 MeshTool 对话框中的各个控制功能，通过此对话框，基本上可以完成实体模型的网格划分操作。此外，ANSYS 还提供了 GUI 设置方式，对网格划分进行控制。详细请参考其他 ANSYS 相关书籍介绍。

3.11　施加加载

加载和求解过程是 ANSYS 有限元分析中一个非常重要的部分，它主要包括确定分析类型和分析选项、施加载荷到几何模型、确定载荷步选项、选择求解的方式和开始求解分析运算。

在 ANSYS 中进入加载和求解过程，可采用下列命令：

GUI：Main Menu > Solution

如图 3.186 显示了加载和求解的子菜单，其各部分的意义将在下面进行讨论。

3.11.1　选择分析类型

1. 指定分析类型

在开始进行求解分析之前，用户必须根据载荷条件和要计算的响应指定一种分析类型。

在 ANSYS 软件中，可以进行下列类型的分析：静态分析、瞬态分析、谐分析、模态分析、谱分析、屈曲分析和子结构分析等。进入分析类型的命令有：

GUI：Main Menu > Solution > Analysis Type > New Analysis

进入分析类型后，将会出现如图 3.187 所示的对话框。根据分析问题的性质在对话框中选择相应的分析类型，然后单击"OK"键，关闭对话框。

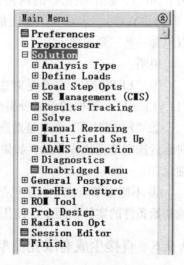

图 3.186　加载和求解子菜单

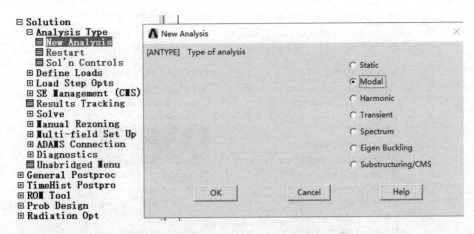

图 3.187　分析类型对话框

ANSYS 软件的默认分析类型是静态分析，或者是用户最近一次设定的分析类型。

Static：静态分析，又可称为稳态分析，适合于所有自由度的分析。

Model：模态分析，仅对结构和流体自由度的分析有效。

Harmonic：谐分析，仅对结构、流体和电磁场的自由度分析有效。

Transient：瞬态分析，对所有自由度的分析有效。

Spectrum：谱分析，意味着在之前必须完成一个模态分析，仅对结构自由度分析有效。

Eigen Buckling：屈曲分析，仅对结构自由度分析有效，且在此之前必须完成一个带有预应力效应的静态分析。

Substructuring：子结构分析，对所有结构自由度分析有效。

2. 求解器的控制

如果用户正在完成一个静态或完全瞬态分析，用户可以使用求解控制对话框。它由 5 个"标签页面"组成。其中每一个都容纳着与求解控制相关的内容，这 5 个标签按从左到右的顺序依次是：基本设置、瞬态、求解选项、非线性和高级非线性。其中瞬态标签页面包含着瞬态分析控制，只有当用户选择了瞬态分析后，该项才显示，否则它是灰色的。即用户若选择的是静态分析，就不能对瞬态分析进行设置。

基本设置出现在该对话框的最前面，若用户已对该对话框完成了某些设置，并确认无误后，就没有必要再进一步打开其他标签内容，除非是用户还要进行其他的设置。一旦单击对话框上某个标签页面的"OK"键，则用户在一个或多个标签页面上进行的设置都将被保存到数据库，对话框也同时关闭。

进入求解器控制对话框的方法有：

GUI：Main Menu > Solution > Analysis Type > Sol'n Controls

如图 3.188 所示为 Basic 基本标签对话框，也是求解控制中最前面的一个对话框。它主要包括分析选项、对存入结果文件中的项目设置和时间控制等，出现在基本标签对话框中的选项为 ANSYS 软件的分析提供了一个最小容量的设置。

（1）Analysis Options（分析选项）

功能：指定用户将要完成的分析类型。

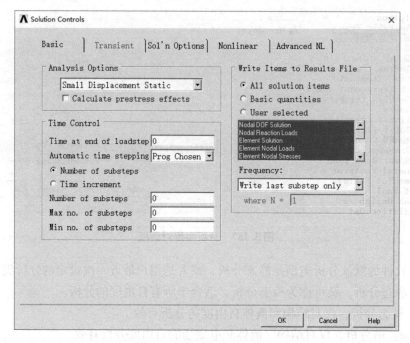

图 3.188 求解控制器设置对话框

它包含下列 5 个这项：

① Small Displacement Static（静态小位移）：完成一个线性的静态分析，这意味着具有大变形效应的静态分析被忽略。

② Large Displacement Static（静态大位移）：完成一个非线性静态分析，其中也含着具有大变形效应静态分析。

③ Small Displacement Transient（瞬态小位移）：完成一个线性完全瞬态分析，这意味着具有大变形效应的完全瞬态分析被忽略。

④ Large Displacement Transient（瞬态大位移）：完成一个非线性完全瞬态分析，其中也含着具有大变形效应的完全瞬态分析。

⑤ Restart Current Analysis（重启动力前分析）：重新开始当前的分析过程。

（2）Time Control（时间控制）

功能：控制不同的时间设置。

主要包括下列时间的设置：

① Time at end of loadstep：为 ANSYS 软件指定一个与在载荷步末端的边界条件相一致的时间值；时间值必须是一个正值、非零值，是一个"跟踪"输入过程的单调递增量，比如，对第一个载荷步，时间的默认值是 1。另外，在模态分析、谐分析和子结构分析中，并不使用时间值，时间的单位必须与在其他地方（如特性、蠕变方程等）使用的单位相一致。

② Automatic time stepping（自动时间跟踪）：要用户指定是否采用自动时间跟踪还是自动载荷跟踪。在其下拉式列表框中，用户可以选择"On"、"Off"、"Prog Chosen"，其中"On"是使用自动时间跟踪，"Off"是关闭自动时间跟踪。当"SOLCONTROL"命令为"On"时，ANSYS 软件选择时间跟踪，并在日志文件中，"Prog Chosen"被记录为"-1"，

当"SOLCONTROL",命令为"Off"时,就不能使用自动时间跟踪。

如果用户在设置"AUTOTS"、"LNSRCH"、"PRED"命令后,激活了"are-length method",将会出现一个警告信息。如果用户继续用激活的"are-length method"命令进行下去,"AUTOTS"、"LNSRCH"、"PRED"命令的设置将会丢失。

③ Number of substeps(子步数):指定在载荷步内将要进行的子步数。用户可以在其下面的输入框内输入子步数、最大的子步号和最小的子步号,即子步的开始值和范围,ANSYS软件会自动根据用户在"Automatic time stepping"的设置对用户输入的值命令进行解释。

- Number of substeps:如果自动时间跟踪关闭,指定的子步数将在这个载荷步中进行下去;如果自动时间跟踪打开,那么输入的数值将被指定为第1个子步的大小。
- Max no. of substeps 如果自动时间跟踪打开,指定将被进行的最大子步数,也就是指定最小时间步长大小。
- Min no. of substeps 如果自动时间跟踪打开,指定将被进行的最小子步数,也就是指定最大时间步长大小。

④ Time increment:指出对这个载荷步用户想指定的时间步长大小。最小时间步长和最大时间步长的输入框是用户要指定时间步长的开始值和范围,这些值将由 ANSYS 根据用户在"Automatic time stepping"中的设置进行解释。

- Time step size:如果自动时间跟踪关闭,将为这个载荷步指定了时间步长大小;如果自动时间跟踪打开,输入的数值将被指定为子步开始时间。
- Minimum time step:如果自动时间跟踪打开,指定最小时间步长大小。
- Maximum time step:如果自动时间跟踪打开,指定最大时间步长大小。

(3) Write Items to Results File(写入结果中的项目控制)

功能:指定用户要 ANSYS 软件写入结果文件中的求解数据。

它包括下面几个选项:

① All solution items:将所有的求解结果写入数据库

② Basic quantities:仅写入下面的求解结果进入数据库,它们是:节点自由度结果、节点反作用载荷、单元节点载荷和输入约束、力载荷、单元节点应力、单元节点梯度、单元节点的通量。

③ User selected:写入用户选择的项目。用户可在其下面的列表项中选择所需要的数据文件,当需要多项选择时,用户若要选择连续项,则用手按住键盘上的"Shit"键用鼠标左键在列表框中移动即可,若选择断续的多项,则用手按住"Ctrl"键即可。

(4) Frequency:指出用户要 ANSYS 软件将所选的求解项写入数据库的频度。

它包括写入每个子步的数据、任何子步的数据都不写、仅写入最后一个子步的数据、每隔 N 个子步写 1 次、写入第 N 个子步的数据。

另外,在材料力学(结构力学)中的动力学问题,在本书中基于基础知识的学习,仅仅介绍屈曲分析,应用到 ANSYS 的模态分析模块,在这里做简要的介绍。在模态和屈曲分析中,一般需要设置扩展模态。

功能:在模态和屈曲分析中,指定将要扩展和写入的模态数。

操作命令有:GUI:Main Menu > Solution > Analysis Type > Analysis Options,如图 3.189 所示为模态设置对话框。

各项的意义如下：

（1）Mode extraction method：模态提取方法。模态分析中模态的提取方法有多种，即分块兰索斯法（LANB）、子空间迭代法（SUBSP）、缩减法或凝聚法（REDUC）、非对称法（UNSYM）、阻尼法（DAMP）、QR 阻尼法（QR-DAMP）和变换技术求解（Supermode），缺省时采用分块兰索斯法。

关于模态的各种提取方法，简单说明如下：

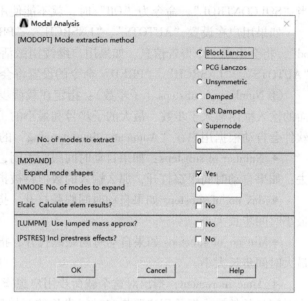

图 3.189 模态设置对话框

- 分块兰索斯法：采用一组特征向量实现 Lanczos 迭代计算，其内部自动采用稀疏矩阵直接求解器（SPARSE）而不管你是否指定了求解器。该方法的计算精度很高，速度很快。当已知系统的频率范围时，该法是理想的选择，此时程序求解高频部分的速度与求解低频部分的速度几乎一样快。

- 子空间迭代法：其缺省求解器是 JCG，该法采用完整的 K 和 M 矩阵，计算精度与分块兰索斯法相同，但速度要慢地多。该方法适用于无法选择主自由度时的情况，特别是对大型对称矩阵特征值求解。

- 缩减法：用主自由度计算特征值和特征向量，该法可生成精确的 K 矩阵，但只能生成近似的 M 矩阵，从而导致一定的质量损失。因此这种方法速度很快，但精度不如上述两法的精度高，其精度受选择的主自由度数目和位置的影响。

- 非对称法：该法也采用完整的 K 和 M 矩阵，且采用兰索斯算法。如果系统为非保守系统，该法可得到复特征值和复特征向量。主要在声学或流固耦合分析中使用。

- 阻尼法：也采用兰索斯算法，并可得到复特征值和复特征向量。主要用于阻尼不能忽略的特征值和特征向量的求解问题，如转子动力学问题。该法计算速度慢，且可能遗漏高端频率。

- QR 阻尼法：同时采用兰索斯算法和 Hessenberg 算法。该法可很好地提取大阻尼系统的模态解，不管是比例阻尼还是非比例阻尼。使用该法时，应当提取足够多的基频模态，以保证计算结果的精度。对临界阻尼或过阻尼系统，不要使用该法。

- 变换求解技术：是一种不同于传统有限元的分析计算，在 ANSYS 的其他产品中应用。

（2）No. of modes to extract：模态提取阶数。所有的模态提取方法都必须设置具体的模态提取的阶数。具体阶数根据实际需要进行设置。

（3）Expand mode shapes：扩展模态振型。选择 yes，可以模态分析后查看结果的每阶振型情况。

（4）Calculate elem results：计算单元结果。如果想得到单元的求解结果，不论采用何种模态提取方法都需要打开该选项。

（5）No. of modes to expand：扩展模态的阶数。以便于查看。

（6）Use lumped mass approx：该选项可以选定采用默认的质量矩阵形成方式或集中质量阵近似方式。建议大多数情况下采用默认形成方式。但对有些包含"薄膜"结构的问题，如细长梁或非常薄的壳，采用集中质量矩阵近似经常产生较好的效果。另外，采用集中质量矩阵求解时间短，需要内存少。

（7）Incl prestress effects：计算预应力。默认的分析过程不包括预应力。

操作说明：选择 Block Lanczos 模态提取法，执行上述命令后，弹出一个弹出如图 3.190 所示的对话框。

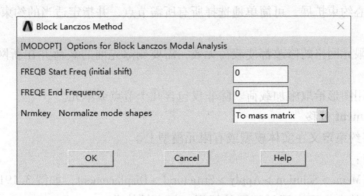

图 3.190　求解频率范围设置

完成对话框的设置后，单击"OK"键关闭对话框，退回到 ANSYS 的操作界面。对话框中各选项的意义如下：

① FREQB Start Freq：提取模态的最小频率值。

② FREQE End Frequency：提取模态的最大频率值。如果模态计算结果超过该最大设置，将不会被计算。

3.11.2　Apply 载荷施加

可将大多数载荷施加于实体模型（关键点、线或面）或有限元模型（节点和单元）上，由于求解期望所有载荷应依据有限元模型，因此无论怎样指定载荷，在开始求解时，软件都自动将这些载荷转换到节点或单元上。

1. 当载荷施加在实体模型上时，它具有下列优缺点：

（1）优点

1）实体模型载荷独立于有限元网格。即：用户可以改变单元网格而不影响施加的载荷。这将允许用户更改网格并进行网格敏感性研究而不必每次重新施加载荷。

2）与有限元模型相比，实体模型通常包括较少的实体。因此选择实体模型的实体并在这些实体上施加载荷要容易得多，尤其是通过图形拾取时。

（2）缺点

1）ANSYS 网格划分命令生成的单元处于当前激活的单元坐标系中，网格划分命令生成的节点使用整体直角坐标系，因此实体模型和有限元模型可能具有不同的坐标系和加载方向。

2)在简化分析中,实体模型不很方便。其中,载荷施加于主自由度(用户只能在节点而不能在关键点定义主自由度)。

3)施加关键点约束很棘手,尤其是当约束扩展选项被使用时(扩展选项允许用户将约束特性扩展到通过一条直线连接的两关键点之间的所有节点上)。

4)不能显示所有实体模型载荷。

2. 当载荷施加在有限元模型节点上时,它具有下列优缺点:

(1)优点

1)在简化分析中不会产生问题,因为可将载荷直接施加在主节点。

2)不必担心约束扩展,可简单地选择所有所需节点,并指定适当的约束。

(2)缺点

1)任何有限元网格的修改都使载荷无效,需要删除先前的载荷并在新网格上重新施加载荷。

2)不便使用图形拾取施加载荷。除非仅包含几个节点或单元。

3. Displacement 位移

功能:是将约束定义在实体模型或有限元模型上。

操作命令有:

GUI:Main Menu > Solution > Apply > Structural > Displacement,如图 3.191 所示。ANSYS 软件对不同学科的自由度来用了不同的标识,如在结构分析中平移有 UX、UY 和 UZ,旋转有 ROTX、ROTY 和 ROTZ,在热分析中温度有 TEMP 等,此标识符所包含的任何方向都在节点坐标系中,详细可参见 ANSYS 的相关参考手册。在本书中,只介绍结构分析中自由度的施加情况,其他学科自由度的施加也与结构分析中的情况相类似,用户可根据相关学科的物理背景知识,参见本部分的介绍进行约束施加。施加位移的子菜单如图 3.191 所示。它能够将位移定义在实体模型的关键点、线、面和有限元节点上,同时也可以在线、面或有限元节点上施加对称或反对称边界条件,各选项的具体操作如下:

(1)施加位移

位移可以施加在几何体模型的线、面和关键点或有限元模型的节点上,其具体操作如下

1)On Lines

功能:在所选择的线上施加 DOF 的位移值。

GUI 操作命令:Main Menu > Solution > Apply > Structural > Displacement > On Lines

图 3.191 位移约束子菜单

操作与示例:执行上述命令后,会出现一个拾取框,如图 3.192 所示,用鼠标左键单击在模型上拾取要进行位移约束的线段,拾取后的线段将高亮显示。单击"OK"按钮,弹出位移约束对话框,如图 3.193 所示。

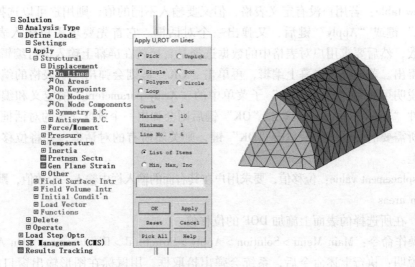

图 3.192　拾取要位移约束的线段

位移约束设置对话框中，根据实际问题的需要，在"DOFs to be constrained"右面栏中选择自由度的约束方向，例如，全约束，则选择 ALL DOF，仅有 X 方向约束，则选择 UX。选择完成后，单击对话框上的"OK"键，则关闭该对话框，并将约束施加在所选择的所有线段上。若还要对其他的线段施加约束，可单击该对话框上的"Apply"键，则选择的约束将施加到所有已选择的线段上，又弹出拾取框，用户可以继续选择所要施加约束的线段。

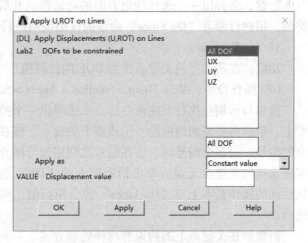

图 3.193　位移约束设置对话框

该对话框中各选项的意义如下：

① DOFs to be constrained：在其右面的栏中列出了用户选择单元所具有的所有自由度方向。其中"All DOF"表示该单元的所有自由度方向，"UX"表示 X 方向的自由度，"UY"表示 Y 方向的自由度。用户可以用鼠标单击的方法在该栏中单选或多选自由度；默认方式是所有自由度，或最后一次用户所选择的自由度方向。

② Apply as：确定约束的位移量。在下拉列表栏中有三个选项：

• Constant value：表示所施加的位移量是一个常量，常量值可在其下面的输入栏中输入，若为零，则可以不要输入。

• Existing table：表示所施加的位移量可以是一个变量，其值来自于用户已在该命令之前定义好的一个表格中。若选择该项，单击"OK"键或"Apply"键后，又会弹出一个对话框，要求用户在该对话框选择一个表格的名称。若用户没有定义表格，该对话框将是空的。

- New table：若用户没有定义表格，但又要输入不同的值，则用户可以选择这个设置，单击"OK"键或"Apply"键后，又弹出一个对话框。它首先要求用户输入表格的名称、表格的行数，然后要求用户对表格中的数据选择是直接就在屏幕上输入进行编辑，还是从某个文件中得出。若选择在屏幕上编辑，再单击"OK"键则会弹出一个表格的编辑器，对表格编辑的说明可参考"Parameters"子菜单中的"Array parameters"的定义和编辑。若选择来自于文件"Read from file"，单击"OK"键后则会弹出一个读取文件的对话框，用户可在其中选择所需要的文件，然后单击"OK"键，则关闭所有的对话框，并将位移值加到所选择的线段上。

③ Displacement value：位移值，要求用户在其右面的输入栏中输入一个数值，默认值是0。

2）On areas

功能：在所选择的表面上施加 DOF 的位移值。

GUI 操作命令：Main Menu > Solution > Apply > Structural > Displacement > On Areas

操作说明：执行上述命令后，系统会弹出拾取框，用鼠标在图形输出窗口的几何模型上，拾取将要施加约束的一个或多个表面，在确定所选择的表面无误后，单击拾取框上的"OK"键，会弹出一个选择约束方向的对话框。其后面的操作基本上与"On Lines"命令相类似，用户订参考"On Lines"命令的详细说明进行。

3）On Keypoints

功能：在所选择的关键点施加 DOF 的位移值

GUI 操作命令：Main Menu > Solution > Apply > Structural > Displacement > On Keypoints

操作与示例：执行上述命令后，系统弹出一个拾取框，用鼠标在图形输出窗口的几何模型上，拾取将要施加约束的一个或多个关键点，或在输入窗口的输入行中输入所要选择关键点的编号，有多个编号时，可在编号之间用逗号隔开，回车后该编号的关键将被选中，在确定所选择的关键点无误后单击拾取框上的"OK"键，会弹出一个选择约束方向的对话框。其后面的操作基本上与"On Lines"命令相类似，用户可参考"On Lines"命令的详细说明进行。

但施加在关键点上的约束有两种处理方式，一种是将关键点的约束仅转移到相同位置的节点上；另一种是将关键点上的约束扩展到已标记关键点的连线的所有节点上，如果一个面积或体积的所有关键点都进行了标记，并且约束值是相同的，那么约束将施加到该区域内的节点上。这两种应用方式的选择是通过对话框（图3.194）上的"Expand disp to nodes"后面的选择框来选择的，若选择为"No"则为前种处理方式，若为"Yes"则为后一种方式。

4）On Nodes 节点

功能：在所选择的节点施加 DOF 的位移值

GUI 操作命令：Main Menu > Solution > Apply > Structural > Displacement > On Nodes

操作说明：执行上述命令后，系统会弹出一个拾取框，用鼠标在图形输出窗口的几何模型上，拾取将要施加约束的一个或多个节点，在确定所选择的节点无误后，单击拾取框上的"OK"键，会弹出一个选择约束方向的对话框，其后面的操作基本上与"On Lines"命令相类似，用户可参考"On Lines"命令的详细说明进行。

5）施加对称边界条件

可以使用命令"DSYM"在节点上施加对称或反对称边界条件，该命令产生合适的 DOF

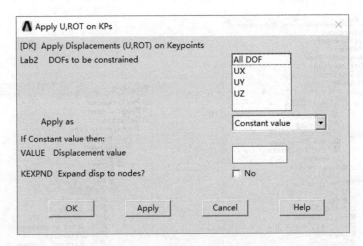

图 3.194 关键点位移约束对话框

约束，生成约束的列表可参考 ANSYS 命令手册《ANSYS Commands Reference》。另一方面，对称和反对称边界约束的生成取决于模型上的有效自由度数，如自由度与所使用单元节相一致，表 3.3 显示对位移自由度的约束生成情况。在结构分析中，对称边界条件是指平面外的移动、平面内的旋转被设置为 0。

表 3.3　对称与反对称边界条件下位移的约束情况

法向	对称边界条件		反对称边界条件	
	二维	三维	二维	三维
X	UX，ROTZ	UX，ROTZ，ROTY	UY	UY，UZ，ROTX
Y	UY，ROTZ	UY，ROTZ，ROTX	UX	UX，UZ，ROTY
Z	—	UZ，ROTX，ROTY	—	UX，UY，ROTZ

（2）Force/Moment 力/力矩

功能：可将集中载荷施加在关键点或节点上。

GUI 操作命令：Main Menu > Solution > Apply > Structural > Force/Moment

执行该命令后，其子菜单的对话框如图 3.195 所示。在每个学科中，集中载荷的意义是不一样的，ANSYS 软件对不同学科中的集中载荷采用了不同的标识符，并且标识符所指的方向与节点坐标系的方向相同。如对结构分析来说：用"FX、FY、FZ"来表示力，用"MX、MY、MZ"来表示力矩；在热分析中：用"HAET"来表示热流率。对单元模型所施加的集中载荷还与用户所选择的单元类型有关。

（3）Pressure 面力

功能：将表面压力载荷施加到所选择的线或面上。

GUI 操作命令：Main Menu > Solution > Apply > Structural > Pressure

执行上述命令后，弹出如图 3.196 所示的子菜单。每个学科中都有不同的表面载荷，ANSYS 对图 3.196 施加压力的子菜单对不同学科的面载荷也采用不同的标识，如结构分析有 PRES（压力载荷），热分析有 CONV（对流）、HFLUX（热流量）、INF（无限远面），所有学科都有 SELV（超单元载荷向量）等。

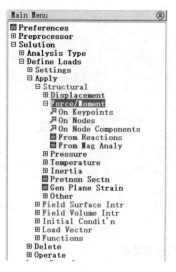 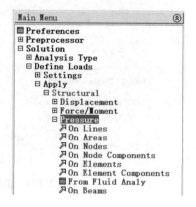

图 3.195　载荷施加子菜单　　　　图 3.196　面载荷施加子菜单

（4）Delete 删除操作

功能：删除用户不需要或错误的设置。

GUI 操作命令：Main menu > Solution > Delete

当用户在对有限元模型施加载荷时，发现所进行的操作是错误的，或者要对同一个有限元模型进行第二次分析时且施加的载荷不相同时，用户可以使用删除命令来实现上述过程。删除操作可以一次性删除所有作用在几何模型或有限元模型上的载荷，也可以用鼠标拾取要删除的内容。

3.12　求解

1. 求解计算

在 ANSYS 软件中，计算机能够求解出由有限元方法建立的联立方程，求解的结果为：

（1）节点的自由度值：ANSYS 的基本解。

（2）导出值：ANSYS 的单元解。单元解经常是在单元的积分点上计算出来的，ANSYS 程序将结果写入数据库和结果文件（如后缀名为：RST，RTH，RMG，RFL 等文件）。

ANSYS 软件中有几种解联立方程的方法：波前法、稀疏矩阵直接解法、雅可比共轭梯度法（CG）、不完全乔类斯基共轭梯度法（ICCG）、预置条件共轭梯度法（PCG）、自动迭代法（NTER）等，其中波前法为默认解法，由于本书中讨论的分析例子限于静力分析，采用默认解法。其他相关解法根据不同的求解需要进行合理的选择，其不同求解方法的差异性请参考其他相关 ANSYS 书籍介绍。

2. Current LS 求解当前载荷步

功能：开始求解运算

GUI 操作命令：Main Menu > Solution > Current LS

操作说明：执行上述命令后，弹出如图 3.197 所示的对话框和求解设置的信息框，用户对信息框中显示的信息确认无误后,单击"File > Close",关闭信息框,然后再单击对话框中的"OK"键,则关闭对话框,软件开始进行有限元分析,具体分析时间的长短取决于问题的大小,问题大,时间相对要长一些。当在屏幕的左上角显示一个如图 3.198 所示的信息框并在信息框上显示"Solution is done"时,则表示有限元分析已结束,单击该框上的"Close 关闭该框。用户可以进行后处理,对计算结果进行评估检查。

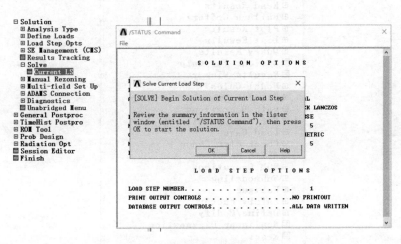

图 3.197　求解信息确认对话框

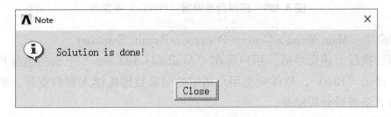

图 3.198　求解结束对话框

说明:根据当前的分析类型和选项设置,开始一个求解序列中的一个载荷步的求解运算过程。如果前面的设置有误,则有限元分析将不能够进行下去,系统将会给出相应的提示和警告信息,只有所有的设置都符合有限元的最低求解要求时,正常的分析才会完成。

3.13　通用后处理器

有限元分析要经过建模、加载、求解和结果显示四个阶段,在有限元模型通过求解器求解以后,使用 POST1 通用后处理器,观察整个模型或模型的一部分在某时间(或频率)上针对特定载荷组合时的结果,以下较详细地介绍通用后处理器(POST1)的一些操作命令,要进入 ANSYS 通用后处理器,GUI 操作命令有:Main Menu > General Postproc。

该命令的子菜单如图 3.199 所示。

1. Results Summary 结果汇总读入

功能:定义一个从数据文件中要读入的数据集。

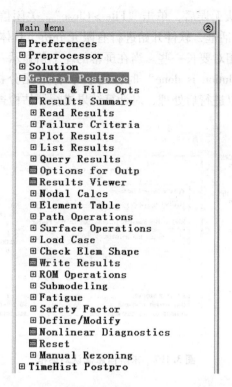

图 3.199　通用后处理器（POST1）子菜单

GUI 操作命令：Main Menu > General Postproc > Results Summary

操作说明：执行上述命令后，用户可在"Available data sets"下面的选择栏中确定一个数据集序号，单击"Read"，软件则将用户指定的结果数据集读入到数据库，然后用户可用显示或列表方式来查看分析结果。

2. 按顺序读入结果数据

数据结果归纳结果文件读取后，由于载荷是按照载荷步、载荷子步的方式加载，因此分析结果文件也将以分步方式进行保存，用户如果需要显示每步的分析结果，则需要进行下面的操作命令：

GUI：Main Menu > General Postproc > Read Results，如图 3.200 所示。

（1）按加载过程读取分析结果

功能：按照载荷加载过程读取分析结果到后数据库。

GUI 操作命令：

Main Menu > General Postproc > Read Results > First Set

Main Menu > General Postproc > Read Results > Last Set

Main Menu > General Postproc > Read Results > >

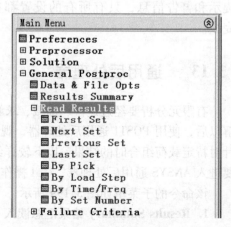

图 3.200　分步读取结果子菜单

Next Set

Main Menu > General Postproc > Read Results > > Previous Set

操作说明：此四个操作命令较简单，都是相对当前载荷步分析结果而言。开始显示载荷步的分析结果，可选择第一步；为了显示所有的分析结果，可选用下一步，直到最后一步，也可采用从后至前的方法，先选择最后一步，接着选用前一步，直到第一步，分步显示分析结果。

说明：在有载荷步的操作过程中，用户若要看不同载荷步的作用结果，可用上述命令。在读入不同的载荷步结果后，用户可用其下面的显示（Plot results）或列表（List results）等方式来察看分析计算结果。若没有进行多载荷步设置，则可以不用这些命令，该命令也可用命令"Results Summary"来替代，前者只能按加载的顺序进行读取，而后者可以随意选择载荷步的分析结果数据。

(2) By Load Step 载荷步

功能：按照载荷步读取分析结果。

操作命令有：

GUI：Main Menu > General Postproc > Read Results > By Load Step

操作说明：在有些情况下，由于载荷可能不是一次性完成加载，而是分步加载，每加载一步后求解，如起重机的空载、风载、起吊货物时的各种情况都要考虑，可以考虑采用载荷步的方法加载。为了得到每一步加载后模型的变化情况，通过读取每一步的求解结果对模型进行分析。执行上述命令后，弹出如图 3.201 所示的对话框，完成设置后单击"OK"键，则将用户设置的载荷步及子步的计算结果读到当前的数据库，以利用下面的显示或列表操作。

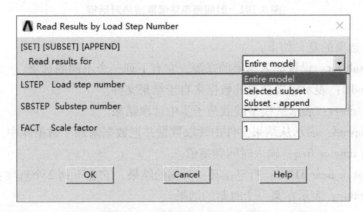

图 3.201 读取载荷步结果对话框

1) Read result for：设置读入结果的来源，它有下列三个不同的选项：

① Entire model：表示定义读取的数据来自于结果文件。

② Selected subset：表示从模型的载荷子步中读取结果。

③ Subset append：表示从结果文件中读取数据并把数据附加于数据库中。

2) Load step number：载荷步号。

3) Substep number：子步号。

4) Scale factor：缩放系数，它将施加到从文件中读出的数据，默认值为 1，如果其后的输入栏中为 0 或空，该值的结果还是为 1。该选项主要适用于谐分析过程中速度和加速度的计算。

（3）By Time/Freq 时间频率法

功能：按照时间频率读取分析结果。

GUI 操作命令：Main Menu > General Postproc > Read Results > By Time/Freq

操作说明：执行上述命令后，会出现图 3.202 所示对话框，完成设置后单击"OK"键则结束操作。

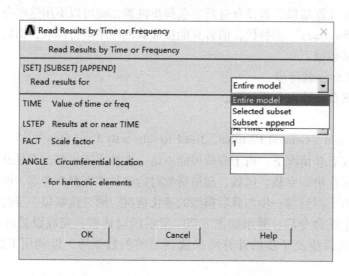

图 3.202　时间频率法读取结果对话框

对话框中各选项的意义如下：

1) Read result for：设置读入结果的来源，它有下列三个不同的选项：

① Entire model：表示定义读取的数据来自于结果文件。

② Selected subset：表示从模型的载荷子步中读取结果。

③ Subset append：表示从结果文件中读取数据并把数据附加于数据库中。

2) Value of time or freq：输入时间频率值。

3) Results at or near TIME：指定在某一时刻的结果，它有下列 2 个选项：

① At time value：表示在某一个时刻的结果。

② Near time value：表示读取最接近某一时刻时的结果，在谐响应分析中，时间用频率来表示，在屈曲分析中，时间相当于负载系数。

4) Scale factor：缩放系数。

5) Circumferential location：圆周位置（角度值 0°~360°）。从结果文件读取圆周位置，为了进行谐响应计算，谐响应因子也应用于谐响应单元。

说明：所加载的约束和载荷经过缩放以后的数值会覆盖数据库中原来的值，如果 ANGLE 值为空。所有的谐响应因子为 1，后处理器会生成求解结果，如果 ANGLE 值为空，MODE 大于 0，混合应力和应变无效，ANGLE 默认值为 0。

(4) By Set Number 载荷步的顺序号

功能：按载荷步的顺序号读取分析结果。

GUI 操作命令：Main Menu > General Postproc > By Set Number

操作说明：执行上述命令后，会出现图 3.203 所示对话框，完成设置后单击"OK"键则结束操作。

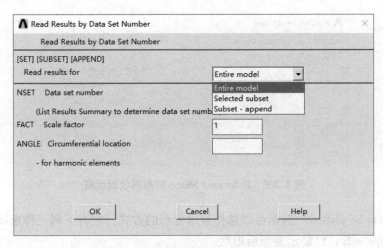

图 3.203　载荷步的顺序号读取结果对话框

对话框中各选项的意义如下。

① Read result for：参考图 3.202 中的说明。

② Data set number：载荷步顺序号。

③ Scale factor：缩放系数。

④ Circumferential location：参考图 3.202 中的说明。

3. 显示或列表计算结果

用户通过建模、加载、求解后，已完成了有限元的基本分析，为了要显示或打印出有限元的分析结果，必须要进入后处理器。在这一部分用户可以看到以彩色云图方式、等值线方式或以列表的形式表示分析的结果，也可以将结果数据映射到某一路径上，显示沿用户设置的路径上的分析结果，甚至于可以对路径上的映射数据进行线性化处理，以得到沿路径的线性应力和二次应力分布，如节点、单元的应力、应变、位移等。

(1) Plot Results 分析结果显示

GUI 操作命令：Main Menu > General Postproc > Plot Results

操作说明：执行上述命令后，会出现图 3.204 所示子菜单

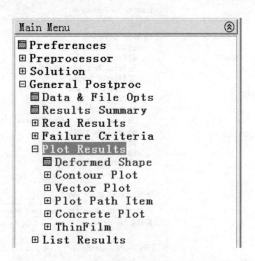

图 3.204　Plot Results 分析结果显示子菜单

Deformed Shape 变形形状。

功能：显示图形变形形状。

GUI 操作命令：Main Menu > General Postproc > Plot Results > Deformed Shape

操作说明：执行上述命令后，会出现图 3.205 所示菜单，选择其中的一种显示方式后，单击"OK"键。

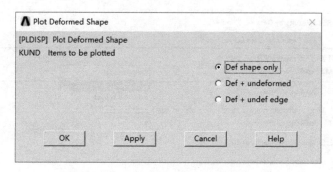

图 3.205 Deformed Shape 变形形状对话框

在"Items to be plotted"后面可以选择显示变形的方式，它有下列三种选项：

① Def shape only：仅显示变形后形状。

② Def + undeformed：显示变形前后的形状。

③ Def + undef edge：显示变形后的形状及未变形的边界。

（2）彩色云图或等值线显示

1）Nodal Solu

功能：图形显示节点的计算结果。

GUI 操作命令：Main Menu > General Postproc > Plot Results > Contour Plot > Nodal Solu

操作说明：执行上述命令后，会出现图 3.206 所示对话框。

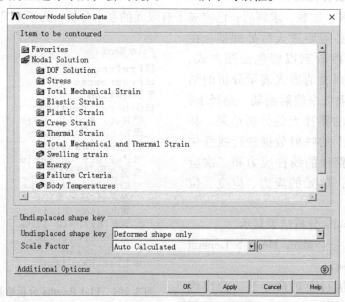

图 3.206 节点计算结果对话框

在此对话框中选择节点要显示的结果，例如要得到节点的等值线应力分布云图，提供了多种选项，可以根据需要选择需要显示的项目。设置完后单击对话框上的"OK"键则出现节点结果的彩色云图。

2）Element Solu

功能：图形显示单元计算结果。

GUI 操作命令：Main Menu > General Postproc > Plot Results > Contour Plot > Element Solu

操作说明：此命令与节点求解的操作方法一样，只不过是针对单元而不是节点，参考图5.73的解释。

（3）List Results 列表显示

功能：结果数据列表菜单。

GUI 操作命令：Main Menu > General Postproc > List Results

操作说明：执行上述命令后，会出现图3.207所示菜单。

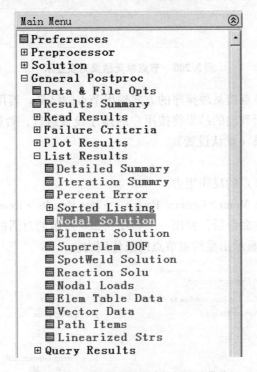

图3.207　List Results 列表显示子菜单

节点单元结果列表

① Nodal Solution

功能：列出节点的计算结果。

GUI 操作命令：Main Menu > General Postproc > List Results > Nodal Solution

操作与示例：执行上述命令后，出现如图3.208所示的对话框，在"Item to be listed"后面的第一下拉式选择栏中选择一个节点的结果项如"Stress"，这时在其后面的第二个下拉式列表栏中将出现与节点应力相关的项，选择需要的项，单击对话框上的"OK"键，则所得结果所有节点应力分量将按节点编号的大小排列输出。

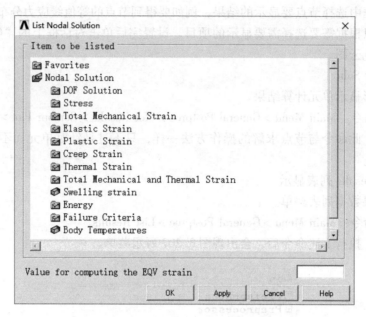

图 3.208 节点单元结果列表显示

说明：对所选择的节点按某种排序的方式输出节点的结果。若用户已对节点进行了排序设置，执行该命令后，所列出的结果将按用户的排序设置进行，否则将按节点的编号方式，从小到大列出节点的结果（默认设置）。

② Reaction Solu

功能：列出受约束节点的反作用力。

GUI 操作命令：Main Menu > General Postproc > List Results > Reaction Solu

操作说明：执行上述命令后，弹出一个如图 3.209 所示的对话框，选择要列表的数据单击"OK"键，在该窗口显示出受约束节点的反作用力。

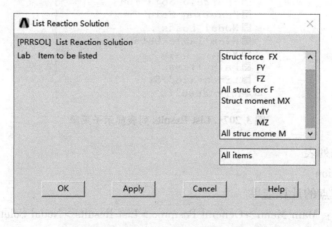

图 3.209 受约束节点的反作用力对话框

注意：按排序的方式对所选择节点列出受约束节点的反作用力结果。对于耦合节点，在耦合集的所有反作用力的和将出现在耦合集的最初的节点上，除非进行了坐标转换，否则结果位于整体直角坐标系上。如果在一个约束节点的约束方向施加了任意载荷,则该命令将不能使用。

③ Nodal Loads

功能:列出单元节点载荷。

GUI 操作命令:Main Menu > General Post Proc > List Results > Nodal Loads

操作说明:执行上述命令后,弹出一个如图3.210所示的对话框,选择要列表的数据单击"OK"键,在该窗口中显示出选择节点所受载荷的值。

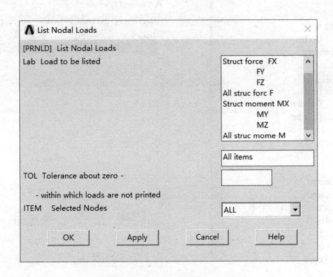

图3.210 节点载荷对话框

(4) Element Table

操作如下:

GUI:Main Menu > General Postproc > Element Table,如图3.211所示。

1) Define Table

功能:单元表定义。

GUI 操作命令:Main Menu > General Postproc > Element Table > Define Table

操作说明:执行上述命令后,弹出如图3.212所示的对话框,单击"Add"又弹出如图3.213所示的对话框,在"User label for item"后面的输入栏中输入一个单元表的名称(最好与所选择内容相对称的名称如 x-stress 表示在 X 方向的分应力),在"Result data item"后面的第一栏中选择一个数据项如"Stress",在第二栏中将出现与第一栏相对应的数据内容,在第二栏中选择将要存入单元表格的内容如"X-direction SX",单击对话框上的"OK"键,则软件又回到如图3.212所示的对话框中,这时用户所定义的单元表格名称及内容也将出现在"Currently Defined Data and Status"下的状态栏,用户可对其中选择的内容进行更新和删除操作,在单元表格定义好后单击"Close"则完成整个单元表格的定义。

此对话框中各参数的意义如下:

① Eff NU for EQV strain:表示主应力和应力向量计算方式的选择。

② User label for item:输入一个由字符组成的标号。如 X-Stress。

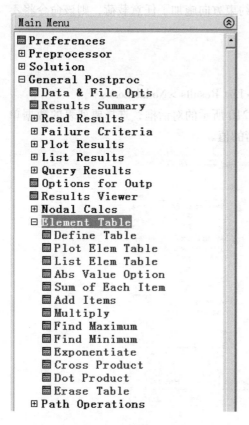

图 3.211　单元表子菜单　　　　　图 3.212　定义单元表

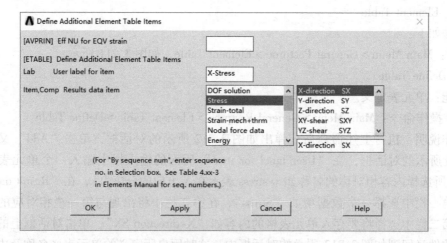

图 3.213　单元表项目设置

③ Results data item：选择单元表中包含的结果数据。如 Stress、X-direction SX。表示单元表中数据是 X 方向的应力。

说明：确定在将来处理中要使用到的单元表格内容。单元表格类似于一个工作表格，其中行表示所有已选择的单元，列则由用户填充的结果项组成，在列出和显示中，由用户所定义的标签来确定数据的每行。在定义好单元表后，用户不仅能对单元表的内容进行输出和显示，也可以对单元表的数据进行多种运算操作、如加、乘等，在单元表格中可储存许多不同类型的结果数据；在"ETABLE"命令中，根据用户所要存入的数据类型可以使用两种方法将数据存入到单元表格中，第一种方法是通过使用系统的固有标题将数据存入到单元表格中，用户也可以指定标题名，默认方式是利用软件的固有标题名，它称为分量名法，第二种方法要求用户输入一个标题和编号，它称为序号法。分量名法适用于所有的单值项和某些最通用的多值项数据；序号法可允许用户浏览没有进行平均的数据如节点的压力、积分点的温度等，或者是在固有模式下描述比较困难的数据，如所有从结构线单元和接触单元上导出的数据、所有从热线单元上导出的数据等。

2) List Elem Table

功能：列出单元表的内容。

GUI 操作命令：Main Menu > General Postproc > Element Table > List Elem Table

操作与示例：执行上述命令后，会出现如图 3.214 所示对话框，在"Items to be listed"后面选择一个单元表格的名称如"X-Stress"，单击对话框上的"OK"键，则得到显示结果。

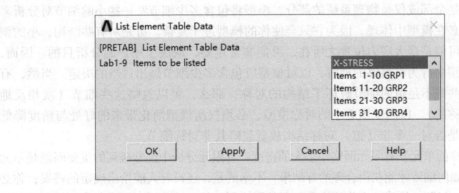

图 3.214　列出单元表的内容

总之，ANSYS 基础操作中提供了丰富的操作命令，本书根据初学者特点，简要介绍了常见的操作命令。更多详尽的其他操作命令，请参阅其他相关 ANSYS 资料和书籍。

第 4 章 ANSYS 基础应用实例分析

4.1 ANSYS 实例应用概述

当用户面临一个实际工程问题时，首先要结合 ANSYS 有限元软件和实际工程问题的特点进行全面的分析，这是非常重要的。

分析的目标是什么？确定分析目标的工作与 ANSYS 程序的功能无关，完全取决于用户的知识、经验及职业技能，只有用户才能确定自己的分析目标，开始时建立的目标将影响用户生成模型时的其它选择。

比如模型是全部或仅是物理系统的部分？模型将包含多少细节？一些小的细节对分析来说不重要，不必在模型中体现，因为它只会使你的模型过于复杂。可是对有些结构，小的细节如倒角或孔可能是最大应力位置之所在，可能非常重要，取决于用户的分析目的。因而，必须对结构的预期行为有足够的理解，以对模型应包含多少细节做出适当的决定。当然，有些情况下，一些微不足道的细节破坏了结构的对称，那么，可以忽略这些细节（或相反地将它们视为对称的），以利于用更小的对称模型，必须权衡模型简化带来的好处与精度降低的代价来确定是否对一个非（拟）对称结构故意忽略其非对称细节。

选用什么样的单元？有限元网格用多大的密度？有限元分析中经常碰到的重要问题是单元网格应划分得如何细致才能获得合理的好结果？不幸的是，还没有人能给出确定的答案；你必须自己解决这个问题，执行一个你认为是合理的网格划分的初始分析，再在危险区域利用两倍多的网格重新分析并比较两者的结果。如果这两者给出的结果几乎相同，则网格是足够的。如果产生了显著不同的结果，应该继续细化网格直到随后的划分获得了近似相等的结果。

总之，在规划阶段作出的这些决定将大体上控制实际工程问题分析的成功与否，必须受到用户的重视。

4.2 ANSYS 分析流程

4.2.1 ANSYS 有限元的基本构成

节点（Node）：就是考虑工程系统中的一个点的坐标位置，构成有限元系统的基本对象。具有物理意义上的自由度，该自由度为结构系统受到外力后的响应。

单元（Element）：单元是节点与节点相连而成，单元的组合由各节点相互连接。不同特性的工程问题，可选用不同种类的单元，ANSYS 提供了多种单元，故使用时必须慎重选则单元型号。

自由度（Degree of Freedom）：上面提到节点具有某种程度的自由度，以表示工程问题受到外力后的响应结果。要知道节点的自由度数，请查看 ANSYS 自带的帮助文档（Help/Element Reference），那里有每种元素类型的详尽介绍。

4.2.2 ANSYS 分析架构

ANSYS 构架分为两层，一是起始层（Begin Level），二是处理层（Processor Level）。这两个层的关系主要是使用命令输入时，要通过起始层进入不同的处理器。处理器可视为解决问题步骤中的组合命令。

例如，在静态结构分析中，由 Begin Level 进入处理器，可通过斜杠加处理器的名称，如/prep7、/solu、/post1。处理器间的转换通过 Finish 命令先回到 Begin Level，然后进入想到达的处理器位置，如图 4.1 所示。

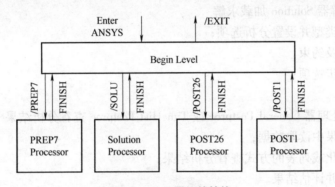

图 4.1 处理器间的转换

对应分析过程的前处理、求解和后处理三个阶段，ANSYS 由 3 个模块组成。

1. 前处理模块（General Preprocessor，PREP7）

该模块定义求解所需要的数据，用户可以选择坐标系统、单元类型、定义实常数和材料特性、建立实体模型并对其进行网络剖分、控制节点和单元，以及定义耦合和约束方程等，并可预测求解过程所需文件大小及内存。

ANSYS 提供了 3 种不同的建模方法：模型导入、实体建模和直接生成。

2. 求解模块（Solution Processor，SOLU）

用户在求解阶段通过求解器获得分析结果。在该阶段用户可以定义分析类型、分析选项、载荷数据和载荷步选项，然后开始有限元求解。

ANSYS 提供直接求解器（求解精确解）和迭代求解器（得到近似解，可节省计算机资源和大量计算时间）。

3. 后处理模块（General Postprocessor，POST1 或 Time Domain Postprocessor，POST26）

POST1 用于静态结构分析、屈曲分析及模态分析，将解题部分所得的解答如：位移、应力、反力等资料，通过图形接口以各种不同表示方式把等位移图、等应力图等显示出来。POST26 仅用于动态结构分析，用于与时间相关的时域处理。

基于上述 ANSYS 的 3 个模块，在工程实际问题分析过程中，典型的具体分析过程如下：

（1）ANSYS 分析前的准备工作

1）清空数据库并开始一个新的分析；

2) 指定新的工作名（/filename,）；
3) 指定新的工作标题（/title,）；
4) 指定新的工作目录（Working Directory）。

(2) 通过前处理器 Preprocessor 建立模型
1) 定义单元类型（ET,）；
2) 定义单元实常数（R,）；
3) 定义材料属性数据（MAT,）；
4) 创建或读入几何模型（CREATE）；
5) 划分单元网格模型（MESH,）；
6) 检查模型；
7) 存储模型。

(3) 通过求解器 Solution 加载求解
1) 选择分析类型并设置分析选项；
2) 施加荷载及约束；
3) 设置荷载步选项；
4) 进行求解。

(4) 通过后处理器 General Postproc 或 TimeHist Postproc 查看分析结果
1) 从计算结果中读取数据；
2) 通过图形化或列表的方式查看分析结果；
3) 分析处理并评估结果。

下面 4.2.3 节以实例说明 ANSYS 有限元软件分析的流程。

4.2.3 理论与 ANSYS 分析的基本过程

目前在工程领域内常用的有限单元法及 ANSYS 有限元软件。它们的基本思想都是将问题的求解域划分为一系列的单元，单元之间仅靠节点相连。单元内部的待求量可由单元节点量通过选定的函数关系插值得到。由于单元形状简单，易于平衡关系和能量关系建立节点量的方程式，然后将各单元方程集合组成总体代数方程组，计入边界条件后可对方程求解。

以阶梯杆件轴向拉伸为例，比较应用理论计算与 ANSYS 软件计算的过程。

例 4.1 一个台阶式杆件上方固定后，在下方以一个 Y 轴方向集中力，试以理论计算和 ANSYS 软件求 B 点与 C 点的位移，见图 4.2。已知：弹性模量 $E_1 = E_2 = 3.0 \times 10^7 \text{Pa}$，截面积 $A_1 = 5.25\text{m}^2$ 和 $A_2 = 3.75\text{m}^2$，长度 $L_1 = L_2 = 12\text{m}$，$P = 100\text{N}$。

1. 材料力学（结构力学）求解

解：应用截面法、静力学平衡方程，可得 AB、BC 段的轴力为

$$\left. \begin{array}{l} F_{BC} = P = 100\text{N} \\ F_{AB} = P = 100\text{N} \end{array} \right\} \qquad (4.1)$$

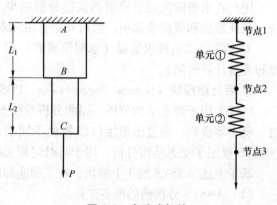

图 4.2 台阶式杆件

AB、BC 段的变形量为

$$\left.\begin{aligned}\Delta l_{AB} &= \frac{F_{AB}L_1}{E_1A_1} = \frac{100 \times 12}{3 \times 10^7 \times 5.25} = 0.762 \times 10^{-5} \text{m} \\ \Delta l_{BC} &= \frac{F_{BC}L_2}{E_2A_2} = \frac{100 \times 12}{3 \times 10^7 \times 3.75} = 1.067 \times 10^{-5} \text{m}\end{aligned}\right\} \quad (4.2)$$

A、B、C 点的位移为

$$\left.\begin{aligned}u_A &= 0 \\ u_B &= \Delta l_{AB} = 0.762 \times 10^{-5} \text{m} \\ u_C &= \Delta l_{AB} + \Delta l_{BC} = 0.762 \times 10^{-5} + 1.067 \times 10^{-5} = 1.829 \times 10^{-5} \text{m}\end{aligned}\right\} \quad (4.3)$$

2. 有限元理论求解计算步骤

（1）分解为两单元

可将台阶式杆件先分成单元①与单元②，如图4.2所示。

1）求单元①的刚度矩阵

<单元①> 节点 $i=1$，$j=2$。该单元的刚度系数为

$$K_1 = \frac{A_1 E_1}{L_1} \quad (4.4)$$

说明：由材料力学可知：伸长量与作用力的关系为

$$\Delta L = \frac{FL}{AE} \Rightarrow F = \frac{AE}{L}\Delta L \Rightarrow F = Kx \quad (4.5)$$

该单元的力平衡方程式为

$$\begin{pmatrix} F_1 \\ F_2 \end{pmatrix} = \begin{pmatrix} K_1 & -K_1 \\ -K_1 & K_1 \end{pmatrix} \begin{pmatrix} u_1 \\ u_2 \end{pmatrix} \quad (4.6)$$

2）求单元②的刚度矩阵

<单元②> 节点 $i=2$，$j=3$。该单元的刚度系数为

$$K_2 = \frac{A_2 E_2}{L_2} \quad (4.7)$$

该单元的力平衡方程式为：

$$\begin{pmatrix} F_2 \\ F_3 \end{pmatrix} = \begin{pmatrix} K_2 & -K_2 \\ -K_2 & K_2 \end{pmatrix} \begin{pmatrix} u_2 \\ u_3 \end{pmatrix} \quad (4.8)$$

3）合并两单元

之后将两单元的力平衡方程式合并在一起，得到：

$$\begin{pmatrix} F_1 \\ F_2 \\ F_3 \end{pmatrix} = \begin{pmatrix} K_1 & -K_1 & 0 \\ -K_1 & K_1+K_2 & -K_2 \\ 0 & -K_2 & K_2 \end{pmatrix} \begin{pmatrix} u_1 \\ u_2 \\ u_3 \end{pmatrix} \quad (4.9)$$

接着将各条件代入力平衡方程中，可得：

$$\begin{pmatrix} R \\ 0 \\ 100 \end{pmatrix} = \begin{pmatrix} K_1 & -K_1 & 0 \\ -K_1 & K_1+K_2 & -K_2 \\ 0 & -K_2 & K_2 \end{pmatrix} \begin{pmatrix} 0 \\ u_2 \\ u_3 \end{pmatrix} \quad (4.10)$$

（2）加入边界条件

其中 F_2 内力作用。故 $F_2=0$；F_1 为固定端，故为反作用力 R，位移为 0；又因其为固定端，所以可将其忽略，而得到新的力平衡方程式：

$$\begin{pmatrix} R \\ 0 \\ 100 \end{pmatrix} = \begin{pmatrix} K_1 & -K_1 & 0 \\ -K_1 & K_1+K_2 & -K_2 \\ 0 & -K_2 & K_2 \end{pmatrix} \begin{pmatrix} 0 \\ u_2 \\ u_3 \end{pmatrix}$$

$$\Downarrow$$

$$\begin{pmatrix} 0 \\ 100 \end{pmatrix} = \begin{pmatrix} K_1+K_2 & -K_2 \\ -K_2 & K_2 \end{pmatrix} \begin{pmatrix} u_2 \\ u_3 \end{pmatrix} \tag{4.11}$$

也就是：

$$\begin{pmatrix} u_2 \\ u_3 \end{pmatrix} = \begin{pmatrix} K_1+K_2 & -K_2 \\ -K_2 & K_2 \end{pmatrix}^{-1} \begin{pmatrix} 0 \\ 100 \end{pmatrix} \tag{4.12}$$

（3）计算刚度系数

接着求出两单元的刚度系数为

$$\left. \begin{aligned} K_1 &= \frac{5.25 \times 3.0 \times 10^7}{12} = 13.125 \times 10^6 \\ K_2 &= \frac{3.75 \times 3.0 \times 10^7}{12} = 9.375 \times 10^6 \end{aligned} \right\} \tag{4.13}$$

将式（4.13）代入式（4.12），可得：

$$\begin{pmatrix} u_2 \\ u_3 \end{pmatrix} = 10^{-6} \times \begin{pmatrix} 0.0762 & 0.0762 \\ 0.0762 & 0.18295 \end{pmatrix} \begin{pmatrix} 0 \\ 100 \end{pmatrix} \tag{4.14}$$

（4）解出节点位移

最后求出各节点的位移：

$$\left. \begin{aligned} u_1 &= 0 \\ u_2 &= 0.762 \times 10^{-5} \text{m} \\ u_3 &= 1.8295 \times 10^{-5} \text{m} \end{aligned} \right\} \tag{4.15}$$

3. ANSYS 软件分析计算步骤

（1）ANSYS 分析前的准备工作

定义工作文件名：File > Change Jobname，鼠标左键点击 Change Jobname…，弹出对话框，输入文件名 truss0，单击"OK"按钮，如图 4.3 所示。

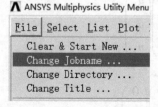
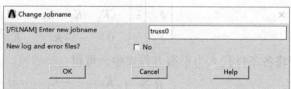

图 4.3　定义文件名

(2) 前处理器 Preprocessor 模块

1) 定义单元类型：Main Menu > Preprocessor > Element Type > Add/Edit/Delete，弹出对话框，鼠标左键单击 Add...，弹出对话框，在左列表框中选择 LINK，在右列表框中选择 3D finit stn 180，鼠标左键单击"OK"按钮，如图 4.4 所示，返回如图 4.5 所示，可以看到已经定义了单元 LINK180。点击"Close"关闭。

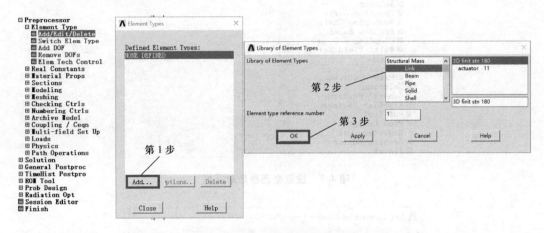

图 4.4　单元类型选择对话框

2) 定义单元实常数：Main Menu > Preprocessor > Real Constants > Add/Edit/Delete，弹出对话框，如图 4.6 所示，鼠标左键单击"Add..."按钮，弹出对话框如图 4.7 所示，鼠标左键单击"OK"按钮，弹出对话框，如图 4.8 所示，输入 Real Constant Set No.：1，AREA：5.25，单击"Apply"，回到图 4.8，修改截面参数为 Real Constant Set No.：2，AREA：3.75，如图 4.9 所示，单击"OK"，回到图 4.10 所示，可以看到已经定义 2 种截面参数，单击"Close"按钮，完成是实常数设置。

图 4.5　单元类型对话框

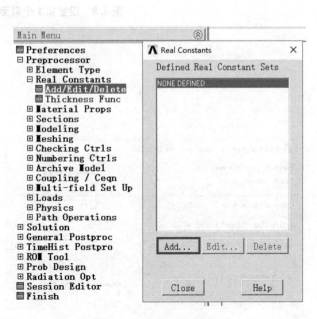

图 4.6　实常数 1 设置对话框

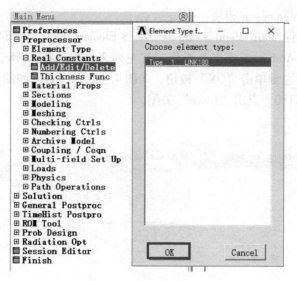

图 4.7 设置截面参数对话框

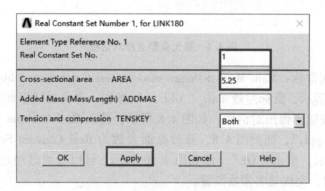

图 4.8 设置第 1 个截面参数

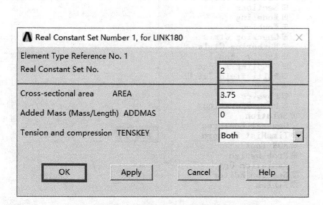

图 4.9 设置第 2 个截面参数

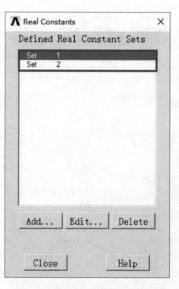

图 4.10 完成 2 种实常数设置

3)设置材料属性:Main Menu > Preprocessor > Material Props > Material Models,弹出对话框,依次点击 Structural > Linear > Elastic > Isotropic,弹出对话框,输入 EX:3e7,PRXY:0.3,单击"OK"按钮。再单击对话框右上角"×",如图4.11所示,完成材料属性设置。

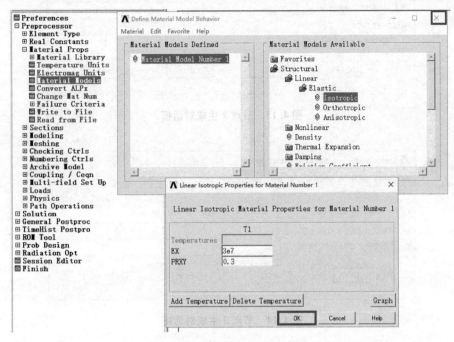

图4.11 材料属性设置对话框

4)建立模型:

① 定义节点:Main Menu > Preprocessor > Modeling > Create > Nodes > In Active CS,弹出对话框,如图4.12所示,输入节点1坐标(0,0,0),点击"Apply"按钮。返回图4.12,修改坐标数据为节点2,坐标(12,0,0),如图4.13所示,点击"Apply"按钮。返回图4.13,修改坐标数据为节点3,坐标(24,0,0),如图4.14所示单击"OK"按钮,完成3个节点坐标的定义。

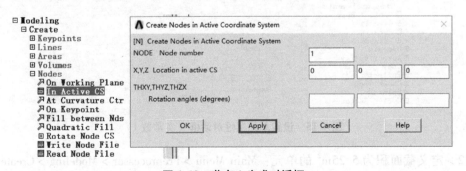

图4.12 节点1生成对话框

② 定义单元:

<1> 设置单元属性:Main Menu > Preprocessor > Modeling > Create > Elements > Elem Attributes,如图4.15所示。默认实常数为 ID = 1,单击"OK"按钮。

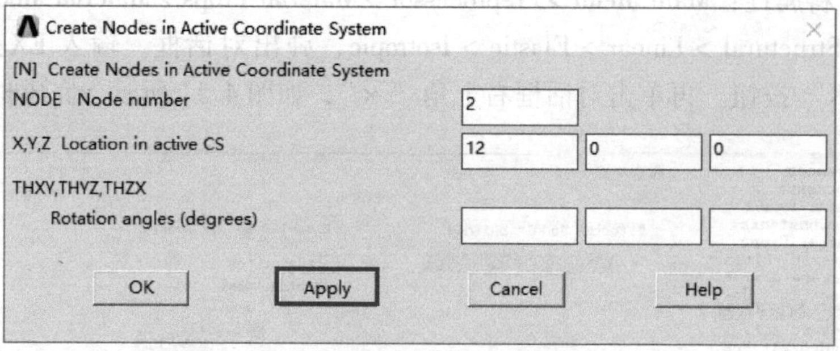

图 4.13 节点 2 生成对话框

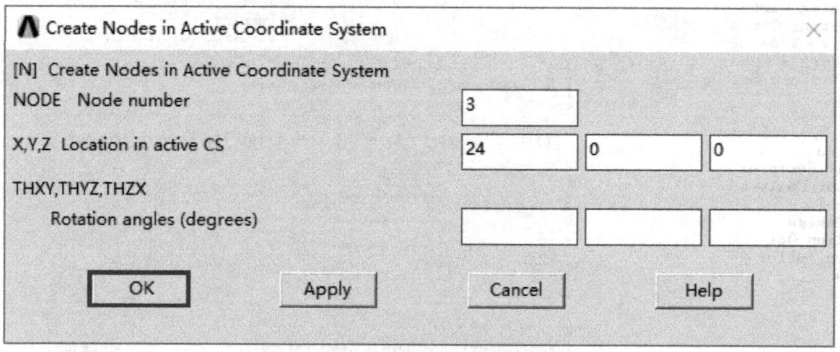

图 4.14 节点 3 生成对话框

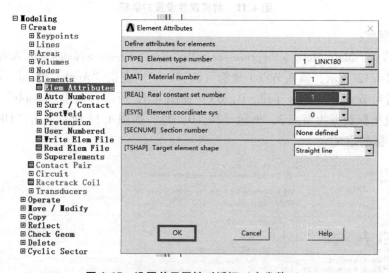

图 4.15 设置单元属性对话框（实常数 1）

<2> 定义截面积为 $5.25m^2$ 的单元：Main Menu > Preprocessor > Modeling > Create > Elements > Auto Numbered > Thru Nodes，弹出对话框如图 4.16 所示，鼠标左键单击节点 1 和 2，再单击"OK"按钮，生成单元 1，如图 4.17 所示。

<3> 设置单元属性：Main Menu > Preprocessor > Modeling > Create > Elements > Elem Attributes，如图 4.18 所示。设置实常数为 ID = 2，点击 OK。

第4章 ANSYS基础应用实例分析

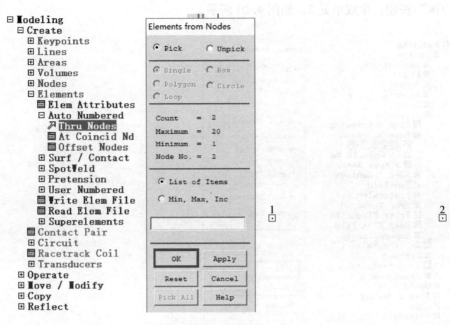

图 4.16 节点1,2拾取

图 4.17 生成单元1

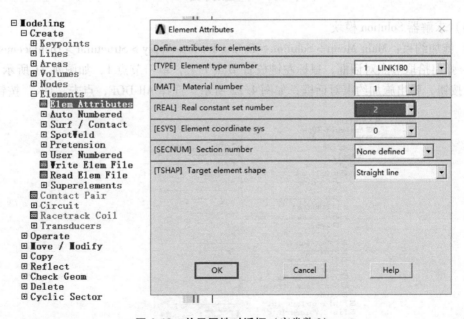

图 4.18 单元属性对话框（实常数2）

<4> 定义截面积为 3.75m² 的单元：Main Menu > Preprocessor > Modeling > Create > Elements > Auto Numbered > Thru Nodes，弹出对话框如图 4.19 所示，鼠标左键单击节点2和3，

237

再单击"OK"按钮,生成单元2,如图4.20所示。

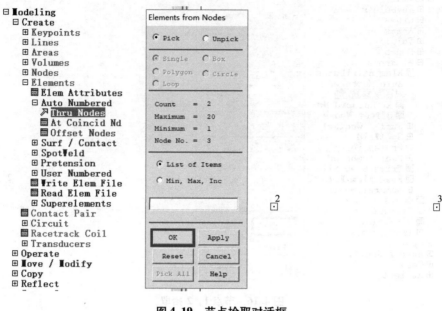

图 4.19　节点拾取对话框

图 4.20　生成单元 2

(3) 求解器 Solution 模块

1) 施加约束:Main Menu > Solution > Define loads > Apply > Structural > Displacement > On Nodes,弹出拾取节点对话框,鼠标左键放置节点1上,单击节点1,如图4.21所示,单击"OK"按钮,弹出施加约束对话框,如图4.22所示,选择 All DOF,点击"OK"按钮。

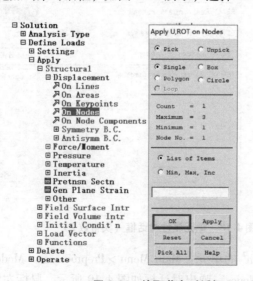

图 4.21　拾取节点对话框

第 4 章　ANSYS 基础应用实例分析

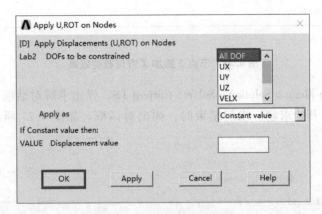

图 4.22　节点 1 施加全约束

2）施加载荷：Main Menu > Solution > Define loads > Apply > Structural > Force/Moment > On Nodes，弹出拾取节点对话框，鼠标左键放置节点 3 上，单击节点 3，如图 4.23 所示，单击"OK"按钮，弹出施加载荷对话框，如图 4.24 所示，选择 Lab：FX，VALUE：100，点击"OK"按钮，如图 4.25 所示。

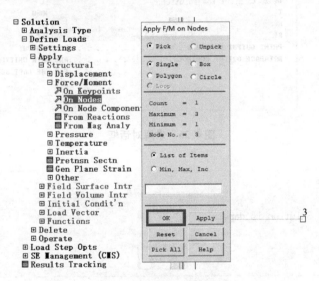

图 4.23　拾取节点对话框

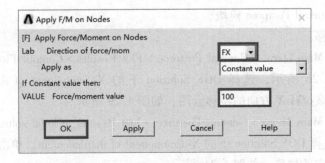

图 4.24　节点 3 施加 X 方向载荷

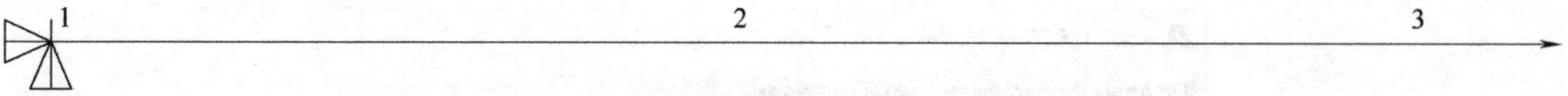

图4.25 节点3施加 X 方向载荷效果

3）求解：Main Menu > Solution > Solve > Current LS。弹出求解对话框，如图4.26所示，单击"OK"按钮，开始求解。求解结束时，弹出对话框，如图4.27所示，单击"Close"按钮。

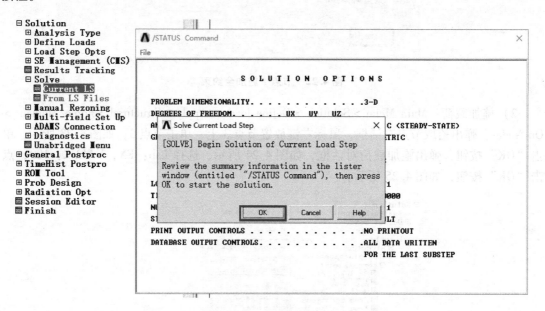

图4.26 求解对话框

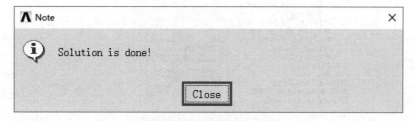

图4.27 求解结束对话框

（4）处理器 General Postproc 模块

查看各节点位移。

① 云图显示：Main Menu > General Postproc > Plot Results > Contour Plot > Nodal Solu。弹出对话框，如图4.28所示，选择 DOF Solution 下的 X-Component of displacement，单击"OK"按钮。生成该拉杆 X 方向的位移云图，如图4.29所示。

② 列表显示：Main Menu > General Postproc > List Results > Nodal solution，弹出对话框，如图4.30所示，选择 DOF Solution 下的 X-Component of displacement，单击"OK"按钮。列表显示该拉杆 X 方向的位移，如图4.31所示。

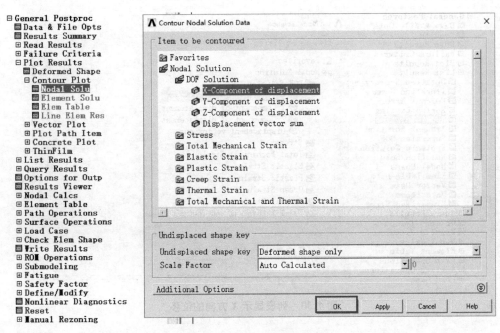

图 4.28　查看 X 方向的位移

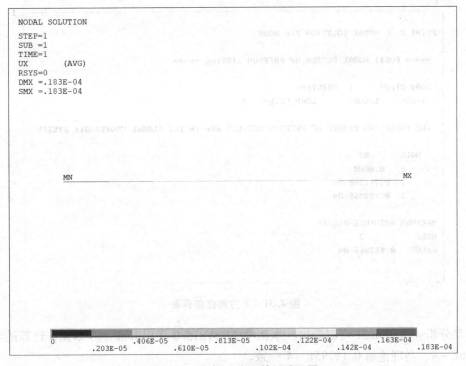

图 4.29　拉杆 X 方向的位移云图

(5) 退出。

点击应用菜单中的 File > Exit…，弹出保存对话框，选中 Save Everything，点击"OK"按扭，即可退出 ANSYS。

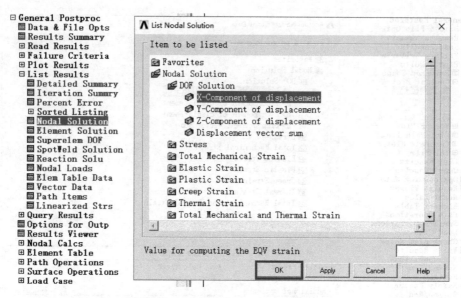

图4.30 列表显示 X 方向的位移

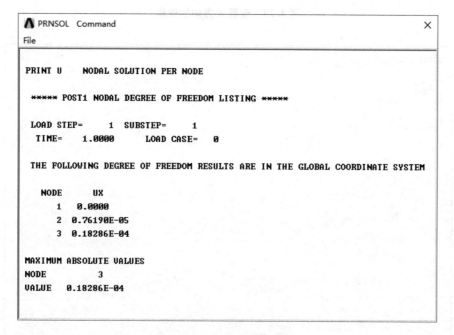

图4.31 X 方向位移列表

结果分析:从图4.31可以看出,本例中ANSYS15.0采用Link 180单元,计算的结果为 $0.18286E-4$,与理论解 $0.18295E-4$ 一致。

4. 三种计算分析方法的结果比较

对于例4.1简单结构的求解问题来说,材料力学(结构力学)、有限元理论、ANSYS有限元软件三种计算方法求解得到结果比较来看,计算结果数据是一致的。从而也验证了三种方法求解问题的相关性和正确性。然而,对于复杂的问题来说,材料力学(结构力学)、有限元理论的求解将变得异常困难，而应用 ANSYS 有限元软件可以大大减少人工计算量，提高计算效率，从而 ANSYS 有限元软件也在诸多实际工程问题中的应用更为广泛。

4.3 ANSYS 结构分析概述

4.3.1 概述

在大学基础力学课程学习中，材料力学（结构力学）、弹性力学等课程的基本理论以静力学理论为主。因此，为了较好的衔接基础力学课程理论，本章重点安排了 ANSYS 有限元软件里的静力学结构分析部分。

结构分析也是有限元分析方法最常用的一个应用领域。结构这个术语是一个广义的概念，它包括土木工程结构如桥梁和建筑物，水利工程结构如大坝、堤坝，机械工程结构如连杆、车辆车身骨架，化工装备如压力容器、管道，海洋结构如海洋采油平台、船舶结构，航空航天结构如飞机机身、起落架等诸多领域。

在 ANSYS 产品家族中有七种结构分析的类型。结构分析中计算得出的基本未知量（节点自由度）是位移。其他的一些未知量，如应变、应力和反力可通过节点位移导出。ANSYS 提供以下几种常见的结构分析类型：

静力分析—用于求解静力载荷作用下结构的位移和应力等。静力分析包括线性和非线性分析。而非线性分析涉及塑性、应力刚化、大变形、大应变、超弹性、接触面和蠕变等。

模态分析—用于计算结构的固有频率和模态。

谐波分析—用于确定结构在随时间正弦变化的载荷作用下的响应。

瞬态动力分析—用于计算结构在随时间任意变化的载荷作用下的响应，并且可计及上述提到的静力分析中所有的非线性特性。

谱分析—是模态分析的应用推广，用于计算由于响应谱或 PSD 输入（随机振动）引起的应力和应变。

曲屈分析—用于计算曲屈载荷和确定曲屈模态。ANSYS 可进行线性（特征值）屈曲和非线性曲屈分析。

4.3.2 静力学结构分析的基本步骤

静力分析用于计算由那些不包括惯性和阻尼效应的载荷，作用于结构或部件上引起的位移、应力、应变和力。固定不变的载荷和响应是一种假定，即假定载荷和结构响应随时间的变化非常缓慢。例如，静力分析可以计算那些固定不变的惯性载荷对结构的影响（如重力和离心力），以及那些可以近似为等效静力作用的随时间变化载荷（如通常在许多建筑规范中所定义的等效静力风载荷、静力水压力载荷、地震载荷）的作用。

静力分析既可以是线性的也可以是非线性的。非线性静力分析包括所有的非线性类型：大变形、塑性、蠕变、应力刚化、接触（间隙）单元、超弹性单元等。本书主要讨论线性静力分析，其基本分析步骤为：

1. 建模

为了建模，用户首先应指定作业名和分析标题，然后应用 PREP7 前处理程序定义单元类型、实常数、材料特性、模型的几何元素。

在进行建模时，需要考虑以下事项：

(1) 可以应用线性或非线性结构单元。

(2) 材料特性可以是线性或非线性，各向同性或正交各向异性，常数或与温度相关的：

1) 必须按某种形式定义刚度（如弹性模量 EX，超弹性系数等）。

2) 对于惯性荷载（如重力等）必须定义质量计算所需的数据，如密度 DENS。

3) 对于温度荷载必须定义热膨胀系数 ALPX。

(3) 对于网格密度，要记住：

1) 应力或应变急剧变化的区域（通常是用户感兴趣的区域），需要比应力或应变近乎常数的区域具有较密的网格；

2) 在考虑非线性的影响时，要用足够的网格来得到非线性效应。如塑性分析需要相当的积分点密度，因而在高塑性变形梯度区需要较密的网格。

2. 设置求解控制

设置求解控制包括定义分析类型、设置一般分析选项、指定荷载步选项等。当进行结构静力分析时，可以通过"求解控制对话框"来设置这些选项。该对话框对于大多数结构静力分析都已设置有合适的缺省，用户只需作很少的设置就可以了。我们推荐应用这个对话框。

3. 施加荷载

用户在设置了求解选项以后，可以对模型施加荷载了。所有下面的荷载类型，可应用于静力分析中。

(1) 位移（UX, UY, UZ, ROTX, ROTY, ROTZ)

这些自由度约束常施加到模型边界上，用以定义刚性支承点。它们也可以用于指定对称边界条件以及已知运动的点。由标号指定的方向是按照节点坐标系定义的。

(2) 力（FX, FY, FZ）和力矩（MX, MY, MZ）

这些集中力通常在模型的外边界上指定，其方向是按节点坐标系定义的。

(3) 压力（PRES）

这是表面荷载，通常作用于模型的外部。正压力为指向单元面。

(4) 温度（TEMP）

温度用于研究热膨胀或热收缩（即温度应力）。如果要计算热应变的话，必须定义热膨胀系数。用户可以从热分析（LDREAD）中读入温度，或者直接指定温度（应用 BF 族命令）。

(5) 流（FLUE）

用于研究膨胀（由于中子流或其他原因而引起的材料膨胀）或蠕变的效应。只在输入膨胀或蠕变方程时才能应用。

(6) 重力、旋转等

这是整个结构的惯性荷载。如果要计算惯性效应，必须定义密度（或某种形式的质量）。

(7) 定义荷载

除了与模型无关的惯性荷载以外，用户可以在几何实体模型（关键点、线、面）或在有限元模型（节点和单元）上定义荷载。用户还可以通过 TABLE 类型的数组参数施加边界条件或作为函数的边界条件）。

4. 求解

现在可以进行求解。

命令：SOLVE

GUI：Main Menu > Solution > Solve Current LS

5. 退出求解

命令：FINISH

GUI：关闭求解菜单。

6. 后处理

可以用一般后处理器 POST1 来进行后处理，查看结果。典型的后处理操作：

（1）显示变形图；

（2）列出反力和反力矩；

（3）列出节点力和力矩。

也可以列出所选择的节点集的所有节点力和力矩。首先选择节点集，然后可用这一特点找出作用于这些节点上的所有力。

（4）等值线显示

（5）其他后处理功能

在 POST1 中，还可以应用许多其他后处理功能，如映射结果到路径上、荷载工况组合等。

4.4　拉压杆结构

在杆结构中，桁架结构是工程结构中比较常见的结构形式。桁架结构是指结构由许多细长杆件通过两两杆件杆端铰接构成的结构系统，桁架结构中的杆件由于都是二力杆，每个杆件的主要变形是轴向拉伸和压缩变形，杆单元只承受轴向力，单元的内力主要是轴力。即对于这一类问题，杆单元的两端的节点只有线位移自由度，有限元模型可以利用杆单元模型（LINK）来处理。在早期 ANSYS 版本中，二维杆单元是 LINK1，每个单元的两端有两个节点，每个节点有两个线位移。三维杆单元是 LINK8，每个单元也有两个节点，但每个节点有 3 个线位移自由度。计算结果可以得到节点位移以及各个杆件的内力和应力。本书中应用的是 ANSYS 15.0 版本，使用 LINK180 单元，已经在第 2 章作了介绍。

单元输入的几何参数只有杆件的截面面积 A，材料参数有弹性模量 EX，密度 DENS 和阻尼 DAMP。

对于空间几何复杂的桁架结构，一般利用节点和单元的定义指令 N（Node）和 E（Element）来定义。这种建立模型的方式叫做单元直接建模，它的主要优点是直观。杆件单元的定义通过用 E 指令定义两个端点的节点编号即可，当前单元的单元类型使用当前默认值，该默认值可以通过指令 TYPE 来改变。当前单元的材料参数使用当前的默认值，该默认值可以通过指令 MAT 来改变。当前单元的实常数使用当前的默认值，该默认值可以通过指令 REAL 来改变。对于边界条件：荷载由命令 F（Force）来定义，位移约束由命令 D（Displacement）来定义。

然后进入求解命令 SOLVE 开始求解。系统对每一个单元计算刚度矩阵后，叠加生成总体刚度矩阵，生成节点荷载向量，通过引入位移边界条件修正总体刚度矩阵和荷载向量后，开始求解位移方程而得到各个节点的位移值。再次调用单元刚度矩阵计算各个单元的内力、各个位移约束处的反力等。

得到这些计算结果后，进入后处理模块 Post1 可以显示结果和观察变形、应力分布等情况。变形图通常用 PLDISP（PLot Displacement）来显示。节点上的计算结果，如内力和应力可以用 PLNSOL（Plot Node Solution）来完成。不同类型的单元具有不同的内力和应力约定，单元内的计算结果通过 PLESOL（Plot Element Solution）命令来实现。

以上是桁架结构静力分析的大体过程。

4.4.1 实例分析1：铰接杆在外力作用下的变形计算

在两个相距 $a = 10\text{m}$ 的刚性面之间，有两根等截面杆铰结在 2 号点，杆件与水平面的夹角 $\theta = 30°$，在铰链处有一向下的集中力 $F = 1000\text{N}$，杆件材料的弹性模量 $E = 210\text{GPa}$，泊松比 $\mu = 0.3$，$A = 1000\text{mm}^2$（如图 4.32 所示），试分别通过材料力学（结构力学）理论解析方法与 ANSYS 数值方法进行分析这两根杆件内力和集中力位置处的位移。杆件变形很小，可以按照小变形理论计算。

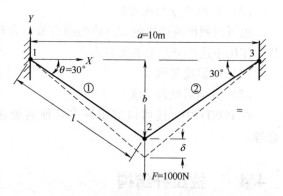

图 4.32　两杆桁架结构模型图

1. 材料力学（结构力学）解析解

这是一个静定结构，两根杆的内力可以用材料力学（结构力学）知识求解出来。考虑杆件变形时，杆件伸长量和节点位移之间的关系也不复杂。由于结构几何形状和受力是左右对称的，结构的变形特征也是对称的，杆件伸长量与节点位移的关系就更加简单了。

根据 2 号节点处的平衡关系，应用理论力学受力平衡关系：

$$\left.\begin{array}{l}\sum F_y = 0, F_{N1}\sin30° + F_{N2}\sin30° = F \\ \sum F_x = 0, F_{N1}\cos30° = F_{N2}\cos30°\end{array}\right\} \quad (4.16)$$

得到两个拉杆的拉力 $F_{N1} = F_{N2} = 1000\text{N}$。

两杆件的长度

$$L_1 = L_2 = \frac{5}{\cos30°}\text{m} \quad (4.17)$$

根据材料力学（结构力学）几何协调方程和物理方程，可得到据 2 号节点竖向位移的理论值为

$$\Delta l = \frac{\Delta l_1}{\sin30°} = \frac{F_{N1}L_1}{EA\sin30°} = 0.54987 \times 10^{-4}\text{m} \quad (4.18)$$

2. ANSYS 求解

（1）问题规划分析

该结构包含两根杆件，可以在 ANSYS 中划分为两个单元。在左侧的刚性墙壁上设置节

点 1，中间两根杆件连接点设节点 2，右侧刚性墙壁上的固定点设为节点 3。它们的编号和坐标位置如图 1.1 所示，即 1 (0, 0)，2 (a/2, -b)，3 (a, 0)。1 号节点和 3 号节点固定，2 号节点上有集中力 F 作用。

使用节点定义命令 N（Node）可以完成对这些节点的定义。

选择该结构使用二维杆单元 LINK180，用实常数定义命令 R（Real constant）定义杆件的横截面面积，用材料参数定义命令 MP（Material Property）定义材料的弹性模量。用位移约束命令 D（Displacement）固定节点，用 F（Force）施加节点力。用 Solve 命令开始求解，得到节点位移结果后，可以用 PLDISP（Plot Displacement）绘制结构变形图，或者 PRDISP 列表显示节点位移结果。用定义单元表命令 ETABLE（Element TABLE），可以提取杆件轴向轴力。

(2) ANSYS 求解过程

1) ANSYS 分析前的准备工作

定义工作文件名：File > Change Jobname，鼠标左键点击 Change Jobname...，弹出对话框，输入文件名 shili1，单击 "OK" 按钮，如图 4.33 所示。

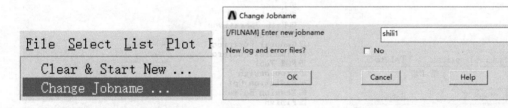

图 4.33　定义文件名

2) 前处理器 Preprocessor 模块

定义单元类型：Main Menu > Preprocessor > Element Type > Add/Edit/Delete，弹出对话框，鼠标左键单击 "Add..."，弹出对话框，在左列表框中选择 LINK，在右列表框中选择 3D finit stn 180，鼠标左键单击 "OK" 按钮，如图 4.34 所示，返回图 4.35 所示，可以看到已经定义了单元 LINK180。点击 "Close" 关闭。

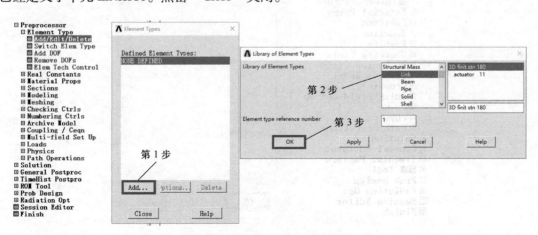

图 4.34　单元类型选择对话框

定义实常数：Main Menu > Preprocessor > Real Constants > Add/Edit/Delete，弹出对话框，如图4.36所示，鼠标左键单击"Add..."按钮，弹出对话框如图4.37所示，鼠标左键单击"OK"按钮，弹出对话框，如图4.38所示，输入Real Constant Set No.：1，AREA：0.001，单击"OK"按钮，回到图4.39所示，可以看到已经定义1种截面参数，单击"Close"按钮，完成是实常数设置。

图4.35 单元类型对话框

图4.36 实常数1设置对话框

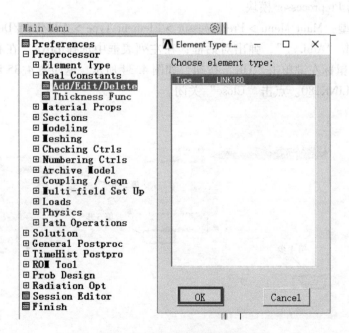

图4.37 设置截面参数对话框

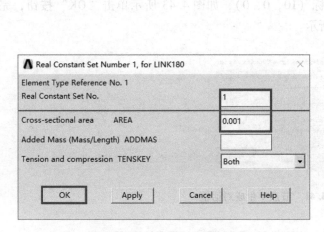

图 4.38 设置第 1 个截面参数　　　　　图 4.39 完成 1 种实常数设置

设置材料属性：Main Menu > Preprocessor > Material Props > Material Models，弹出对话框，依次点击 Structural > Linear > Elastic > Isotropic，弹出对话框，输入 EX：2.1e11，PRXY：0.3，单击"OK"按钮。再单击对话框右上角"×"，如图 4.40 所示，完成材料属性设置。

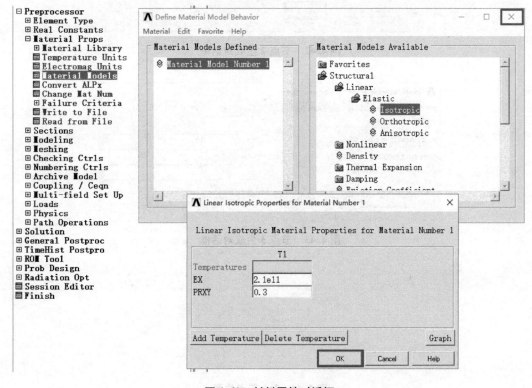

图 4.40 材料属性对话框

创建节点：Main Menu > Preprocessor > Modeling > Create > Nodes > In Active CS，弹出对话框，如图4.41所示，输入节点1坐标（0，0，0），点击"Apply"按钮。返回图4.41，修改坐标数据为节点2，坐标（5，-2.887，0），如图4.42所示，点击"Apply"按钮。返回图4.42，修改坐标数据为节点3，坐标（10，0，0），如图4.43所示单击"OK"按钮，完成3个节点坐标的定义，如图4.44所示。

图4.41 节点1生成对话框

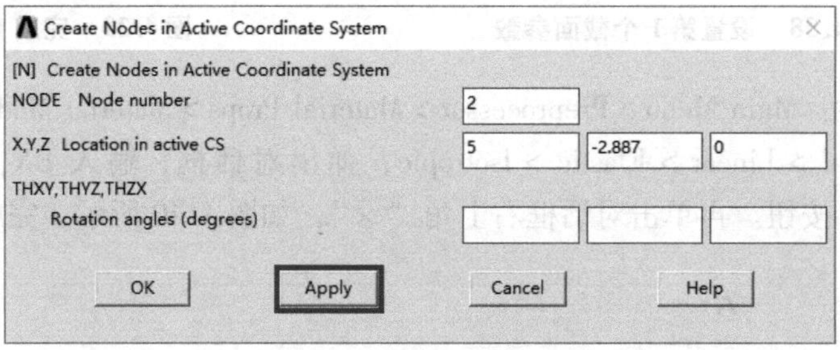

图4.42 节点2生成对话框

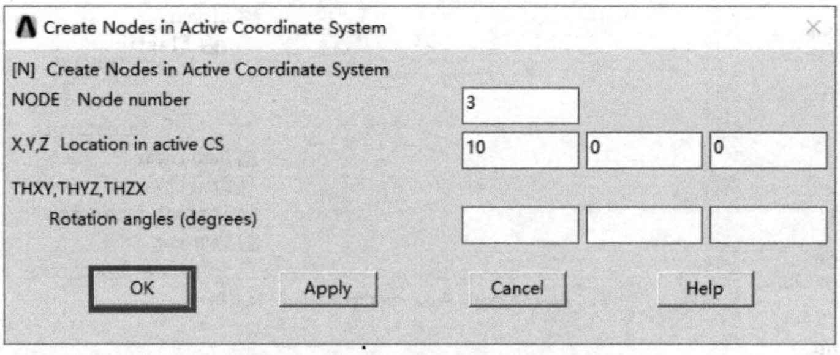

图4.43 节点3生成对话框

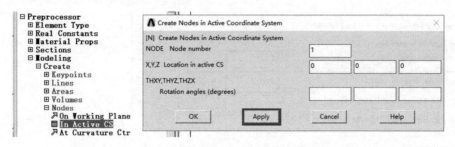

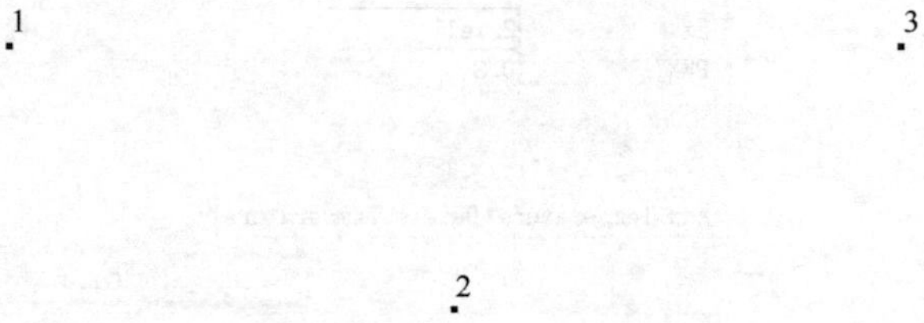

图4.44 3个节点位置

第 4 章　ANSYS 基础应用实例分析

创建模型：Main Menu > Preprocessor > Modeling > Create > Elements > Auto Numbered > Thru Nodes，弹出对话框如图 4.45 所示，鼠标左键单击节点 1 和 2，再单击"Apply"按钮，生成单元 1，再用鼠标左键单击节点 2 和 3，生成单元 2，单击"OK"按钮如图 4.46 所示。生成有限元模型，如图 4.47 所示。

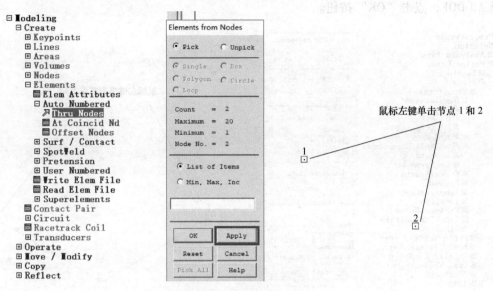

图 4.45　节点选择对话框

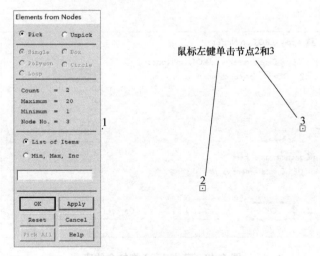

图 4.46　节点选择对话框

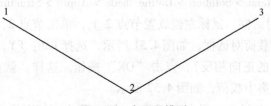

图 4.47　有限元模型

251

3）求解器 Solution 模块

施加约束：Main Menu > Solution > Define loads > Apply > Structural > Displacement > On Nodes，弹出拾取节点对话框，鼠标箭头放置节点 1 上，单击左键，再把鼠标箭头放置节点 3 上，单击左键，如图 4.48 所示，单击"OK"按钮，弹出施加约束对话框，如图 4.49 所示，选择 All DOF，点击"OK"按钮。

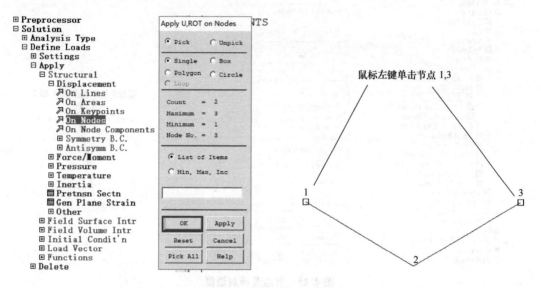

图 4.48　拾取节点对话框

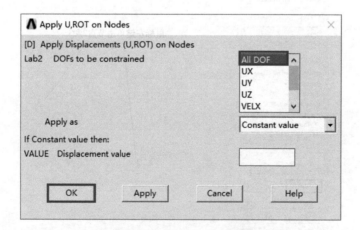

图 4.49　节点 1，3 施加全约束

施加载荷：Main Menu > Solution > Define loads > Apply > Structural > Force/Moment > On Nodes，弹出拾取节点对话框，鼠标左键放置节点 2 上，单击节点 2，如图 4.50 所示，单击"OK"按钮，弹出施加载荷对话框，如图 4.51 所示，选择 Lab：FY，VALUE：-1000（注：负号表示力的方向与 Y 的正向相反），点击"OK"按钮。这样，就在节点 2 处给桁架结构施加了一个竖直向下的集中载荷，如图 4.52 所示。

求解：Main Menu > Solution > Solve > Current LS。弹出求解对话框，如图 4.53 所示，单

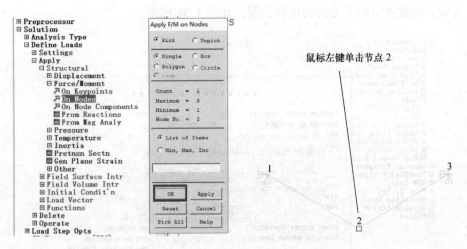

图 4.50 节点拾取对话框

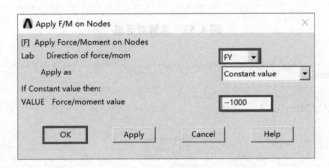

图 4.51 节点载荷施加对话框

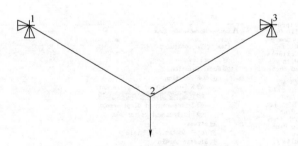

图 4.52 有限元模型载荷施加效果

击"OK"按钮,开始求解。求解结束时,又弹出一信息窗口(图 4.54)提示用户已完成求解,点击"Close"按钮关闭对话框即可。至于在求解时产生的 STATUS Command 窗口,单击 File > Close 关闭即可。

4) 处理器 General Postproc 模块

查看节点 2 位移。

① 云图显示:Main Menu > General Postproc > Plot Results > Contour Plot > Nodal Solu。弹出对话框,如图 4.55 所示,选择 DOF Solution 下的 Y-Component of displacement,单击

"OK"按钮。生成该结构 Y 方向的位移云图，如图4.56所示。

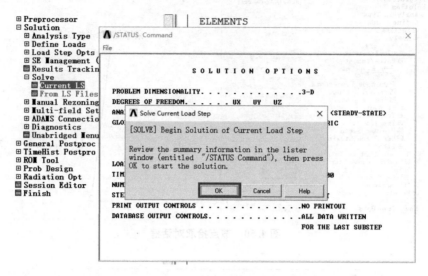

图4.53 求解对话框

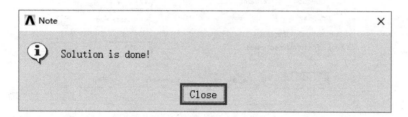

图4.54 求解结束对话框

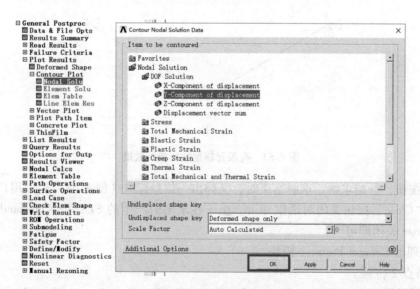

图4.55 查看 Y 方向的位移

② 列表显示：Main Menu > General Postproc > List Results > Nodal solution，弹出对话框，

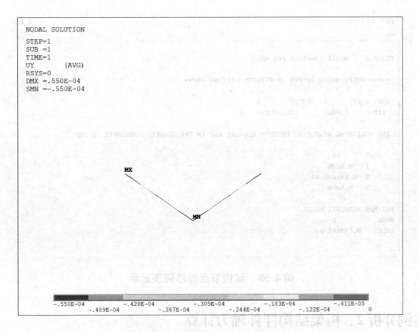

图 4.56　结构 Y 方向的位移云图

如图 4.57 所示，选择 DOF Solution 下的 Y-Component of displacement，单击"OK"按钮。列表显示该拉杆 Y 方向的位移，如图 4.58 所示。

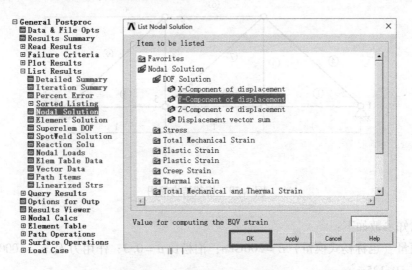

图 4.57　列表显示 Y 方向的位移

从图 4.58 可以看出 2 节点的 Y 方向的位移计算结果为 0.54980×10^{-4} m，与材料力学（结构力学）计算得出的解析解 0.54987×10^{-4} m 一致。

5）退出

点击应用菜单中的 File > Exit…，弹出保存对话框，选中 Save Everything，点击"OK"按扭，即可退出 ANSYS。

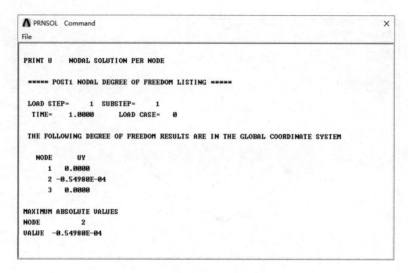

图4.58 结构节点位移列表显示

4.4.2 实例分析2：桁架结构杆件轴力计算

图4.59所示为由9个杆件组成的桁架结构，两端分别在1，4点用铰链支承，3点受到一个方向向下的力 F_y，桁架的尺寸已在图中标出，单位：m。试计算各杆件的受力。

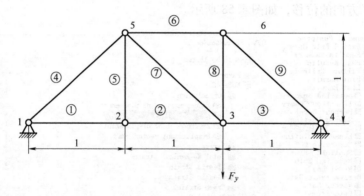

图4.59 桁架结构简图

其他已知参数如下：

弹性模量（也称杨氏模量）$E=206\text{GPa}$；泊松比 $\mu=0.3$；作用力 $F_y=-1000\text{N}$；杆件的横截面积 $A=0.125\text{m}^2$。

1. 材料力学（结构力学）解析解

这是一个典型的桁架结构。可以应用材料力学（结构力学）的节点法求解各杆件的轴力。

以整体为研究对象，进行受力分析，求解支座1和支座4的支反力：

$$\left.\begin{array}{l}\sum M_1=0, F_y\times 2=F_4\times 3\\ \sum F_y=0, F_1+F_4=F_y\end{array}\right\} \quad (4.19)$$

代入数据,得:

$$\left.\begin{array}{l}F_1 = \dfrac{1000}{3}\text{N} = 333.33\text{N}\\ F_4 = \dfrac{2000}{3}\text{N} = 666.67\text{N}\end{array}\right\} \quad (4.20)$$

以节点 1 为研究对象,受力分析如图 4.60 所示,列平衡方程:

$$\left.\begin{array}{l}\sum F_x = 0, F_{N1} = F_{N4} \times \cos 45°\\ \sum F_y = 0, F_1 = F_{N4} \times \sin 45°\end{array}\right\} \quad (4.21)$$

代入数据,得:

$$\left.\begin{array}{l}F_{N1} = 333.33\text{N}\\ F_{N4} = 471.40\text{N}\end{array}\right\} \quad (4.22)$$

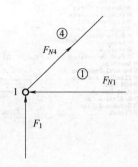

图 4.60 节点 1 受力图

同理:分别再以节点 2、3、4、5、6 为研究对象,进行受力分析,列平衡方程,求解得到其他各杆的轴力:

$$\left.\begin{array}{l}F_{N2} = 333.33\text{N}\\ F_{N3} = 666.67\text{N}\\ F_{N5} = 0\\ F_{N6} = -666.67\text{N}\\ F_{N7} = 471.4\text{N}\\ F_{N8} = 666.67\text{N}\\ F_{N9} = -942.81\text{N}\end{array}\right\} \quad (4.23)$$

2. ANSYS 求解

(1) ANSYS 分析前的准备工作

定义工作文件名:File > Change Jobname,鼠标左键点击 Change Jobname...,弹出对话框,输入文件名 shili2,单击"OK"按钮,如图 4.61 所示。

图 4.61 定义文件名

(2) 前处理器 Preprocessor 模块

1) 定义单元类型:Main Menu > Preprocessor > Element Type > Add/Edit/Delete,弹出对话框,鼠标左键单击"Add...",弹出对话框,在左列表框中选择 LINK,在右列表框中选择 3D finit stn 180,鼠标左键单击"OK"按钮,如图 4.62 所示,返回图 4.63 所示,可以看到已经定义了单元 LINK180,点击"Close"按钮关闭。

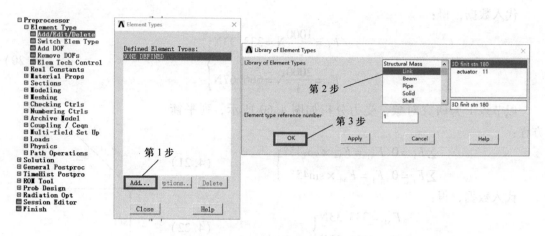

图 4.62 单元类型选择对话框

2）定义实常数：Main Menu > Preprocessor > Real Constants > Add/Edit/Delete，弹出对话框，如图 4.64 所示，鼠标左键单击"Add..."按钮，弹出对话框如图 4.65 所示，鼠标左键单击"OK"按钮，弹出对话框，如图 4.66 所示，输入 Real Constant Set No.：1，AREA：0.125，单击"OK"按钮，回到图 4.67 所示，可以看到已经定义 1 种截面参数，单击"Close"按钮，完成实常数设置。

图 4.63 单元类型对话框

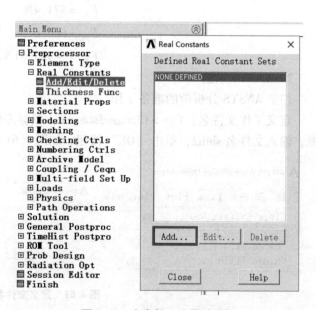

图 4.64 实常数 1 设置对话框

3）设置材料属性：Main Menu > Preprocessor > Material Props > Material Models，弹出对话框，依次点击 Structural > Linear > Elastic > Isotropic，弹出对话框，输入 EX（弹性模量）：206E9，PRXY（泊松比）：0.3，单击"OK"按钮。再单击对话框右上角"×"，如图 4.68 所示，完成材料属性设置。

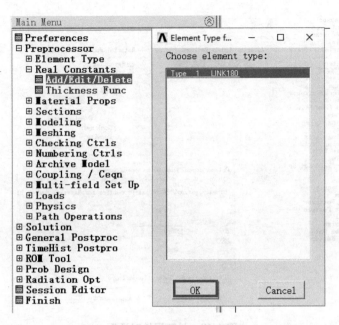

图 4.65 设置截面参数对话框

图 4.66 设置第 1 个截面参数　　　　图 4.67 完成 1 种实常数设置

4）生成节点：图 4.59 所示桁架中共有 6 个节点，其坐标根据已知条件容易求出各节点坐标如下：1(0, 0, 0)，2(1, 0, 0)，3(2, 0, 0)，4(3, 0, 0)，5(1, 1, 0)，6(2, 1, 0)。

定义节点：Main Menu > Preprocessor > Modeling > Create > Nodes > In Active CS，弹出对话框，如图 4.69 所示：输入节点 1 坐标 (0, 0, 0)，单击"Apply"按钮。返回图 4.69；修改坐标数据为节点 2，坐标 (1, 0, 0)，如图 4.70 所示，单击"Apply"按钮。返回图 4.70，修改坐标数据为节点 3，坐标 (2, 0, 0)，如图 4.71 所示，单击"Apply"按钮。返

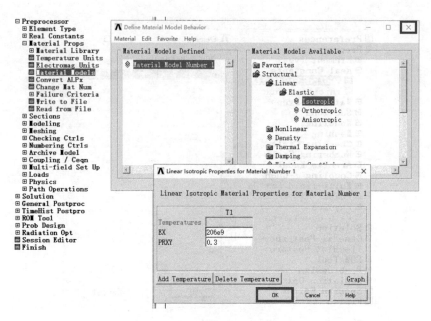

图 4.68　材料属性对话框

回图 4.71，修改坐标数据为节点 4，坐标（3，0，0），如图 4.72 所示，单击"Apply"按钮。返回图 4.72，修改坐标数据为节点 5，坐标（1，1，0），如图 4.73 所示，单击"Apply"按钮。返回图 4.73，修改坐标数据为节点 6，坐标（2，1，0），如图 4.74 所示，单击"OK"按钮，完成 6 个节点坐标的定义，如图 4.75 所示。

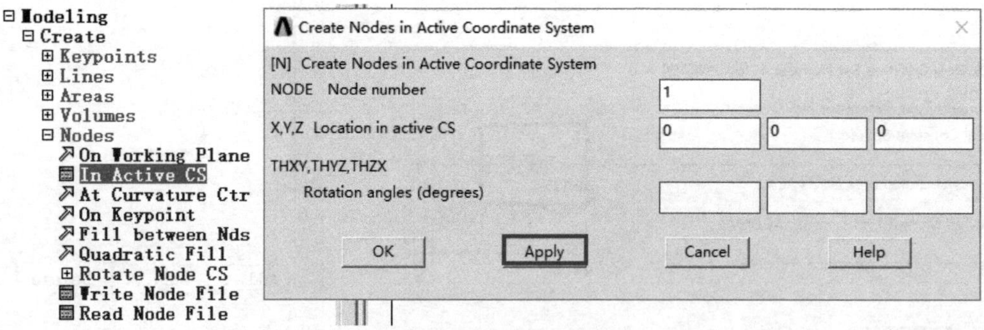

图 4.69　节点 1 生成对话框

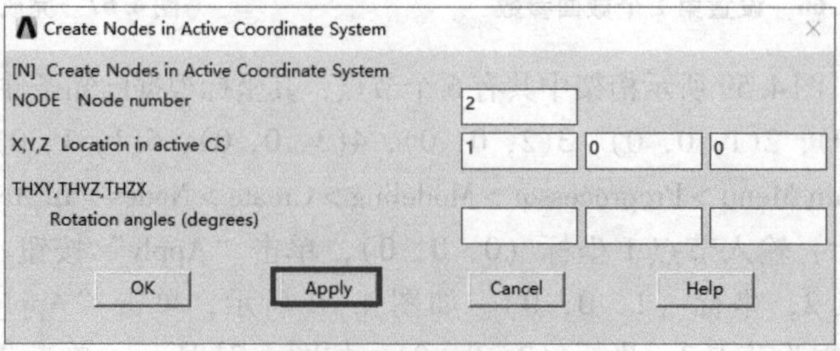

图 4.70　节点 2 生成对话框

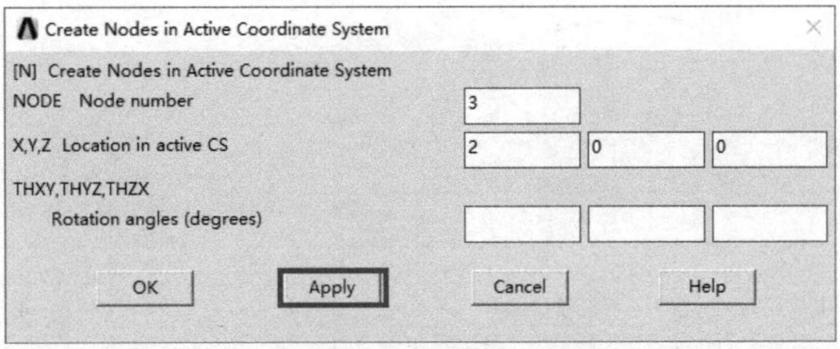

图 4.71 节点 3 生成对话框

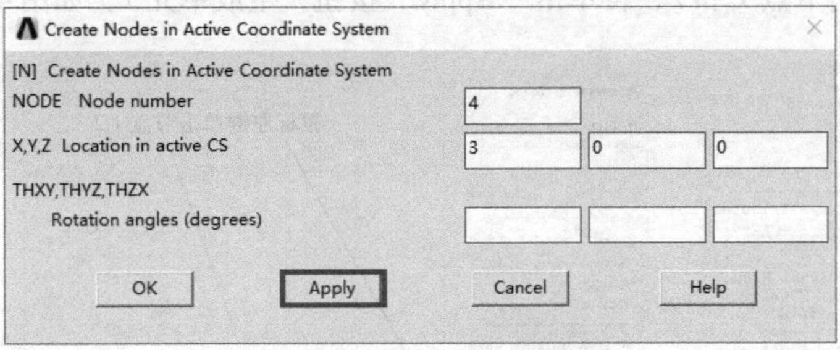

图 4.72 节点 4 生成对话框

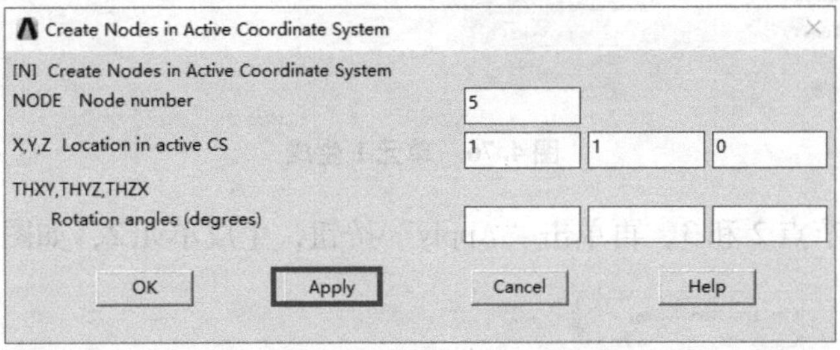

图 4.73 节点 5 生成对话框

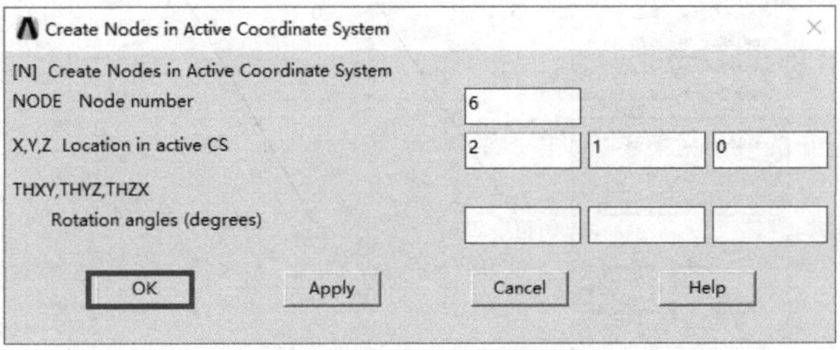

图 4.74 节点 6 生成对话框

5）定义单元：Main Menu > Preprocessor > Modeling > Create > Elements > Auto Numbered > Thru Nodes，弹出对话框如图 4.76 所示：

图 4.75 节点位置

鼠标左键单击节点 1 和 2，再单击"Apply"按钮，生成单元 1，如图 4.76 所示；

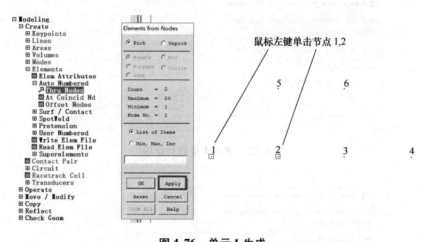

图 4.76 单元 1 生成

鼠标左键单击节点 2 和 3，再单击"Apply"按钮，生成单元 2，如图 4.77 所示；

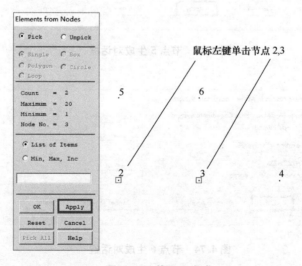

图 4.77 单元 2 生成

鼠标左键单击节点 3 和 4，再单击"Apply"按钮，生成单元 3，如图 4.78 所示。

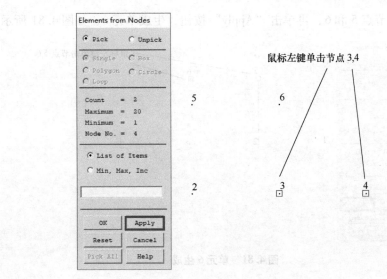

图 4.78　单元 3 生成

鼠标左键单击节点 1 和 5，再单击"Apply"按钮，生成单元 4，如图 4.79 所示；

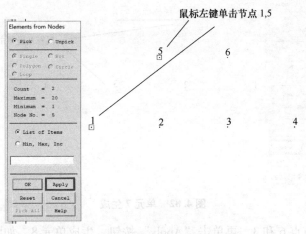

图 4.79　单元 4 生成

鼠标左键单击节点 5 和 2，再单击"Apply"按钮，生成单元 5，如图 4.80 所示；

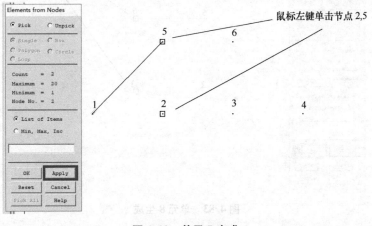

图 4.80　单元 5 生成

鼠标左键单击节点 5 和 6,再单击"Apply"按钮,生成单元 6,如图 4.81 所示;

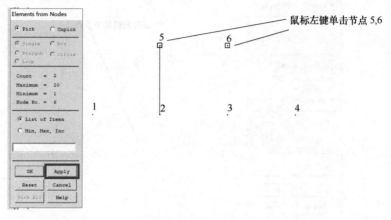

图 4.81　单元 6 生成

鼠标左键单击节点 5 和 3,再单击"Apply"按钮,生成单元 7,如图 4.82 所示;

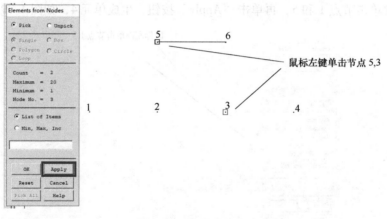

图 4.82　单元 7 生成

鼠标左键单击节点 6 和 3,再单击"Apply"按钮,生成单元 8,如图 4.83 所示;

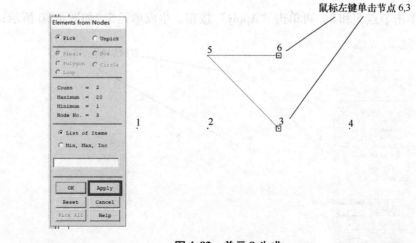

图 4.83　单元 8 生成

鼠标左键单击节点 6 和 4，再单击"OK"按钮，生成单元 9，如图 4.84 所示；生成的桁架结构有限元模型如图 4.85 所示。

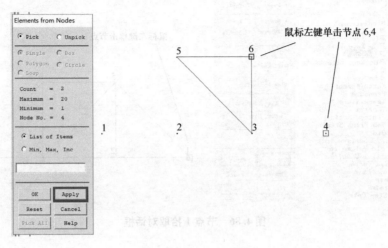

图 4.84　单元 9 生成

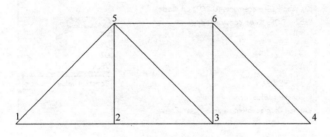

图 4.85　桁架结构有限元模型

(3) 求解器 Solution 模块

1) 施加位移约束：Main Menu > Solution > Define loads > Apply > Structural > Displacement > On Nodes，弹出节点拾取对话框，如图 4.86 所示，鼠标左键点选 1 节后，然后点击"OK"按钮，弹出对话框如图 4.87 所示，选择右上列表框中的"All DOF"，并点击"Apply"按钮，弹出对话框如图 4.88 所示，点选 4 节点，选择右上列表框中的 UY（图 4.89），并点击"OK"按钮，即可完成对节点 4 沿 Y 方向的位移约束。约束施加效果见图 4.90。

2) 施加载荷：Main Menu > Solution > Define loads > Apply > Structural > Force/Moment > On Nodes，弹出拾取节点对话框，鼠标箭头放置节点 3 上，单击左键，如图 4.91 所示，单击"OK"按钮，弹出施加载荷对话框，如图 4.92 所示，选择 Lab：FY，VALUE：-1000（注：负号表示力的方向与 Y 的正向相反），然后点击"OK"按钮关闭对话框，这样，就在节点 3 处给桁架结构施加了一个竖直向下的集中载荷（图 4.93）。

3) 求解：Main Menu > Solution > Solve > Current LS。弹出求解对话框，如图 4.94 所示，单击"OK"按钮，开始求解。求解结束时，又弹出一信息窗口（图 4.95）提示用户已完成求解，点击"Close"按钮关闭对话框即可。至于在求解时产生的 STATUS Command 窗口，单击 File > Close 关闭即可。

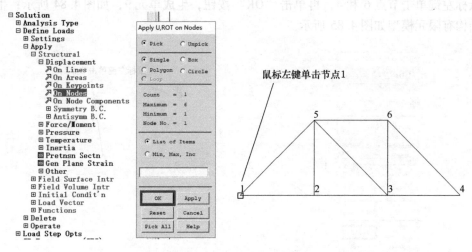

图 4.86 节点 1 拾取对话框

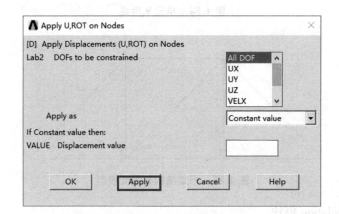

图 4.87 节点 1 约束对话框

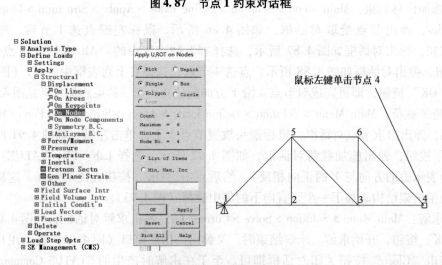

图 4.88 节点 4 拾取对话框

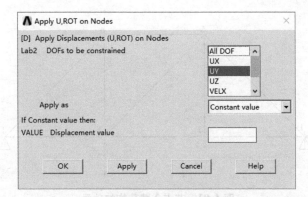

图 4.89 节点 4 约束对话框

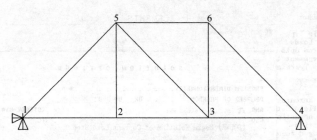

图 4.90 节点施加约束效果

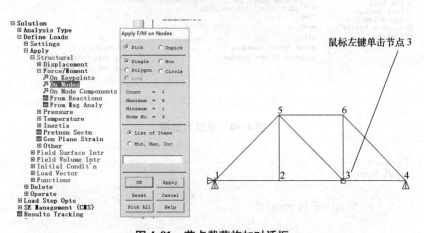

图 4.91 节点载荷施加对话框

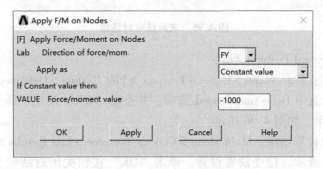

图 4.92 节点 3 载荷施加

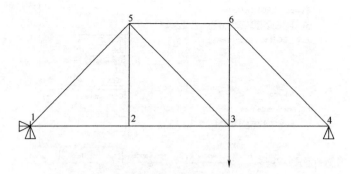

图 4.93 节点 3 载荷施加效果

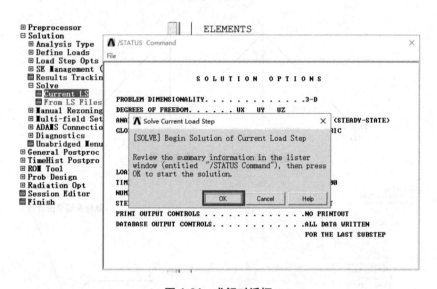

图 4.94 求解对话框

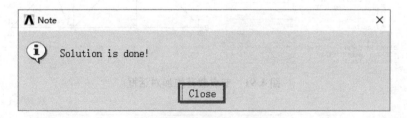

图 4.95 求解结束对话框

(4) 处理器 General Postproc 模块

1) 显示变形图：Main Menu > General Postproc > Plot Results > Deformed Shape，弹出对话框如图 4.96 所示。选中 Def + undeformed 选项，并点击"OK"按钮，即可显示本实例桁架结构变形前后的结果，如图 4.96 所示。

2) 列举支反力计算结果：Main Menu > General Postproc > List Results > Reaction Solu，弹出对话框如图 4.97 所示。接受缺省设置，单击"OK"按钮关闭对话框，并弹出一列表窗口，显示了两铰链点（1、4 节点）所受的支反力情况，如图 4.98 所示。

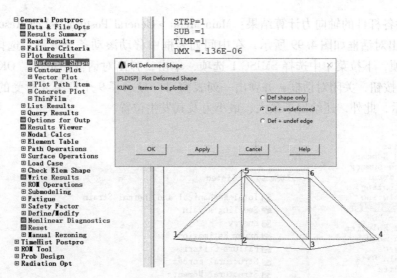

图 4.96　显示变形对话框

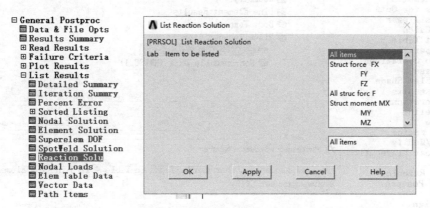

图 4.97　支反力列表显示对话框

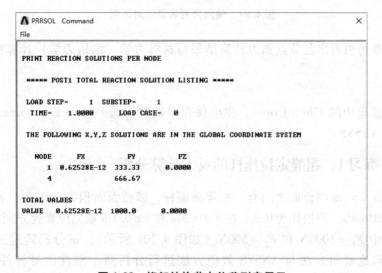

图 4.98　桁架结构节点位移列表显示

3）列举各杆件的轴向力计算结果：Main Menu > General Postproc > List Results > Element Solution，弹出对话框如图 4.99 所示，在中间列表框中移动滚动条至最后，选择 Miscellaneous Items 选项，下拉菜单中选择 SMISC 1 选项，单击，弹出对话框，单击"OK"按钮，再单击"OK"按钮，关闭对话框，并弹出一列表窗口，显示了 9 个杆单元所受的轴向力，如图 4.100 所示，此外，还给出了最大、最小力及其发生位置。

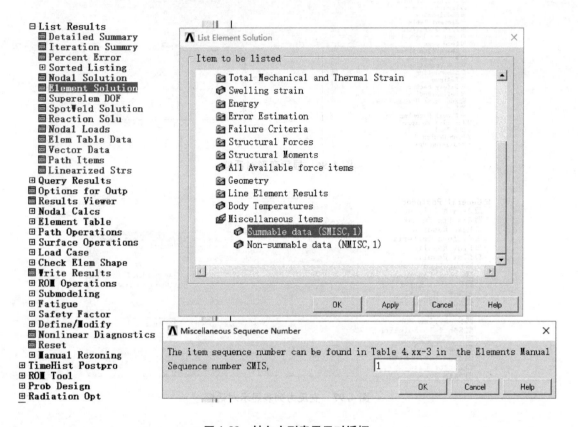

图 4.99 轴向力列表显示对话框

从图 4.100 可以看出各节点轴力计算结果与材料力学（结构力学）计算得出的解析解是一致的。

（5）退出

点击应用菜单中的 File > Exit…，弹出保存对话框，选中 Save Everything，点击 OK 按钮，即可退出 ANSYS。

4.4.3 上机练习1：超静定拉压杆的反力计算分析

在两个相距 $l = 1m$ 刚性面之间有一根等截面杆，横截面面积为 $0.01m^2$，杆件材料的弹性模量为 $E = 210GPa$，泊松比为 0.3。在 $a = 0.3m$ 和 $b = 0.3m$ 截面位置处分别为受到沿杆件轴向的两个集中 $F_1 = 1000N$ 和 $F_2 = 500N$（如图 4.101 所示），试分别确定通过材料力学（结构力学）理论解析方法与 ANSYS 数值方法进行分析两个刚性面对杆件的支反力 R_1 和 R_2。

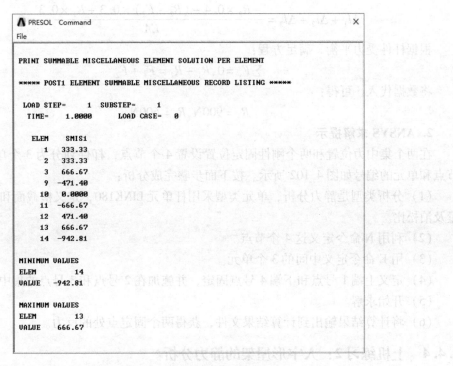

图 4.100 桁架结构轴向力列表显示

1. 理论解

这是一个一次超静定结构，杆件在变形前和变形后的长度不变。按图 4.102 所示的反力作用情况，1 号单元的轴力为 $-R_2$，2 号单元的轴力为 R_2-F_2，3 号单元的轴力为 R_1，根据材料力学（结构力学）物理方程，则这 3 个单元的伸长量分别为

$$\Delta l_1 = -\frac{R_2 \times 0.4}{EA}, \Delta l_2 = -\frac{(R_2-F_2)\times 0.3}{EA}, \Delta l_3 = \frac{R_1 \times 0.3}{EA} \tag{4.24}$$

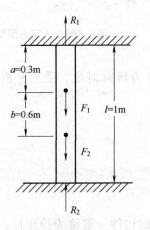

图 4.101 超静定拉压杆模型

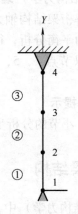

图 4.102 节点和单元划分

根据几何协调方程，满足：

$$\Delta l_1 + \Delta l_2 + \Delta l_3 = \frac{-R_2 \times 0.4 - (R_2 - F_2) \times 0.3 + R_1 \times 0.3}{EA} = 0 \tag{4.25}$$

根据杆件受力平衡,满足方程:

$$\sum F_y = 0, R_1 + R_2 = F_1 + F_2 \tag{4.26}$$

将数据代入,可得:

$$R_1 = 900\text{N}, R_2 = 600\text{N} \tag{4.27}$$

2. ANSYS 求解提示

在两个集中力位置和两个刚性固定位置设置 4 个节点,杆件划分为 3 个单元。坐标系、节点和单元的编号如图 4.102 所示。按下面步骤完成分析:

(1) 分析类型是静力分析,单元类型采用杆单元 LINK180,定义横截面和材料的弹性模量及泊松比。

(2) 利用 N 命令定义这 4 个节点。

(3) 用 E 命令定义中间的 3 个单元。

(4) 定义上端 1 号点和下端 4 号点固定,并施加在 2 号点和 3 号点的集中力。

(5) 开始求解。

(6) 将计算结果输出到计算结果文件,获得两个固定点处的反力。

4.4.4 上机练习 2:人字形屋架的静力分析

跨度 8m 的人字形屋架为桁架结构,左边端点是固定铰链支座,右端是滑动铰链支座。在上面的 3 个节点上作用有 3 个向下集中力 $P = 1\text{kN}$,结构的几何尺寸和边界条件如图 4.103 所示,弹性模量 $E = 207E+9\text{Pa}$,泊松比为 0.3,横截面面积为 0.01m^2。试分别通过材料力学(结构力学)理论解析方法与 ANSYS 数值方法进行分析该屋架在 3 个集中力作用下的内力。

1. 材料力学(结构力学)理论解

应用节点法求解桁架结构轴力,先取整体为研究对象,进行受力平衡分析,得到左右两支座

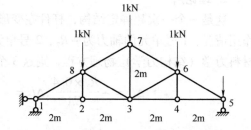

图 4.103 人字形屋架结构

的反力,然后分别以节点 1、5、2、3、4、6、7、8 为研究对象,受力分析求得各杆件的受力。

2. ANSYS 求解提示

可以参考 4.4.2 小节的分析步骤。

4.5 弯曲梁结构

在材料力学(结构力学)中,以拉压变形为主的构件一般称为拉压杆,以弯曲变形为主的构件一般称为梁。在 ANSYS 有限元软件的单元库中,拉压杆一般用 LINK 单元模拟,LINK 杆单元一般承受轴向拉、压力,不承受弯矩。承受弯矩的单元一般用 BEAM(梁)单元,BEAM 单元可以承受轴向拉、压力,还可以承受弯矩。

4.5.1 实例分析1：悬臂梁的变形分析

一方形截面梁（图 4.104），截面每边长为 5cm，长度为 10m 的悬臂梁。在左端为固定端约束，在右端施加一个 $F_Y = 100\text{N}$ 的竖直向下的集中力。试分别通过材料力学（结构力学）理论解析方法与 ANSYS 数值方法进行分析该梁的最大挠度。（弹性模量 $E = 3\text{E}+11\text{Pa}$，泊松比 0.3）

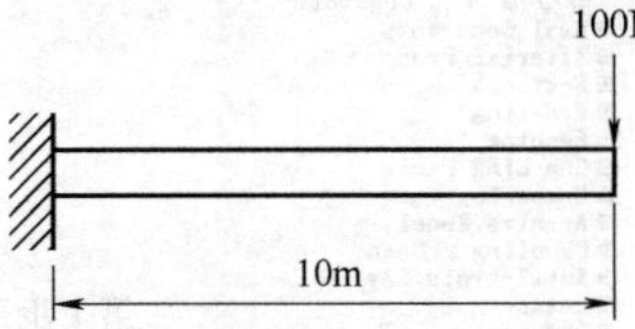

1. 材料力学（结构力学）理论解

当悬臂梁另一端有集中力作用时，挠度曲线公式为

$$y(x) = -\frac{Fx^2}{6EI}(3l-x), 0 \leqslant x \leqslant l \tag{4.28}$$

图 4.104 悬臂梁结构

由此可以确定该梁最大挠度出现在梁端（$x=l$）处，最大转角出现在梁端（$x=l$）处。

$$y_{\max} = y(l) = -\frac{Fl^3}{3EI}, \theta_{\max} = \theta(l) = -\frac{Fl^2}{2EI} \tag{4.29}$$

抗弯刚度为

$$EI = \frac{Ebh^3}{12} = \frac{3 \times 10^{11} \times 0.05^4}{12} = 156250\text{N} \cdot \text{m} \tag{4.30}$$

代入数值，得到：

$$\left.\begin{array}{l} y_{\max} = -\dfrac{100 \times 10^3}{3 \times 156250} = -0.2133\text{m} \\ \theta_{\max} = -\dfrac{100 \times 10^2}{2 \times 156250} = -0.032 \end{array}\right\} \tag{4.31}$$

2. ANSYS 求解

（1）ANSYS 分析前的准备工作。

定义工作文件名：File > Change Jobname，鼠标左键点击 Change Jobname...，弹出对话框，输入文件名 shili1，单击"OK"按钮，如图 4.105 所示。

图 4.105 定义文件名

（2）前处理器 Preprocessor 模块

1）定义单元类型：Main Menu > Preference > Element Type > Add/Edit/Delete，弹出对话框，点击对话框中的"Add..."按钮，又弹出一对话框（图 4.106），选中该对话框中的 Beam 和 2 node 188 选项，点击"OK"按钮，关闭该对话框，返回至上一级对话框，此时，对话框中出现刚才选中的单元类型：BEAM188，如图 4.107 所示。点击"Close"按钮，关闭对话框。

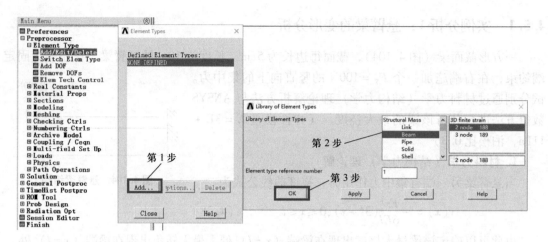

图 4.106　单元类型选择对话框

2）定义梁截面参数：Main Menu > Preprocessor > Sections > Beam > Common Sections，弹出 Beam Tool 对话框，在对话框中设置 ID 为 1，选择矩形截面，设置 B 和 H 为 0.05，如图 4.108 所示，单击按钮"OK"确认，关闭对话框。

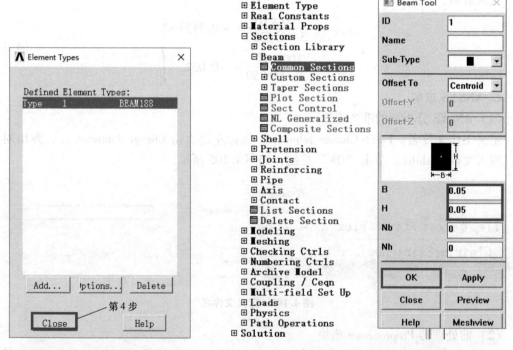

图 4.107　单元类型对话框　　　　图 4.108　截面参数设置对话框

3）定义材料特性：Main Menu > Preprocessor > Material Props > Material Models，弹出对话框，依次点击 Structural > Linear > Elastic > Isotropic，弹出对话框，输入 EX：3e11，PRXY：0.3，单击"OK"按钮。再单击对话框右上角"×"，如图 4.109 所示，完成材料属性设置。

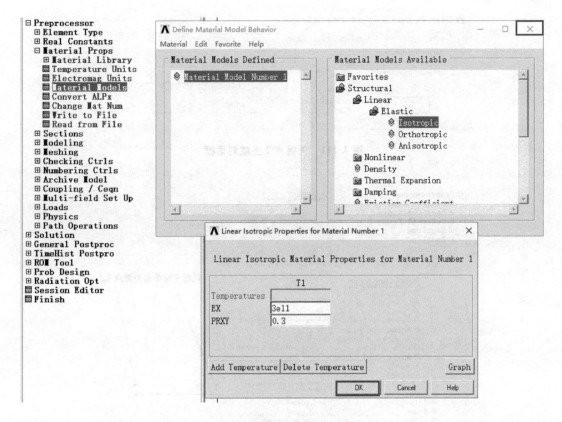

图 4.109　材料特性对话框

4）创建关键点：定义关键点：Main Menu > Preprocessor > Modeling > Create > Keypoints > In Active CS，弹出对话框，如图 4.110 所示，输入关键点 1 坐标 (0, 0, 0)，点击"Apply"按钮。返回图 4.110，修改坐标数据为关键点 2，坐标 (10, 0, 0)，如图 4.111 所示，单击"OK"按钮，完成 2 个关键点坐标的定义。

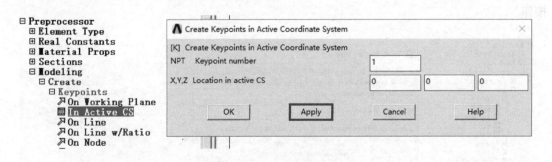

图 4.110　关键点 1 生成对话框

5）创建线：Main Menu > Preprocessor > Modeling > Create > Lines > Lines > Straight Line，弹出关键点选择对话框，如图 4.112 所示。鼠标左键单击关键点 1，再鼠标左键单击关键点 2，点击"OK"按钮，既可生成线。

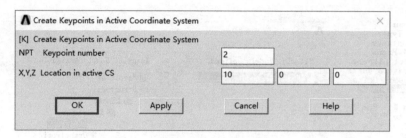

图 4.111 关键点 2 生成对话框

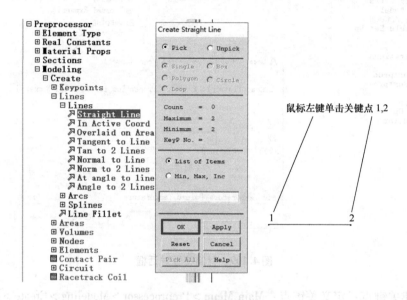

图 4.112 生成直线对话框

6) 生成单元：Main Menu > Preprocessor > Meshing > Size Cntrls > Manual Size > Global > Size，在 NDIV 栏中输入 20（注：该梁划分为 20 个单元），如图 4.113 所示，单击"OK"按钮。

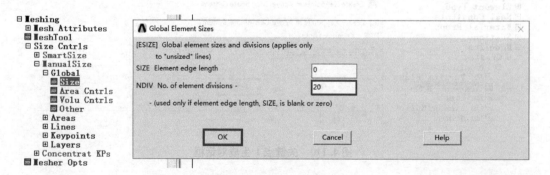

图 4.113 网格划分对话框

Main Menu > Preprocessor > Meshing > Mesh Tool，单击"Mesh"按钮，如图 4.114 所示。

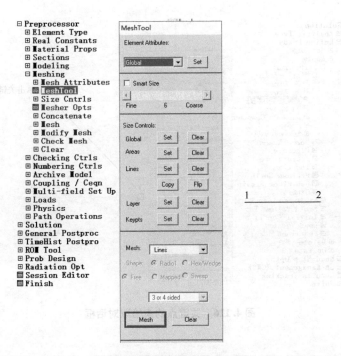

图 4.114 线网格划分对话框

弹出拾取线对话框,单击 Mesh 按钮,鼠标箭头放置在线上进行单击左键,再单击"OK"按钮,完成线的网格划分(图 4.115)。

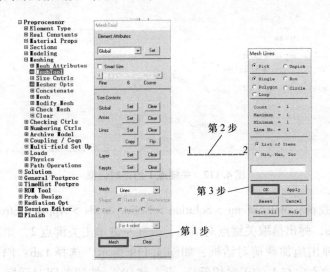

图 4.115 线网格划分时拾取线对话框

(3) 求解器 Solution 模块

1) 施加约束: Main Menu > Solution > Define loads > Apply > Structural > Displacement > On Keypoints,弹出拾取关键点对话框,鼠标左键单击关键点 1,如图 4.116 所示,单击"OK"按钮,弹出施加约束对话框,如图 4.117 所示,选择 All DOF,单击"OK"按钮。

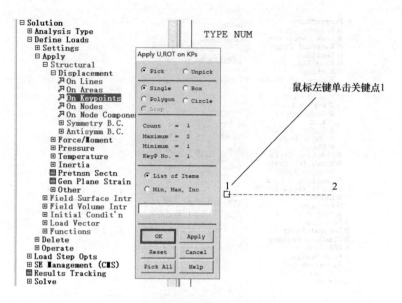

图 4.116 关键点约束拾取对话框

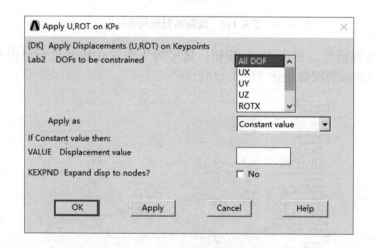

图 4.117 关键点 1 约束对话框

2）施加集中载荷：Main Menu > Solution > Define loads > Apply > Structural > Force/Moment > On Keypoints，弹出拾取关键点对话框，鼠标左键单击关键点 2，如图 4.118 所示，单击"OK"按钮，弹出施加载荷对话框，如图 4.119 所示，选择 Lab：FY，VALUE：−100（注：负号表示力的方向与 Y 的正向相反），点击"OK"按钮关闭对话框，这样，就在关键点 2 处给梁结构施加了一个竖直向下的集中载荷，如图 4.120 所示。

3）求解：Main Menu > Solution > Solve > Current LS。弹出求解对话框，如图 4.121 所示，单击"OK"按钮，开始求解。求解结束时，又弹出一信息窗口（图 4.122）提示用户已完成求解，单击"Close"按钮关闭对话框即可。至于在求解时产生的 STATUS Command 窗口，单击 File > Close 关闭即可。

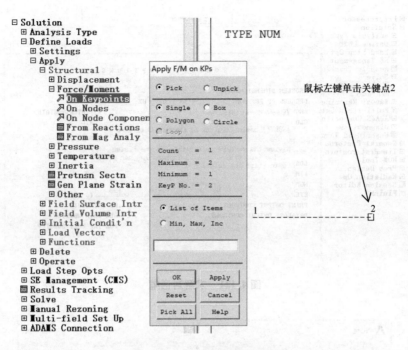

图 4.118　关键点拾取对话框

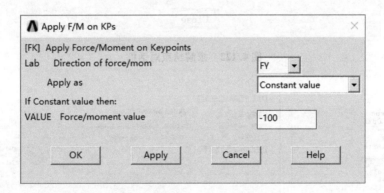

图 4.119　关键点载荷施加对话框

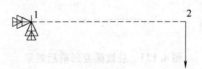

图 4.120　有限元模型载荷施加效果

（4）处理器 General Postproc 模块

1）显示变形图：Main Menu > General Postproc > Plot Results > Deformed Shape，弹出对话框如图 4.123 所示。选中 Def + undeformed 选项，并点击"OK"按钮，即可显示本实例悬臂梁结构变形前后的结果，如图 4.123 所示。

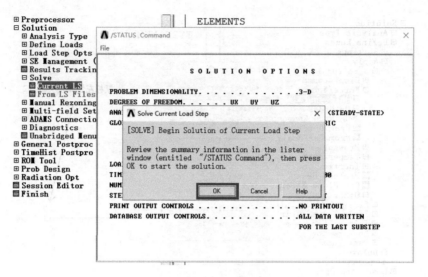

图 4.121　求解对话框

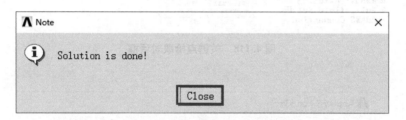

图 4.122　求解结束对话框

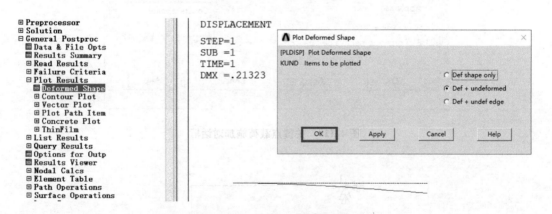

图 4.123　悬臂梁变形前后效果

2）列举挠度计算结果：General Postproc > List Results > Nodal Solution，弹出对话框如图 4.124 所示。选择 Nodal Solution > DOF Solution > Y-Component of displacement，点击"OK"按钮关闭对话框，并弹出一列表窗口，显示了各节点位移情况，如图 4.125 所示。

从图 4.125 可以看出节点 2（最右端）挠度计算结果与材料力学（结构力学）计算得出的解析解是一致的（-0.213）。

第4章 ANSYS 基础应用实例分析

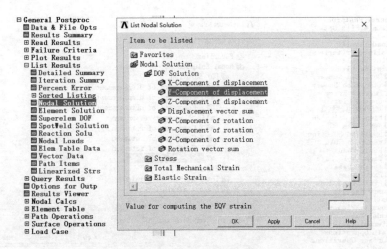

图 4.124　悬臂梁节点位移列表显示对话框

图 4.125　悬臂梁节点位移列表显示

3) 列举各节点转角：General Postproc > List Results > Nodal Solution，弹出对话框如图 4.126 所示，选择 Nodal Solution > DOF Solution > Rotation vector sum，点击"OK"按钮关闭对话框，并弹出一列表窗口，显示各节点转角，如图 4.127 所示，此外，还给出了最大转角及其发生位置。

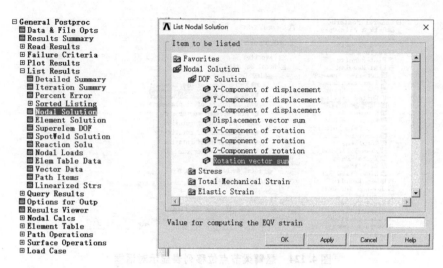

图 4.126 悬臂梁节点转角列表显示对话框

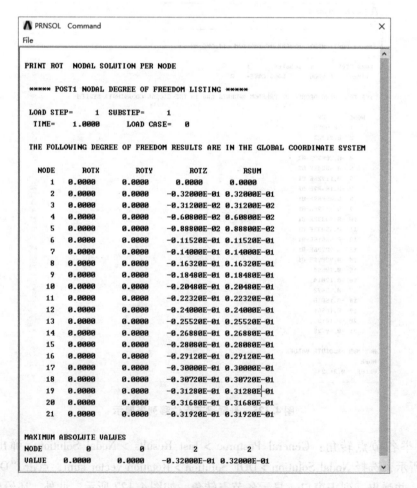

图 4.127 悬臂梁转角列表显示

从图 4.127 可以看出节点 2（最右端）转角计算结果与材料力学（结构力学）计算得出的解析解是一致的（-0.032）。

(5) 退出

点击应用菜单中的 File > Exit…，弹出保存对话框，选中 Save Everything，点击"OK"按扭，即可退出 ANSYS。

4.5.2 实例分析 2：均布力作用下梁的变形分析

长度 $l=5.08$m 的正方形截面（$h=b=0.0635$m）简支梁受到均布载荷 $q=314$N/m 的作用（如图 4.128 所示）。试分别确定通过材料力学（结构力学）理论解析方法与 ANSYS 数值方法进行分析该梁的挠度和转角。

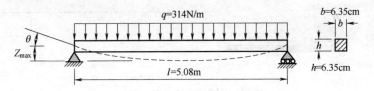

图 4.128 简支梁受力简图

1. 材料力学（结构力学）理论分析

当简支梁均布载荷作用时，挠度曲线公式为

$$y(x) = -\frac{qx}{24EI}(l^3 - 2lx^2 + x^3), 0 \leq x \leq l \tag{4.32}$$

由此可以确定该梁最大挠度出现在跨中 $\left(x=\dfrac{l}{2}\right)$ 处，最大转角出现在梁端（$x=l$）处。

$$y_{\max} = y\left(\frac{l}{2}\right) = -\frac{5ql^4}{384EI}, \theta_{\max} = \theta(l) = -\frac{ql^3}{24EI} \tag{4.33}$$

抗弯刚度为

$$EI = \frac{Ebh^3}{12} = \frac{210 \times 10^9 \times 0.0635^4}{12} = 284533 \text{N} \cdot \text{m} \tag{4.34}$$

代入数值，得到：

$$\left.\begin{aligned} y_{\max} &= -\frac{5 \times 314 \times 5.08^4}{384 \times 284533} = -9.57\text{mm} \\ \theta_{\max} &= -\frac{314 \times 5.08^3}{24 \times 284533} = -0.006028 \end{aligned}\right\} \tag{4.35}$$

2. ANSYS 分析

(1) ANSYS 分析前的准备工作。

定义工作文件名：File > Change Jobname，鼠标左键点击 Change Jobname…，弹出对话框，输入文件名 shili2，单击"OK"按钮，如图 4.129 所示。

(2) 前处理器 Preprocessor 模块。

1) 定义单元类型：Main Menu > Preference > Element Type > Add/Edit/Delete，弹出对话框，点击对话框中的"Add..."按钮，又弹出一对话框（图 4.130），选中该对话框中的 Beam 和 2 node 188 选项，点击"OK"按钮，关闭该对话框，返回至上一级对话框，此时，

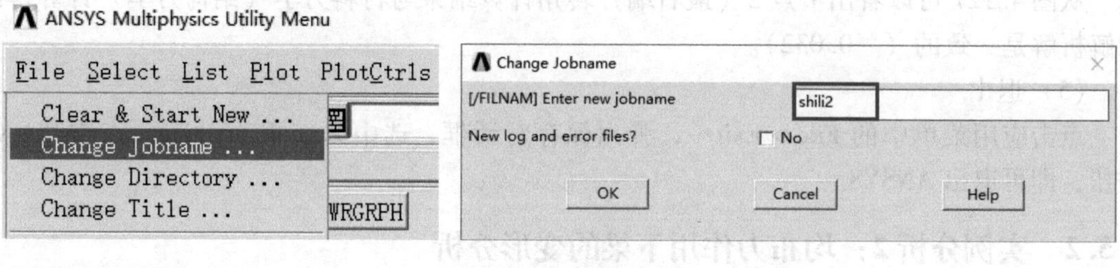

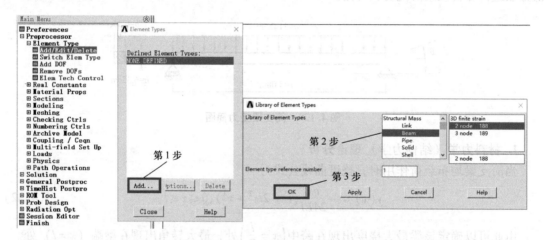

图 4.129　定义文件名

对话框中出现刚才选中的单元类型：BEAM188，如图 4.131 所示。点击"Close"按钮，关闭对话框。

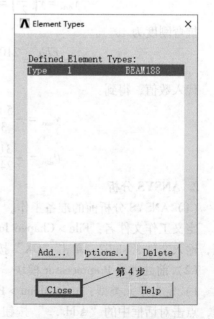

图 4.130　单元类型选择对话框

2）定义几何特性：在 ANSYS 中主要是截面参数的定义：Main Menu > Preprocessor > Sections > Beam > Common Sections，弹出对话框，图 4.132，在 B 栏中输入宽度 0.0635，在 H 栏中输入高度 0.0635，点击"OK"按钮。

3）定义材料特性：Main Menu > Preprocessor > Material Props > Material Models，弹出对话框，依次点击 Structural > Linear > Elastic > Isotropic，弹出对话框，输入 EX：2.1e11，PRXY：0.3，单击"OK"按钮。再单击对话框右上角"×"，如图 4.133 所示，完成材料属性设置。

4）创建关键点。定义关键点：Main Menu > Preprocessor > Modeling > Create > Keypoints > In Active CS，弹出对话框，如图 4.134 所示，输入关键点 1 坐标（0，0，0），点击"Apply"按钮。返回图 4.134，修改坐标数据为关键点 2，坐标

图 4.131　单元类型对话框

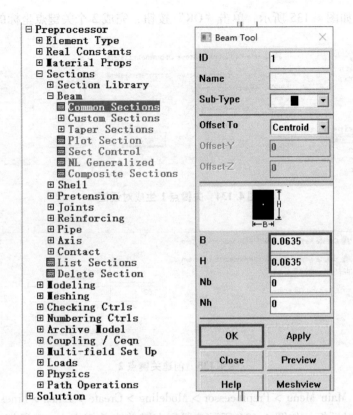

图 4.132 实常数对话框

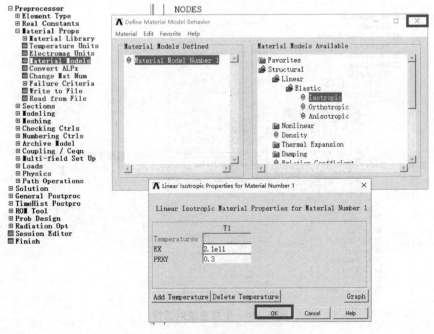

图 4.133 材料特性对话框

(5.08, 0, 0)，如图 4.135 所示，单击"OK"按钮，完成 2 个关键点坐标的定义。

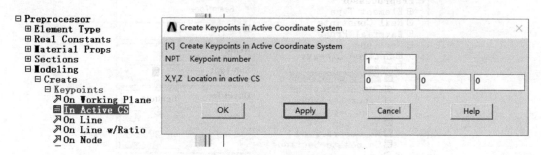

图 4.134 关键点 1 生成对话框

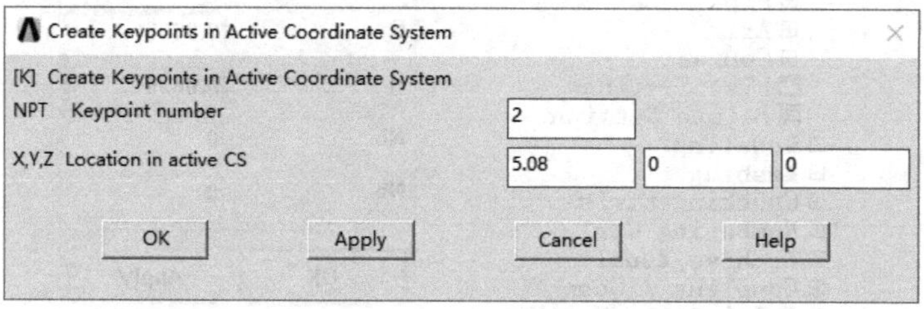

图 4.135 创建关键点 2

5) 创建线：Main Menu > Preprocessor > Modeling > Create > Lines > Lines > Straight Line，弹出关键点选择对话框，如图 4.136 所示。鼠标左键单击关键点 1，再鼠标左键单击关键点 2，点击"OK"按钮，既可生成线。

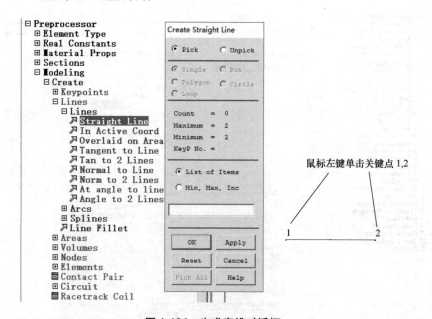

图 4.136 生成直线对话框

6) 生成单元：Main Menu > Preprocessor > Meshing > Size Cntrls > Manual Size > Global >

Size，在 NDIV 栏中输入 20（注：该梁划分为 20 个单元）。图 4.137，点击"OK"按钮。

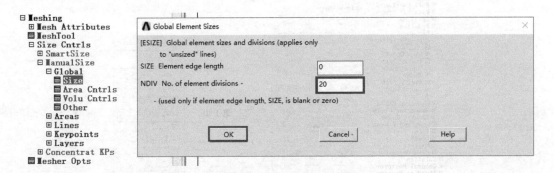

图 4.137　网格划分对话框

Main Menu > Preprocessor > Meshing > Mesh Tool，单击"Mesh"按钮，图 4.138。

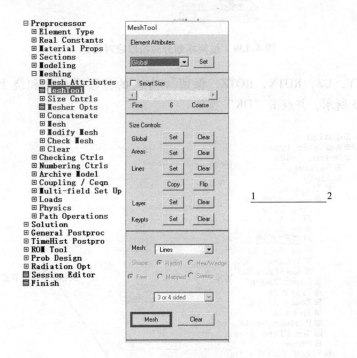

图 4.138　线网格划分对话框

弹出拾取线对话框，鼠标左键放置在线 L_1 上进行单击，再单击"OK"按钮，完成线的网格划分（图 4.139）。

（3）求解器 Solution 模块。

1）施加位移约束：Main Menu > Solution > Define loads > Apply > Structural > Displacement > On Notes，弹出与图 4.140 所示类似的"节点选择"对话框，点选 1 节点后（最左端设定为固定铰支座），梁压力载荷方向为 Z 轴，因此，本例中节点 1 施加位移约束为：UX、UY、UZ、ROTX、ROTZ，保留绕 Y 转动的自由度 ROTY，图 4.141 所示，然后点击"Apply"按钮，弹出对话框如图 4.142 所示，选择节点 2（最右端为滑动铰支座），本例中节点 2 施加

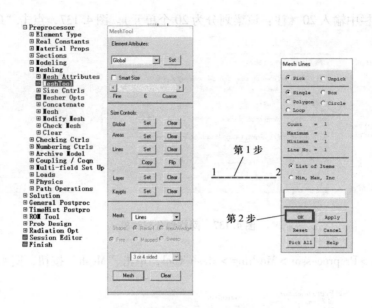

图 4.139　线网格划分时拾取线对话框

位移约束为：UY，UZ，ROTX，ROTZ，保留 X 方向的位移自由度和绕 Y 转动的自由度 ROTY，图 4.143 所示，并点击"OK"按钮。

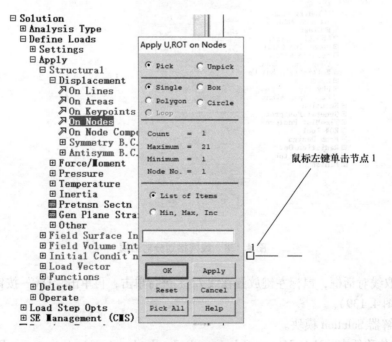

图 4.140　拾取节点 1

2）施加均布载荷：Main Menu > Solution > Define loads > Apply > Structural > Pressure > On Beams，点击 Pick All，如图 4.144 所示。弹出对话框，然后输入均布载荷值 314，如图 4.145 所示。生成有限元模型，如图 4.146 所示。

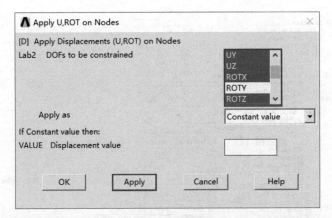

图 4.141 节点 1 施加约束 UX, UY, UZ, ROTX, ROTZ

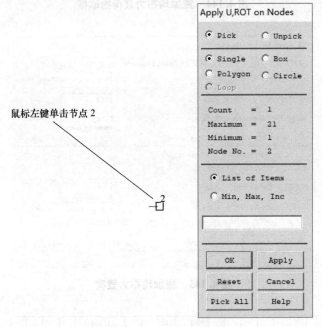

图 4.142 拾取节点 2

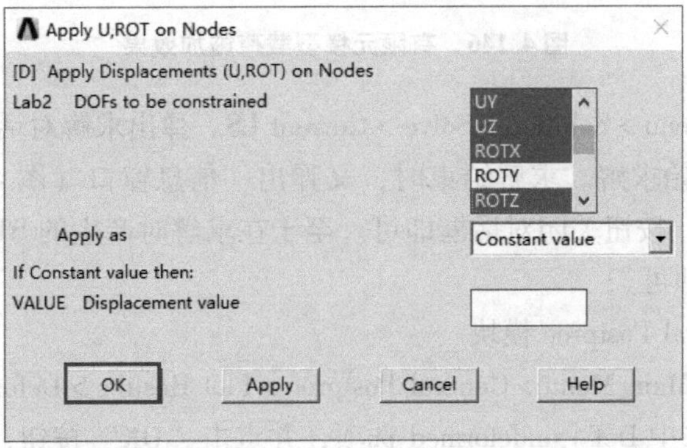

图 4.143 节点 2 施加约束 UY, UZ, ROTX, ROTZ

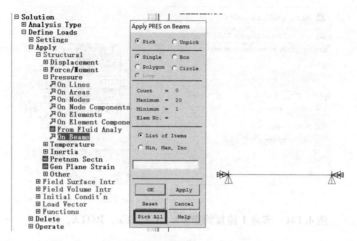

图 4.144　施加均布力载荷拾取框

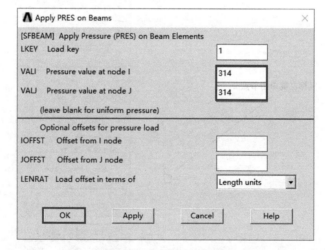

图 4.145　施加均布力载荷

图 4.146　有限元模型载荷施加效果

3）求解：Main Menu > Solution > Solve > Current LS。弹出求解对话框，如图 4.147 所示，单击"OK"按钮，开始求解。求解结束时，又弹出一信息窗口（图 4.148）提示用户已完成求解，点击"Close"按钮关闭对话框即可。至于在求解时产生的 STATUS Command 窗口，点击 File > Close 关闭即可。

（4）处理器 General Postproc 模块

1）显示变形图：Main Menu > General Postproc > Plot Results > Deformed Shape，弹出对话框如图 4.149 所示。选中 Def + undeformed 选项，并点击"OK"按钮，即可显示本实例悬臂梁结构变形前后的结果，如图 4.149 所示。

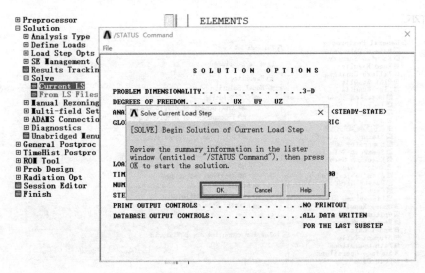

图 4.147　求解对话框

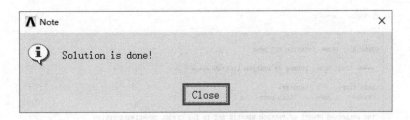

图 4.148　求解结束对话框

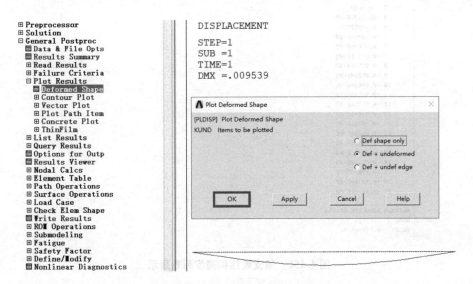

图 4.149　简支梁变形前后效果

2）列举挠度计算结果：Main Menu > General Postproc > List Results > Nodal Solution，弹出对话框如图 4.150 所示。Nodal Solution > DOF Solution > Z- Component of displacement，单击"OK"按钮关闭对话框，并弹出一列表窗口，显示了该简支梁 Z 方向挠度位移值情况，如

图 4.151 所示。

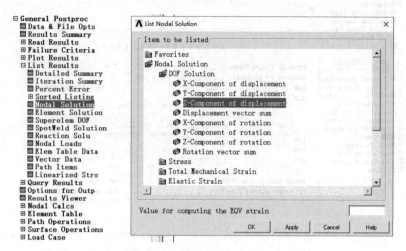

图 4.150　简支梁结构挠度设置对话框

图 4.151　简支梁结构挠度列表显示

从图 4.151 可以看出，在误差允许范围内，跨中节点挠度计算结果（-9.54mm）与材料力学（结构力学）计算得出的解析解（-9.57mm）是一致的。

3）列举各节点转角：Main Menu > General Postproc > List Results > Nodal Solution，弹出对话框如图 4.152 所示，选择 Nodal Solution > DOF Solution > Rotation vector sum，单击"OK"

按钮关闭对话框,并弹出一列表窗口,显示各节点转角,如图 4.153 所示,此外,还给出了最大转角及其发生位置。

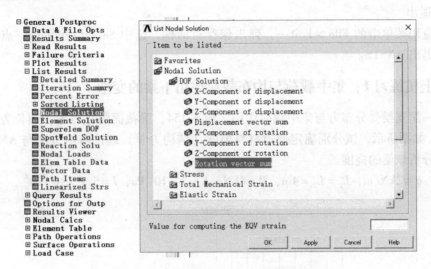

图 4.152 简支梁结构节点转角设置对话框

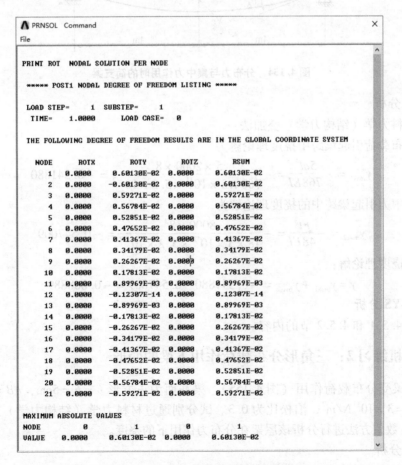

图 4.153 简支梁结构节点转角列表显示

从图 4.153 可以看出在误差允许范围内，节点 1（最左端）转角计算结果（0.006013）与材料力学（结构力学）计算得出的解析解（0.006028）是一致的。

（5）退出

点击应用菜单中的 File > Exit…，弹出保存对话框，选中 Save Everything，点击 OK 按扭，即可退出 ANSYS。

4.5.3　上机练习1：集中载荷与均布载荷作用下梁的变形

假设一简支梁受分布力与集中载荷作用，图 4.154，梁截面为正方形，边长为 5cm，泊松比 0.3。如图所示，试分别确定通过材料力学（结构力学）理论解析方法与 ANSYS 数值方法进行分析该梁的挠度。

已知：$q = 2 \text{kN/m}$，$L_1 = L_2 = 4\text{m}$，$P = 8\text{kN}$，$E = 3 \times 10^{11} \text{Pa}$，$I = 5.2 \times 10^{-7} \text{m}^4$

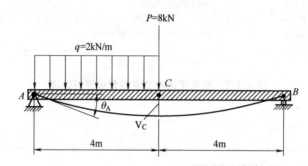

图 4.154　分布力与集中力作用时的简支梁

1. 理论分析

应用材料力学（结构力学）叠加法：

（1）均布载荷引起梁跨中挠度理论解为

$$y_{\text{max1}} = -\frac{5ql^4}{768EI} = -\frac{5 \times 2000 \times 8^4}{768 \times 3 \times 10^{11} \times 5.2 \times 10^{-7}} = -0.341880 \tag{4.36}$$

（2）集中力引起梁跨中的挠度理论解为

$$y_{\text{max2}} = -\frac{Fl^3}{48EI} = -\frac{8000 \times 8^3}{48 \times 3 \times 10^{11} \times 5.2 \times 10^{-7}} = -0.547009 \tag{4.37}$$

该梁总挠度理论解：

$$y = y_{\text{max1}} + y_{\text{max2}} = -0.341880 - 0.547009 = -0.888889 \tag{4.38}$$

2. ANSYS 分析

请参考 4.5.1 和 4.5.2 节的内容。

4.5.4　上机练习2：三角形分布载荷作用下梁的变形

一简支梁受分布载荷作用（图 4.155），梁截面为正方形 $b = h = 5\text{cm}$，$AB = BC = 5\text{m}^2$，弹性模量 $E = 3 \times 10^{11} \text{N/m}^2$，泊松比为 0.3。试分别通过材料力学（结构力学）理论解析方法与 ANSYS 数值方法进行分析该屋架在分布力作用下的挠度。

1. 理论分析

从材料力学（结构力学）解得梁中点的挠度（位移）理论解为

$$\omega = \frac{qL^4}{120EI} = \frac{1000 \times 10^4}{120 \times 3 \times 10^{11} \times 5.2 \times 10^{-7}} = 0.534188 \quad (4.39)$$

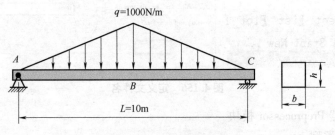

图 4.155 简支梁受力图

2. ANSYS 求解

本上机练习中，采用 BEAM188/189 单元计算分析时，BEAM188/189 单元基于 Timoshenko 梁的理论。采用相对自由度原理，考虑了剪切变形的影响，挠度和截面转动各自独立插值，但仍假设中面的法线变形后仍保持直线（不一定仍与中面垂直），这类单元本质上就是实体单元。

由于 BEAM188/189 单元考虑了剪切变形的影响，相对于材料力学（结构力学）忽略了剪切变形的挠度（位移）理论，两者的计算结果会产生一定的误差。当然，采用 ANSYS 有限元计算的结果更接近实际工程问题的真实解。

4.6 扭转轴结构

4.6.1 实例分析1：圆轴扭转的应力分析

设等直圆轴的圆截面直径 $D = 50\text{mm}$，长度 $L = 120\text{mm}$，作用在圆轴两端上的转矩 $M_n = 1.5 \times 10^3 \text{N} \cdot \text{m}$。试分别通过材料力学（结构力学）理论解析方法与 ANSYS 数值方法进行分析最大切应力。

1. 理论解

由材料力学（结构力学）知识可得：等直圆截面对圆心的极惯性矩为

$$I_p = \frac{\pi D^4}{32} = \frac{\pi \times 0.05^4}{32} = 6.136 \times 10^{-7} \text{m}^{-4} \quad (4.40)$$

圆截面的抗扭截面模量为

$$W_n = \frac{\pi D^3}{16} = \frac{\pi \times 0.05^3}{16} = 2.454 \times 10^{-5} \text{m}^{-3} \quad (4.41)$$

圆截面上任意一点的剪应力与该点半径成正比，在圆截面的边缘上有最大值

$$\tau_{\max} = \frac{M_n}{W_n} = \frac{1.5 \times 10^3}{2.454 \times 10^{-5}} = 61.1 \text{MPa} \quad (4.42)$$

2. ANSYS 求解

（1）ANSYS 分析前的准备工作

定义工作文件名：File > Change Jobname，鼠标左键点击 Change Jobname...，弹出对话

框,输入文件名 shili1,单击"OK"按钮,如图 4.156 所示。

图 4.156 定义文件名

(2) 前处理器 Preprocessor 模块

1) 创建单元类型:

Main Menu > Preprocessor > Element Type > Add/Edit/Delete。弹出对话框,单击"Add…"按钮;弹出如图 4.157 所示的对话框,在左侧列表中选 Structural Solid,在右侧列表中选 Quad 8node 183,单击"Apply"按钮;再在右侧列表中选 Brick 20node 186,单击"OK"按钮,图 4.158 和图 4.159 对话框的"Close"按钮。

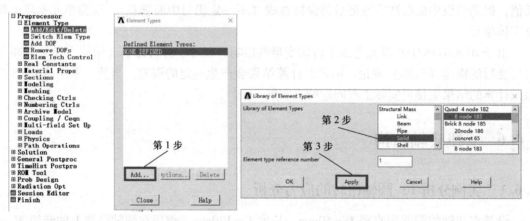

图 4.157 Quad 8node 183 单元选择对话框

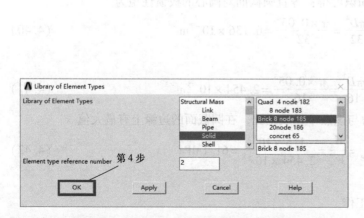

图 4.158 Brick 20node 186 单元选择对话框

图 4.159 单元选择对话框

2) 定义材料特性:

Main Menu > Preprocessor > Material Props > Material Models,弹出对话框,依次单击 Structural > Linear > Elastic > Isotropic,弹出对话框,输入 EX:2.08e11,PRXY:0.3,单击"OK"按钮。再单击对话框右上角"×",如图 4.160 所示,完成材料属性设置。

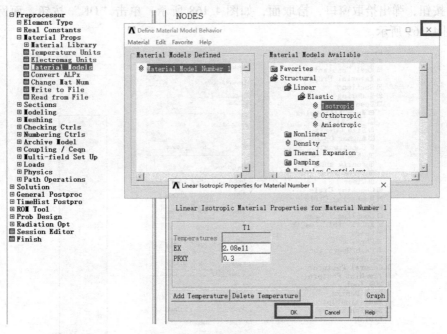

图 4.160　材料特性设置对话框

3) 创建矩形面:

Main Menu > Preprocessor > Modeling > Create > Areas > Rectangle > By Dimensions。在"X1,X2"文本框中输入 0,0.025,在"Y1,Y2"文本框中分别输入 0,0.12,单击"OK"按钮。图 4.161。

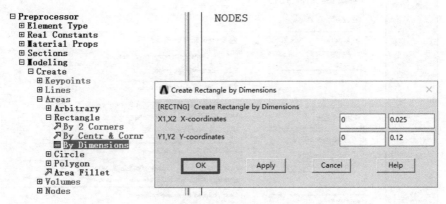

图 4.161　创建矩形面

4) 划分单元:

Main Menu > Preprocessor > Meshing > Mesh Tool。单击 Size Controls 区域中 Lines 后 Set 按钮,如图 4.162 所示,弹出拾取窗口,拾取矩形面的任一短边,如图 4.163 所示,单击

"OK"按钮,在 NDIV 文本框中输入 5,如图 4.164 所示,单击"Apply"按钮,再次弹出拾取窗口,拾取矩形面的任一长边,如图 4.165 所示,单击"OK"按钮,在 NDIV 文本框中输入 8,如图 4.166 所示,单击"OK"按钮。在 Mesh 区域,选择单元形状为 Quad(四边形),选择划分单元的方法为 Mapped(映射),如图 4.167 所示。单击图 4.167 中的"Mesh"按钮,弹出拾取窗口,拾取面,如图 4.168 所示,单击"OK"按钮。面网格划分结果如图 4.169 所示。

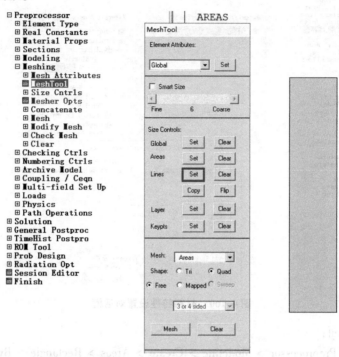

图 4.162　矩形短边设置线网格划分

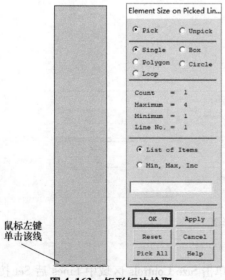

图 4.163　矩形短边拾取

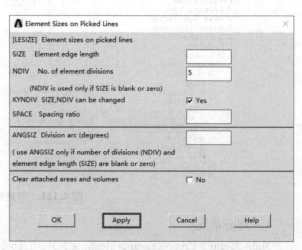

图 4.164　矩形短边划分单元数为 5

第 4 章 ANSYS 基础应用实例分析

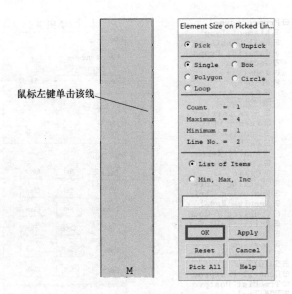

图 4.165 矩形长边拾取

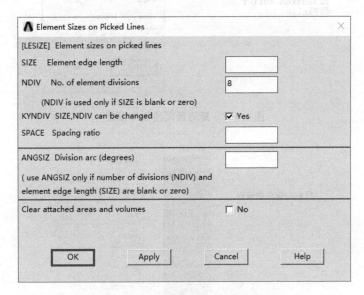

图 4.166 矩形短边划分单元数为 8

5) 设定挤出选项：

Main Menu > Preprocessor > Modeling > Operate > Extrude > Elem Ext Opts。图 4.170 所示。在"VAL1"文本框中输入 5（挤出段数），选定 ACLEAR 为"Yes"（清除矩形面上单元），单击"OK"按钮。

6) 由面旋转挤出体：

Main Menu > Preprocessor > Modeling > Operate > Extrude > Areas > About Axis。弹出拾取窗口，拾取矩形面，如图 4.171 所示，单击"OK"按钮；再次弹出拾取窗口，拾取矩形面在 Y 轴上的两个关键点，如图 4.172，单击"OK"按钮；在 ARC 文本框中输入 360，如图 4.173，

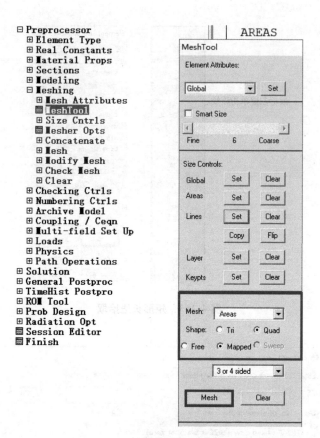

图 4.167 矩形面网格划分设置

图 4.168 矩形面拾取

单击"OK"按钮。

7) 显示单元：

Utility Menu > Plot > Elements 获得结果如图 4.174 所示。

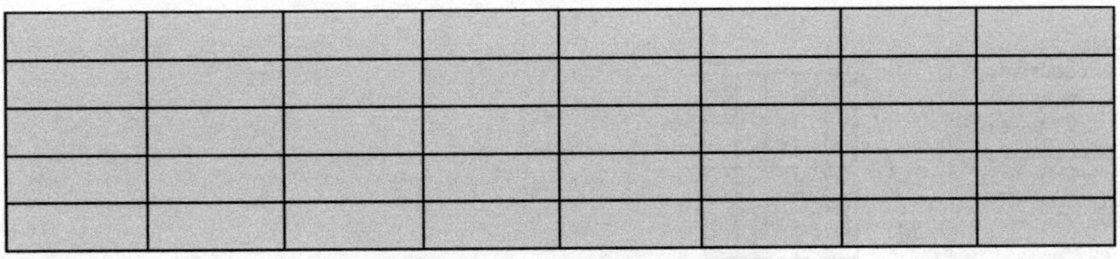

图 4.169　矩形面网格划分后效果

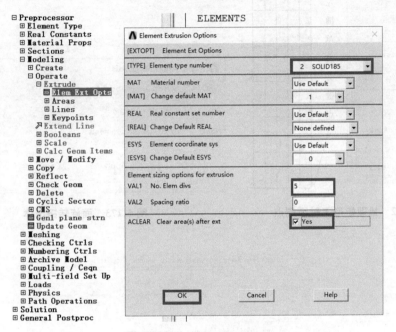

图 4.170　挤出项对话框

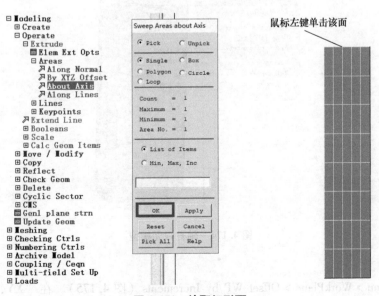

图 4.171　拾取矩形面

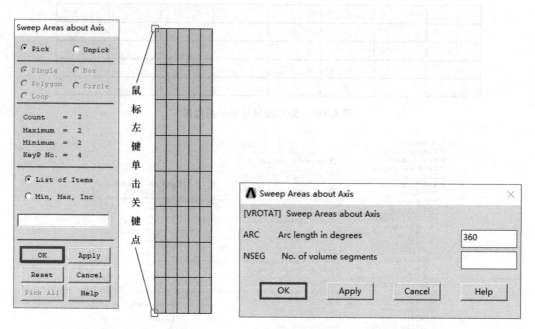

图4.172 拾取矩形 Y 轴两端点　　　　图4.173 面旋转挤出体

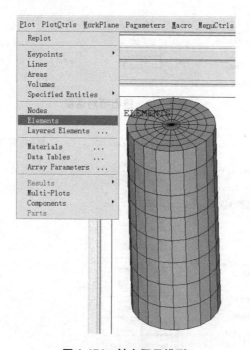

图4.174 轴有限元模型

8)旋转工作平面：

Utility Menu > WorkPlane > Offset WP by Increments（图4.175）。在"XY, YZ, ZX Angles"文本框中输入0，−90，如图4.176，单击"OK"按钮。

第4章 ANSYS 基础应用实例分析

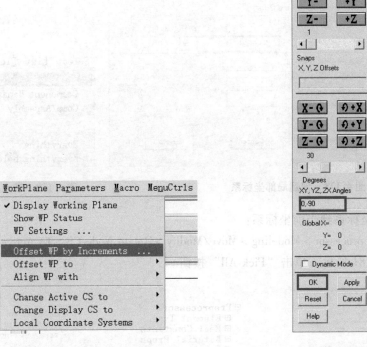

图 4.175　旋转工作平面菜单　　图 4.176　旋转工作平面对话框

9) 创建局部坐标系：

Utility Menu > WorkPlane > Local Coordinate System > Create Local CS > At WP Origin。如图 4.177 所示。在 "KCN" 文本框中输入 11，选择 "KCS" 为 "Cylindrical 1"，单击 "OK" 按钮，图 4.178 所示。即创建一个代号为 11、类型为圆柱坐标系的局部坐标系，并激活之成为当前坐标系。

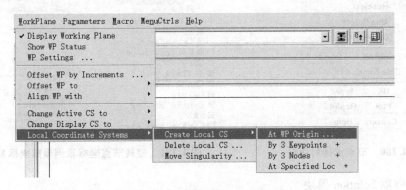

图 4.177　创建局部坐标系菜单

10) 选中圆柱面上的所有节点：

Utility Menu > Select > Entities...。图 4.179 所示。在各下拉列表框、文本框、单选按钮中依次选择或输入 "Nodes"、"By Location"、"X coordinates"、"0.025"、"From Full"，如

图4.180所示，单击"OK"按钮。

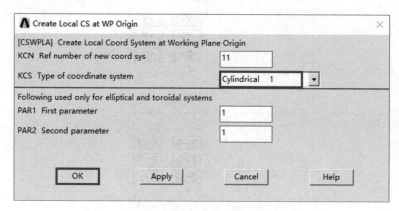

图4.178 创建局部坐标系

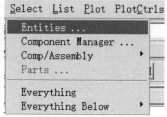

图4.179 节点选择菜单

11）旋转节点坐标系到当前坐标系：

Main Menu > Preprocessor > Modeling > Move/Modify > Rotate Node CS > To Active CS。弹出拾取窗口，如图4.181所示，单击"Pick All"按钮。

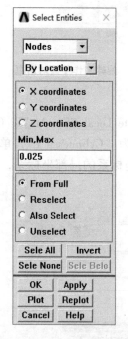

图4.180 节点选择对话框

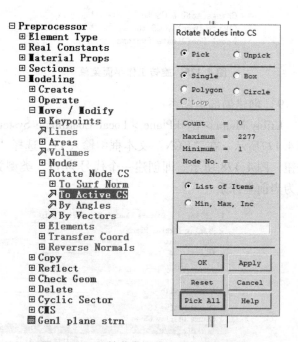

图4.181 旋转节点坐标系到当前坐标系

(3) 求解器Solution模块

1）施加约束：

Main Menu > Solution > Define Loads > Apply > Structural > Displacement > On Nodes。弹出拾取窗口，图4.182所示，单击"Pick All"按钮。弹出如图4.183所示的对话框，在"Lab2"列表框中选择"UX"，单击"OK"按钮，约束施加效果如图4.184所示。

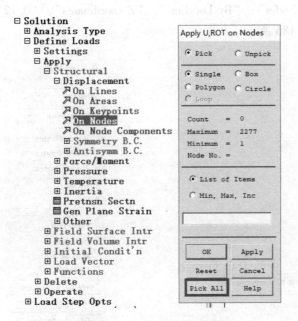

图 4.182 节点施加约束拾取

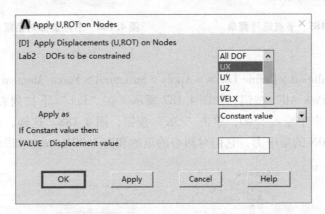

图 4.183 节点施加约束

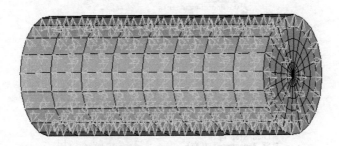

图 4.184 节点施加约束效果

2) 选中圆柱面最上端的所有节点:

Utility Menu > Select > Entities....。图 4.185 所示,在各下拉列表框、文本框、单选按钮

中依次选择或输入"Nodes"、"By Location"、"Z coordinates"、"0.12"、"Reselect",单击"OK"按钮,如图4.186所示。

图4.185 节点选择菜单　　图4.186 节点选择对话框

3)施加载荷:

Main Menu > Solution > Define Loads > Apply > Structural > Force/Moment > On Nodes。弹出拾取窗口,单击"Pick All"按钮,如图4.187所示。在"Lab"下拉列表框中选择"FY",在"VALUE"文本框中输入1500,单击"OK"按钮,图4.188。这样,在结构上一共施加了20个大小为1500N的集中力,它们对圆心的矩的和为1500N·m,如图4.189所示。

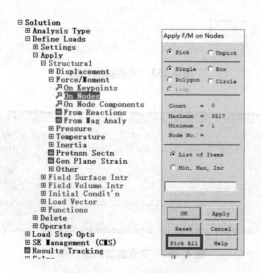

图4.187 节点拾取对话框

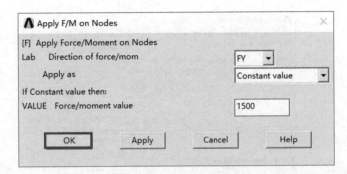

图 4.188　节点施加载荷

4）选择所有：

Utility Menu > Select > Everything，如图 4.190 所示。

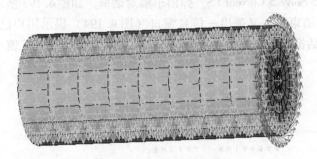

图 4.189　节点施加约束效果

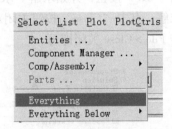

图 4.190　选择所有菜单

5）施加约束：

Main Menu > Solution > Define Loads > Apply > Structural > Displacement > On Areas。弹出拾取窗口，鼠标箭头放置在圆柱体下侧底面（由 4 部分组成），并单击左键拾取该底面（图 4.191）。单击"OK"按钮。弹出施加约束对话框，在"Lab2"列表框中选择"All DOF"，单击"OK"按钮，如图 4.192 所示。

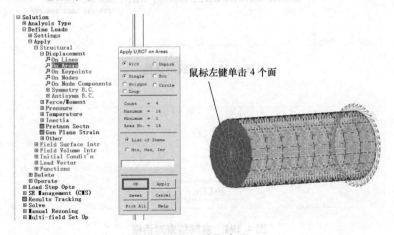

图 4.191　拾取底面

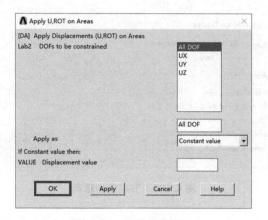

图 4.192 施加面约束

6）求解：Main Menu > Solution > Solve > Current LS。弹出求解对话框，如图 4.193 所示，单击"OK"按钮，开始求解。求解结束时，又弹出一信息窗口（图 4.194）提示用户已完成求解，点击"Close"按钮关闭对话框即可。至于在求解时产生的 STATUS Command 窗口，点击 File > Close 关闭即可。

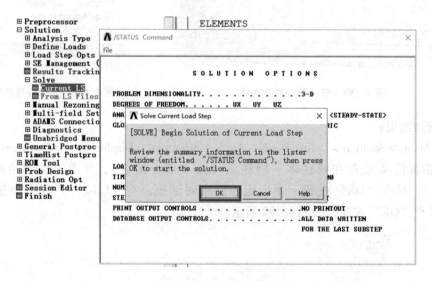

图 4.193 求解对话框

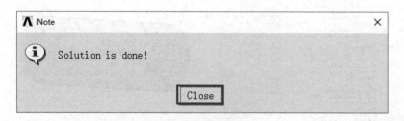

图 4.194 求解结束对话框

(4) 处理器 General Postproc 模块。

1) 改变结果坐标系为局部坐标系：

Main Menu > General Postproc > Options for Outp。在"RSYS"下拉列表框中选择"Local system"，在"Local system reference no"文本框中输入 11，单击"OK"按钮，如图 4.195 所示。

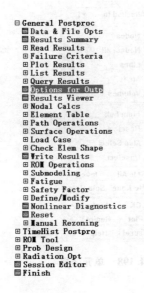 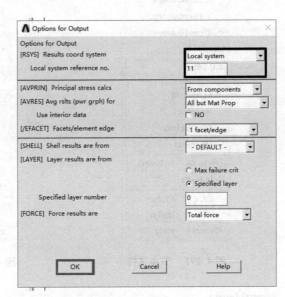

图 4.195 结果坐标系为局部坐标系

2) 选择单元：

Utility Menu > Select > Entities...。如图 4.196 所示。在各下拉列表框、文本框、单选按钮中依次选择"Nodes"、"By Location"、"Z coordinates"、"0，0.045"、"From Full"，然后单击"Apply"按钮，如图 4.197 所示；再在各下拉列表框、单选按钮中依次选择"Elements"、"Attached to"、"Nodes all"、"Reselect"，然后单击"OK"按钮，如图 4.198 所示。这样做的目的是，在下一步显示应力时，不包含集中力作用点附近的单元，以得到更好的计算结果。

3) 显示应力计算结果：

Main Menu > General Postproc > Post Results > Contour Plot > Element Solu。选择 Stress > YZ Shear stress，如图 4.199 所示。模型的应力如图 4.200 所示。

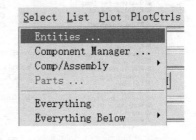

图 4.196 节点选择菜单

(5) 退出

点击应用菜单中的 File > Exit…，弹出保存对话框，选中 Save Everything，点击 OK 按钮，即可退出 ANSYS。

从图 4.200 可以看出，剪应力的最大值为 61.7 MPa，与理论结果比较相符。

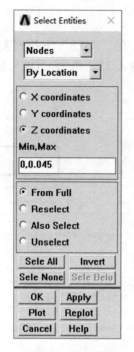

图 4.197 节点选择

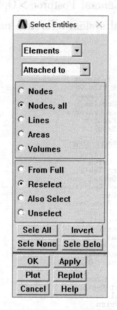

图 4.198 单元选择

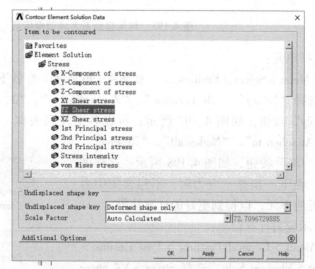

图 4.199 显示应力设置

4.6.2 实例分析 2：多扭矩作用下轴的变形分析

一传动轴（图 4.201），已知轴的直径 $d = 45\text{mm}$，转速 $n = 300\text{r/min}$。主动轮输入功率 $P_A = 36.7\text{kW}$；从动轮 B、C、D 输出的功率分别为 $P_B = 14.7\text{kW}$、$P_C = P_D = 11\text{kW}$。轴的材料弹性模量 $E = 208\text{GPa}$，泊松比为 0.3，剪切模量 $G = 80\text{GPa}$。许用切应力 40MPa，许用扭转角 $2°/\text{m}$。校核该轴的强度和刚度。

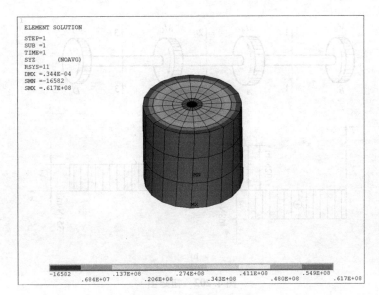

图 4.200 显示应力云图

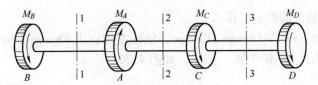

图 4.201 传动轴

1. 材料力学（结构力学）求解

（1）计算外力偶矩

$$\left.\begin{array}{l}M_A = 9550\dfrac{P_A}{n} = 9550 \times \dfrac{36.7}{300} = 1170\text{N} \cdot \text{m} \\[6pt] M_B = 9550\dfrac{P_B}{n} = 9550 \times \dfrac{14.7}{300} = 468\text{N} \cdot \text{m} \\[6pt] M_C = M_D = 9550\dfrac{P_C}{n} = 9550 \times \dfrac{11}{300} = 351\text{N} \cdot \text{m}\end{array}\right\} \quad (4.43)$$

（2）计算 1-1、2-2、3-3 截面扭矩，作扭矩图，如图 4.202 所示。

$$\left.\begin{array}{l}T_{1-1} = -M_B = -468\text{N} \cdot \text{m} \\ T_{2-2} = M_A - M_B = 1170 - 468 = 702\text{N} \cdot \text{m} \\ T_{3-3} = M_A - M_B - M_C = 1170 - 468 - 351 = 351\text{N} \cdot \text{m}\end{array}\right\} \quad (4.44)$$

（3）校核强度

$$\tau_{\max} = \frac{T_{\max}}{W_p} = \frac{702}{0.2 \times 0.045^3} = 38.8\text{MPa} < [\tau] = 40\text{MPa} \quad (4.45)$$

（4）校核刚度

$$\theta_{\max} = \frac{T_{\max}}{GI_p} \times \frac{180°}{\pi} = \frac{702}{80 \times 10^9 \times 0.1 \times 0.045^4} \times \frac{180°}{3.14} = 1.23°/m < [\theta] = 2°/m \quad (4.46)$$

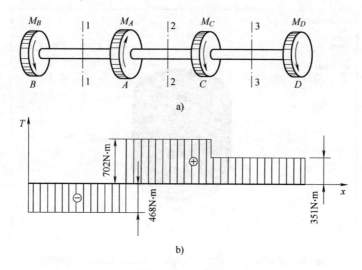

图 4.202 扭矩图

2. ANSYS 求解

（1）ANSYS 分析前的准备工作

定义工作文件名：File > Change Jobname，鼠标左键点击 Change Jobname...，弹出对话框，输入文件名 shili2，单击"OK"按钮。如图 4.203 所示。

图 4.203 定义文件名

（2）前处理器 Preprocessor 模块

1）定义单元属性：Main Menu > Preference > Element Type > Add/Edit/Delete，弹出对话框，点击对话框中的"Add..."按钮，又弹出一对话框（图 4.204），选中该对话框中的 Beam 和 2 node 188 选项，点击"OK"按钮，关闭该对话框，返回至上一级对话框，此时，对话框中出现刚才选中的单元类型：BEAM188，如图 4.205 所示。点击"Close"按钮，关闭对话框。

2）定义截面：Main Menu > Preprocessor > Sections > Beam > Common Sections，弹出对话框，在 Sub-Type 下拉框选择实心圆形截面图形，输入 R：22.5，N：24，T：8，点击"Meshview"按钮，查看截面信息正确后，点击"OK"按钮，关闭对话框。ANSYS 无单位，需自己统一，本次采用 N、mm 和 MPa 单位制，如图 4.206 所示。

3）定义材料特性：Main Menu > Preprocessor > Material Props > Material Models，弹出对话框，依次点击 Structural > Linear > Elastic > Isotropic，弹出对话框，输入 EX：208e5，PRXY：0.3，单击"OK"按钮。再单击对话框右上角"×"，如图 4.207 所示，完成材料属性设置。

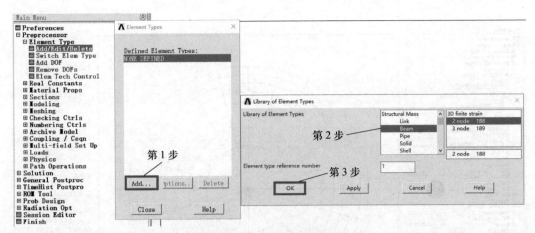

图 4.204 单元类型选择对话框

图 4.205 单元类型对话框

4）生成关键点：Main Menu > Preprocessor > Modeling > Create > Keypoints > In Active CS，弹出对话框，如图 4.208 所示。输入关键点 1 坐标（0，0，0），点击"Apply"按钮。返回图 4.208；修改坐标数据为关键点 2，坐标（200，0，0），如图 4.209 所示，点击"Apply"按钮。返回图 4.209；修改坐标数据为关键点 3，坐标（400，0，0），如图 4.210 所示，点击"Apply"按钮。返回图 4.210；修改坐标数据为关键点 4，坐标（600，0，0），如图 4.211 所示，单击"OK"按钮，完成 4 个关键点坐标的定义。

5）创建直线：Main Menu > Preprocessor > Modeling > Create > Lines > Lines > Straight Line，弹出"关键点选择"对话框，如图 4.212 所示。鼠标左键放置在关键点 1 上进行单击，再鼠标左键放置在关键点 2 上进行单击，既可生成线 1，如图 4.212 所示。鼠标左键放置在关键点 2 上进行单击，再鼠标左键放置在关键点 3 上进行单击，既可生成线 2，如图 4.213 所示。鼠标左键放置在关键点 3 上进行单击，再鼠标左键放置在关键点 4 上进行单击，既可生成线 3，如图 4.214 所示。

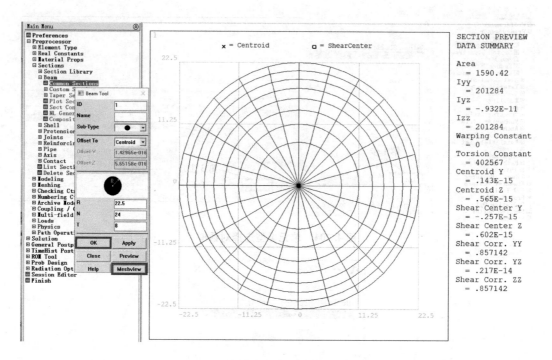

图4.206 定义截面

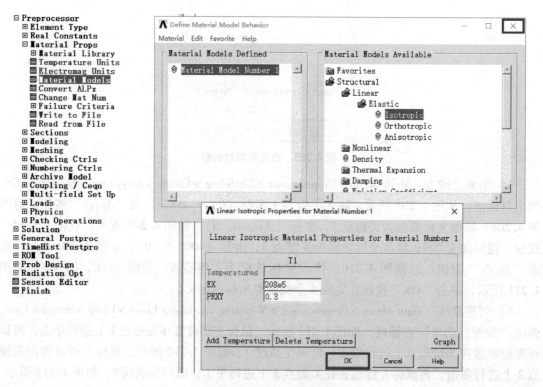

图4.207 材料特性对话框

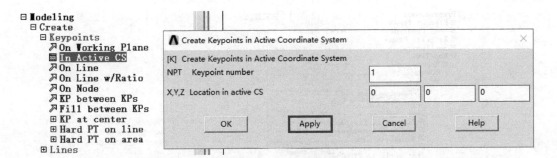

图 4.208　生成关键点 1

图 4.209　生成关键点 2

图 4.210　生成关键点 3

图 4.211　生成关键点 4

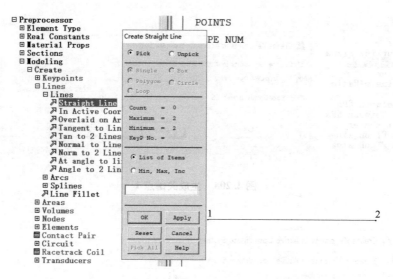

图 4.212 生成线 1

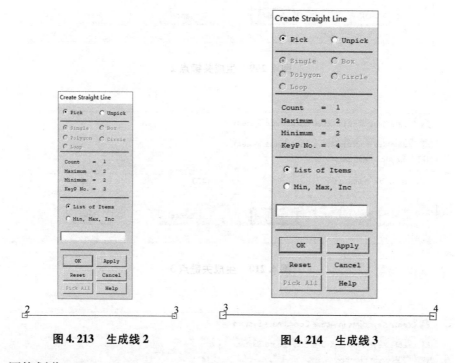

图 4.213 生成线 2　　　　　图 4.214 生成线 3

6）网格划分：

① 设置单元尺寸：Main Menu > Preprocessor > Meshing > Mesh Tool，在 Size Controls 下方选择 Global，单击 Set，弹出对话框，在 SIZE 里输入 20，单击 OK。每 20mm 划分一个单元，如图 4.215 所示。

② 划分梁单元：Main Menu > Preprocessor > Meshing > Mesh Tool，在 Mesh 右侧下拉栏里选择 Lines，点击下方的"Mesh"按钮，如图 4.216 所示。弹出拾取对话框，如图 4.217 所示。单击"Pick all"按钮，完成线的网格划分。

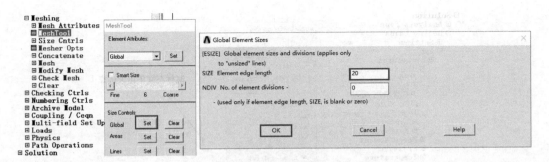

图 4.215 设置单元尺寸

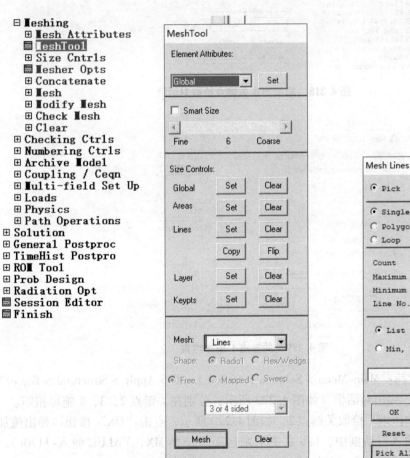

图 4.216 线网格划分对话框　　图 4.217 线网格划分拾取框

(3) 求解器 Solution 模块

1) 施加约束：MainMenu > Solution > Define Loads > Apply > Structural > Displacement > On Keypoints，弹出拾取对话框，如图 4.218 所示，鼠标左键单击关键点 1，点击 OK。弹出自由度约束对话框，选择 All DOF，点击 OK。完成关键 1 的全自由度约束。如图 4.219 所示。

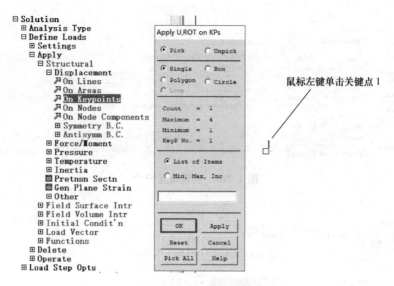

图 4.218 施加约束关键点拾取对话框

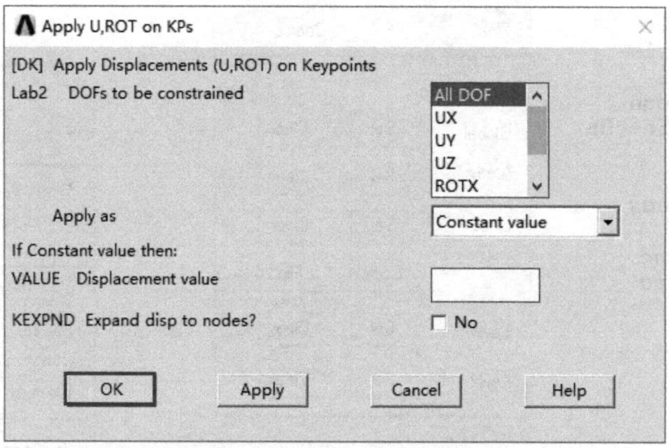

图 4.219 关键点 1 施加约束

2）施加扭矩载荷：Main Menu > Solution > Define Loads > Apply > Structural > Force/Moment > On Keypoints，弹出对话框，如图 4.220 所示，分别在关键点 2，3，4 施加扭矩。

在关键点 2 施加扭矩。拾取关键点 2，如图 4.220 所示，点击"OK"按钮。弹出施加扭矩对话框，在扭矩输入对话框中，Lab 右侧下来选项里选择 MX，VALUE 输入-1170e3。如图 4.221 所示，单击"Apply"按钮。

在关键点 3 施加扭矩。拾取关键点 3，如图 4.222 所示，点击"OK"按钮。弹出施加扭矩对话框，在扭矩输入对话框中，Lab 右侧下来选项里选择 MX，VALUE 输入 351e3。如图 4.223 所示，单击"Apply"按钮。

在关键点 4 施加扭矩。拾取关键点 4，如图 4.224 所示，点击"OK"按钮。弹出施加扭矩对话框，在扭矩输入对话框中，Lab 右侧下来选项里选择 MX，VALUE 输入 351e3。如图 4.225 所示，单击"OK"按钮。

3）求解：Main Menu > Solution > Solve > Current LS。弹出求解对话框，如图 4.226 所示，

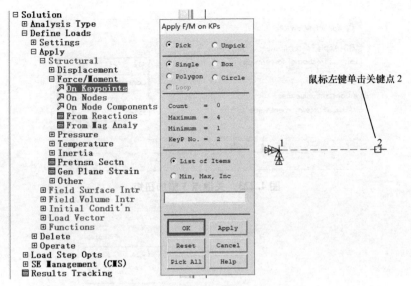

图 4.220 施加扭矩拾取框（关键点 2）

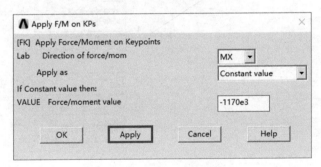

图 4.221 关键点 2 施加扭矩

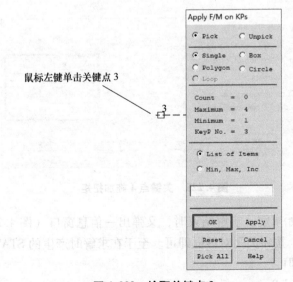

图 4.222 拾取关键点 3

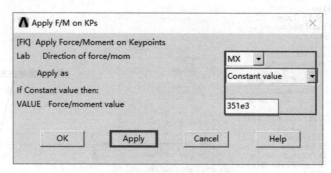

图 4.223　关键点 3 施加扭矩

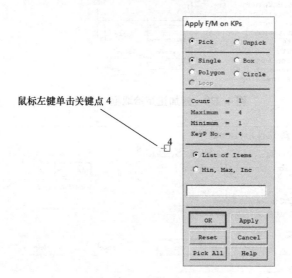

图 4.224　拾取关键点 4

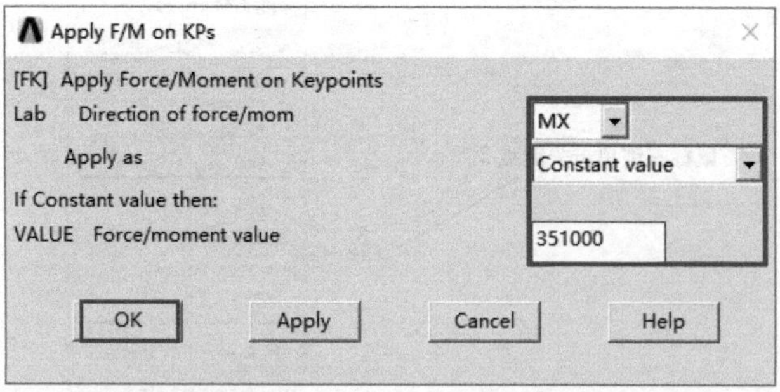

图 4.225　关键点 4 施加扭矩

单击"OK"按钮，开始求解。求解结束时，又弹出一信息窗口（图 4.227）提示用户已完成求解，点击"Close"按钮关闭对话框即可。至于在求解时产生的 STATUS Command 窗口，点击 File > Close 关闭即可。

（4）处理器 General Postproc 模块

1）定义扭矩单元表：Main Menu > General Postproc > Element table > Define table，弹出对

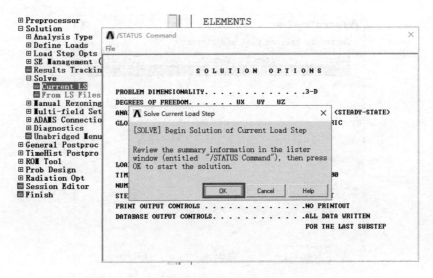

图 4.226 求解对话框

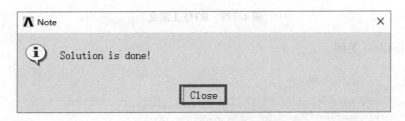

图 4.227 求解结束对话框

话框,如图 4.228 所示,单击"Add..."按钮,弹出对话框,在 Lab 中输入 TQ_I,Item:选择 Bysequence num,Comb:选择 SMISC,在 SMISC 后面输入 4。点击 OK。回到图 4.229 所示,可以看到 TQ_I 已经完成了定义。再单击"Add..."按钮,弹出对话框。

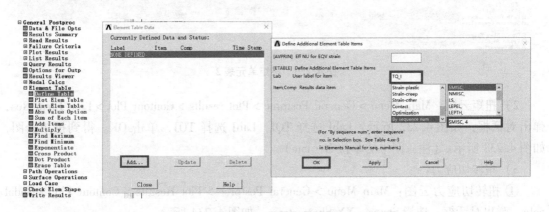

图 4.228 扭矩单元表 1

在 Lab 中输入 TQ_J,Item:选择 Bysequence num,Comb:选择 SMISC,在 SMISC 后面输入 17,点击 OK,如图 4.230 所示。回到图 4.231 所示,可以看到 TQ_I 和 TQ_J 已经完成

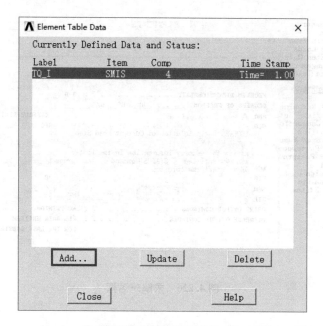

图 4.229　RTQ_I 定义

了定义，单击 Close 关闭。

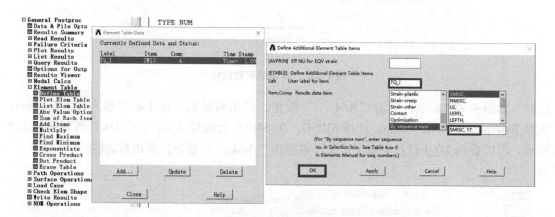

图 4.230　扭矩单元表 2

2) 扭矩云图：Main Menu > General Postproc > Plot results > Contour Plot > Line Elem Res，弹出对话框，如图 4.232 所示，LabI 选择 TQI，LabJ 选择 TQJ，单击 OK。得到扭矩云图，如图 4.233 所示。（注：图中的单位 N·mm）

3) 扭转切应力：

① 扭转切应力云图：Main Menu > General Postproc > Plot Results > Contour Plot > Nodal Solu，弹出对话框，选择 Stress > XY Shear stress，如图 4.234 所示。

设置实体模型显示，如图 4.235 和图 4.236 所示。

轴的扭转切应力如图 4.237 所示。

② 扭转变形云图：Main Menu > Plot > Results > Contour Plot > Nodal Solution，弹出对话

第4章 ANSYS 基础应用实例分析

图 4.231　TQ_I 和 TQ_J 定义

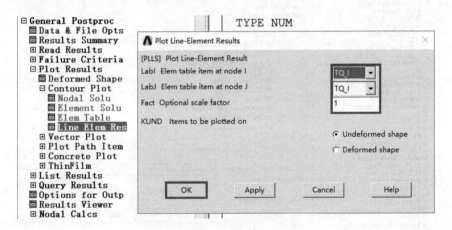

图 4.232　扭矩云图对话框

框，选择 Displacement > X-Component of rotation。如图 4.238 所示。轴的扭转变形如图 4.239 所示。

（5）退出

点击应用菜单中的 File > Exit…，弹出保存对话框，选中 Save Everything，点击 OK 按钮，即可退出 ANSYS。

从图 4.237 和图 4.239（ANSYS 输出的扭转角单位是 rad，需自己换算成°）可以看出，ANSYS 计算结果与解析解相符合。

4.6.3　上机练习1：空心轴的扭转应力分析

轴 AB 传递功率 $P=7.5\text{kW}$，转速 $n=360\text{r/min}$，AC 段实心圆截面，CB 段空心圆截面，

323

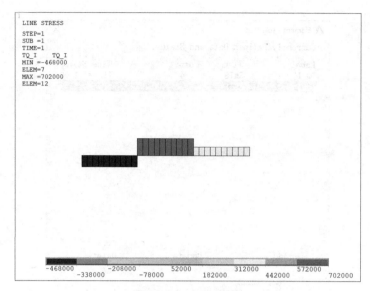

图 4.233 扭矩云图

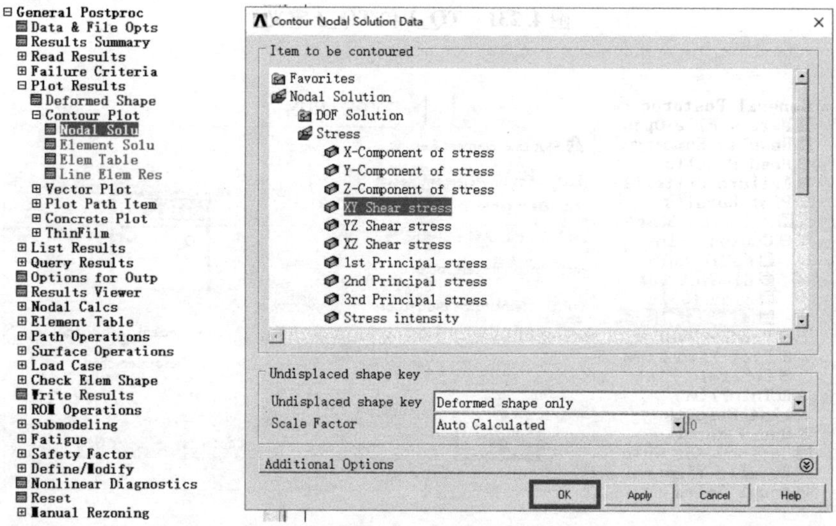

图 4.234 查看切应力对话框

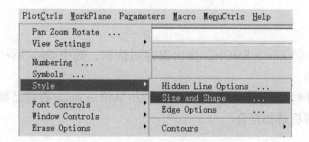

图 4.235 设置实体模型显示菜单

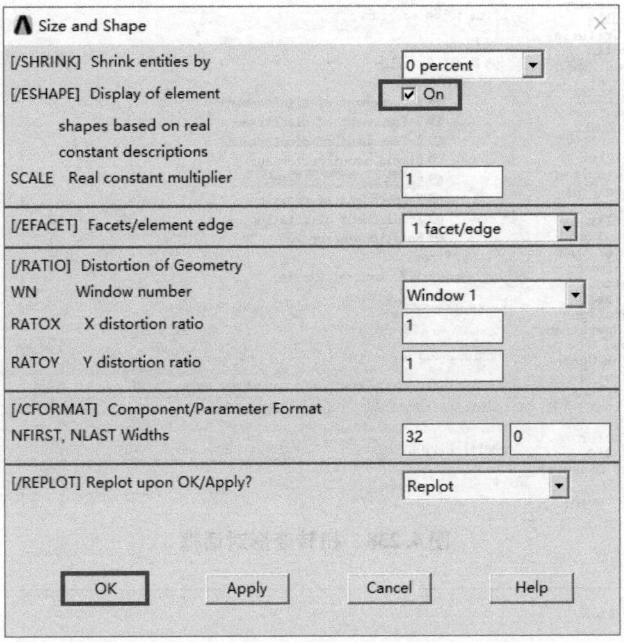

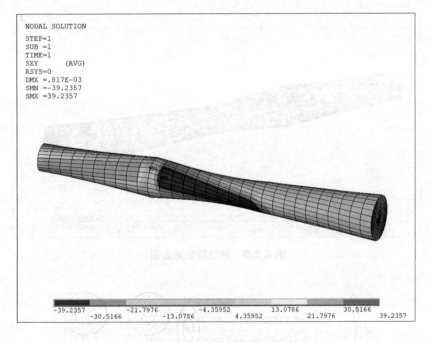

图 4.236　设置实体模型显示

图 4.237　扭转切应力云图

$D = 30\text{mm}$，$d = 20\text{mm}$，图 4.240，试求 AC 段和 CB 横截面边缘处的切应力。

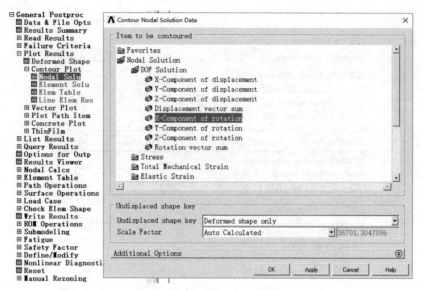

图 4.238 扭转变形对话框

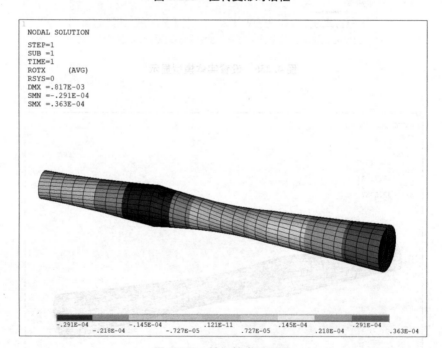

图 4.239 轴扭转变形云图

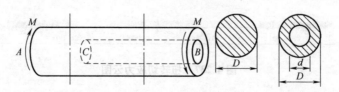

图 4.240 轴

1. 材料力学（结构力学）解析解

（1）计算外力偶矩

$$\left. \begin{array}{l} M = 9550 \dfrac{P}{n} = 9550 \times \dfrac{7.5}{360} = 199\text{N} \cdot \text{m} \\ T = M = 199\text{N} \cdot \text{m} \end{array} \right\} \tag{4.47}$$

（2）计算极惯性矩

$$\left. \begin{array}{l} I_{p1} = \dfrac{\pi D^4}{32} = 7.95 \times 10^{-8}\text{m}^4 \\ I_{p2} = \dfrac{\pi(D^4 - d^4)}{32} = 6.38 \times 10^{-8}\text{m}^4 \end{array} \right\} \tag{4.48}$$

（3）计算切应力

AC 段：

$$\tau_{AC} = \dfrac{T}{I_{p1}} \cdot \dfrac{D}{2} = 37.5\text{MPa} \tag{4.49}$$

CB 段：

$$\left. \begin{array}{l} \tau_{BC1} = \dfrac{T}{I_{p2}} \cdot \dfrac{d}{2} = 31.2\text{MPa} \\ \tau_{BC2} = \dfrac{T}{I_{p2}} \cdot \dfrac{D}{2} = 46.8\text{MPa} \end{array} \right\} \tag{4.50}$$

2. ANSYS 求解

请参考 4.6.1 节内容。

4.6.4 上机练习 2：单梁吊车的扭转变形分析

单梁吊车，已知：电机功率 $P = 3.7$kW，经过二级齿轮减速，CD 轴上的转速 $n = 32.6$r/min，假设机械传动效率为 100%，CD 轴的许用切应力为 $[\tau] = 40$MPa，剪切弹性模量为 $G = 80 \times 10^3$MPa，许用扭转角为 $[\theta] = 1°$/m。CD 轴的直径取 45mm 时，图 4.241，校核强度和刚度。

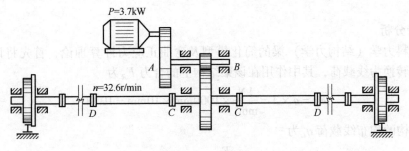

图 4.241 单梁吊车

1. 材料力学（结构力学）解析解

（1）计算扭矩

马达的功率通过传动轴传递给两个车轮，每个车轮消耗功率为

$$T = \frac{1}{2}M = 9550 \times \frac{3.7}{32.6} \times \frac{1}{2} = 543\text{N} \cdot \text{m} \tag{4.51}$$

（2）校核强度

$$\tau_{\max} = \frac{16T}{\pi d^3} < 40\text{MPa} \tag{4.52}$$

（3）校核刚度

$$\varphi = \frac{T}{GI_P} \cdot \frac{180°}{\pi} = 0.945°/\text{m} < [\theta] \tag{4.53}$$

满足刚度条件。

2. ANSYS 求解

请参考 4.6.2 节内容。

4.7 二维与三维实体结构分析

4.7.1 二维实体结构分析—平面应力梁

简支梁如图 4.242 所示，截面为矩形，高度 $h = 200\text{mm}$，长度 $L = 1000\text{mm}$，厚度 $t = 10\text{mm}$。上边承受均布载荷，集度 $q = 1\text{N}/\text{mm}^2$，材料的 $E = 206\text{GPa}$，$\mu = 0.29$。

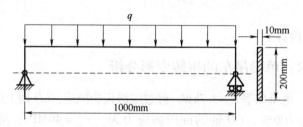

图 4.242 矩形截面简支梁受力图

试分别通过材料力学（结构力学）理论解析方法与 ANSYS 数值方法进行分析该矩形梁的最大应力。

1. 理论分析

根据材料力学（结构力学）梁的简化模型及弯曲正应力计算理论，首先将该梁结构上作用的压强转换为线载荷，其中作用在该梁结构上的合力 F_R 为

$$F_R = q \times A = \frac{1\text{N}}{\text{mm}^2} \times 1000\text{mm} \times 10\text{mm} = 10^4\text{N} \tag{4.54}$$

该梁结构的均布线载荷 q_L 为

$$q_L = \frac{F_R}{L} = 10^4\text{N}/\text{m} \tag{4.55}$$

该梁结构的最大弯矩出现在梁的跨中位置，其最大弯矩为

$$M_{\max} = \frac{q_L L^2}{8} = \frac{10^4}{8}\text{N} \cdot \text{m} \tag{4.56}$$

最大正应力为

$$\sigma_{max} = \frac{M}{W} = \frac{\frac{10^4}{8}}{\frac{bh^2}{6}} = \frac{\frac{10^4}{8}}{\frac{0.01 \times 0.2^2}{6}} = 18.75 \text{MPa} \qquad (4.57)$$

2. ANSYS 分析

(1) ANSYS 分析前的准备工作

定义工作文件名：File > Change Jobname，鼠标左键点击 Change Jobname...，弹出对话框，输入文件名 shili1，单击"OK"按钮，如图 4.243 所示。

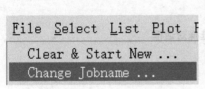 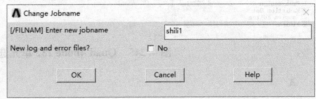

图 4.243　定义文件名

(2) 前处理器 Preprocessor 模块

1) 创建矩形面：

Main Menu > Preprocessor > Modeling > Create > Areas > Rectangle > By Dimensions。在"X1, X2"文本框中输入 0, 1，在"Y1, Y2"文本框中分别输入 0, 0.2，单击"OK"按钮，如图 4.244 所示。

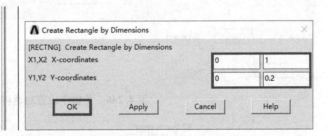

图 4.244　创建矩形面

2) 创建单元类型：

Main Menu > Preprocessor > Element Type > Add/Edit/Delete。弹出对话框，单击"Add..."按钮；弹出图 4.245 所示的对话框，在左侧列表中选 Structural Solid，在右侧列表中选 Quad 4node 182，单击"OK"按钮。

采用 Quad 4node 182 平面单元，对 Quad 4node 182 单元的属性进行设置，图 4.246，点击 Options，出现对话框，定义它的 K3 关键字是 Plane strs w/thk，即可以定义它的厚度。

3) 设定单元的厚度：

GUI：Main Menu > Preprocessor > Real Constants > Add/Edit/Delet。单击"Add..."按钮，如图 4.247 所示。弹出单元类型选择对话框，单击"OK"按钮，如图 4.248 所示。弹出厚度设置对话框，输入 THK 为 0.01，如图 4.249 所示，单击"OK"按钮。回到如图 4.250 所示，可以看到实常数 1 已经设置，单击"Close"按钮。

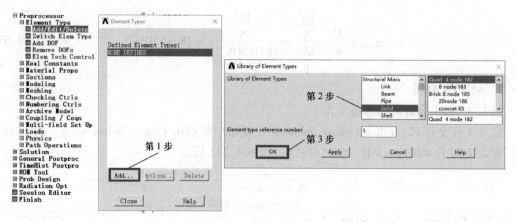

图 4.245 Quad 4node 182 单元选择对话框

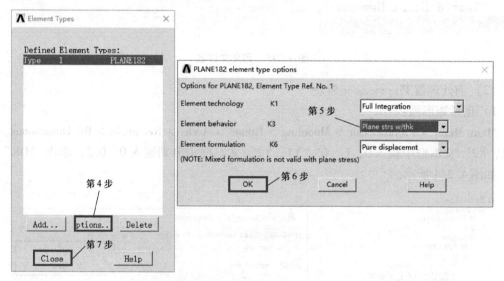

图 4.246 关键字设置对话框

图 4.247 关键字设置对话框

图 4.248　单元类型选择对话框

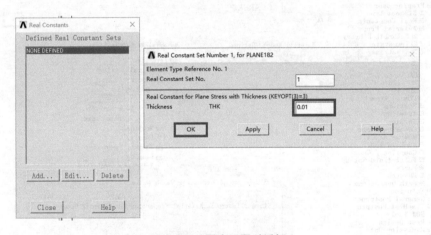

图 4.249　厚度设置对话框

4）设定材料属性：

Main Menu > Preprocessor > Material Props > Material Models，弹出对话框，依次单击 Structural > Linear > Elastic > Isotropic，弹出对话框，输入 EX：206e9，PRXY：0.29，单击"OK"按钮。再单击对话框右上角"×"，如图 4.251 所示，完成材料属性设置。

5）离散几何模型：

Preprocessor > Meshing > Size Cntrls > ManualSize > Global > Size，在 SIZE 栏中输入 0.05，如图 4.252 所示，点击"OK"按钮。

Preprocessor > Meshing > MeshTool，单击"Mesh"按钮，图 4.253。

弹出拾取面对话框，鼠标左键放置在面上进行单击，再单击"OK"按钮，完成面的网格划分（图 4.254）。

图 4.250　实常数 1 设置

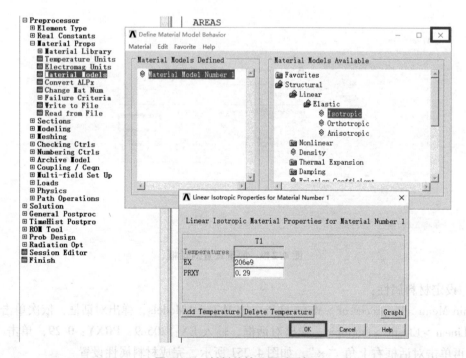

图 4.251　材料特性设置对话框

(3) 求解器 Solution 模块

1) 施加位移约束：

Main Menu > Solution > Define Loads > Apply > Structural > Displacement > On Nodes。弹出拾取窗口，鼠标箭头放置在左侧的中间节点位置，并单击左键拾取该节点（图 4.255），单击"OK"按钮。弹出施加约束对话框，在"Lab2"列表框中选择"UX"和"UY"，单击

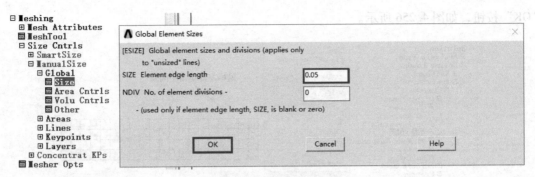

图 4.252　单元长度设置

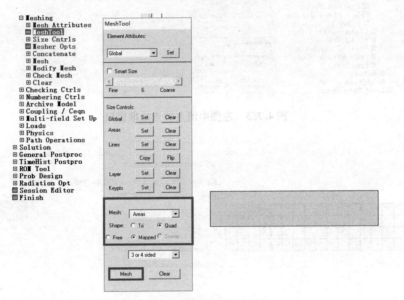

图 4.253　面网格划分对话框

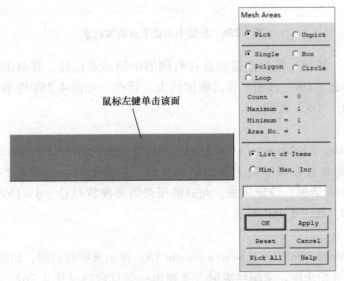

图 4.254　线网格划分时拾取线对话框

"OK"按钮,如图 4.256 所示。

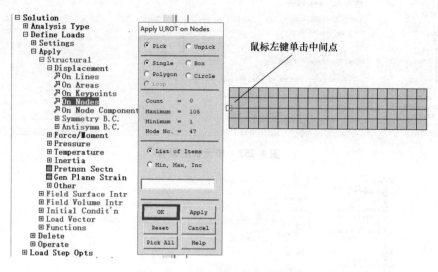

图 4.255　左侧中间点节点拾取窗口

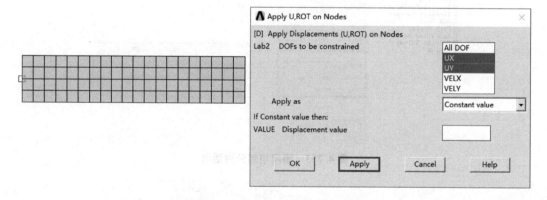

图 4.256　左侧中间点节点施加约束

点击"Apply"按钮,鼠标左键放置在右侧的中间节点位置,并单击拾取该节点,如图 4.257 所示,单击"OK"按钮。弹出施加约束对话框,如图 4.258 所示,约束它 Y 方向上的自由度,点击"OK"按钮。

2)施加压强:

GUI:Main Menu > Solution > Define Loads > Apply > Structural > Pressure > On Lines。弹出对话框,鼠标左键放置在模型最上面的那条直线,单击拾取,如图 4.259 所示,再单击"OK"按钮。弹出对话框,设定压强。此时的压强需要换算单位,$q = 1\text{N/mm}^2 = 10^6 \text{N/m}^2$,输入压强 1000000,如图 4.260 所示。

3)提交计算:

求解:Main Menu > Solution > Solve > Current LS。弹出求解对话框,如图 4.261 所示,单击"OK"按钮,开始求解。求解结束时,又弹出一信息窗口(图 4.262)提示用户已完成求解,点击"Close"按钮关闭对话框即可。至于在求解时产生的 STATUS Command 窗口,

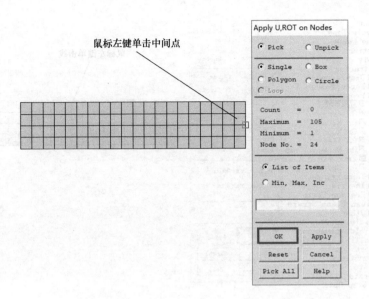

图 4.257 右侧中间点节点拾取窗口

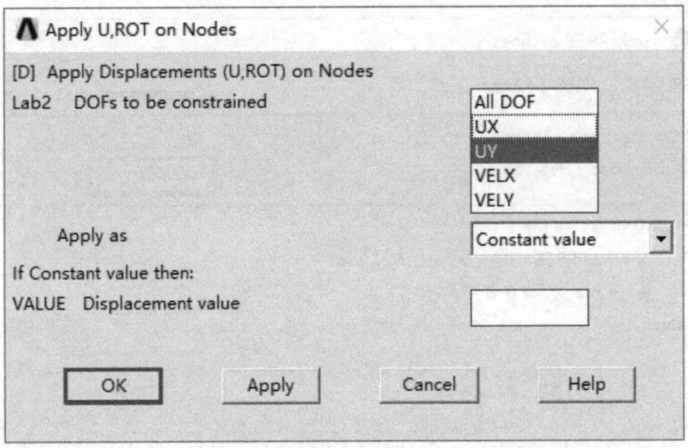

图 4.258 右侧中间点节点施加约束

点击 File > Close 关闭即可。

（4）处理器 General Postproc 模块

查看模型 X 方向应力：

GUI：Main Menu > General Postproc > Post Results > Contour Plot > Nodal Solu。

选择 Stress > X-Component of stress，如图 4.263 所示。模型的应力如图 4.264 所示。

（5）退出

点击应用菜单中的 File > Exit…，弹出保存对话框，选中 Save Everything，点击 OK 按钮，即可退出 ANSYS。

从图 4.264 可以看出在误差允许范围内，杆件中间的正应力 ANSYS 计算结果 (18.7MPa) 与材料力学（结构力学）计算得出的解析解（18.75MPa）是一致的。

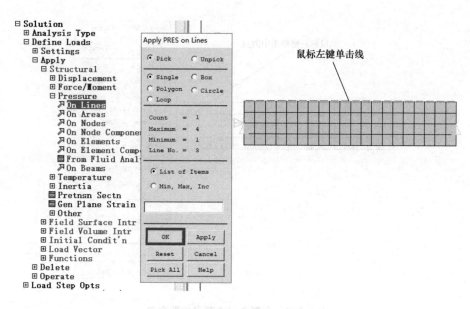

图 4.259 拾取线对话框

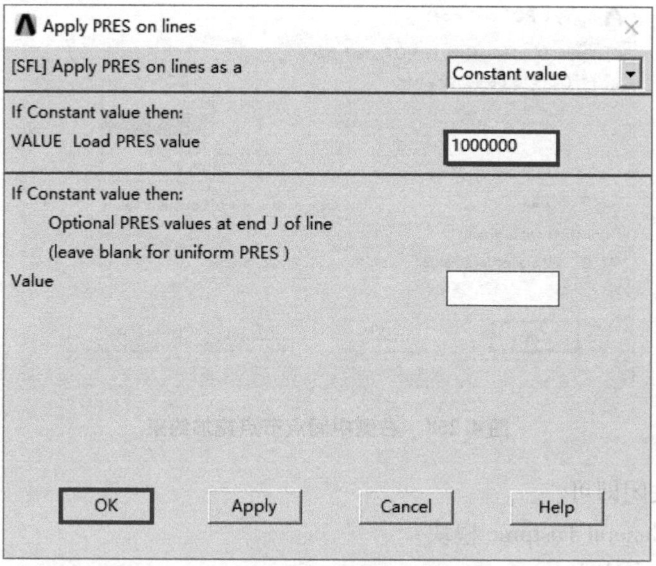

图 4.260 载荷施加对话框

4.7.2 三维实体结构分析-锥形杆拉伸

长度 $l=0.254$m 的正方形截面的铝合金锥形杆件（图 4.265），上端为固定端约束，下端作用有集中力 $F=44.483$kN。其中上截面正方形边长为 $d=0.0508$m，弹性模量 $E=70.71$GPa，泊松比为 0.3。试分别通过材料力学（结构力学）理论解析方法与 ANSYS 数值方法进行分析最大轴向位移和中部位置（$Y=L/2$）截面上的轴向应力。

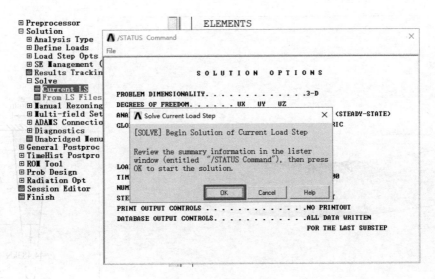

图 4.261 求解对话框

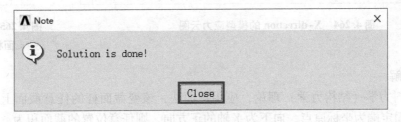

图 4.262 求解结束对话框

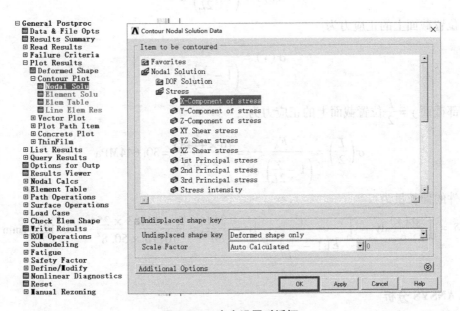

图 4.263 应力设置对话框

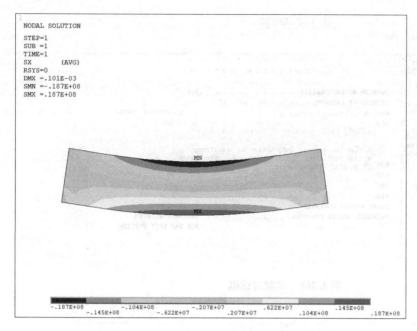

图 4.264　X-direction 的模型应力云图　　　　图 4.265　锥形变截面杆模型

1. 理论解

根据材料力学（结构力学）理论，应用截面法，该变截面杆的任意截面上的轴力值都等于 F。取固定端为坐标原点，向下为 Y 轴的正方向，则任意位置的截面积为

$$A(y) = \left(1 - \frac{y}{2L}\right)^2 d^2 \tag{4.58}$$

则任意位置截面上的正应力为

$$\sigma(y) = \frac{F_N}{\left(1 - \frac{y}{2L}\right)^2 d^2} \tag{4.59}$$

杆件中部截面 $y = \frac{L}{2}$ 位置截面上的正应力为

$$\sigma\left(\frac{L}{2}\right) = \frac{F_N}{\left(1 - \frac{y}{2L}\right)^2 d^2} = \frac{16 \times 44483}{9 \times 50.8^2} = 30.644 \text{MPa} \tag{4.60}$$

整个杆件的伸长量为

$$\delta = \int_0^L \frac{\sigma(y)}{E} \mathrm{d}y = \int_0^L \frac{F}{E\left(1 - \frac{y}{2L}\right)^2 d^2} \mathrm{d}y = \frac{2FL}{Ed^2} = \frac{2 \times 44483 \times 254}{70710 \times 50.8^2} = 0.12384 \text{mm} \tag{4.61}$$

2. ANSYS 分析

本例使用三维结构固体单元 SOLID185。整个杆件沿长度方向等分为 7 个单元，在后处理模块中，就可以容易地提取到自由端的位移和中部的应力。

(1) ANSYS 分析前的准备工作

定义工作文件名：File > Change Jobname，鼠标左键点击 Change Jobname...，弹出对话框，输入文件名 shili2，单击 OK 按钮。图 4.266 所示。

图 4.266　定义文件名

(2) 前处理器 Preprocessor 模块

1) 定义单元类型：

Main Menu > Preprocessor > Element Type > Add/Edit/Delete，弹出对话框，鼠标左键单击"Add..."，弹出对话框，在左列表框中选择 Solid，在右列表框中选择 Brick 8 node 185，鼠标左键单击"OK"按钮，图 4.267 所示，返回图 4.268 所示，可以看到已经定义了单元 Solid185，点击"Close"按钮关闭。

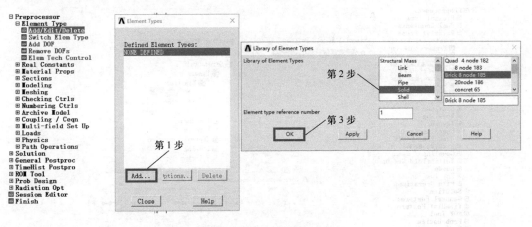

图 4.267　单元类型选择对话框

2) 定义材料特性：

Main Menu > Preprocessor > Material Props > Material Models，弹出对话框，依次单击 Structural > Linear > Elastic > Isotropic，弹出对话框，输入 EX：70.71e9，PRXY：0.3，单击"OK"按钮。再单击对话框右上角"×"，如图 4.269 所示，完成材料属性设置。

3) 生成关键点：Main Menu > Preprocessor > Modeling > Create > Keypoints > In Active CS，弹出对话框，如图 4.270 所示。输入关键点 1 坐标（-0.0254，0，-0.0254），点击"Apply"按钮。返回图 4.270；修改坐标数据为关键点 2，坐标（0.0254，0，-0.0254），如图 4.271 所示，点击"Apply"按钮。返回图 4.271；修改坐标数据为关键点 3，坐标（0.0254，0，0.0254），如图 4.272 所示，点击"Apply"按钮。返回图 4.272；修改坐标数

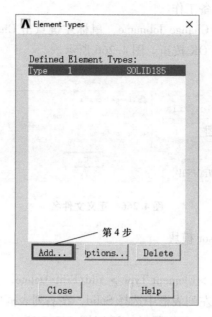

图4.268　单元类型对话框

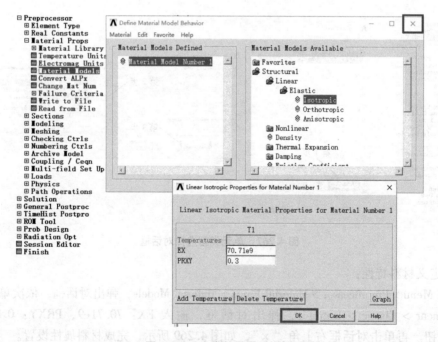

图4.269　实常数设置对话框

据为关键点4，坐标（-0.0254，0，0.0254），如图4.273所示，点击"Apply"按钮。返回图4.273；修改坐标数据为关键点5，坐标（-0.0127，-0.254，-0.0127），如图4.274所示，点击"Apply"按钮。返回图4.274；修改坐标数据为关键点6，坐标（0.0127，-0.254，-0.0127），如图4.275所示，点击"Apply"按钮。返回图4.275；修改坐标数据为关键点 7，坐标（0.0127，-0.254，0.0127），如图 4.276 所示，点击"Apply"按钮。返回图 4.276；修改坐标数据为关键点 8，坐标（-0.0127，-0.254，0.0127），如图 4.277 所示，单击"OK"按钮，完成 8 个关键点坐标的定义。

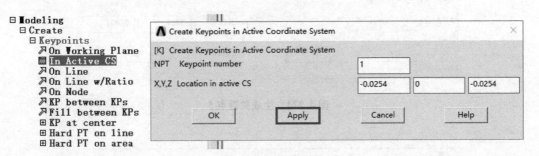

图 4.270　生成关键点 1

图 4.271　生成关键点 2

图 4.272　生成关键点 3

图 4.273　生成关键点 4

341

图 4.274　生成关键点 5

图 4.275　生成关键点 6

图 4.276　生成关键点 7

图 4.277　生成关键点 8

4) 创建体：

Main Menu > Preprocessor > Modeling > Create > Volumes > Arbitrary > Through KPs，弹出"关键点选择"对话框。鼠标左键单击关键点 1、2、3、4、5、6、7、8，如图 4.278 所示，点击"OK"按钮，可生成体，如图 4.279 所示。

第 4 章 ANSYS 基础应用实例分析

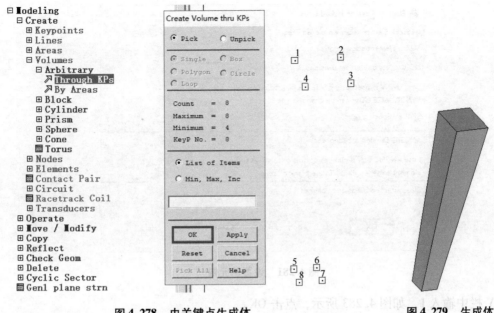

图 4.278 由关键点生成体   图 4.279 生成体

5）生成单元：

Main Menu > Preprocessor > Meshing > Size Cntrls > Manual Size > Lines > Picked Lines，鼠标左键分别放置在该体的长度方向上的四条线上，并单击，如图 4.280 所示，点击"OK"按钮，在 NDIV 栏中输入 7，如图 4.281 所示，点击 OK。

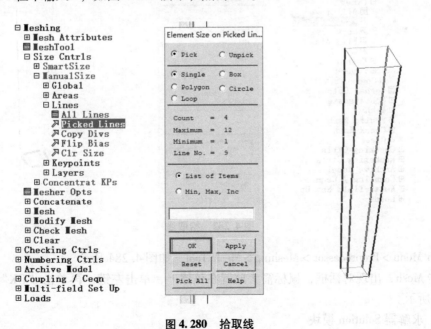

图 4.280 拾取线

Main Menu > Preprocessor > Meshing > Size Cntrls > Manual Size > Lines > Picked Lines，鼠标左键分别放置在该体的上、下面的 8 条线上，并单击，如图 4.282 所示，点击"OK"按钮，

343

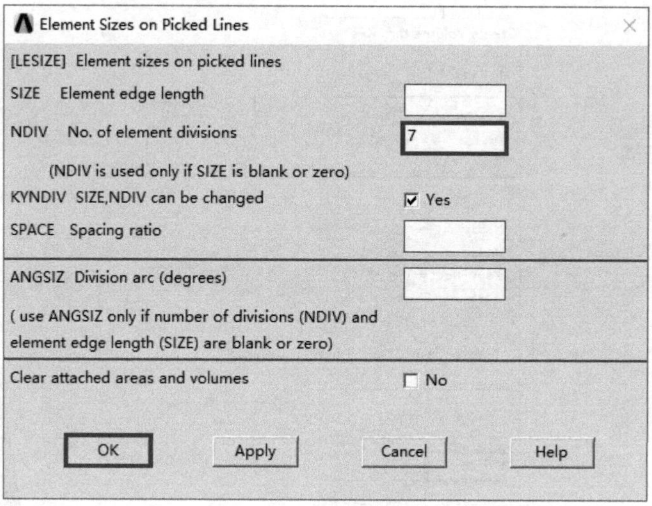

图 4.281 设置单元数

在 NDIV 栏中输入 1，如图 4.283 所示，点击 OK。

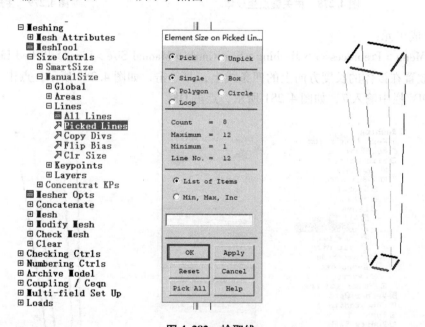

图 4.282 拾取线

Main Menu > Preprocessor > Meshing > Mesh Tool，如图 4.284 所示。

点击 Mesh，出现对话框，鼠标箭头放置在该体上，单击左键，再单击"OK"按钮，如图 4.285 所示。

（3）求解器 Solution 模块

1）施加位移约束：

Main Menu > Solution > Define Loads > Apply > Structural > Displacement > On Areas。弹出拾取窗口，鼠标左键放置在面积最大的底面，并单击拾取该底面。图 4.286，单击"OK"按

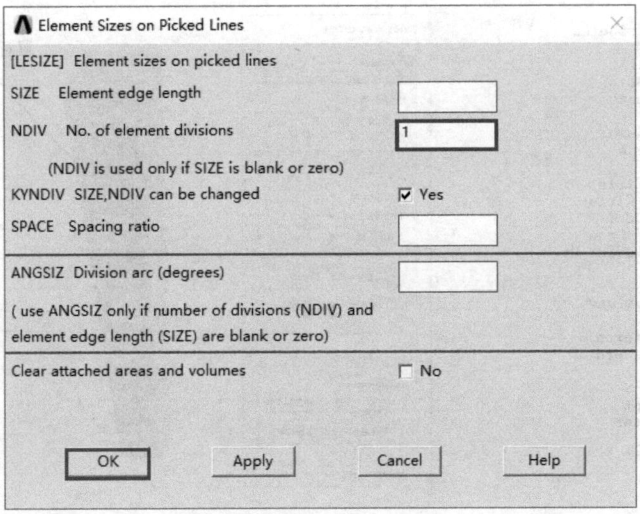

图 4.283　设置单元数

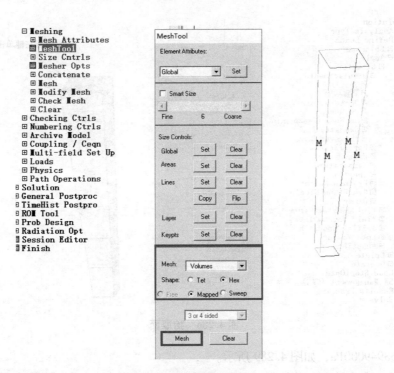

图 4.284　体网格划分

钮。弹出施加约束对话框，在"Lab2"列表框中选择"All DOF"，单击"OK"按钮，如图 4.287 所示。

2）施加均布载荷：

Main Menu > Solution > Define Loads > Apply > Structural > Pressure > On Areas。点击面积最小的正方形面，如图 4.288 所示。然后输入均布载荷值 – 68949000。计算式为 44483N/

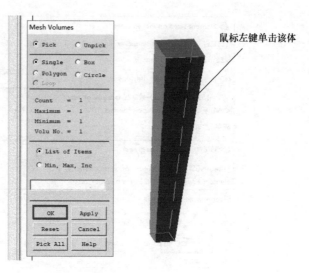

图 4.285　拾取体

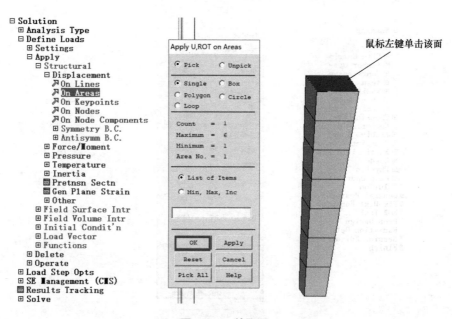

图 4.286　拾取面

$0.0254\mathrm{m}^2 = 68949000\mathrm{Pa}$，如图 4.289 所示。

3）求解：Main Menu > Solution > Solve > Current LS。弹出求解对话框，如图 4.290 所示，单击"OK"按钮，开始求解。求解结束时，又弹出一信息窗口（图 4.291）提示用户已完成求解，点击"Close"按钮关闭对话框即可。至于在求解时产生的 STATUS Command 窗口，点击 File > Close 关闭即可。

（4）处理器 General Postproc 模块

1）显示变形图：

Utility Menu > Plot > Results > Contour Plot > Nodal Solution，弹出对话框，选择 DOF Solu-

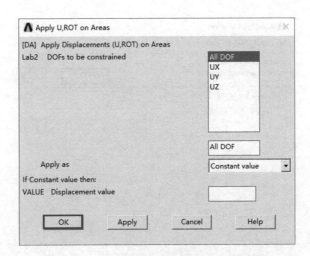

图 4.287　施加面约束

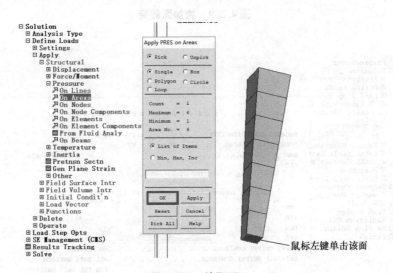

图 4.288　拾取面

tion > Y- Component of displacement。如图 4.292 所示。该杆的数值方向（Y 向）变形如图 4.293所示。

从图 4.293 可以看出在误差允许范围内，杆件位移 ANSYS 计算结果（0.123mm）与材料力学（结构力学）计算得出的解析解（0.12384mm）是一致的。

2）列表显示中间单元应力：

Utility Menu > General Postproc > Element Table > Define Table，点击"Add..."按钮，弹出图 4.294对话框，在 Lab 中定义名称：Stress_M，并 Item 选项中，选择"Stress"，"Y- direction SY"，点击"OK"按钮，如图 4.295 所示，再点击"Close"按钮。

Utility Menu > General Postproc > Element Table > List Elem Table 中选中上步骤定义的名称 Stress_M，如图 4.296 所示。点击"OK"按钮。得到该杆件中间单元的应力计算值，如图 4.297所示。

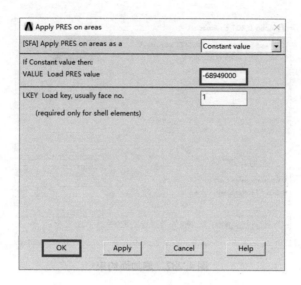

图 4.289 施加面载荷

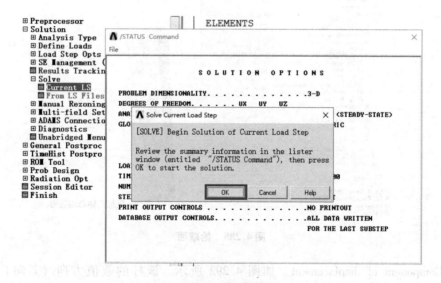

图 4.290 求解对话框

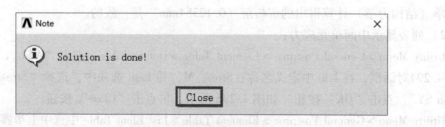

图 4.291 求解结束对话框

第4章 ANSYS基础应用实例分析

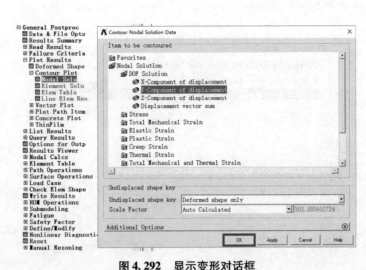

图 4.292　显示变形对话框

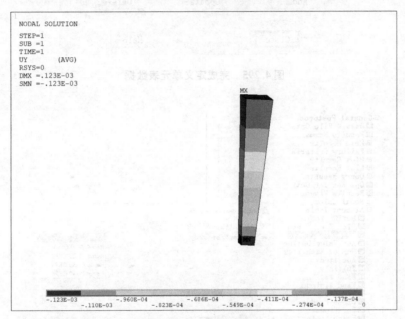

图 4.293　杆结构变形

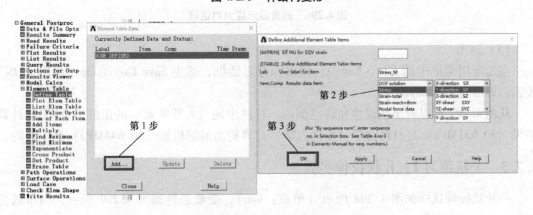

图 4.294　定义单元表数据

图 4.295　完成定义单元表数据

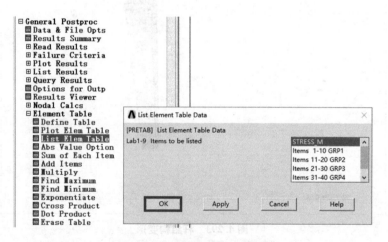

图 4.296　列表显示应力对话框

(5) 退出

点击应用菜单中的 File > Exit…，弹出保存对话框，选中 Save Everything，点击"OK"按钮，即可退出 ANSYS。

从图 4.297 可以看出在误差允许范围内，杆件中间（4 号单元）的正应力 ANSYS 计算结果（30.631MPa）与材料力学（结构力学）计算得出的解析解（30.644MPa）是一致的。

4.7.3　上机练习 1：片状拉伸实验

一片状拉伸试样如图 4.298 所示（单位：mm），受载条件如图 4.299 所示，均布载荷为：$q = 5 \times 10^7 \text{N/m}^2$；拉伸试样材料参数为：弹性模量 $E = 2.1 \times 10^{11}$ Pa，泊松比为 0.3。计

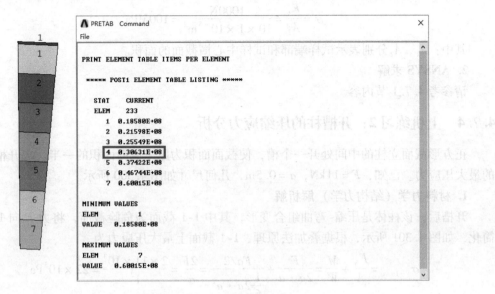

图 4.297　列表显示单元应力

算拉伸试样的变形和应力分布情况。

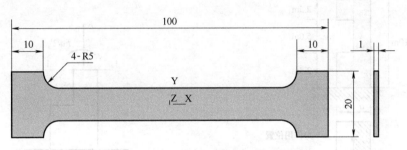

图 4.298　片状拉伸式样的几何尺寸

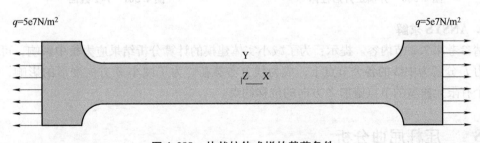

图 4.299　片状拉伸式样的载荷条件

1. 材料力学（结构力学）解析解

（1）轴力计算：

$$F_N = q \times A_1 = 5 \times 10^7 \times 20 \times 1 \times 10^{-6} = 1000\text{N} \tag{4.62}$$

（2）根据圣维南原理，在距离外力稍远处，应力趋于均匀分布，试样中心横截面有平均应力为

$$\sigma = \frac{F_N}{A_2} = \frac{1000\text{N}}{10 \times 1 \times 10^{-6}\text{m}^2} = 100\text{MPa} \tag{4.63}$$

其中：A_1，A_2 分别表示试样端部和试样中心横截面的面积。

2. ANSYS 求解

请参考 4.7.1 节内容。

4.7.4 上机练习 2：开槽柱的压缩应力分析

正方形截面立柱的中间处开一个槽，使截面面积为原来截面面积的一半。求开槽后立柱的最大压应力。已知，$F=11$kN，$a=0.5$m，几何尺寸如图 4.300 所示。

1. 材料力学（结构力学）解析解

开槽后，该柱体是压缩-弯曲组合变形，其中 1-1 截面为危险截面，将力 F 向 1-1 形心简化，如图 4.301 所示，根据叠加法原理，1-1 截面上最大压应力为

$$\sigma_{1-1\max} = \frac{F_N}{A} + \frac{M}{W} = \frac{F}{2a \cdot a} + \frac{Fa/2}{\frac{1}{6}2a \cdot a^2} = \frac{2F}{a^2} = \frac{2 \times 11 \times 10^3}{1^2} = 22 \times 10^3 \text{Pa} \tag{4.64}$$

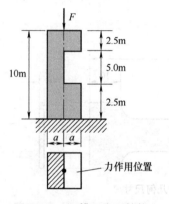

图 4.300 开槽正方形柱体

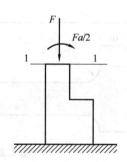

图 4.301 1-1 截面

2. ANSYS 求解

请参考 4.7.2 节内容。提示：为了减小实体建模的计算分析结果应力集中影响，可以将集中力 F 分解为中线的各个节点上，成为线分布载荷。为了减小 Z 方向变形的影响，可以对整个有限元模型的节点施加 Z 方向的位移约束。

4.8 压杆屈曲分析

4.8.1 屈曲分析概述

从材料力学（结构力学）中得知，对于细长压杆来说，具有足够的强度和刚度，却不一定能安全可靠地工作。例：一长为 300mm 的钢板尺，横截面尺寸为 20mm×1mm。钢的许用应力为 $[\sigma]=196$MPa。按强度条件计算得钢板尺所能承受的轴向压力为 $F_N=A[\sigma]=39.2$kN，而实际上，若将钢尺竖立在桌面上，用手压其上端，则不到 40N 的压力，钢尺就

会突然变弯而失去承载能力。这说明细长压杆丧失工作能力并不是由于其强度不够,而是由于其突然产生显著的弯曲变形、轴线不能维持原有直线形状的平衡状态所造成的,这种现象称为压杆稳定,也称为压杆屈曲。

压杆承受临界载荷或更大载荷时会发生弯曲,如图 4.302 所示。为了保证细长压杆能够安全地工作,应使压杆承受的压力或杆的应力小于压杆的临界力 F_{cr}。材料力学(结构力学)使用 Euler 公式求取临界载荷:

$$F_{cr} = \frac{\pi^2 EI}{(\mu l)^2}$$

图 4.302　临界载荷下压杆发生屈曲

针对不同的细长压杆约束形式,长度因素 μ 取值如表 4.1 所示。

表 4.1　Euler 公式中参数 μ 的取值

约束情况	一端固定,一端自由	一端固定,一端铰支	两端铰支	两端固定	两端固定,一端可横向移动
μ	2	0.7	1	0.5	1

对于压杆屈曲问题,ANSYS 中一方面可以使用线性分析方法(也称为特征值法)求解 Euler 临界载荷,另一方面可以使用非线性方法求取更为安全的临界载荷。

线性分析对结构临界失稳力的预测一般高于结构实际的临界失稳力。因此,在实际的工程结构分析时一般不用线性分析方法。但线性分析作为非线性屈曲分析的初步评估作用是非常有用的。非线性分析的第一步最好进行线性屈曲分析,线性屈曲分析能够预测临界失稳力的大致数值,为非线性屈曲分析时所加力的大小作为依据。

非线性屈曲分析要求结构是不"完善"的。比如一个细长杆,一端固定,一端施加轴向压力。若细长杆在初始时没有发生轻微的侧向弯曲,或者侧向没有施加一微小力使其发生轻微的侧向挠动,那么非线性屈曲分析是没有办法完成的。为了使结构变得不完善,你可以在侧向施加一微小力。这里由于前面做了特征值屈曲分析,所以可以取第一阶振型的变形结果并作一下变形缩放,不使初始变形过于严重,这步可以在 Main Menu > Preprocessor > Modeling > Update Geom 中完成。

上步完成后,加载计算所得的临界失稳力,打开大变形选项开关,采用弧长法计算,设置好子步数,计算。

后处理,主要是看节点位移和节点反作用力(力矩)的变化关系,找出节点位移突变时反作用力的大小,然后进行必要的分析处理。

因而,稳定性问题也可分为两类:

第一类稳定问题:是指完善结构的分支点屈曲和极值点屈曲。
第二类稳定问题:有初始缺陷的发生极值点屈曲。

特征值分析得到的是第一类稳定问题的解,只能得到屈曲荷载和相应的失稳模态,它的优点就是分析简单，计算速度快。事实上在实际工程中应用还是比较多的，而且钢结构设计手册中的很多结果都是基于特征值分析的结果，例如钢梁稳定计算的稳定系数，框架柱的计算长度等。它的缺点主要是：不能得到屈曲后的路径，没有考虑初始缺陷如初始的变形和应力状态，以及材料的非线性。

非线性分析比较好的是能够得到结构和构件的屈曲后特性，考虑初始缺陷还有材料的非线性包括边界的非线性性能。但是在分析的时候最好是在线性特征值的基础上，因为这种方法的结果依赖所加的初始缺陷，如果所加的几何缺陷不是最低阶，可能得到高阶的失稳模态。

ANSYS 提供两种技术来分析屈曲问题，分别为非线性屈曲分析法和线性屈曲分析法（也称为特征值法）。因为这两种方法的结果可能截然不同（见图 4.303），故需要理解它们的差异：

◇ 非线性屈曲分析法通常较线性屈曲分析法更符合工程实际，使用载荷逐渐增大的非线性静力学分析，来求解破坏结构稳定的临界载荷。使用非线性屈曲分析法，甚至可以分析屈曲后的结构变化模式。

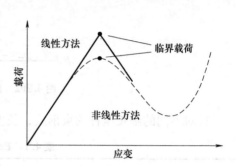

图 4.303　不同分析方法的屈曲分析结果

◇ 线性屈曲分析法可以求解线弹性理想结构的临界载荷，其结果与 Euler 方程求得的基本一致。

4.8.2　线性屈曲（特征值屈曲）分析步骤

由于线性屈曲分析基于线性弹性理想结构的假设进行分析，所以该方法的结果安全性不佳，那么在设计中不宜直接采用分析结果。线性屈曲分析包含以下步骤：

1. 前处理，建立模型

（1）定义单元类型，截面结构、单元常数等。

在线性屈曲分析中，ANSYS 对单元采取线性化处理，故即使定义了非线性的高次单元，在运行中也将被线性化处理。

（2）定义材料，可以采用线性各向同性或线性正交各向异性材料，因求解刚性矩阵的需要，必须定义材料的杨氏模量。

（3）建立有限元模型，包括几何建模与网格化处理。在建模过程中，对于两点一线的杆件，尽量对其多划分几段网格，也就是说尽量不要把两点连线作为一个杆件单元，因为那样会使计算结果不准确。

2. 求取静态解

（1）进入求解器，并设定求解类型为 Static。

（2）激活预应力效应（在求解过程中必须激活）。即使计算中不包含预应力效应，因为只有激活该选项才能使得几何刚度矩阵保存下来。

命令方式：PSTRES, ON

GUI 方式：选择 Main Menu > Solution > Analysis Type > Analysis Options 命令，找到 PSTRES 并选中，将其设置为打开状态。

(3) 施加约束和载荷：可以施加一个单位载荷，也可取一个较大的载荷（特别在求解模型的临界载荷很大时）。

(4) 求解并退出求解器。

3. 求取屈曲解和屈曲模态

(1) 进入求解器，并设定求解类型为 Eigen Buckling。

命令方式：ANTYPE，BUCKLE

GUI 方式：选择 Main Menu > Solution > Analysis Type-New Analysis 命令，在弹出的对话框中，将 Eigen Buckling 前的单选框选中。

(2) 设置求解选项。

命令方式：BUCOPT，Method，NMODE，SHIFT，LDMULTE，RangeKey

其中：

Method 指定临界载荷提取的方法，可为 LAMB 指定 Block Lanczos 方法，或 SUBSP 指定子空间迭代法。

NMODE 指定临界载荷提取的数目。

SHIFT 指定临界载荷计算起始点，默认为 0.0。

LDMULTE 指定临界载荷计算终止点，默认为正无穷。

RangeKey 控制特征值提取方法的计算模式，可为 CENTER 或 RANGE；默认为 CENTER，计算范围为（SHIFT LDMULTE，SHIFT + LDMULTE），采用 RANGE 的计算范围为（SHIFT，LDMULTE）。

GUI 方式：选择 Main Menu > Solution > Analysis Type > Analysis Options 命令，在弹出的对话框中，输入命令中的各项参数。

(3) 设置载荷步骤、输出选项和需要扩展的模态。

扩展模态的方式如下。

命令方式：MXPAND，NMODE，FREQB，FREQE，Elcalc，

其中：

NMODE 指定需要扩展的模态数目，默认为 ALL，扩展求解范围内的所有模态。如果为 −1，不扩展模态，而且不将模态写入结果文件中。

FREQB 指定特征值模态扩展的下限，如果与 FREQE 均默认，则扩展并写出指定求解范围内的模态。

FREQE 指定特征值模态扩展的上限。

Elcalc 网格单元计算开关，如果为 NO，则不计算网格单元结果、相互作用力和能量等结果；如果为 YES，计算网格单元结果、相互作用力、能量等；默认为 NO。

SIGNIF 指定阈值，只有大于阈值的特征值模态才能被扩展。

MSUPkey 指定网格单元计算结果是否写入模态文件中。

GUI 方式：选择 Main Menu > Solution > Load Step Opts > ExpansionPass > Single Expand > Expand Modes 命令，在弹出的对话框中，输入命令中的各项参数。

4. 后处理，查看结果

(1) 查看特征值。

(2) 查看屈曲变形图。

4.8.3 非线性屈曲分析步骤

非线性屈曲分析属于大变形的静力学分析，在分析中将压力扩展到结构承受极限载荷。如果使用塑性材料，结构在承受载荷时可能会发生其他非线性效应，如塑性变形等。

从图4.303中可以看到，使用非线性屈曲分析方法得到的临界载荷一般较线性方法小，因此在非线性分析中通常使用线性分析中的临界载荷为加载起点，分析结果出现屈曲后的变化形态。

1. 前处理，建立模型

（1）定义单元类型、截面结构、单元常数等。

（2）定义材料，可以采用线性各向同性或线性正交各向异性材料，因求解刚性矩阵的需要，必须定义材料的杨氏模量。

（3）建立有限元模型，包括几何建模与网格化处理。在建模过程中，对于两点一线的杆件，尽量对其多划分几段网格，也就是说尽量不要把两点连线作为一个杆件单元，因为那样会使计算结果不准确。

2. 加载与求解

（1）进入求解器，并设定求解类型为static。

（2）激活大变形效应。

命令方式：NLGEOM，ON

GUI方式：选择 Main Menu > Solution > Analysis Type > Sol's Control 命令，弹出 Solution Controls 对话框，在对话框中的 Analysis Option 框下选择 Large Displacement Static 项。

（3）设置子载荷的时间步长。使用非线性屈曲分析方法是逐渐增大载荷直到结果开始发散，如果载荷增量过大，得到的分析结果可能不准确。打开二分法选项和自动时间步长选项有利于避免这样的问题。

打开自动时间步长选项时，程序自动求出屈服载荷。在求解时，一旦时间步长设置过大导致结果不收敛，程序将自动二分载荷步长，在小的步长下继续求解，直到能获得收敛结果。在屈曲分析中，当载荷大于等于屈曲临界载荷时，结果将不收敛。一般而言，程序将收敛到临界载荷。

（4）施加约束和载荷，可从小到大依次逐步将载荷施加到模型上，不要一次施加过大的载荷，以免在求解过程中出现不收敛的现象。在施加载荷时，施加一个小的扰动，使结构屈曲发生。

（5）求解并退出求解器。

3. 后处理，查看结果

（1）进入通用后处理器查看变形。

（2）进入时间历程后处理器查看参数随时间的变化等。

4.8.4 中间铰支增强稳定性线性分析

问题描述：两端铰支的细长杆在承受压力时容易发生失稳（屈曲效应），工程上为了提高细长杆的稳定性，常在杆中间增加铰支提高杆的抗屈曲能力。图4.304所示为杆件在两端铰支和添加中间铰支情况下发生失稳现象的示意图。

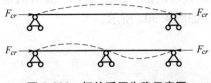

图 4.304　杆件受压失稳示意图

求解增加中间铰支后的压杆临界载荷，验证添加中间铰支后的稳定性增强效应。有关的几何参数与和材料参数如表 4.2 所示。

表 4.2　几何参数与和材料参数

几 何 参 数	材 料 参 数
杆长 200	杨氏模量 30000000
杆截面正方形 0.5 × 0.5	泊松比 0.3

注：本问题中没有给参数定义单位，但在 ANSYS 系统中不影响分析。

1. 理论解

没有增加中间铰支时，此时失稳为一段，其长度 $l = 200$，其临界压力 F_{cr} 为

$$F_{cr} = \frac{\pi^2 EI}{(\mu l)^2} = \frac{3.14^2 \times 3 \times 10^7 \times 0.5^4}{12 \times 1 \times 200^2} = 38.5 \quad (4.65)$$

如果增加中间铰支时，此时失稳分为两段，其长度 $l = 100$，其临界压力 F_{cr} 为

$$F_{cr} = \frac{\pi^2 EI}{(\mu l)^2} = \frac{3.14^2 \times 3 \times 10^7 \times 0.5^4}{12 \times 1 \times 100^2} = 154 \quad (4.66)$$

2. ANSYS 求解

对细长杆，可采用二维分析，使用梁单元建模，简化有限元模型。杆的约束情况为，杆长垂直方向 3 个铰支点位移为 0，杆长方向一端固定，另一端承受压力载荷。

（1）ANSYS 分析前的准备工作

定义文件名，可根据需要任意填写，但注意不要使用中文。

定义工作文件名：File > Change Jobname，鼠标左键点击 Change Jobname...，弹出对话框，输入文件名 shili1，单击"OK"按钮，如图 4.305 所示。

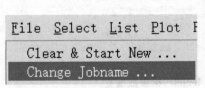 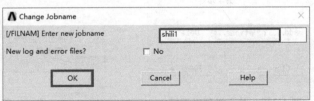

图 4.305　定义文件名

（2）前处理器 Preprocessor 模块

1）定义单元属性：

Main Menu > Preprocessor > Element Type > Add/Edit/Delete，弹出对话框，点击对话框中的"Add..."按钮，又弹出一对话框（图 4.306），选中该对话框中的 Beam 和 2 node 188

选项，点击"OK"按钮，关闭该对话框，返回至上一级对话框，此时，对话框中出现刚才选中的单元类型：BEAM188，如图 4.307 所示。

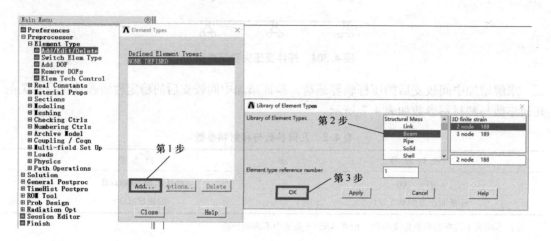

图 4.306　单元类型选择对话框

选中前一步定义的单元 BEAM188 后，单击 Options 按钮；弹出 BEAM 188 element type options 对话框，将第三项 K3 改为 Cubic Form（三次型），使梁单元沿长度方向为三次曲线，如图 4.308 所示，单击按钮"OK"确认，关闭对话框。

图 4.307　单元类型对话框

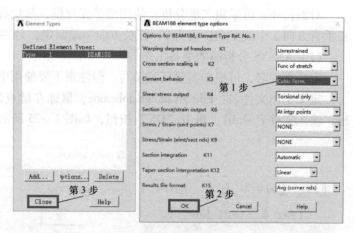

图 4.308　梁参数设置

Main Menu > Preprocessor > Sections > Beam > Common Sections，弹出 Beam Tool 对话框，在对话框中设置 ID 为 1，选择矩形截面，设置 B 和 H 为 0.5，如图 4.309 所示，单击按钮"OK"确认，关闭对话框。

2）定义材料属性：

定义材料特性。Main Menu > Preprocessor > Material Props > Material Models，弹出对话框，

第 4 章 ANSYS 基础应用实例分析

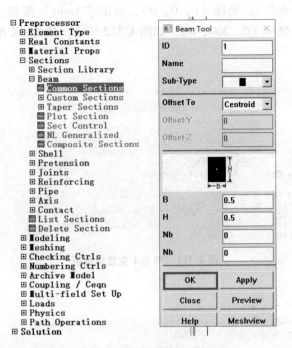

图 4.309 梁截面参数设置

依次点击 Structural > Linear > Elastic > Isotropic, 弹出对话框, 输入 EX: 3e7, PRXY: 0.3, 单击"OK"按钮。再单击对话框右上角"×", 如图 4.310 所示, 完成材料属性设置。

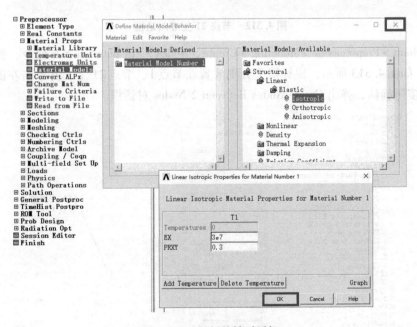

图 4.310 材料特性对话框

3) 建立有限元模型, 采用直接生成网格单元的方法建立有限元模型。
定义节点: Main Menu > Preprocessor > Create > Nodes > In Active CS, 弹出对话框, 如

359

图 4.311 所示。输入节点 1，坐标（0，0，0），点击"Apply"按钮。返回图 4.311；修改坐标数据为节点 21，坐标（0，200，0），如图 4.312 所示，单击 OK 按钮，完成 2 个节点坐标的定义。

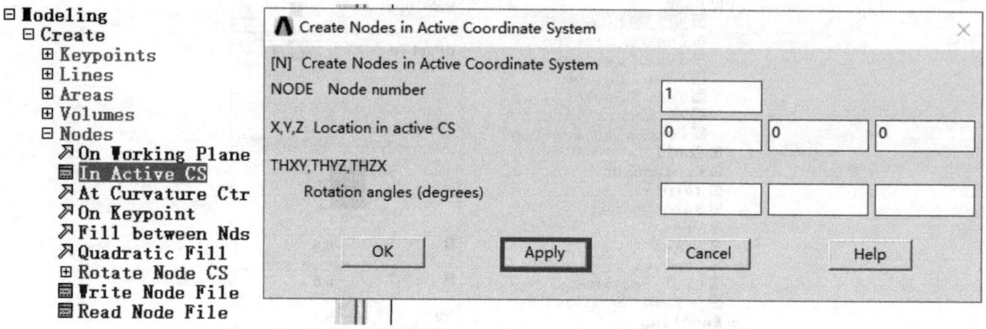

图 4.311 节点 1 生成对话框

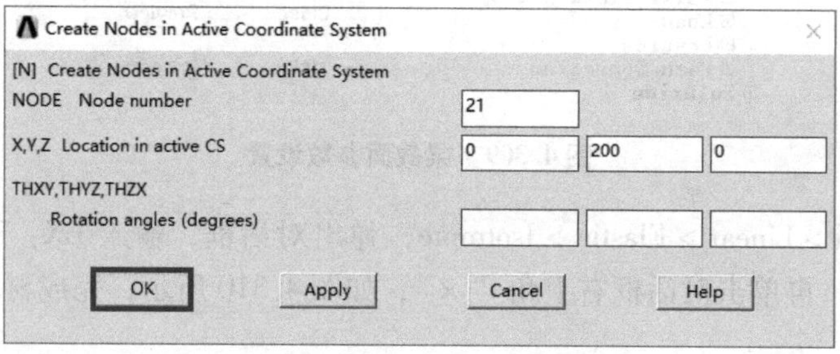

图 4.312 节点 21 生成对话框

Main Menu > Preprocessor > Modeling > Create > Nodes > Fill between Nds 命令，弹出实体选择对话框，如图 4.313 所示，鼠标箭头分别放置在节点 1、节点 21 上，并单击左键拾取。单击"OK"按钮确认，弹出 Create Nodes Between 2 Nodes 对话框。

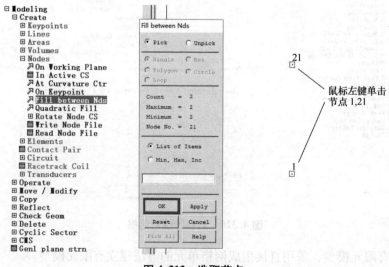

图 4.313 选取节点

在弹出的对话框中设置参数如图 4.314 所示，单击 "OK" 按钮，生成均匀分布的节点 2~20。

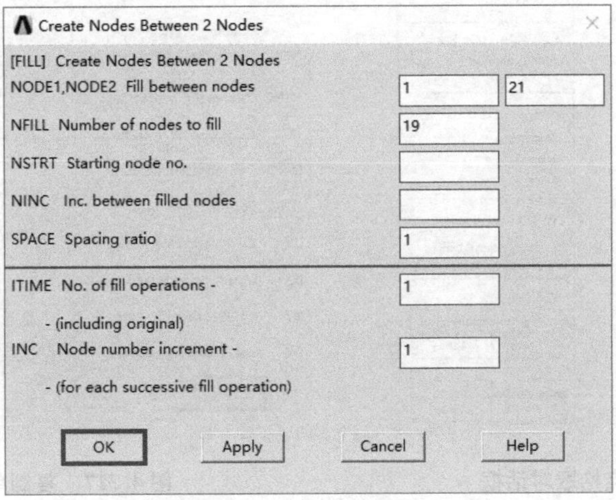

图 4.314 填充节点

Main Menu > Preprocessor > Modeling > Create > Elements > Auto Numbered > Thru Nodes，弹出对话框如图 4.315 所示：

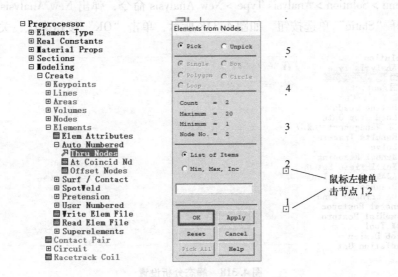

图 4.315 生成单元 1

鼠标左键单击节点 1 和 2，再单击 "OK" 按钮，生成单元 1。

选择 Main Menu > Preprocessor > Modeling > Copy > Elements > Auto Numbered 命令，弹出实体选取对话框，如图 4.316 所示，单击 "Pick All" 按钮，弹出对话框 Copy Elements（Automatically-Numbered）。

在对话框中，按图 4.317 中所示，分别填入 20 和 1，代表包括原网格单元在内，复制生成 20 个网格单元，使用节点增量为 1，即在每两个连续的节点间生成网格单元。

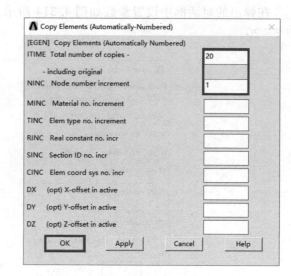

图 4.316　节点拾取对话框　　　　图 4.317　复制单元设置

(3) 求解器 Solution 模块

1) 求取静态解：

定义边界条件并求静态解，命令方式：

Main Menu > Solution > Analysis Type > New Analysis 命令，弹出 New Analysis 对话框，在对话框中选择"Static"单选按钮，如图 4.318 所示，单击"OK"按钮确认，关闭对话框。

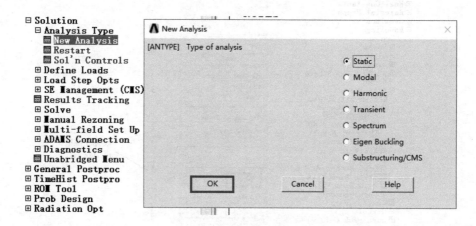

图 4.318　静态分析设置

选择 Main Menu > Solution > Analysis Type > Sol'n Controls > Basic 命令，弹出 Solution 对话 Controls 框，选中 Calculate prestress effects 项，如图 4.319 所示，单击"OK"按钮确认，打开预应力选项。

2) 施加位移约束：

① Main Menu > Solution > Define Loads > Apply > Structural > Displacement > On Nodes 命令，弹出实体选取对话框，鼠标箭头放置在节点 1 位置，并左键单击，如图 4.320 所示，单击"OK"按钮确认，弹出 Apply U, ROT on Nodes 对话框。

第4章　ANSYS 基础应用实例分析

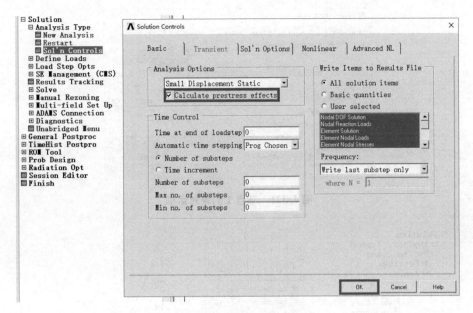

图 4.319　设置大应力选项

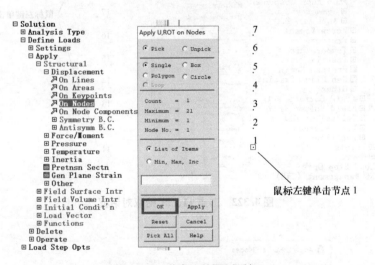

图 4.320　节点 1 拾取对话框

在 Apply U，ROT on Nodes 对话框中，找到 Lab2 项，在多选列表中选中 UX 和 UY，如图 4.321 所示，单击"OK"按钮确认。

② Main Menu > Solution > Define Loads > Apply > Structural > Displacement > On Nodes 命令，弹出实体选取对话框，如图 4.322 所示，鼠标箭头分别放置在节点 11 和节点 21 位置，并左键单击，单击"OK"按钮确认，弹出 Apply U，ROT on Nodes 对话框。

在 Apply U，ROT on Nodes 对话框中，找到 Lab2 项，在多选列表中选中 UX，如图 4.323 所示，单击"OK"按钮确认。

3）施加载荷：

Main Menu > Solution > Define Loads > Apply > Structural > Force/Moment > On Nodes，弹出

363

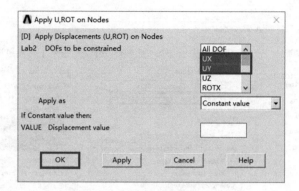

图 4.321　节点 1 约束对话框

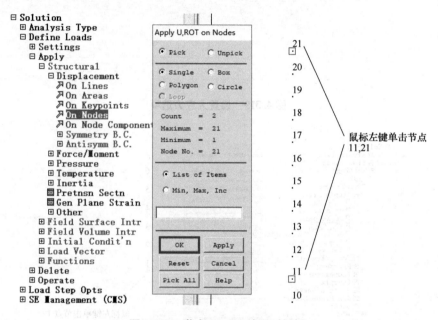

图 4.322　节点 11、21 拾取对话框

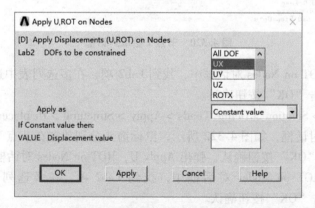

图 4.323　节点 11、21 约束对话框

实体选取对话框，如图 4.324 所示，鼠标箭头放置在节点 21 位置，并左键单击，单击"OK"按钮确认，弹出 Apply F/M on Nodes 对话框。

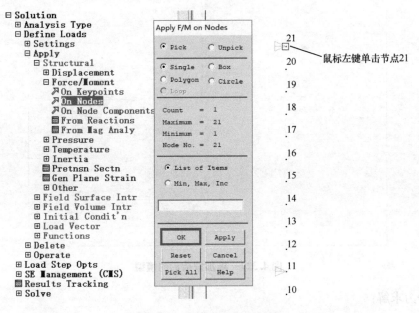

图 4.324　节点 21 拾取对话框

在对话框中，设置 Lab 为 FY，VALUE 为 –1，如图 4.325 所示，单击"OK"按钮确认。

4）设置对称性：

Main Menu > Solution > Define Loads > Apply > Structural > Displacement > Symmetry B.C. > On Nodes，弹出 Apply SYMM on Nodes 对话框。其作用是转化为平面问题。

在 Norml symm surface is normal to 后选中 Z-axis，如图 4.326 所示，单击"OK"按钮确认。施加约束后的模型如图 4.327 所示。

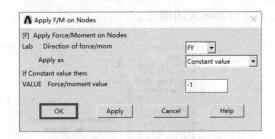

图 4.325　节点 21 载荷施加对话框

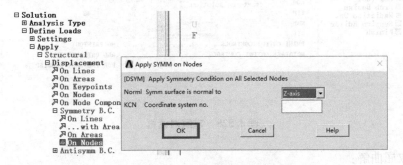

图 4.326　施加对称边界条件

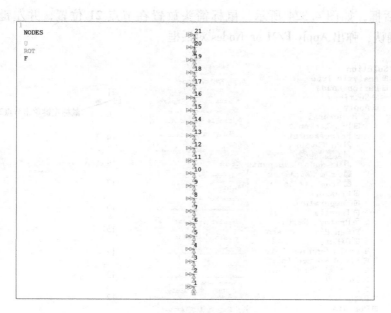

图 4.327 施加载荷后的模型

5) 静力求解：

Main Menu > Solution > Solve > Current LS。弹出求解对话框，如图 4.328 所示，单击"OK"按钮，开始求解。求解结束时，又弹出一信息窗口（图 4.329）提示用户已完成求解，点击"Close"按钮关闭对话框即可。至于在求解时产生的 STATUS Command 窗口，点击 File > Close 关闭即可。

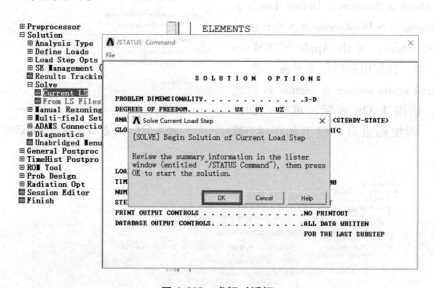

图 4.328 求解对话框

6) 求取屈曲解：

① 求解临界载荷，命令方式：

Main Menu > Solution > Analysis Type > New Analysis，弹出 New Analysis 对话框，选择

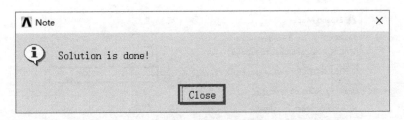

图 4.329　求解结束对话框

Eigen Buckling 选项，单击"OK"按钮确认并关闭对话框，如图 4.330 所示。

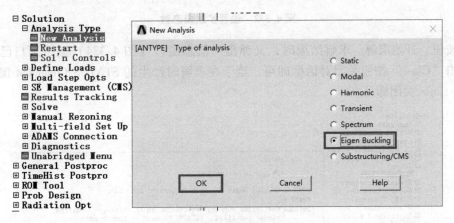

图 4.330　屈曲分析设置

Main Menu > Solution > Analysis Type > Analysis Options，弹出 Eigenvalue Buckling Options 对话框，设定求取的模态数为 1，如图 4.331 所示，单击"OK"按钮确认。

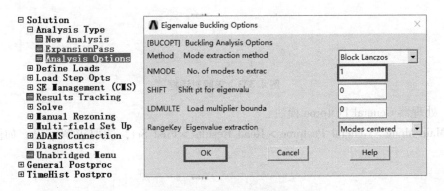

图 4.331　设置求解模态数

Main Menu > Solution > Load Step Opts > Expansion Pass > Single Expand > Expand Modes，弹出 Expand Modes 对话框，设置 NMODE 为 1，模态分析起始频率和终止频率设置，如图 4.332 所示，单击"OK"按钮确认。

② 屈曲求解：

Main Menu > Solution > Solve > Current LS。弹出求解对话框，如图 4.333 所示，单击

367

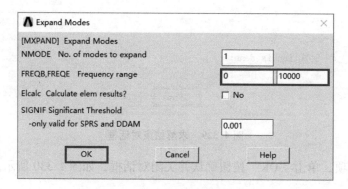

图 4.332 设置扩展模态数

"OK"按钮,开始求解。求解结束时,又弹出一信息窗口(图 4.334)提示用户已完成求解,点击"Close"按钮关闭对话框即可。至于在求解时产生的 STATUS Command 窗口,点击 File > Close 关闭即可。

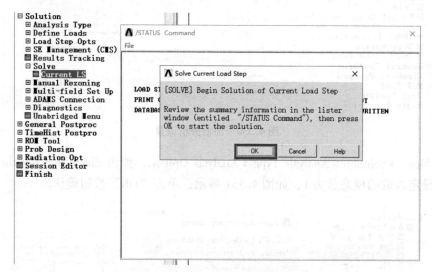

图 4.333 求解对话框

(4)处理器 General Postproc 模块

1)Main Menu > General Postproc > Read Results > First Set,读取求解结果,如图 4.335 所示。

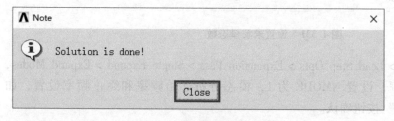

图 4.334 求解结束对话框

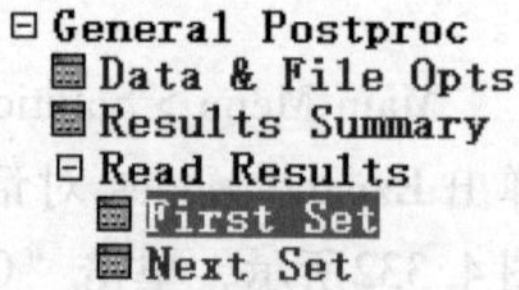

图 4.335 First Set 读取求解结果

2) 选择 Main Menu > General Postpro > Plot Results > Deformed Shape 命令，弹出 Plot Deformed Shape 对话框。选择 Def + undeformed 单选按钮，如图 4.336 所示，单击"OK"按钮，图形窗口中将显示变形前后细长杆的屈曲模态，如图 4.337 所示。

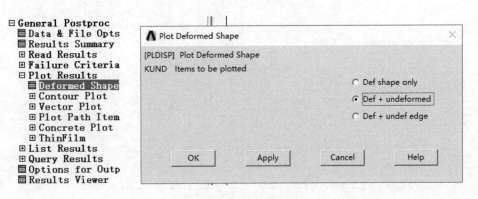

图 4.336　显示变形对话框

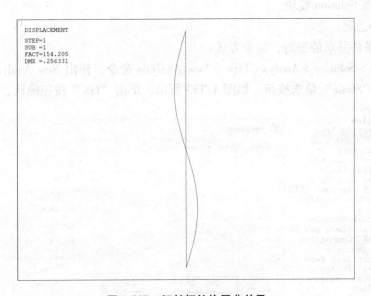

图 4.337　细长杆结构屈曲效果

从图 4.337 可以看出求取得到的临界载荷为 154.2，对这个问题稍加修改，删掉中间节点 11 的约束条件，可以求出临界载荷为 38.6（图 4.338），为前者的 1/4，可见中间铰支使细长杆的承载能力提高到了原来的 4 倍。其计算过程参见后面的 ANSYS 操作步骤。
(1) ANSYS 分析前的准备工作
设定文件名称，可根据需要任意输入，但注意不要使用中文。
(2) 前处理器 Preprocessor 模块
1) 定义单元属性（同上述）。
2) 定义材料特性（同上述）。
3) 建立有限元模型（同上述）。

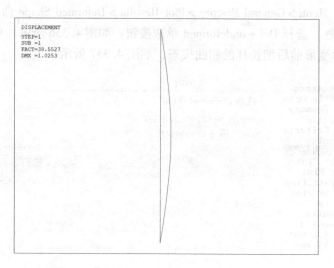

图 4.338　细长杆结构中间节点 11 约束去除后屈曲效果

(3) 求解器 Solution 模块

1) 求取静态解：

定义边界条件并求静态解，命令方式：

Main Menu > Solution > Analysis Type > New Analysis 命令，弹出 New Analysis 对话框，在对话框中选择"Static"单选按钮，如图 4.339 所示，单击"OK"按钮确认，关闭对话框。

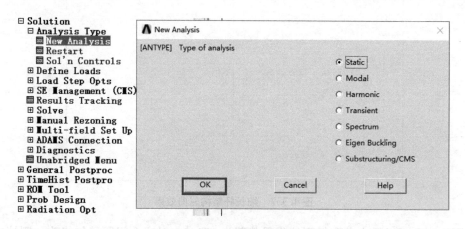

图 4.339　静态分析设置

选择 Main Menu > Solution > Analysis Type > Sol'n Controls > Basic 命令，弹出 Solution Controls 对话框，选中 Calculate prestress effects 项，如图 4.340 所示，单击"OK"按钮确认，打开预应力选项。

2) 施加位移约束：

① Main Menu > Solution > Define Loads > Apply > Structural > Displacement > On Nodes 命令，弹出实体选取对话框，鼠标箭头放置在节点 1 位置，并左键单击，如图 4.341 所示，单击"OK"按钮确认，弹出 Apply U, ROT on Nodes 对话框。

在 Apply U, ROT on Nodes 对话框中，找到 Lab2 项，在多选列表中选中 UX 和 UY，如

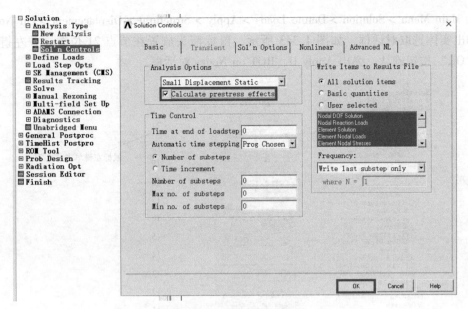

图 4.340 设置大应力选项

图 4.342 所示,单击"OK"按钮确认。

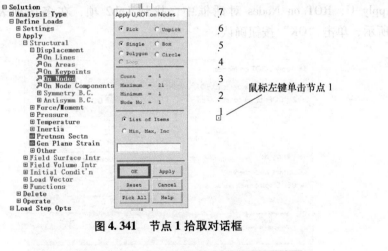

图 4.341 节点 1 拾取对话框

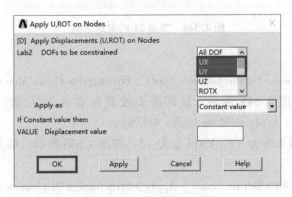

图 4.342 节点 1 约束对话框

② Main Menu > Solution > Define Loads > Apply > Structural > Displacement > On Nodes 命令，弹出实体选取对话框，如图 4.343 所示，鼠标箭头放置在节点 21 位置，并左键单击，单击"OK"按钮确认，弹出 Apply U，ROT on Nodes 对话框。

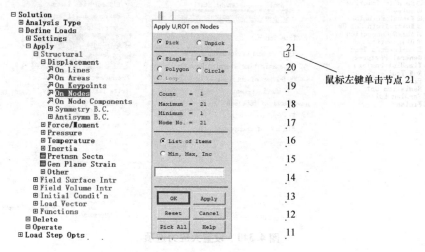

图 4.343　节点 21 拾取对话框

在 Apply U，ROT on Nodes 对话框中，找到 Lab2 项，在多选列表中选中 UX，如图 4.344 所示，单击"OK"按钮确认。

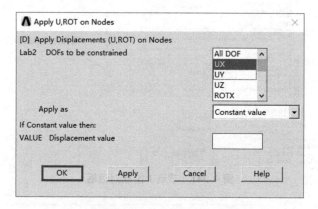

图 4.344　节点 21 约束对话框

3）施加载荷：

Main Menu > Solution > Define Loads > Apply > Structural > Force/Moment > On Nodes，弹出实体选取对话框，如图 4.345 所示，鼠标箭头放置在节点 21 位置，并左键单击，单击"OK"按钮确认，弹出 Apply F/M on Nodes 对话框。

在对话框中，设置 Lab 为 FY，VALUE 为 -1，如图 4.346 所示，单击"OK"按钮确认。

4）设置对称性：

Main Menu > Solution > Define Loads > Apply > Structural > Displacement > Symmetry B. C. > On Nodes，弹出 Apply SYMM on Nodes 对话框。其作用是转化为平面问题。在 Norml symm

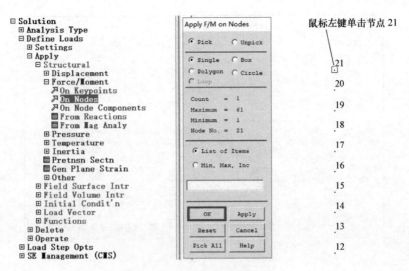

图 4.345　节点 21 拾取对话框

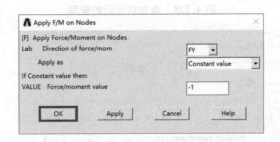

图 4.346　节点 21 载荷施加对话框

surface is normal to 后选中 Z-axis，如图 4.347 所示，单击"OK"按钮确认。施加约束后的模型如图 4.348 所示。

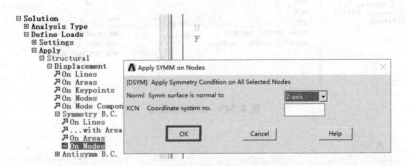

图 4.347　施加对称边界条件

5）静力求解：

Main Menu > Solution > Solve > Current LS。弹出求解对话框，如图 4.349 所示，单击"OK"按钮，开始求解。求解结束时，又弹出一信息窗口（图 4.350）提示用户已完成求解，点击"Close"按钮关闭对话框即可。至于在求解时产生的 STATUS Command 窗口，点

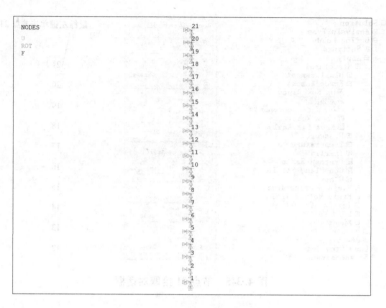

图 4.348 施加载荷后的模型

击 File > Close 关闭即可。

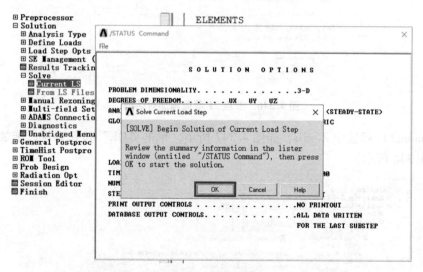

图 4.349 求解对话框

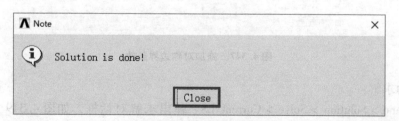

图 4.350 求解结束对话框

6) 求取屈曲解:
① 求解临界载荷

Main Menu > Solution > Analysis Type > New Analysis, 弹出 New Analysis 对话框, 选择 Eigen Buckling 选项, 单击"OK"按钮确认并关闭对话框, 如图 4.351 所示。

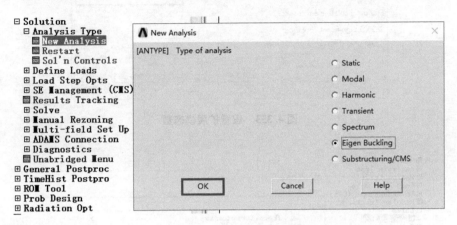

图 4.351 屈曲分析设置

Main Menu > Solution > Analysis Type > Analysis Options, 弹出 Eigenvalue Buckling Options 对话框, 设定求取的模态数为 1, 如图 4.352 所示, 单击"OK"按钮确认。

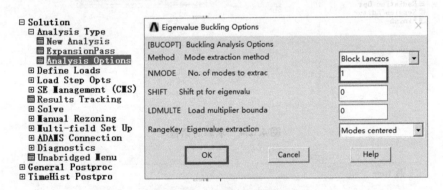

图 4.352 设置求解模态数

Main Menu > Solution > Load Step Opts > Expansion Pass > Single Expand > Expand Modes, 弹出 Expand Modes 对话框, 设置 NMODE 为 1, 模态分析起始频率和终止频率设置, 如图 4.353 所示, 单击"OK"按钮确认。

② 屈曲求解

Main Menu > Solution > Solve > Current LS。弹出求解对话框, 如图 4.354 所示, 单击 "OK"按钮, 开始求解。求解结束时, 又弹出一信息窗口(图 4.355)提示用户已完成求解, 点击"Close"按钮关闭对话框即可。至于在求解时产生的 STATUS Command 窗口, 点击 File > Close 关闭即可。

(4) 处理器 General Postproc 模块

Main Menu > General Postproc > Read Results > First Set, 读取求解结果, 如图 4.356 所示。

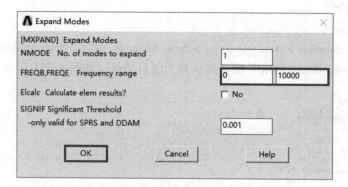

图 4.353　设置扩展模态数

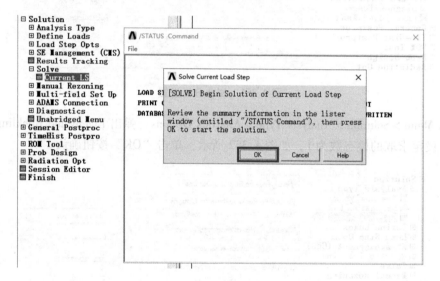

图 4.354　求解对话框

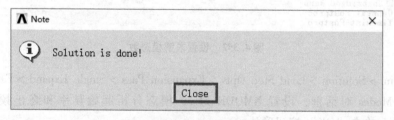

图 4.355　求解结束对话框

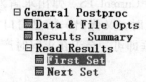

图 4.356　First Set 读取求解结果

选择 Main Menu > General Postpro > Plot Results > Deformed Shape 命令，弹出 Plot Deformed Shape 对话框。

选择 Def + undeformed 单选按钮，如图 4.357 所示，单击"OK"按钮，图形窗口中将显示变形前后细长杆的屈曲模态，如图 4.358 所示。

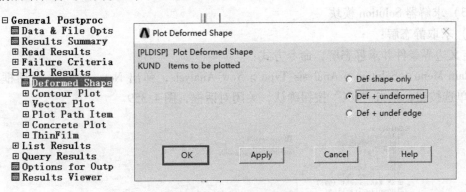

图 4.357　显示变形对话框

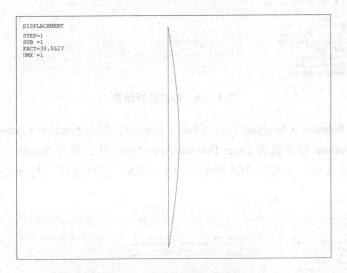

图 4.358　细长杆结构屈曲效果

（5）退出

点击应用菜单中的 File > Exit…，弹出保存对话框，选中 Save Everything，点击 OK 按钮，即可退出 ANSYS。

4.8.5　中间铰支增强稳定性非线性分析

采用非线性分析性方法分析，求解 4.8.4 节所示结构发生屈曲后，节点的位移情况和屈曲形态。

对细长杆进行非线性屈曲分析，本质上是结构的几何非线性分析的一种。在分析中，为了得到稳定的解，对细长杆施加 X 向的微小扰动。

（1）ANSYS 分析前的准备工作

设定工文件名称，可根据需要任意输入，但注意不要使用中文。

(2) 前处理器 Preprocessor 模块
1) 定义单元属性（同 4.8.4 节）。
2) 定义材料特性（同 4.8.4 节）。
3) 建立有限元模型（同 4.8.4 节）。
(3) 求解器 Solution 模块
1) 求取静态解：
定义边界条件并求静态解，命令方式：
Main Menu > Solution > Analysis Type > New Analysis，弹出 New Analysis 对话框，选择 Static 单选按钮，单击"OK"按钮确认，关闭对话框，图 4.359。

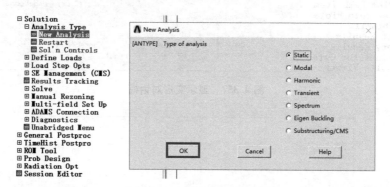

图 4.359 静态分析设置

Main Menu > Solution > Analysis Type > Sol's Control，弹出 Solution Controls 对话框。

在 Analysis Options 框下选择 Large Displacement Static 项，并在 Number of substeps 等三项的文字输入域中输入 60，如图 4.360 所示，单击"OK"按钮确认，打开大变形选项。

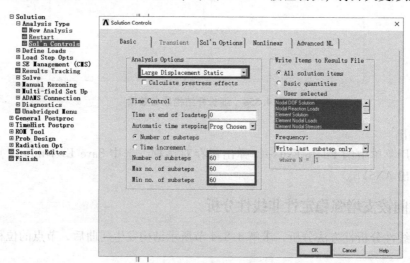

图 4.360 打开大变形选项

2) 施加位移约束：
Main Menu > Solution > Define Loads > Apply > Structural > Displacement > On Nodes 命令，

弹出实体选取对话框，鼠标箭头放置在节点 1 位置，并左键单击，如图 4.361 所示，单击"OK"按钮确认，弹出 Apply U，ROT on Nodes 对话框。

在 Apply U，ROT on Nodes 对话框中，找到 Lab2 项，在多选列表中选中 UX 和 UY，如图 4.362 所示，单击"OK"按钮确认。

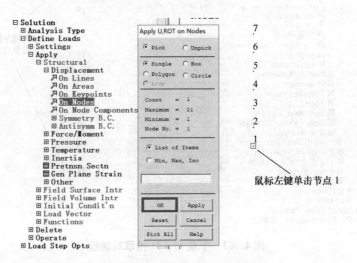

图 4.361 节点 1 拾取对话框

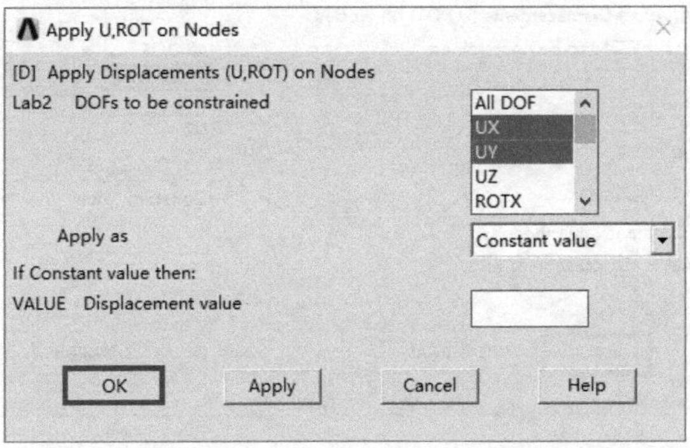

图 4.362 节点 1 约束对话框

Main Menu > Solution > Define Loads > Apply > Structural > Displacement > On Nodes 命令，弹出实体选取对话框，如图 4.363 所示，鼠标箭头分别放置在节点 11 和节点 21 位置，并左键单击，单击"OK"按钮确认，弹出 Apply U，ROT on Nodes 对话框。

在 Apply U，ROT on Nodes 对话框中，找到 Lab2 项，在多选列表中选中 UX，如图 4.364 所示，单击"OK"按钮确认。

3）设置对称性：

Main Menu > Solution > Define Loads > Apply > Structural > Displacement > Symmetry B. C. > On Nodes，弹出 Apply SYMM on Nodes 对话框。其作用是转化为平面问题。

在 Norml symm surface is normal to 后选中 Z-axis，如图 4.365 所示，单击"OK"按钮确认。施加约束后的模型如图 4.366 所示。

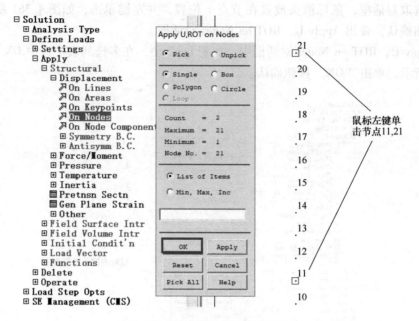

图 4.363　节点 11、21 拾取对话框

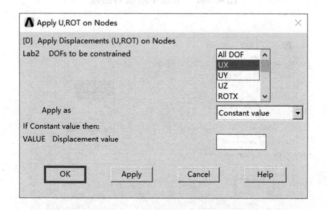

图 4.364　节点 11、21 约束对话框

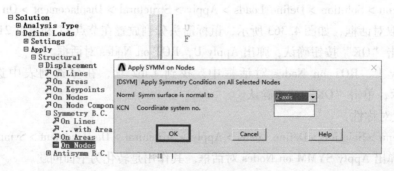

图 4.365　施加对称边界条件

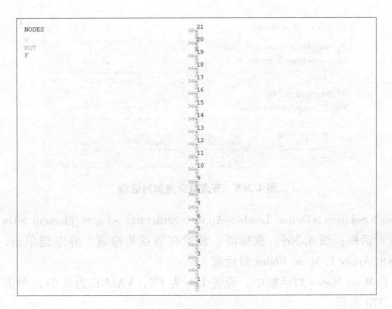

图 4.366　施加载荷后的模型

4）施加载荷：

第一次加载：-150N

Main Menu > Solution > Define Loads > Apply > Structural > Force/Moment > On Nodes，弹出实体选取对话框，如图 4.367 所示，鼠标箭头放置在节点 21 位置，并左键单击，单击 "OK" 按钮确认，弹出 Apply F/M on Nodes 对话框。

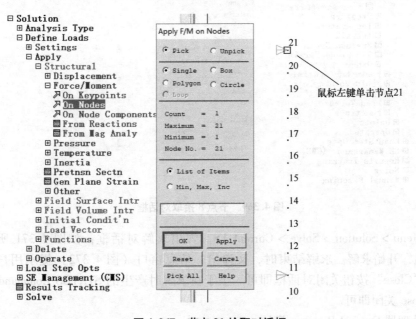

图 4.367　节点 21 拾取对话框

在对话框中，设置 Lab 为 FY，VALUE 为 -150，如图 4.368 所示，单击 "OK" 按钮确认。

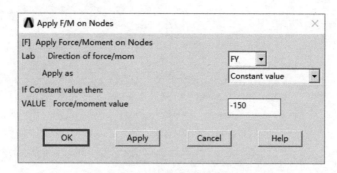

图 4.368　节点载荷施加对话框

Main Menu > Solution > Define Loads > Apply > Structural > Force/Moment > On Nodes 命令，弹出实体选取对话框，图 4.369，鼠标箭头放置在节点 8 位置，并左键单击，单击"OK"按钮确认，弹出 Apply F/M on Nodes 对话框。

在 Apply F/M on Nodes 对话框中，设置 Lab 为 FX，VALUE 为 0.01，单击"OK"按钮确认，如图 4.370 所示。

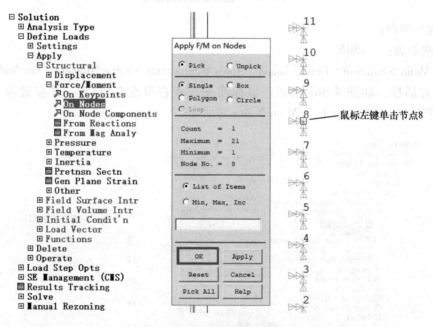

图 4.369　节点 8 拾取对话框

Main Menu > Solution > Solve > Current LS。弹出求解对话框，如图 4.371 所示，单击"OK"按钮，开始求解。求解结束时，又弹出一信息窗口（图 4.372）提示用户已完成求解，点击"Close"按钮关闭对话框即可。至于在求解时产生的 STATUS Command 窗口，点击 File > Close 关闭即可。

(4) 处理器 General Postproc 模块

1) Main Menu > General Postproc > Read Results > First Set，读取求解结果。如图 4.373 所示。

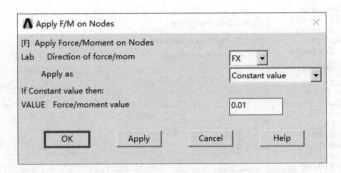

图 4.370 节点 8 施加载荷

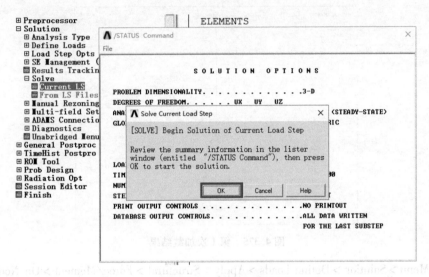

图 4.371 求解对话框

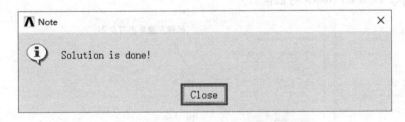

图 4.372 求解结束对话框　　　　　　　　图 4.373 First Set 读取
求解结果

2) 选择 Main Menu > General Postpro > Plot Results > Deformed Shape 命令，弹出 Plot Deformed Shape 对话框。

选择 Def + undeformed 单选按钮，如图 4.374 所示，单击"OK"按钮，图形窗口中将显示变形前后细长杆的屈曲模态，如图 4.375 所示。

第二次加载：−160N

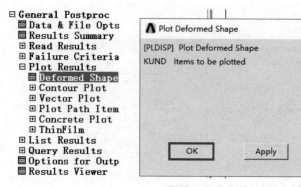

图 4.374　显示变形对话框

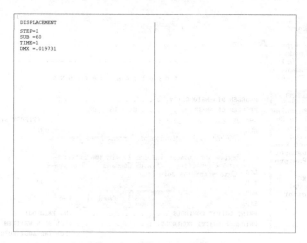

图 4.375　第 1 次加载结果

Main Menu > Solution > Define Loads > Apply > Structural > Force/Moment > On Nodes，弹出实体选取对话框，如图 4.376 所示，鼠标箭头放置在节点 21 位置，并左键单击，单击"OK"按钮确认，弹出 Apply F/M on Nodes 对话框。

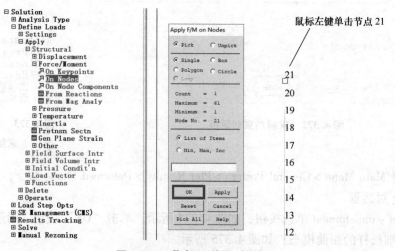

图 4.376　节点 21 拾取对话框

在对话框中，设置 Lab 为 FY，VALUE 为 −160，如图 4.377 所示，单击"OK"按钮确认。

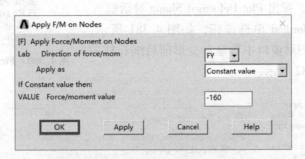

图 4.377　节点载荷施加对话框

Main Menu > Solution > Solve > Current LS。弹出求解对话框，如图 4.378 所示，单击"OK"按钮，开始求解。求解结束时，又弹出一信息窗口（图 4.379）提示用户已完成求解，点击"Close"按钮关闭对话框即可。至于在求解时产生的 STATUS Command 窗口，点击 File > Close 关闭即可。

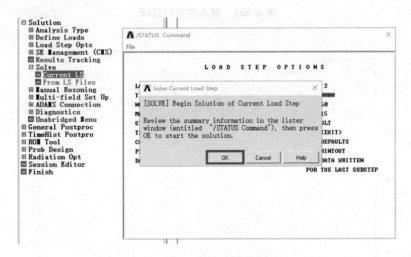

图 4.378　求解对话框

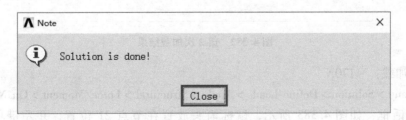

图 4.379　求解结束对话框

（5）处理器 General Postproc 模块

1）Main Menu > General Postproc > Read Results > First Set，读取求解结果。如图 4.380

所示。

2)选择 Main Menu > General Postpro > Plot Results > Deformed Shape 命令,弹出 Plot Deformed Shape 对话框。

选择 Def + undeformed 单选按钮,如图 4.381 所示,单击"OK"元按钮,图形窗口中将显示变形前后细长杆的屈曲模态,如图 4.382 所示。

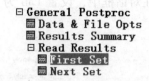

图 4.380 First Set 读取求解结果

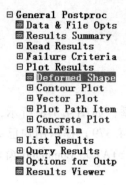
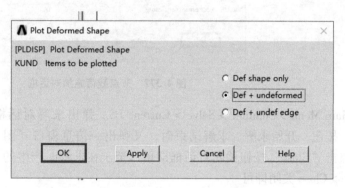

图 4.381 显示变形对话框

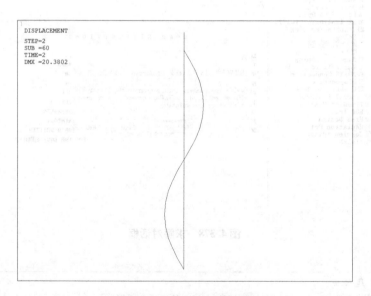

图 4.382 第 2 次加载结果

第 3 次加载:-170N

Main Menu > Solution > Define Loads > Apply > Structural > Force/Moment > On Nodes,弹出实体选取对话框,如图 4.383 所示,鼠标箭头放置在节点 21 位置,并左键单击,单击"OK"按钮确认,弹出 Apply F/M on Nodes 对话框。

在对话框中,设置 Lab 为 FY,VALUE 为 -170,如图 4.384 所示,单击"OK"按钮确认。

Main Menu > Solution > Solve > Current LS。弹出求解对话框,如图 4.385 所示,单击

第4章 ANSYS 基础应用实例分析

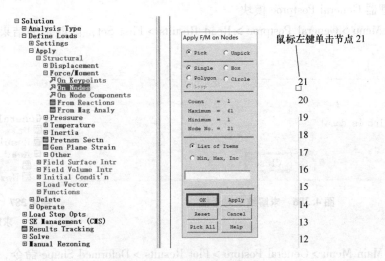

图 4.383 节点 21 拾取对话框

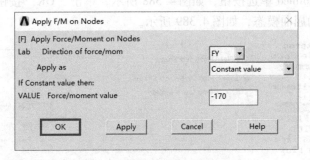

图 4.384 节点载荷施加对话框

"OK"按钮,开始求解。求解结束时,又弹出一信息窗口(图 4.386)提示用户已完成求解,点击"Close"按钮关闭对话框即可。至于在求解时产生的 STATUS Command 窗口,点击 File > Close 关闭即可。

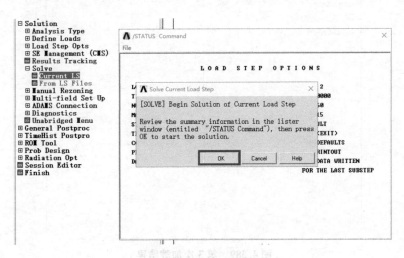

图 4.385 求解对话框

(6) 处理器 General Postproc 模块

1) Main Menu > General Postproc > Read Results > First Set，读取求解结果。如图 4.387 所示。

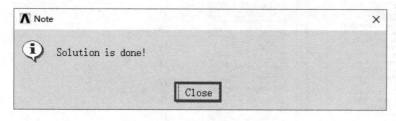

图 4.386 求解结束对话框

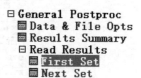

图 4.387 First Set 读取求解结果

2) 选择 Main Menu > General Postpro > Plot Results > Deformed Shape 命令，弹出 Plot Deformed Shape 对话框。

选择 Def + undeformed 单选按钮，如图 4.388 所示，单击"OK"按钮，图形窗口中将显示变形前后细长杆的屈曲模态，如图 4.389 所示。

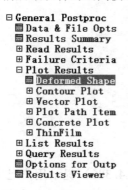 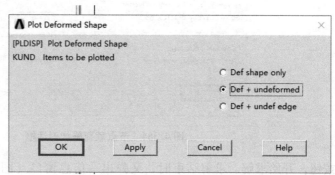

图 4.388 显示变形对话框

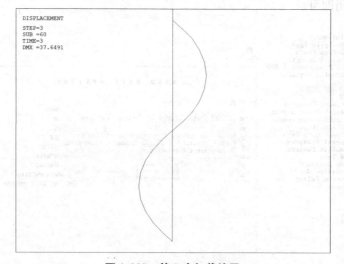

图 4.389 第 3 次加载结果

第 4 次加载：-180N

Main Menu > Solution > Define Loads > Apply > Structural > Force/Moment > On Nodes，弹出实体选取对话框，如图 4.390 所示，鼠标箭头放置在节点 21 位置，并左键单击，单击"OK"按钮确认，弹出 Apply F/M on Nodes 对话框。

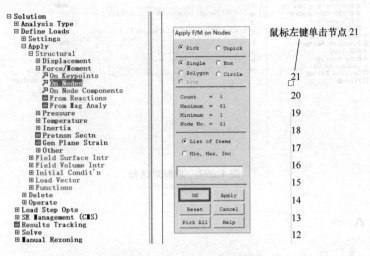

图 4.390 节点 21 拾取对话框

在对话框中，设置 Lab 为 FY，VALUE 为 -170，如图 4.391 所示，单击"OK"按钮确认。

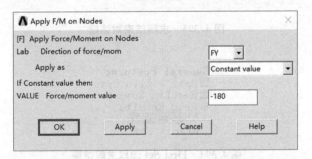

图 4.391 节点载荷施加对话框

Main Menu > Solution > Solve > Current LS。弹出求解对话框，如图 4.392 所示，单击"OK"按钮，开始求解。求解结束时，又弹出一信息窗口（图 4.393）提示用户已完成求解，点击"Close"按钮关闭对话框即可。至于在求解时产生的 STATUS Command 窗口，点击 File > Close 关闭即可。

(7) 处理器 General Postproc 模块

1) Main Menu > General Postproc > Read Results > First Set，读取求解结果，如图 4.394 所示。

2) 选择 Main Menu > General Postpro > Plot Results > Deformed Shape 命令，弹出 Plot Deformed Shape 对话框。

选择 Def + undeformed 单选按钮，如图 4.395 所示，单击"OK"按钮，图形窗口中将显示变形前后细长杆的屈曲模态，如图 4.396 所示。

389

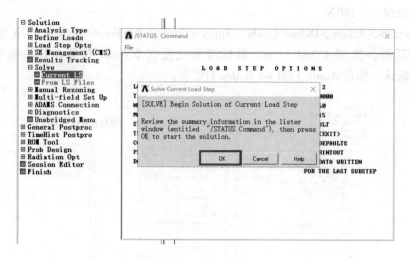

图 4.392　求解对话框

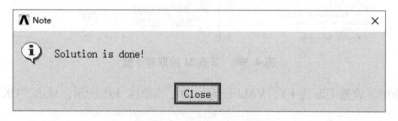

图 4.393　求解结束对话框

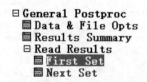

图 4.394　First Set 读取求解结果

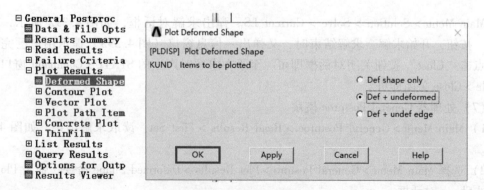

图 4.395　显示变形对话框

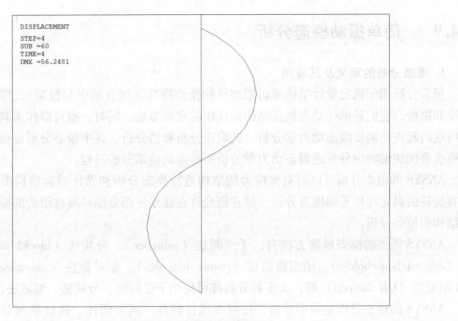

图 4.396　第 4 次加载结果

计算结果分析可以看出：使用非线性的方法，在载荷为 −150 时，该杆尚未发生屈曲现象，载荷为 −160 时，该杆发生了屈曲现象，随着载荷的不断增加，杆件的屈曲变形不断增加，而且可以得到不同载荷下的该杆件的变形量。相比线性分析，非线性分析的能力有了明显的提升。

4.8.6　上机练习1：两端铰支细长杆稳定性分析

长度 $l = 5.08\mathrm{m}$ 的压杆，方形截面尺寸 $b = 0.0127\mathrm{m}$，两端铰链支座约束，如图 4.397 所示，弹性模量 $E = 207\mathrm{GPa}$，试分别通过材料力学（结构力学）理论解析方法与 ANSYS 数值方法进行分析该压杆的临界失稳载荷 F_{cr}。

1. 理论分析

根据材料力学（结构力学）长度为 l 的两端铰支压杆的临界载荷为

$$P_{cr} = \frac{\pi^2 EI}{l^2} \tag{4.67}$$

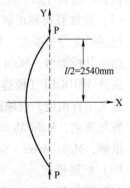

图 4.397　两端铰支细长压杆稳定性计算模型

将压杆相关参数代入可得：

$$P_{cr} = \frac{3.14^2 \times 207 \times 10^9 \times 0.2168 \times 10^{-8}}{5.08^2} = 171.46\mathrm{N} \tag{4.68}$$

其中：$I = \dfrac{bh^3}{12} = \dfrac{0.0127^4}{12} = 0.2168 \times 10^{-8}\mathrm{m}$

2. ANSYS 分析

请参考 4.8.4 节和 4.8.5 节的内容。

4.9 简单振动模态分析

1. 模态分析的定义及其应用

模态分析用于确定设计结构或机器部件的振动特性（固有频率和振型），即结构的固有频率和振型，它们是承受动态载荷结构设计中的重要参数。同时，也可以作为其他动力学分析问题的起点，例如瞬态动力学分析、谐响应分析和谱分析，其中模态分析也是进行谱分析或模态叠加法谐响应分析或瞬态动力学分析所必需的前期分析过程。

ANSYS 的模态分析可以对有预应力的结构进行模态分析和循环对称结构模态分析。前者有旋转的涡轮叶片等的模态分析，后者则允许在建立一部分循环对称结构的模型来完成对整结构的模态分析。

ANSYS 提供的模态提取方法有：子空间法（subspace）、分块法（block1 ances）、缩减法（educed/householder）、动态提取法（power dynamics）、非对称法（unsymmetric），阻尼 QR 阻尼法（QR damped）等，大多数分析都可使用子空间法、分块法、缩减法。

ANSYS 的模态分析是线形分析，任何非线性特性，例如塑性、接触单元等，即使被定义了也将被忽略。

2. 模态分析操作过程

一个典型的模态分析过程主要包括建模、模态求解、扩展模态以及观察结果四个步骤：

（1）建模

模态分析的建模过程与其他分析类型的建模过程是类似的，主要包括定义单元类型、单元实常数、材料性质、建立几何模型以及划分有限元网格等基本步骤。

（2）施加载荷和求解

包括指定分析类型、指定分析、施加约束、设置载荷选项，并进行固有频率的求解等。

指定分析类型，Main Menu > Solution > Analysis Type > New Analysis，选择 Modal。

选择 MODOPT（模提取方法），设置模态提取数量 MXPAND。

定义主自由度，仅缩减法使用。

施加约束，Main Menu > Solution > Define loads > Apply > Structural > Displacement

求解，Main Menu > Solution > Solve > Current LS

（3）扩展模态

如果要在 POST1 中观察结果，必须先扩展模态，即将振型写入结果文件。过程包括重新进入求解器、激活扩展处理及其选项、指定载荷步选项、扩展处理等。

激活扩展处理及其选项，Main Menu > Solution > Load Step Opts > Expansion Pass > Single Expand > Expand modes

指定载荷步选项

扩展处理，Main Menu > Solution > Solve > Current LS

注意：扩展模态可以如前述办法单独进行，也可以在施加载荷和求解阶段同时进行。

（4）查看结果

模态分析的结果包括结构的频率、振型、相对应力和力等。

4.9.1 实例分析1：简支梁的振动模态分析

跨度 $L=10\mathrm{m}$ 的等截面简支梁，截面为正方形，边长为 $b=h=0.1\mathrm{m}$，如图 4.398 所示，材料密度为 $\rho=7800\mathrm{Kg/m^3}$，弹性模量 $E=210\mathrm{GPa}$，泊松比 0.3。试分别通过材料力学（结构力学）理论解析方法与 ANSYS 数值方法进行分析该梁的自振频率。并按照要求完成实验报告相关内容。

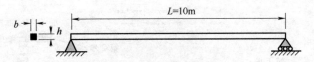

图 4.398 简支梁振动模型

1. 理论解

根据材料力学（结构力学），对于等截面简支梁，自由振动的频率公式为

$$f_i = \frac{p_i}{2\pi} = \frac{1}{2\pi}\left(\frac{i\pi}{l}\right)^2\sqrt{\frac{EI}{\rho A}} \tag{4.69}$$

其中 i 是振动频率的阶次。该梁的前 3 阶频率分别为

$$\left.\begin{aligned} f_1 &= \frac{\pi}{2}\sqrt{\frac{EI}{\rho Al^4}} = \frac{3.14159}{2}\sqrt{\frac{210\times10^9\times0.1^4}{12\times7800\times0.01\times10^4}} = 2.3528\mathrm{Hz} \\ f_2 &= 2\pi\sqrt{\frac{EI}{\rho Al^4}} = 2\times3.14159\times\sqrt{\frac{210\times10^9\times0.1^4}{12\times7800\times0.01\times10^4}} = 9.4113\mathrm{Hz} \\ f_2 &= \frac{9\pi}{2}\sqrt{\frac{EI}{\rho Al^4}} = \frac{9\times3.14159}{2}\sqrt{\frac{210\times10^9\times0.1^4}{12\times7800\times0.01\times10^4}} = 21.1755\mathrm{Hz} \end{aligned}\right\} \tag{4.70}$$

2. ANSYS 求解

(1) ANSYS 分析前的准备工作

定义文件名，可根据需要任意填写，但注意不要使用中文。

定义工作文件名：File > Change Jobname，鼠标左键点击 Change Jobname...，弹出对话框，输入文件名 shili1，单击"OK"按钮，如图 4.399 所示。

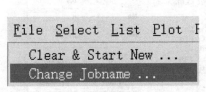
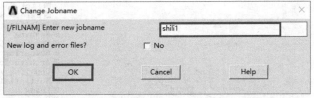

图 4.399 定义文件名

(2) 前处理器 Preprocessor 模块

1) 定义单元类型：

Main Menu > Preprocessor > Element Type > Add/Edit/Delete，弹出对话框，点击对话框中的"Add..."按钮，又弹出一对话框（图 4.400），选中该对话框中的 Beam 和 2 node 188

选项，点击"OK"按钮，关闭该对话框，返回至上一级对话框，此时，对话框中出现刚才选中的单元类型：BEAM188，如图4.401所示。点击"Close"按钮，关闭对话框。

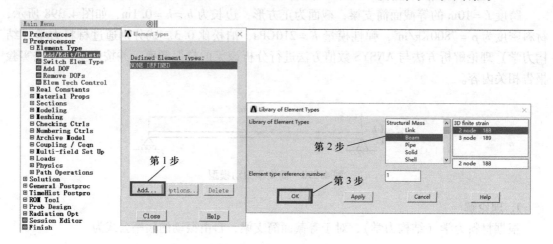

图4.400　单元类型选择对话框

2）定义梁截面参数：Main Menu > Preprocessor > Sections > Beam > Common Sections，弹出 Beam Tool 对话框，在对话框中设置 ID 为 1，Sub-Type 选择矩形截面，设置 B 和 H 为 0.1，如图4.402所示，单击按钮"OK"确认，关闭对话框。

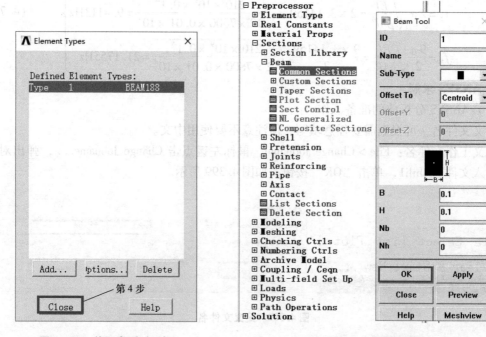

图4.401　单元类型对话框　　　　　图4.402　设置梁截面

3）定义材料特性：Main Menu > Preprocessor > Material Props > Material Models，弹出对话框，依次点击 Structural > Linear > Elastic > Isotropic，弹出对话框，输入 EX：2.1e11，PRXY：0.3，如图4.403所示，单击"OK"按钮。再单击 Density，弹出对话框，输入密度：7800Kg/m³。再单击

对话框右上角"×",如图 4.404 所示,完成材料属性设置。

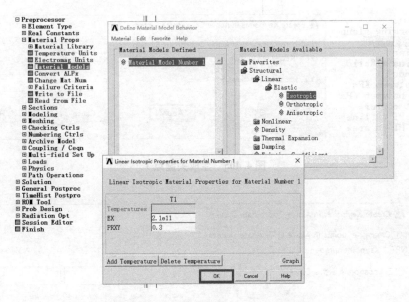

图 4.403　设置弹性模量、泊松比对话框

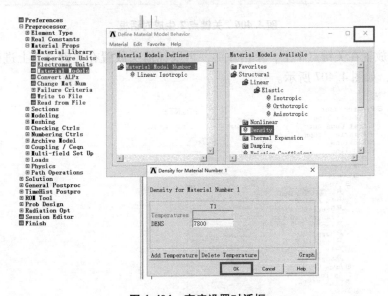

图 4.404　密度设置对话框

4)生成关键点:Main Menu > Preprocessor > Modeling > Create > Keypoints > In Active CS,弹出 Create Keypoints in Active Coordinate System 对话框。在对话框中,输入如图 4.405 所示的数据,单击"Apply"按钮确认,建立关键点 1 (0, 0, 0)。返回图 4.405;修改坐标数据为关键点 2,坐标 (10, 0, 0),如图 4.406 所示,单击"OK"按钮,完成 2 个关键点坐标的定义。

5)创建直线:Main Menu > Preprocessor > Modeling > Create > Lines > Lines > Straight Line,弹出"关键点选择"对话框,如图 4.407 所示。

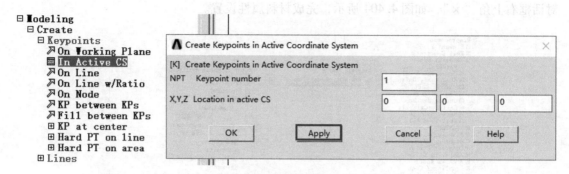

图 4.405 生成关键点 1

图 4.406 关键点 2 生成对话框

鼠标箭头放置在关键点 1 上,单击左键,再鼠标箭头放置在关键点 2 上进行单击左键,既可生成线 1,如图 4.407 所示。

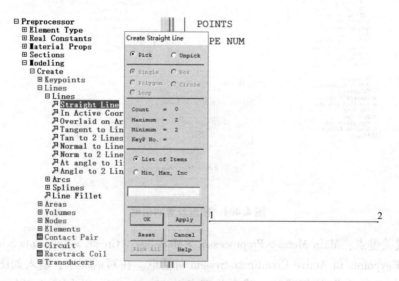

图 4.407 生成线 1

6) 离散几何模型:

Main Menu > Preprocessor > Meshing > Size Cntrls > Manual Size > Global > Size,在 NDIV 栏中输入 40(注:该梁划分为 40 个单元),如图 4.408 所示,点击"OK"按钮。

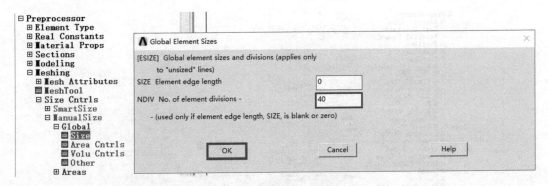

图 4.408　网格划分对话框

Main Menu > Preprocessor > Meshing > Mesh Tool，单击"Mesh"按钮，如图 4.409 所示。

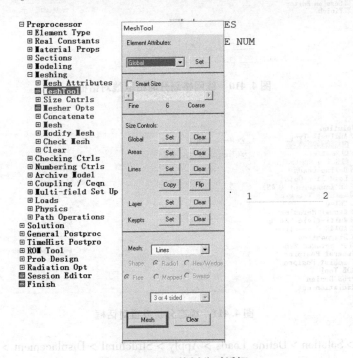

图 4.409　线网格划分对话框

鼠标箭头放置在线上进行单击左键，再单击"OK"按钮，完成线的网格划分。如图 4.410。

(3) 求解器 Solution 模块

1) 模态求解设置：

Main Menu > Solution > Analysis Type > New Analysis，弹出 New Analysis 对话框，在对话框中选择"Modal"单选按钮，如图 4.411 所示，单击"OK"按钮确认，关闭对话框。

Main Menu > Solution > Analysis Type > Analysis Options，弹出 Modal Analysis 对话框，设置求解前 3 阶模态，如图 4.412 所示，单击"OK"按钮确认。弹出模态分析起始频率和终止频率设置，如图 4.413 所示进行设置。

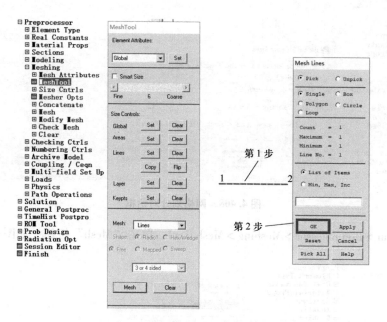

图 4.410　线网格划分时拾取线对话框

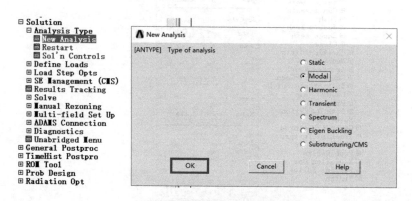

图 4.411　模态分析设置对话框

Main Menu > Solution > Define Loads > Apply > Structural > Displacement > On Nodes，弹出实体选取对话框，鼠标箭头放置在节点 1 位置（认为该简支梁的固定铰支座一端），并左键单击，如图 4.414 所示，单击"OK"按钮确认，弹出 Apply U, ROT on Nodes 对话框。在 Apply U, ROT on Nodes 对话框中，找到 Lab2 项，在多选列表中选中 UX、UY、UZ、ROTX、ROTY，如图 4.415 所示，单击"Apply"按钮确认。

2）施加位移约束：

如图 4.416 所示，鼠标箭头放置在节点 2 位置（认为该简支梁的滑动铰支座另一端），并左键单击，在 Apply U, ROT on Nodes 对话框中，找到 Lab2 项，在多选列表中选中 UY、UZ、ROTX、ROTY，如图 4.417 所示，单击"OK"按钮确认。

3）设置对称性：

选择 Main Menu > Solution > Define Loads > Apply > Structural > Displacement > Symmetry

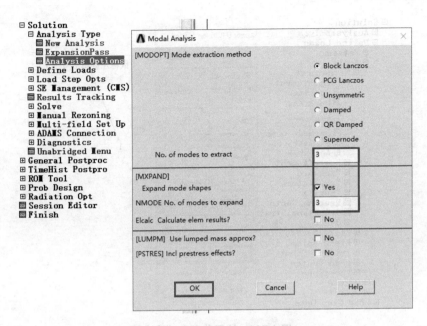

图 4.412　模态分析参数设置对话框

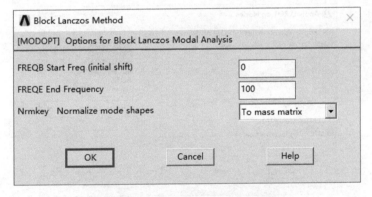

图 4.413　设置起始频率和终止频率

B. C. > On Nodes 命令，弹出 Apply SYMM on Nodes 对话框。其作用是转化为平面问题。在 Norml symm surface is normal to 后选中 Z-axis，如图 4.418 所示，单击"OK"按钮确认。

4）求解：Main Menu > Solution > Solve > Current LS。弹出求解对话框，如图 4.419 所示，单击"OK"按钮，开始求解。求解结束时，又弹出一信息窗口（图 4.420）提示用户已完成求解，点击"Close"按钮关闭对话框即可。至于在求解时产生的 STATUS Command 窗口，点击 File > Close 关闭即可。

（4）处理器 General Postproc 模块

选择 Main Menu > General Postproc > Results Summary 命令，读取求解结果，图 4.421。

（5）退出

点击应用菜单中的 File > Exit…，弹出保存对话框，选中 Save Everything，点击"OK"按钮，即可退出 ANSYS。

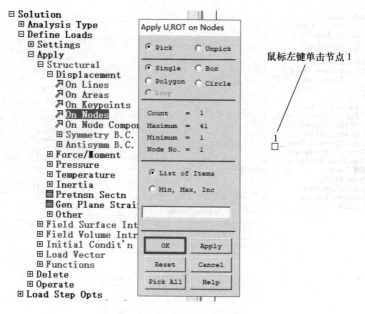

图 4.414　拾取节点 1 对话框

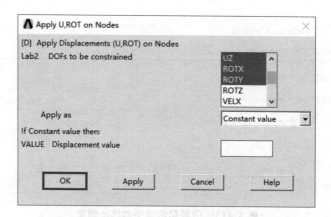

图 4.415　节点 1 施加位移约束

结果对比分析：

从表 4.3 可以看出，该等截面梁的前 3 阶振动频率的理论解与 ANSYS 计算的数值解之间的误差不超过 1%。

表 4.3　等截面均质简支梁的前 3 阶振动频率

频率（Hz）	理论解	ANSYS 解
1 阶频率（Hz）	2.3528	2.3541
2 阶频率（Hz）	9.4113	9.4322
3 阶频率（Hz）	21.1755	21.281

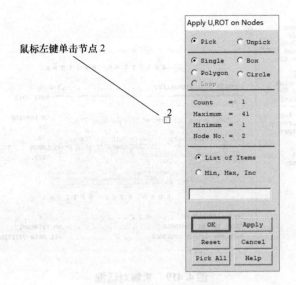

图 4.416　拾取节点 2 对话框

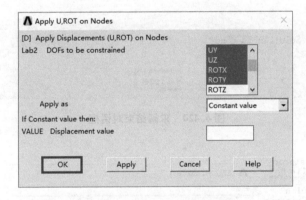

图 4.417　节点 2 施加位移约束

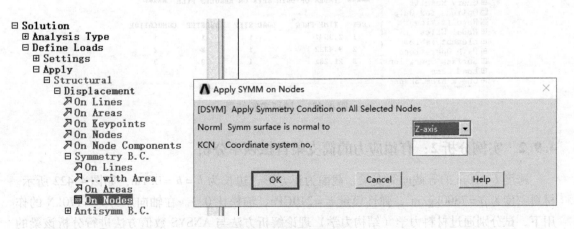

图 4.418　施加对称约束

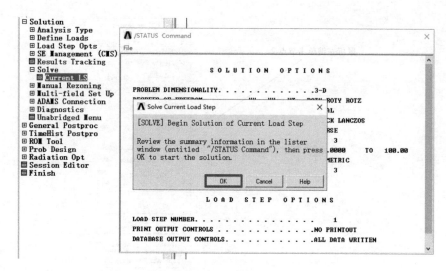

图 4.419　求解对话框

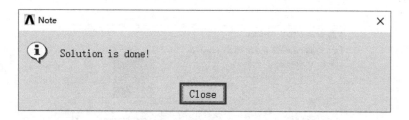

图 4.420　求解结束对话框

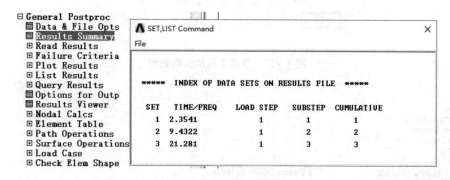

图 4.421　读取求解结果

4.9.2　实例分析2：有预应力的简支梁自振频率分析

跨度 $L=10\text{m}$ 的等截面简支梁，截面为正方形，边长为 $b=h=0.1\text{m}$，如图 4.422 所示。材料密度为 $\rho=7800\text{kg/m}^3$，弹性模量 $E=210\text{GPa}$，泊松比 0.3。在轴向压力 $F=170\text{kN}$ 的作用下，试分别通过材料力学（结构力学）理论解析方法与 ANSYS 数值方法进行分析该梁的前2阶自振频率，如图 4.422 所示。

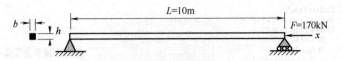

图 4.422 简支梁振动模型

1. 理论解

本问题是考虑轴向力作用时，梁的弯曲振动频率计算公式为

$$f_i = \frac{p_i}{2\pi} = \frac{1}{2\pi}\left(\frac{i\pi}{l}\right)^2 \sqrt{\frac{EI}{\rho A}\left(1 - \frac{F_N l^2}{(i\pi)^2 EI}\right)} = \frac{i^2 \pi}{2}\sqrt{\frac{EI}{\rho A l^4}\left(1 - \frac{F_N l^2}{(i\pi)^2 EI}\right)} \quad (4.71)$$

式中：i 是频率阶次，F_N 是轴力，A 是横截面面积，l 是梁的长度。

$$\left. \begin{aligned} f_1 &= \frac{\pi}{2}\sqrt{\frac{EI}{\rho A l^4}\left(1 - \frac{F_N l^2}{\pi^2 EI}\right)} = \frac{\pi}{2}\sqrt{\frac{210 \times 10^9 \times 10^{-4}}{7800 \times 10^{-2} \times 10^4 \times 12}\left(1 - \frac{170000 \times 10^2 \times 12}{\pi^2 \times 210 \times 10^9 \times 10^{-4}}\right)} = 0.2826\,\text{Hz} \\ f_2 &= 2\pi\sqrt{\frac{EI}{\rho A l^4}\left(1 - \frac{F_N l^2}{4\pi^2 EI}\right)} = 2\pi\sqrt{\frac{210 \times 10^9 \times 10^{-4}}{7800 \times 10^{-2} \times 10^4 \times 12}\left(1 - \frac{170000 \times 10^2 \times 12}{4\pi^2 \times 210 \times 10^9 \times 10^{-4}}\right)} = 8.164\,\text{Hz} \end{aligned} \right\}$$

(4.72)

2. ANSYS 分析

（1）ANSYS 分析前的准备工作

定义文件名，可根据需要任意输入，但注意不要使用中文。

（2）前处理器 Preprocessor 模块

1）定义单元属性（同前述）。

2）定义材料特性（同前述）。

3）建立有限元模型（同前述）。

（3）求解器 Solution 模块

1）施加约束：

Main Menu > Solution > Define Loads > Apply > Structural > Displacement > On Nodes，弹出实体选取对话框，鼠标箭头放置在节点 1 位置（认为该简支梁的固定铰支座一端），并左键单击，如图 4.423 所示，单击"OK"按钮确认，弹出 Apply U, ROT on Nodes 对话框。在 Apply U, ROT on Nodes 对话框中，找到 Lab2 项，在多选列表中选中 UX、UY、UZ、ROTX、ROTY，如图 4.424 所示，单击"Apply"按钮确认。

如图 4.425 所示，鼠标箭头放置在节点 2 位置（认为该简支梁的滑动铰支座另一端），并左键单击，在 Apply U, ROT on Nodes 对话框中，找到 Lab2 项，在多选列表中选中 UY、UZ、ROTX、ROTY，如图 4.426 所示，单击"OK"按钮确认。

2）设置对称性：

选择 Main Menu > Solution > Define Loads > Apply > Structural > Displacement > Symmetry B. C. > On Nodes 命令，弹出 Apply SYMM on Nodes 对话框。其作用是转化为平面问题。在 Norml symm surface is normal to 后选中 Z-axis，如图 4.427 所示，单击"OK"按钮确认。

3）施加水平轴向力：Main Menu > Solution > Define Loads > Apply > Structural > Force/Moment > On Nodes，如图 4.428 所示，鼠标箭头放置在节点 2 位置，并左键单击，施加水平载

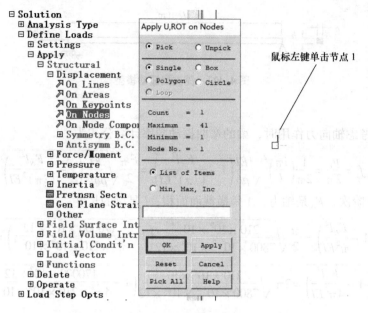

图 4.423 拾取节点 1 对话框

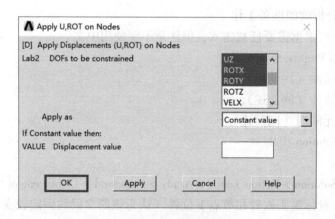

图 4.424 节点 1 施加位移约束

荷 -170000N,如图 4.429 所示,单击"OK"按钮确认。

4) 静态求解设置:

Main Menu > Solution > Analysis Type > New Analysis 命令,弹出 New Analysis 对话框,在对话框中选择 Static 单选按钮,如图 4.430 所示,单击"OK"按钮确认,关闭对话框。

选择 Main Menu > Solution > Analysis Type > Sol'n Controls > Basic 命令,弹出 Solution 对话 Controls 框,选中 Calculate prestress effects 项,如图 4.431 所示,单击"OK"按钮确认,打开预应力选项。

Main Menu > Solution > Solve > Current LS。弹出求解对话框,如图 4.432 所示,单击"OK"按钮,开始求解。求解结束时,又弹出一信息窗口(图 4.433)提示用户已完成求解,点击"Close"按钮关闭对话框即可。至于在求解时产生的 STATUS Command 窗口,点

404

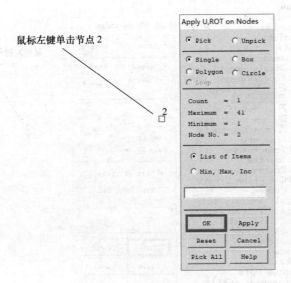

图 4.425 拾取节点 2 对话框

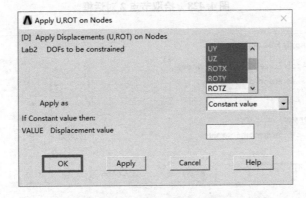

图 4.426 节点 2 施加位移约束

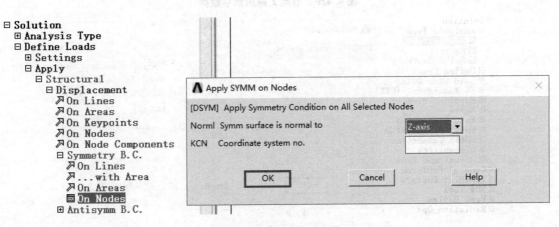

图 4.427 施加对称约束

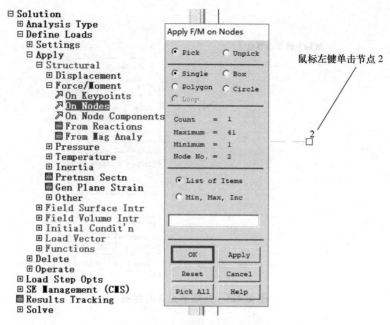

图 4.428　拾取节点 2 对话框

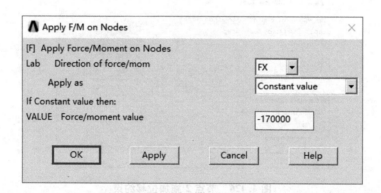

图 4.429　节点 2 施加水平载荷

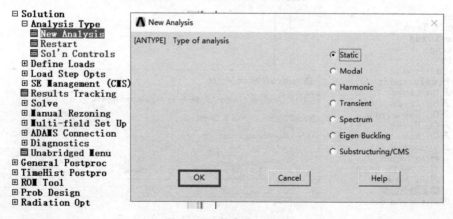

图 4.430　静态分析设置

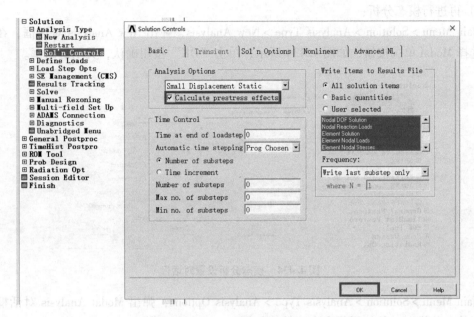

图 4.431 设置大应力选项

击 File > Close 关闭即可。

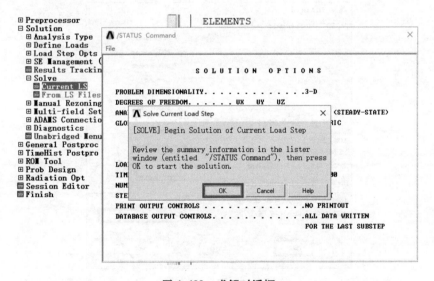

图 4.432 求解对话框

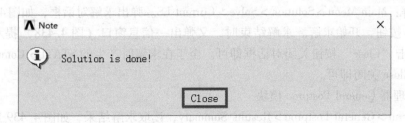

图 4.433 求解结束对话框

5）再进行模态分析：

Main Menu > Solution > Analysis Type > New Analysis，弹出 New Analysis 对话框，在对话框中选择 Modal 单选按钮，如图 4.434 所示，单击"OK"按钮确认，关闭对话框。

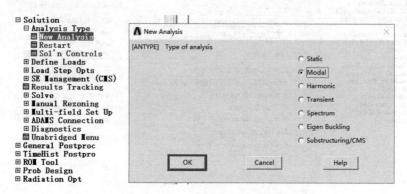

图 4.434　模态分析设置对话框

Main Menu > Solution > Analysis Type > Analysis Options，弹出 Modal Analysis 对话框，设置求解前 2 阶模态，并打开预应力开关。如图 4.435 所示，单击"OK"按钮确认。弹出模态分析起始频率和终止频率设置，如图 4.436 所示进行设置。

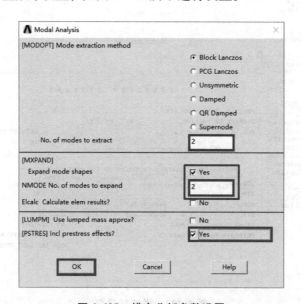

图 4.435　模态分析参数设置

6）求解：Main Menu > Solution > Solve > Current LS。弹出求解对话框，如图 4.437 所示，单击"OK"按钮，开始求解。求解结束时，又弹出一信息窗口（图 4.438）提示用户已完成求解，点击"Close"按钮关闭对话框即可。至于在求解时产生的 STATUS Command 窗口，点击 File > Close 关闭即可。

(4) 处理器 General Postproc 模块

Main Menu > General Postproc > Results Summary，读取求解结果，如图 4.439 所示。

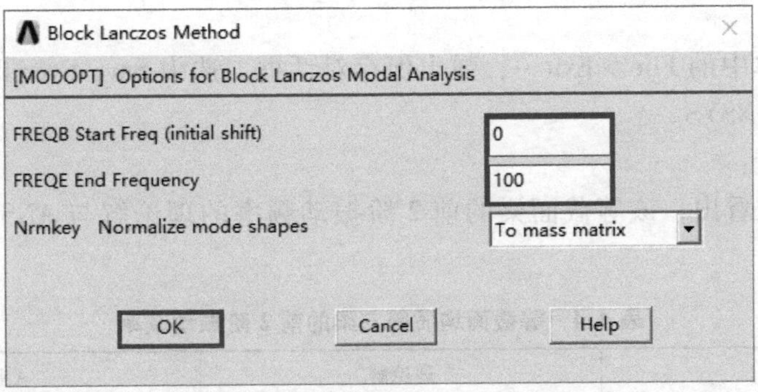

第 4 章 ANSYS 基础应用实例分析

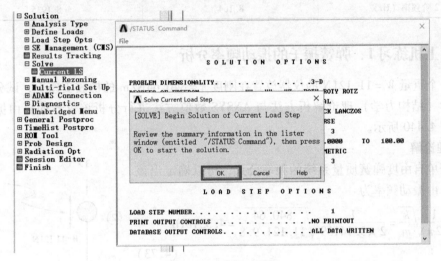

图 4.436 起始频率和终止频率设置

图 4.437 求解对话框

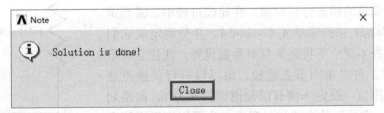

图 4.438 求解结束对话框

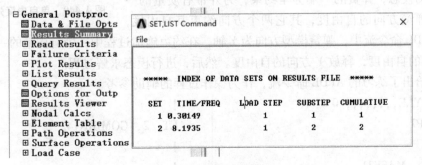

图 4.439 模态求解结果

（5）退出

点击应用菜单中的 File > Exit…，弹出保存对话框，选中 Save Everything，点击"OK"按钮，即可退出 ANSYS。

结果对比分析：

从表 4.4 可以看出，该等截面梁的前 2 阶振动频率的理论解与 ANSYS 计算的数值解相近。

表 4.4　等截面均质简支梁的前 2 阶振动频率

频率（Hz）	理论解	ANSYS 解
1 阶频率（Hz）	0.2826	0.30149
2 阶频率（Hz）	8.164	8.1935

4.9.3　上机练习1：弹簧振子的振动频率分析

有一个重量 $W=11.121\text{N}$ 的仪器放置在刚度 $k=840.64\text{N/m}$ 的橡胶支座上，试分别通过材料力学（结构力学）理论解析方法与 ANSYS 数值方法进行分析该仪器的自由振动的频率，如图 4.440 所示。

1. 理论解

根据单自由度弹簧质量系统的频率公式，可以确定出该系统的自由振动频率为

$$f = \frac{1}{2\pi}\sqrt{\frac{k}{m}} = \frac{1}{2\times 3.14159}\sqrt{\frac{840.64}{11.121/9.8}} = 4.3318\text{Hz}$$

(4.73)

2. ANSYS 求解提示

这是一个简单的模态分析问题。在建模过程中，需要定义质量单元 Mass21 和弹簧单元 Combin14，并分别定义它们的实常数。另外本例中不再需要材料参数设置。在建立有限元模型过程中，可以采用节点建模，也可以进行关键点建模，根据弹簧刚度，设定本例有限元模型长度为 1，网格划分段数应为 1。在位移约束施加过程中，为了得到沿弹簧方向上的振动模态，弹簧的一端为全约束，另外带有质量的一端释放沿弹簧方向的自由度，其它两个方向约束其自由度，例如本 APDL 命令流中，弹簧模型方向为 Y 轴，在约束施加过程中，带有质量的一端约束其 X、Z 方向的自由度，释放 Y 方向的自由度。然后，进行模态求解过程。

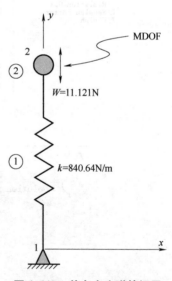

图 4.440　单自由度弹簧振子

这里给出了练习的 APDL 命令流，作为操作过程的辅助参考。

```
WPSTYLE,,,,,,,,0         !*
/PREP7                   ET, 2, COMBIN14
!*                       !*
ET, 1, MASS21            !*
```

```
R, 1, 1.135, 1.135, 1.135,,,,
! *
R, 2, 840.64, 0, 0,,,,
RMORE,,
! *
K,,,,,
K, 2,, 1,,
LSTR, 2, 1
CM, _Y, LINE
LSEL,,,, 1
CM, _Y1, LINE
CMSEL, S, _Y
! *
! *
CMSEL, S, _Y1
LATT,, 2, 2,,,,
CMSEL, S, _Y
CMDELE, _Y
CMDELE, _Y1
! *
FLST, 5, 1, 4, ORDE, 1
FITEM, 5, 1
CM, _Y, LINE
LSEL,,,, P51X
CM, _Y1, LINE
CMSEL,, _Y
! *
LESIZE, _Y1,,, 1,,,,, 1
! *
LMESH, 1
/UI, MESH, OFF
CM, _Y, KP
KSEL,,,, 2
CM, _Y1, KP
CMSEL, S, _Y
! *

CMSEL, S, _Y1
KATT,, 1, 1, 0
CMSEL, S, _Y
CMDELE, _Y
CMDELE, _Y1
! *
KMESH, 2
/UI, MESH, OFF
FINISH
/SOL
! *
ANTYPE, 2
! *
! *
MODOPT, LANB, 1
EQSLV, SPAR
MXPAND, 1,,, 0
LUMPM, 0
PSTRES, 0
! *
MODOPT, LANB, 1, 0, 12,, OFF
FLST, 2, 1, 1, ORDE, 1
FITEM, 2, 2
! *
/GO
D, P51X,,,,,, ALL,,,,,
FLST, 2, 1, 1, ORDE, 1
FITEM, 2, 1
! *
/GO
D, P51X,,,,,, UX, UZ,,,,
SOLVE
FINISH
/POST1
SET, LIST
```

附 录

实验一 桁架结构的静力分析

一、实验目的

1. 掌握 ANSYS 软件的基本使用方法，会用菜单方法建立离散的桁架结构有限元模型，设定材料参数，学习载荷的施加方法，能够正确施加边界条件和进行求解。

2. 学习使用 ANSYS 软件的后处理功能，获取计算结果的变形云图，提取不同杆件的载荷数值。

二、实验设备的基本配置

1. 实验采用有限元分析软件 ANSYS。
2. 计算机安装 Win7 及以上操作系统。

三、实验步骤

1. 已知条件

桁架结构的尺寸及载荷如附图 1.1 所示，在铰接点 4、5 各施加竖直向下的集中载荷，其值为 500，材料的弹性模量 $E=1.9\times10^6$，泊松比 0.23，横截面面积为 8。不计自重。求每个节点的位移及每个杆的轴力。（例 2.3）

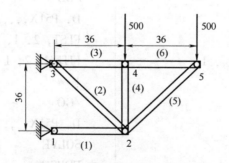

附图 1.1 桁架结构尺寸及载荷

2. 操作步骤

（1）ANSYS 分析前的准备工作

定义文件名：

GUI：File > Change Jobname，单击 Change Jobname。弹出对话框，如附图 1.2 所示，定义文件名为：shiyan1

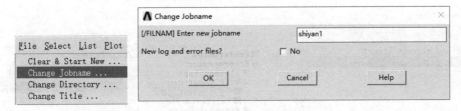

附图 1.2 定义文件名菜单

（2）前处理器 Preprocessor 模块

1）定义单元类型：

Main Menu > Preprocessor > Element Type > Add/Edit/Delete，弹出对话框，鼠标左键单击"Add…"按钮，弹出对话框，在左列表框中选择 LINK，在右列表框中选择 3D finit stn 180，鼠标左键单击"OK"按钮，附图 1.3 所示，返回附图 1.4 所示，可以看到已经定义了单元 LINK180。点击 Close 关闭。

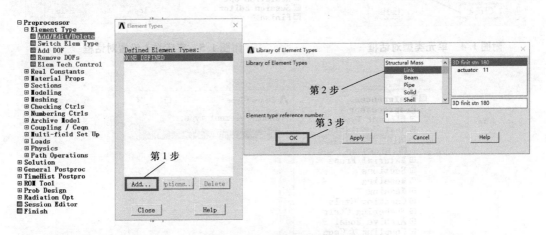

附图 1.3 单元类型选择对话框

2）定义实常数：

Main Menu > Preprocessor > Real Constants > Add/Edit/Delete，弹出对话框，如附图 1.5 所示，鼠标左键单击"Add…"按钮，弹出对话框如附图 1.6 所示，鼠标左键单击"OK"按钮，弹出对话框，如附图 1.7 所示，输入 Real Constant Set No.：1，AREA：8，单击"OK"，回到附图 1.8 所示，可以看到已经定义 1 种截面参数，单击"Close"按钮，完成实常数设置。

3）设定材料属性：

Main Menu > Preprocessor > Material Props > Material Models，弹出对话框，依次点击 Structural > Linear > Elastic > Isotropic，弹出对话框，输入 EX：1.9e6，PRXY：0.23，单击"OK"按钮。再单击对话框右上角"×"，如附图 1.9 所示，完成材料属性设置。

4）建模：

①生成关键点：Main Menu > Preprocessor > Modeling > Create > Keypoints > In Active CS，弹出对话框，如附图 1.10 所示：

附图1.4 单元类型对话框

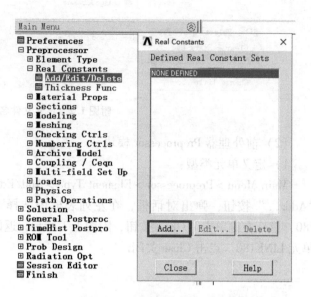

附图1.5 实常数1设置对话框

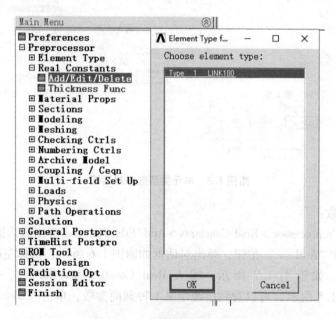

附图1.6 设置截面参数对话框

输入关键点1坐标（0,0,0），点击Apply按钮。返回附图1.10；修改坐标数据为关键点2，坐标（36,0,0），如附图1.11所示，点击"Apply"按钮，返回附图1.11；修改坐标数据为关键点3，坐标（0,36,0），如附图1.12所示，点击"Apply"按钮，返回附图1.12；修改坐标数据为关键点4，坐标（36,36,0），如附图1.13所示，点击"Apply"按钮，返回附图1.13；修改坐标数据为关键点5，坐标（72,36,0），如附图1.14所示，单击"OK"按钮，完成5个关键点坐标的定义。

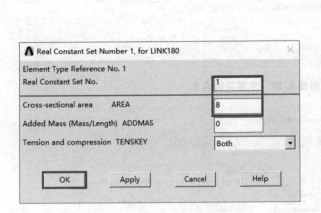

附图 1.7　设置第 1 个截面参数　　　　附图 1.8　完成 1 种实常数设置

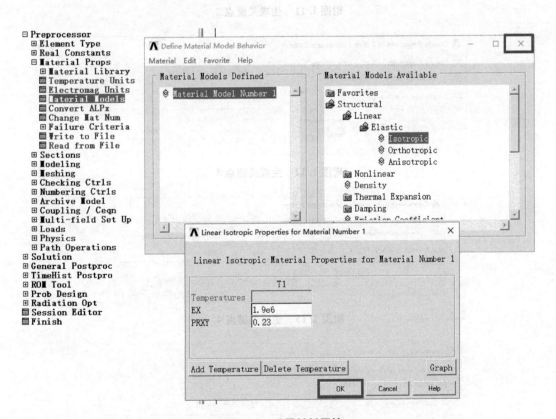

附图 1.9　设置材料属性

② 创建直线：Main Menu > Preprocessor > Modeling > Create > Lines > Lines > Straight Line，弹出"关键点选择"对话框，如附图 1.15 所示。

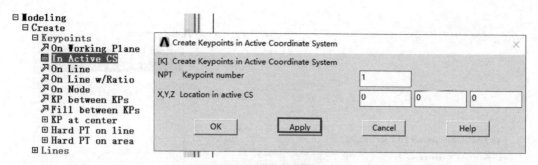

附图1.10　生成关键点1

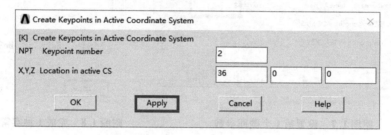

附图1.11　生成关键点2

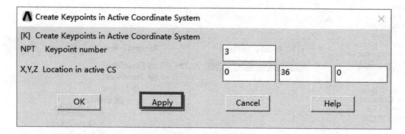

附图1.12　生成关键点3

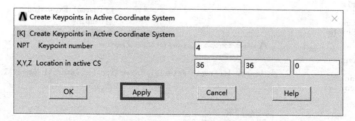

附图1.13　生成关键点4

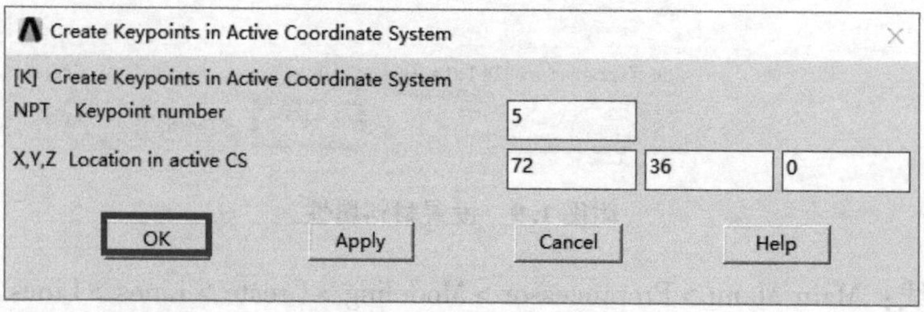

附图1.14　生成关键点5

鼠标箭头放置在关键点 1 上进行单击左键,再鼠标箭头放置在关键点 2 上进行单击左键,既可生成线 1,如附图 1.15 所示。鼠标箭头放置在关键点 2 上进行单击左键,再鼠标箭头放置在关键点 3 上进行单击左键,既可生成线 2,如附图 1.16 所示。鼠标箭头放置在关键点 3 上进行单击左键,再鼠标箭头放置在关键点 4 上进行单击左键,既可生成线 3,如附图 1.17 所示。鼠标箭头放置在关键点 2 上进行单击左键,再鼠标箭头放置在关键点 4 上进行单击左键,既可生成线 4,如附图 1.18 所示。鼠标箭头放置在关键点 2 上进行单击左键,再鼠标箭头放置在关键点 5 上进行单击左键,既可生成线 5,如附图 1.19 所示。鼠标箭头放置在关键点 5 上进行单击左键,再鼠标箭头放置在关键点 4 上进行单击左键,既可生成线 6,如附图 1.20 所示,单击 OK 完成生成线。

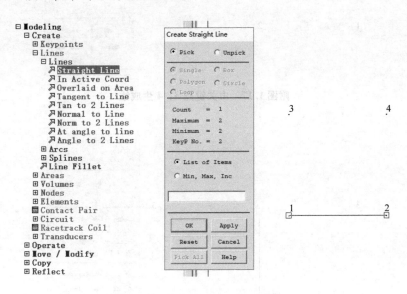

附图 1.15　由关键点 1、2 生成线

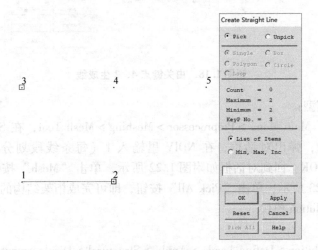

附图 1.16　由关键点 3、2 生成线

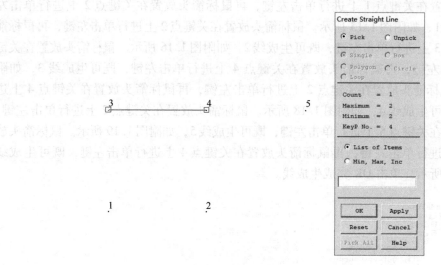

附图 1.17　由关键点 3、4 生成线

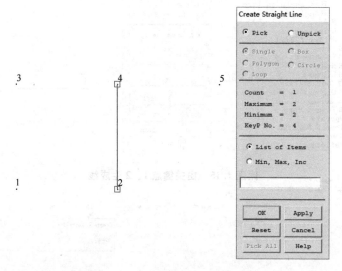

附图 1.18　由关键点 4、2 生成线

5) 离散几何模型：

设置单元尺寸：Main Menu > Preprocessor > Meshing > Mesh Tool，在 Size Controls 下方选择 Global，单击 Set，弹出对话框，在 NDIV 里输入 1（每条线段划分一个单元），如附图 1.21 所示。单击 OK。回到对话框如附图 1.22 所示，单击"Mesh"按钮，弹出线段拾取对话框，如附图 1.23 所示，单击"Pick All"按钮，即可完成桁架结构的有限元网格划分。

(3) 求解器 Solution 模块

1) 施加约束：

Main Menu > Solution > Define Loads > Apply > Structural > Displacement > On Nodes，弹出拾取对话框，如附图 1.24 所示，鼠标左键拾取模型左侧的 2 个节点，点击"OK"按钮。弹出自由度约束对话框，选择 UX, UY, UZ，点击"OK"。完成 2 个节点的自由度约束，如

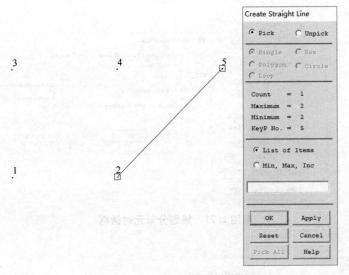

附图1.19 由关键点5、2生成线

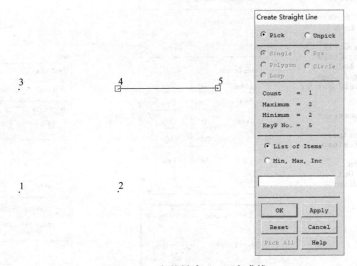

附图1.20 由关键点4、5生成线

附图1.25所示。

2) 施加集中力:

Main Menu > Solution > Define Loads > Apply > Structural > Force/Moment > On Nodes,弹出拾取对话框,鼠标左键拾取集中力作用的节点4、5,如附图1.26所示,单击"OK"按钮。弹出集中力值的输入框,如附图1.27所示,输入集中力方向FY,大小 -500。完成后的模型如附图1.28所示。

3) 提交计算:

求解:Main Menu > Solution > Solve > Current LS。弹出求解对话框,如附图1.29所示,单击"OK"按钮,开始求解。求解结束时,又弹出一信息窗口(附图1.30)提示用户已完成求解,点击"Close"按钮关闭对话框即可。至于在求解时产生的STATUS Command窗口,点击File > Close关闭即可。

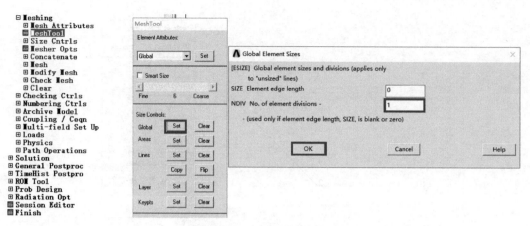

附图 1.21　线划分单元对话框

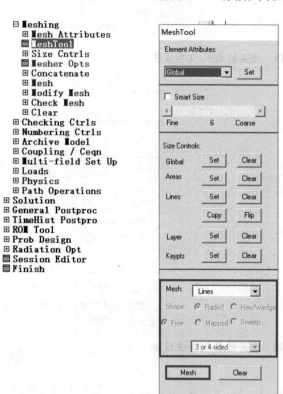

附图 1.22　划分线对话框　　　　　　附图 1.23　拾取线对话框

(4) 处理器 General Postproc 模块

1) 显示变形图：

Main Menu > General Postproc > Plot Results > Deformed Shape，弹出对话框如附图 1.31 所示。选中"Def + undeformed"选项，并点击"OK"按钮，即可显示本实例桁架结构变形前后的结果，如附图 1.32 所示。

2) 列表显示节点位移：

列表显示：Main Menu > General Postproc > List Results > Nodal Solution，弹出对话框，如

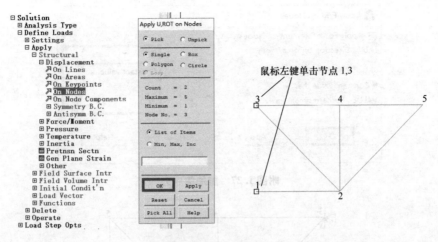

附图1.24 拾取节点1、3

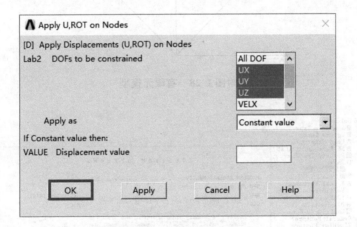

附图1.25 施加自由度约束

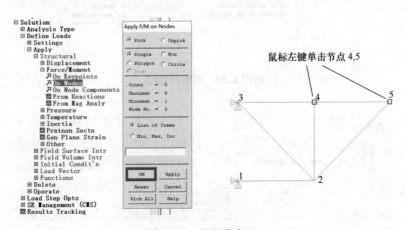

附图1.26 拾取节点4、5

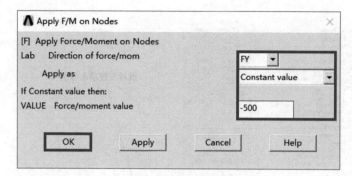

附图1.27 施加集中力

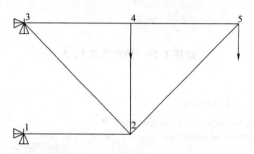

附图1.28 有限元模型

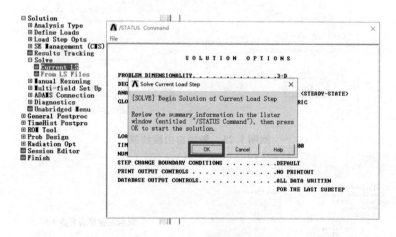

附图1.29 求解对话框

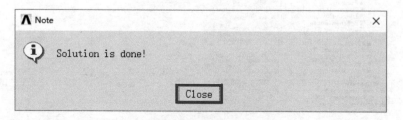

附图1.30 求解结束对话框

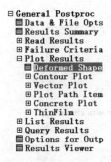 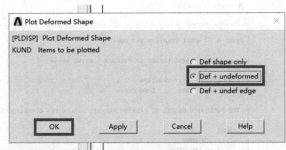

附图 1.31　显示变形对话框

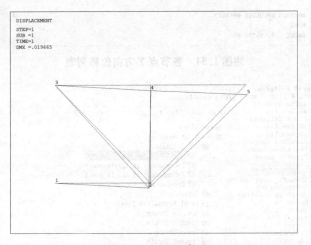

附图 1.32　显示变形

附图 1.33 所示，选择 DOF Solution 下的 Y-Component of displacement，单击"OK"按钮。列表显示该桁架结构各节点 Y 方向的位移，如附图 1.34 所示。

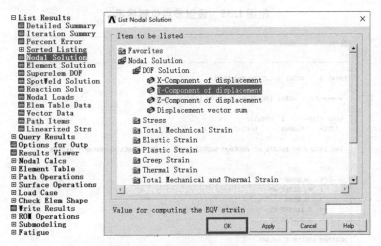

附图 1.33　列表显示 Y 方向的位移

如附图 1.35 所示，按显示路径，点击 OK，列表显示各节点的 X 方向位移。如附图 1.36 所示。

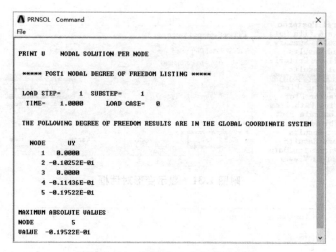

附图1.34 各节点 Y 方向位移列表

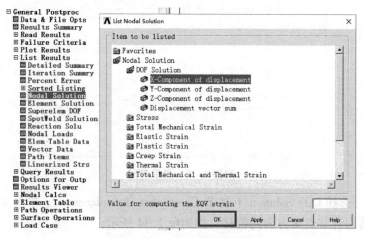

附图1.35 设置节点位移显示

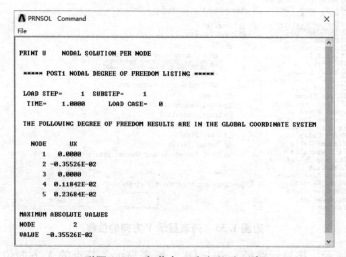

附图1.36 各节点 X 方向位移列表

3）列表显示节点力：

如附图 1.37 所示，按显示路径，点击"OK"按钮，列表显示各节点力，如附图 1.38 所示。

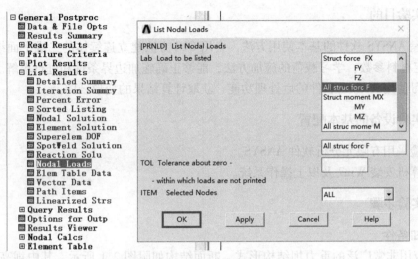

附图 1.37 轴向力列表显示对话框

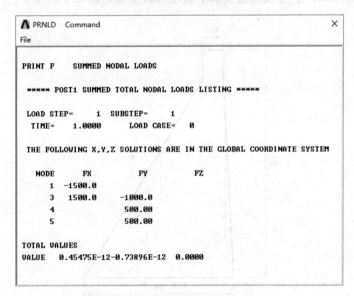

附图 1.38 列表显示各节点的轴力

3. 结论

从 ANSYS 计算结果与例 2.3 计算结果比较来看，两种方法的计算结果相一致。

四、实验报告要求

对上述模型，若将杆的横截面积修改为 6，建模并计算约束力，各杆件的轴力和位移。通过材料力学理论分析两种模型的计算结果数据异同。

实验二 二维平面结构静力学分析

一、实验目的

1. 掌握 ANSYS 软件的基本使用方法，会用 GUI 方法建立连续体的二维平面结构有限元模型，设定材料参数，学习载荷的施加方法，能够正确施加边界条件和进行求解。
2. 学习使用 ANSYS 软件的后处理功能，获取计算结果的变形云图。

二、实验设备的基本配置

1. 实验采用有限元分析软件 ANSYS。
2. 计算机安装 Win7 及以上操作系统。

三、实验步骤

1. 已知条件

选取应用非常广泛的重力坝结构形式，断面结构如附图 2.1 所示。其中坝高 120m，坝底宽 76m，坝顶为 10m，上游坝面坡度和下游坝面坡度如附图 2.1 所示。

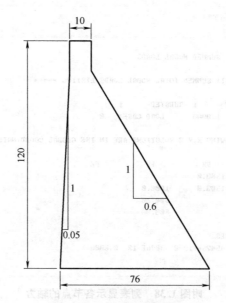

附图 2.1 重力坝断面附图

因为重力坝结构比较简单，垂直于长度方向的断面结构受力分布情况也基本相同，并且大坝的纵向长度远大于其横断面。因此，大坝静力性能分析选用断面进行平面应变分析是可行的。大坝静力性能分析的计算条件如下：

（1）假设大坝的基础是嵌入到基岩中，地基是刚性的。
（2）大坝采用的材料参数为：弹性模量 $E=35\text{GPa}$，泊松比 $\nu=0.2$，质量密度 2500kg/m^3。
（3）计算分析大坝水位为 120m。

(4) 水的质量密度 1000kg/m³。

2. 操作步骤

(1) ANSYS 分析前的准备工作

定义文件名：

GUI：File > Change Jobname，单击 Change Jobname。弹出对话框，如附图 2.2 所示，定义文件名为：shiyan2。

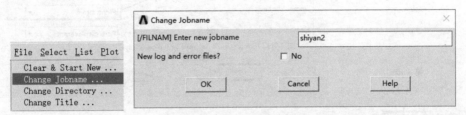

附图 2.2　定义文件名菜单

(2) 前处理器 Preprocessor 模块

1) 创建单元类型：

Main Menu > Preprocessor > Element Type > Add/Edit/Delete。弹出对话框，单击"Add..."按钮；弹出附图 2.3 所示的对话框，在左侧列表中选 Structural > Solid，在右侧列表中选 Quad 4node 182，单击"OK"按钮。

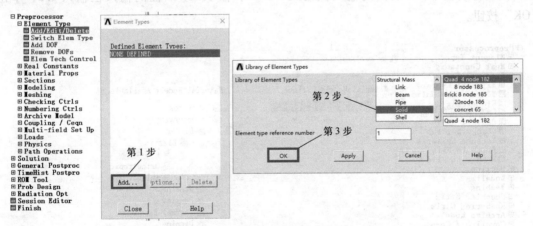

附图 2.3　Quad 4node 182 单元选择对话框

采用 Quad 4node 182 平面单元，对 Quad 4node 182 单元的属性进行设置，附图 2.4，点击 Options，出现对话框，在"Element technology K1"栏后面的下拉菜单中选取"Simple enhanced strn"，在"Element behavior K3"栏后面的下拉菜单中选取"Plane strain"，其他栏后面的下拉菜单采用 ANSYS 默认设置就可以，单击"OK"按钮。

通过设置 Quad 4node 182 单元选项"K3"为"Plane strain"来设定本实例分析采取平面应变模型进行分析。因为大坝是纵向很长的实体，故计算模型可以简化为平面应变问题。

2) 定义材料属性：

Main Menu > Preprocessor > Material Props > Material Models，弹出"Define Material Model Behavior"对话框，如附图 2.5 所示。在附图 2.5 中右边栏中连续单击 Structural > Linear > Elas-

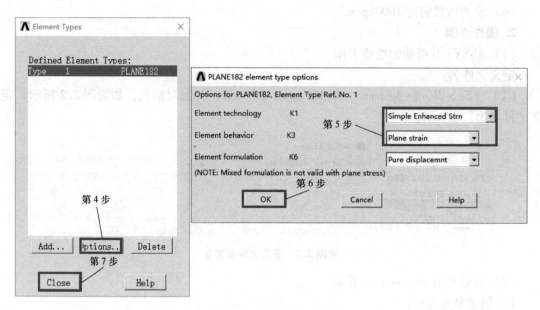

附图 2.4 关键字设置对话框

tic > Isotropic 后又弹出如附图 2.5 所示 "Linear Isotropic Properties for Material Number1" 对话框，在该对话框中 EX 后面的输入栏输入 3.5e10，在 PRXY 后面的输入栏输入 0.2，单击 "OK" 按钮。

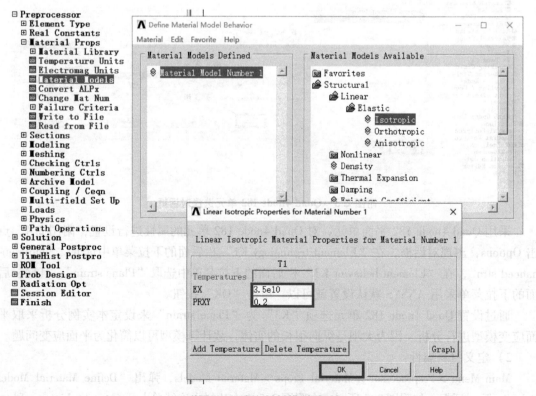

附图 2.5 定义材料模型对话框

再在选中"Density"并单击,弹出如附图2.6所示"Density for Material Number1"对话框,在DENS后面的栏中输入边坡土体材料的密度2500,单击"OK"按钮。

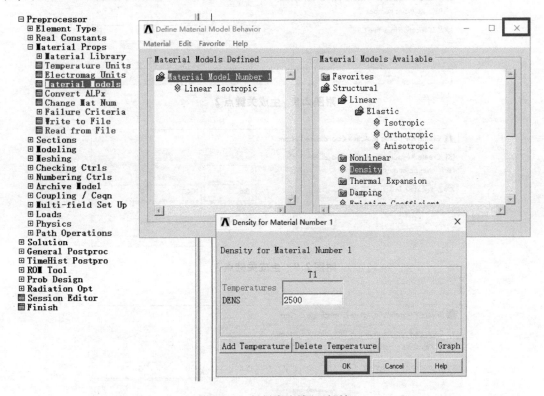

附图2.6 材料密度输入对话框

3) 生成关键点:Main Menu > Preprocessor > Modeling > Create > Keypoints > In Active CS,弹出对话框,如附图2.7所示:

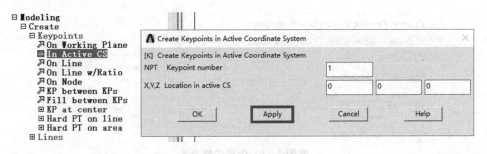

附图2.7 生成关键点1

输入关键点1坐标(0,0,0),点击Apply按钮。返回附图2.7;修改坐标数据为关键点2,坐标(76,0,0),如附图2.8所示,点击"Apply"按钮。返回附图2.8;修改坐标数据为关键点3,坐标(15.6,104.1,0),如附图2.9所示,点击"Apply"按钮。返回附图2.9;修改坐标数据为关键点4,坐标(15.6,120,0),如附图2.10所示,点击"Apply"按钮。返回附图2.10;修改坐标数据为关键点5,坐标(5.6,120,0),如附图2.11所示,单击"OK"按钮,完成5个关键点坐标的定义。

附图 2.8　生成关键点 2

附图 2.9　生成关键点 3

附图 2.10　生成关键点 4

附图 2.11　生成关键点 5

4）创建坝体线模型：Main Menu > Preprocessor > Modeling > Create > Lines > Lines > Straight Line，弹出"Create Straight Lines"，如附图 2.12 所示，对用鼠标左键依次单击关键点 1、2，这样就创建了直线 L1，同样分别用鼠标左键依次单击关键点"2、3"，"3、4""4、5"，"5、1"，最后单击"OK"按钮，就得到坝体线模型。

5）创建坝体面模型：Main Menu > Preprocessor > Modeling > Create > Areas > Arbitrary > By Lines，弹出一个"Create Area by Lines"对话框，在附图 2.13 中鼠标左键依次单击单击线

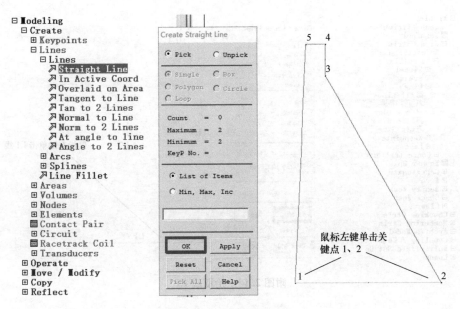

附图2.12 坝体线模型

1、2、3、4 和 5，单击"OK"按钮，就得到坝体模型的面模型，如附图 2.13 所示。

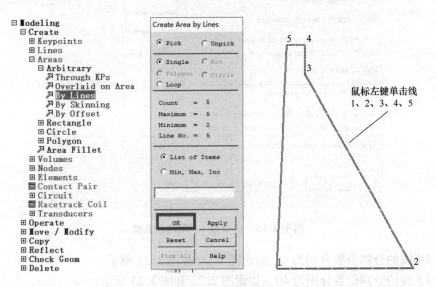

附图2.13 创建面

6）划分坝体单元网格：

设置网格份数：Main Menu > Preprocessor > Meshing > Size Cntrls > Manual Size > Lines > Picked lines，弹出一个对话框，如附图 2.14 所示。

用鼠标左键选取线 L1，单击"OK"按钮。弹出一个对话框，如附图 2.15 所示，在"No. of element divisions"栏后面输入 20，单击"OK"按钮。

相同的方法设置线 L2 分割份数为 32，如附图 2.16 和图 2.17 所示。

设置 L3 线的分割份数分别为 6，如附图 2.18 和图 2.19 所示。

431

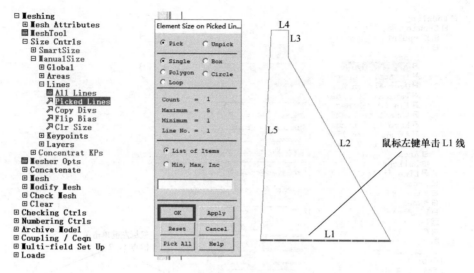

附图 2.14 拾取线 L1

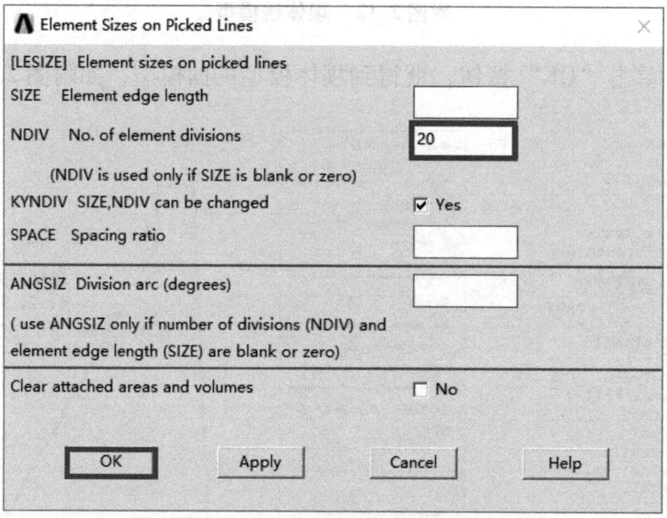

附图 2.15 设置线 L1 网格划分数

设置 L4 线的分割份数分别为 4，如附图 2.20 和图 2.21 所示。

设置 L5 线的分割份数分别为 40，如附图 2.22 和图 2.23 所示。

划分单元网格：Main Menu > Preprocessor > Meshing > Mesh > Area > Free，弹出一个拾取面积对话框，如附图 2.24 所示。鼠标左键单击重力坝面，再单击拾取框上的"OK"按钮，得到坝体模型单元网格。

(3) 求解器 Solution 模块

1) 施加约束：

给坝体模型底部施加位移约束：Main Menu > Solution > Define Loads > Apply > Structural > Displacement > On Nodes，弹出在节点上施加位移约束对话框，用鼠标左键逐个单击隧道模型底面边界上所有节点，如附图 2.25 所示单击"OK"按钮。弹出"Apply U, ROT on

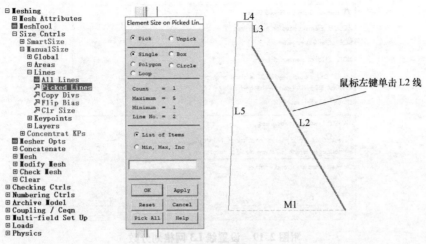

附图 2.16　拾取线 L2

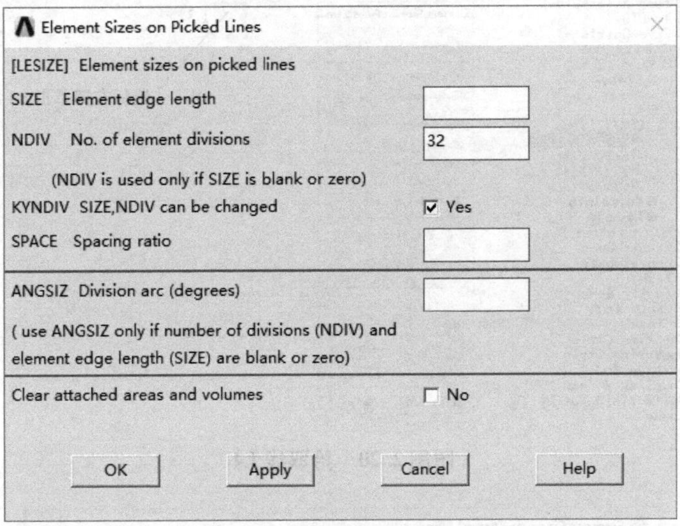

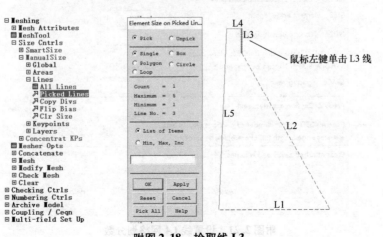

附图 2.17　设置线 L2 网格划分数

附图 2.18　拾取线 L3

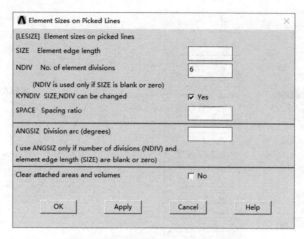

附图 2.19　设置线 L3 网格划分数

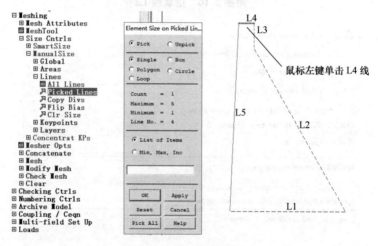

附图 2.20　拾取线 L4

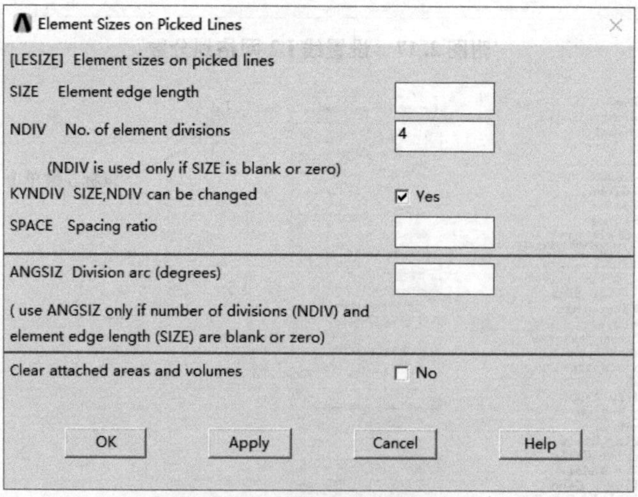

附图 2.21　设置线 L4 网格划分数

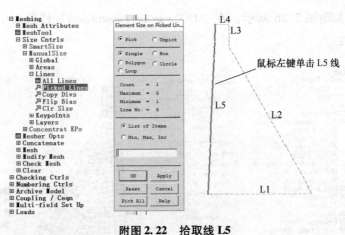

附图 2.22 拾取线 L5

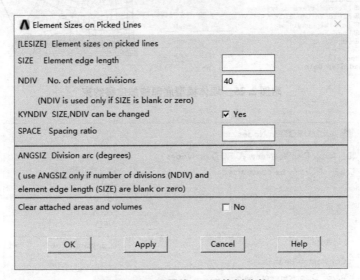

附图 2.23 设置线 L5 网格划分数

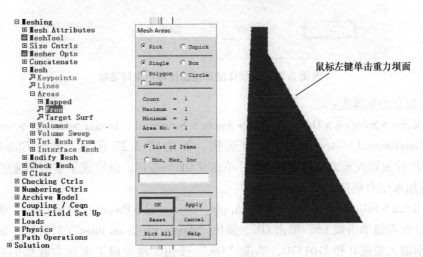

附图 2.24 划分面

Nodes"对话框,如附图 2.26 所示,在 "DOFs to be constrained" 栏后面中选取 ALL DOF,单击"OK"按钮。

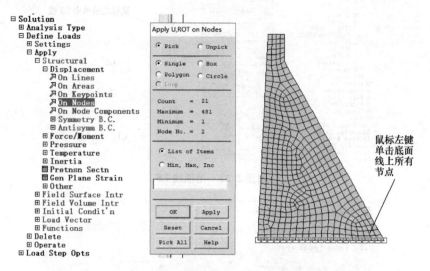

附图 2.25　坝体模型底部施加位移约束

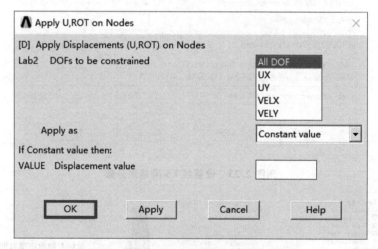

附图 2.26　给坝体底部施加位移约束对话框

2)施加重力加速度:

Main Menu > Solution > Define Loads > Apply > Structural > Inertia > Gravity > Global,弹出"Apply(Gravitational)Acceleration"对话框,如附图 2.27 所示。在"Global Cartesian Y-comp"栏后面输入重力加速度值 9.8,单击"OK"按钮,就完成了重力加速度的施加。

3)施加水压力载荷:

Main Menu > Solution > Define loads > Apply > Structural > Pressure > On Lines,弹出一个对话框,用鼠标左键单击线 L5,单击 OK。弹出"Apply PRES on lines"对话框,如附图 2.28 所示。分别输入数据 0 和 1101370,单击"OK"按钮,就完成了水压力载荷的施加,如附图 2.29 所示。

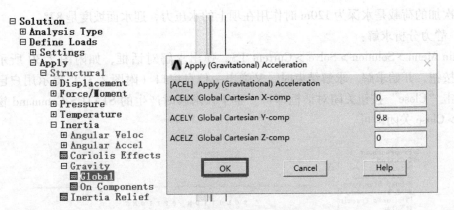

附图 2.27 施加重力加速度对话框

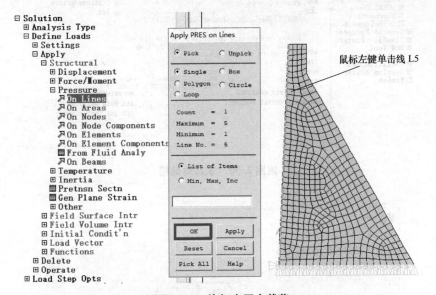

附图 2.28 施加水压力载荷

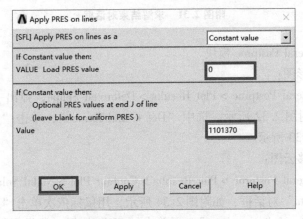

附图 2.29 施加水压力对话框

本次加的荷载是水深为 120m 时作用在坝上的水压力，迎水面坡度是 87°。

4）静力分析求解：

Main Menu > Solution > Solve > Current LS。弹出求解对话框，如附图 2.30 所示，单击"OK"按钮，开始求解。求解结束时，又弹出一信息窗口（附图 2.31）提示用户已完成求解，点击"Close"按钮关闭对话框即可。至于在求解时产生的 STATUS Command 窗口，点击 File > Close 关闭即可。

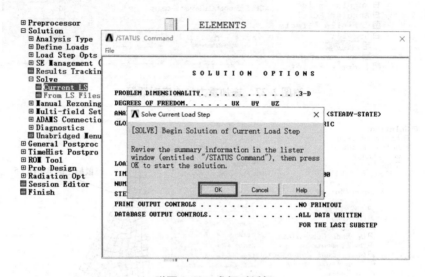

附图 2.30 求解对话框

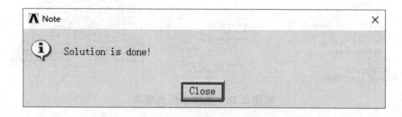

附图 2.31 求解结束对话框

(4) 处理器 General Postproc 模块

1）绘制坝体变形图：

Main Menu > General Postproc > Plot Results > Deformed Shape，弹出一个"Plot Deformed Shape"对话框，如附图 2.32 所示。选中"Def + undeformed"，单击"OK"按钮，得到坝体变形图，如附图 2.33 所示。

2）显示坝体位移云图：

Main Menu > General Postproc > Plot Results > Contour Plot > Nodal Solu，弹出一个"Contour Nodal Solution Data"对话框，如附图 2.34 所示，用鼠标依次单击"Nodal Solution > DOF Solution > X-Component of displacement"，再单击"OK"按钮，就得到坝体位移云图，如附图 2.35 所示。此时，坝体水平方向最大位移为 12.109mm，位置发生在坝顶。

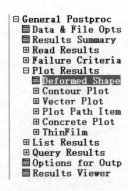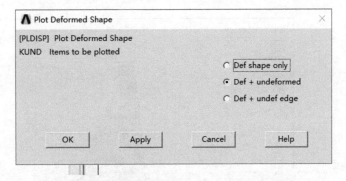

附图 2.32 绘制坝体变形图

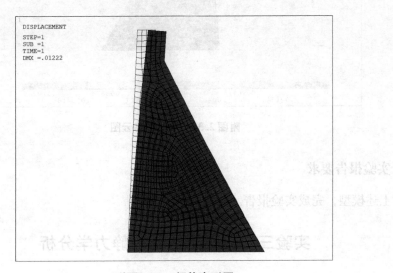

附图 2.33 坝体变形图

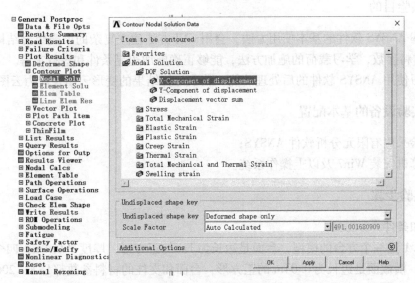

附图 2.34 设置节点位移

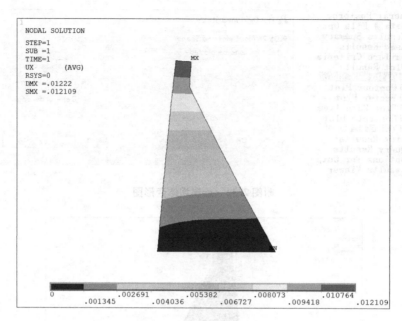

附图 2.35 坝体位移云图

四、实验报告要求

针对上述模型,完成实验报告。

实验三 梁壳组合结构静力学分析

一、实验目的

1. 掌握 ANSYS 软件的基本使用方法,会用 GUI 方法建立复杂的梁壳组合结构有限元模型,设定材料参数,学习载荷的施加方法,能够正确施加边界条件和进行求解。
2. 学习使用 ANSYS 软件的后处理功能,获取计算结果的变形云图及应力云图。

二、实验设备的基本配置

1. 实验采用有限元分析软件 ANSYS;
2. 计算机安装 Win7 及以上操作系统。

三、实验步骤

1. 已知条件

附图 3.1 是一个方台的模型,台面是边长为 1m 的正方形,厚度是 0.1m,四个支柱是高度为 0.6m,横截面是边长为 0.04m 的正方形,台面和支柱的材料参数都是 $E=206\text{GPa}$,$\mu=0.3$,现在台面上向下施加 10MPa 的均布压强,支柱的下面的点施加所有自由度的约束。用 ANSYS 计算方台的变形和应力。

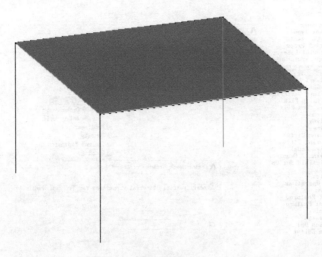

附图 3.1

2. 操作步骤

(1) ANSYS 分析前的准备工作

定义文件名：

GUI：File > Change Jobname，单击 Change Jobname。弹出对话框，如附图 3.2 所示，定义文件名为：shiyan3。

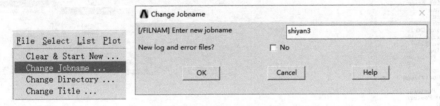

附图 3.2　定义文件名菜单

(2) 前处理器 Preprocessor 模块

1) 设定材料属性：

Main Menu > Preprocessor > Material Props > Material Models，弹出对话框，依次点击 Structural > Linear > Elastic > Isotropic，弹出对话框，输入 EX（弹性模量）：206e9，PRXY（泊松比）：0.3，单击"OK"按钮。再单击对话框右上角"×"，如附图 3.3 所示，完成材料属性设置。

2) 选用单元类型：

Main Menu > Preprocessor > Element Type > Add/Edit/Delete，分别添加 BEAM188 和 SHELL181 单元，见附图 3.4、附图 3.5 和附图 3.6。

3) 定义立柱的 BEAM188 截面形状：

Main Menu > Preprocessor > Sections > Beam > Common Sections，弹出 Beam Tool 对话框，在对话框中设置 ID 为 1，选择矩形截面，设置 B 和 H 为 0.04，同时定义它横截面上的单元划分是长宽两个方向上各是 2 个单元。如附图 3.7 所示，单击按钮"OK"按钮确认，关闭对话框。

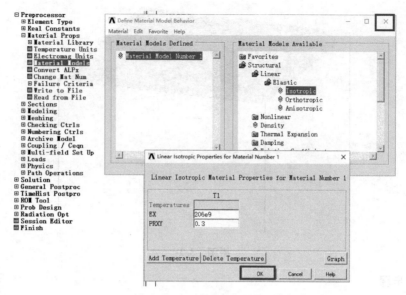

附图 3.3　材料属性对话框

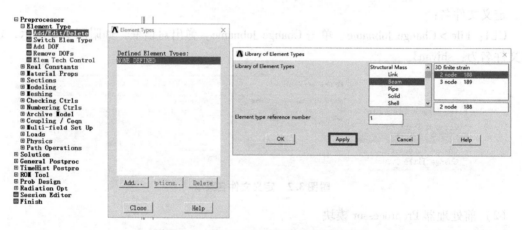

附图 3.4　BEAM188 单元类型选择对话框

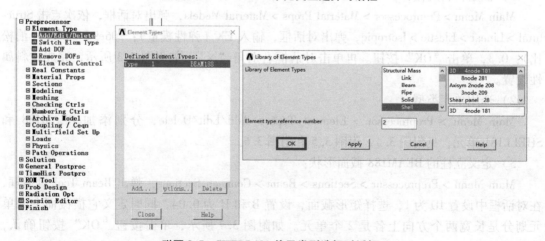

附图 3.5　SHELL181 单元类型选择对话框

4）定义台面的 SHELL181 厚度：

Main Menu > Preprocessor > Sections > Shell > Lay-up > Add/Edit，弹出对话框，在对话框中设置 ID 为 2，设置 Thickness 为 0.1。如附图 3.8 所示，单击按钮"OK"确认，关闭对话框。

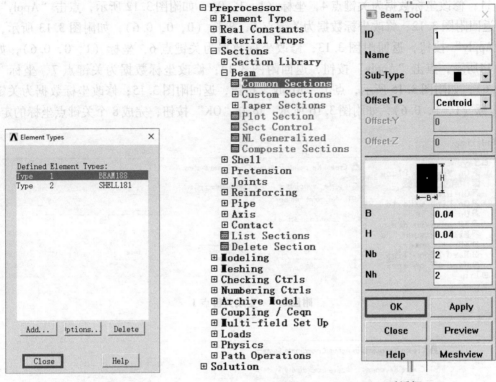

附图 3.6　单元类型对话框

附图 3.7　Beam Tool 对话框

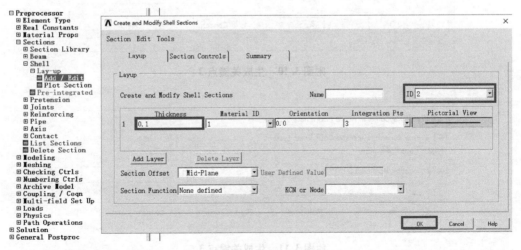

附图 3.8　SHELL181 对话框

5）生成关键点：

Main Menu > Preprocessor > Modeling > Create > Keypoints > In Active CS，弹出对话框，如附图 3.9 所示：

输入关键点 1 坐标 (0,0,0),点击"Apply"按钮,返回附图 3.9;修改坐标数据为关键点 2,坐标 (1,0,0),如附图 3.10 所示,点击"Apply"按钮,返回附图 3.10;修改坐标数据为关键点 3,坐标 (0,1,0),如附图 3.11 所示,点击"Apply"按钮,返回附图 3.11;修改坐标数据为关键点 4,坐标 (1,1,0),如附图 3.12 所示,点击"Apply"按钮,返回附图 3.12;修改坐标数据为关键点 5,坐标 (0,0,0.6),如附图 3.13 所示,点击"Apply"按钮,返回附图 3.13;修改坐标数据为关键点 6,坐标 (1,0,0.6),如附图 3.14 所示,点击"Apply"按钮,返回附图 3.14;修改坐标数据为关键点 7,坐标 (0,1,0.6),如附图 3.15 所示,点击"Apply"按钮,返回附图 3.15;修改坐标数据为关键点 8,坐标 (1,1,0.6),如附图 3.16 所示,单击"OK"按钮,完成 8 个关键点坐标的定义。

附图 3.9　生成关键点 1

附图 3.10　生成关键点 2

附图 3.11　生成关键点 3

创建 4 个支柱直线:Main Menu > Preprocessor > Modeling > Create > Lines > Lines > Straight Line,弹出"关键点选择"对话框,如附图 3.17 所示。

鼠标箭头放置在关键点 1 上进行左键单击,再鼠标箭头放置在关键点 5 上进行左键单

附图 3.12　生成关键点 4

附图 3.13　生成关键点 5

附图 3.14　生成关键点 6

附图 3.15　生成关键点 7

击，即可生成线 1。鼠标箭头放置在关键点 2 上进行左键单击，再鼠标箭头放置在关键点 6 上进行左键单击，即可生成线 2。鼠标箭头放置在关键点 3 上进行左键单击，再鼠标箭头放置在关键点 7 上进行左键单击，即可生成线 3。鼠标箭头放置在关键点 4 上进行左键单击，再鼠标箭头放置在关键点 8 上进行左键单击，即可生成线 4。单击 OK 关闭拾取对话框。

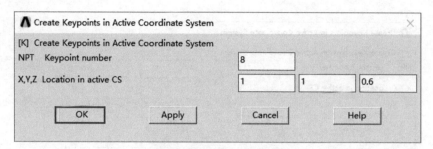

附图 3.16　生成关键点 8

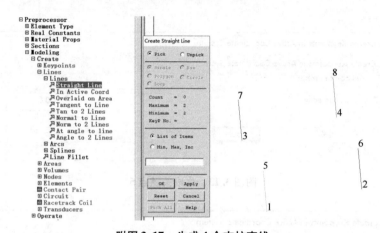

附图 3.17　生成 4 个支柱直线

创建台面：Main Menu > Preprocessor > Modeling > Create > Areas > Arbitrary > Through KPs 连接点 5、6、8、7，形成一个平面，如附图 3.18 所示。

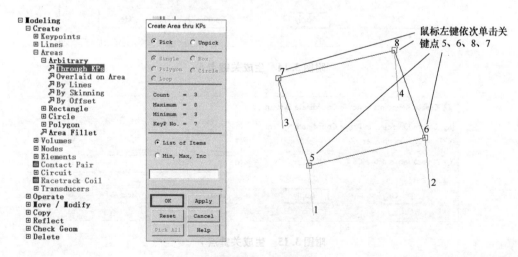

附图 3.18　创建台面

6）离散几何模型：
① 设置网格大小
Main Menu > Preprocessor > Meshing > Size Cntrls > Manual Size > Global > Size，在 SIZE 栏

中输入 0.1（注：该梁每个单元长度为 0.1）。附图 3.19，点击"OK"按钮。

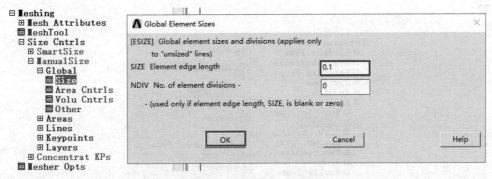

附图 3.19　网格划分对话框

② 离散立柱

Main Menu > Preprocessor > Meshing > Mesh Attributes > Picked Lines，弹出对话框如附图 3.20 所示，鼠标箭头分别放置在 4 个立柱线上，并左键单击拾取线。如附图 3.20 所示。然后单击"OK"按钮。弹出梁单元划分的单元选项，如附图 3.21 所示，设定 TYPE 为 Beam188，设定 SECT 是 1。单击"OK"按钮，如附图 3.21 所示。

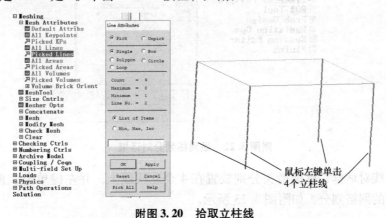

附图 3.20　拾取立柱线

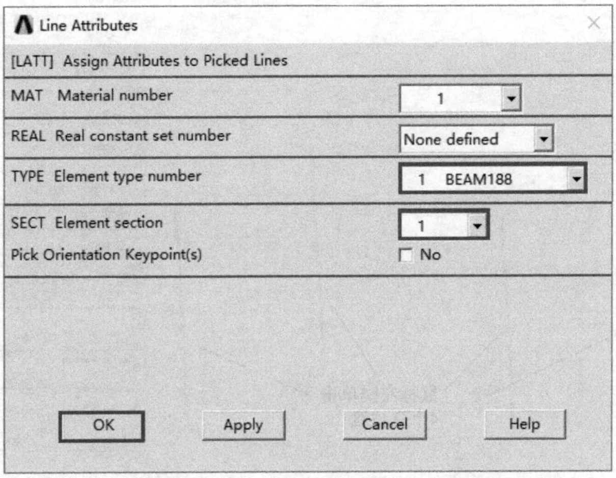

附图 3.21　立柱梁单元选项对话框

Main Menu > Preprocessor > Meshing > Mesh Tool，选择 Lines，单击 Mesh 按钮，附图 3.22。

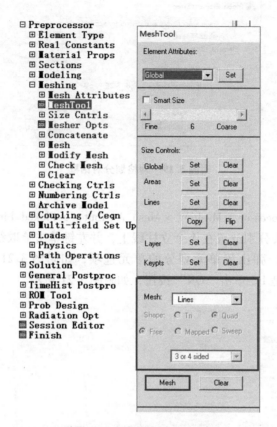

附图 3.22　线网格划分对话框

弹出拾取线对话框，鼠标箭头分别放置在 4 个立柱线上，并左键单击，再单击"OK"按钮，完成线的网格划分，如附图 3.23 所示。

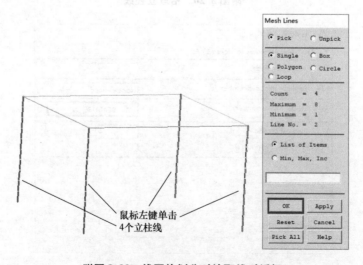

附图 3.23　线网格划分时拾取线对话框

③ 离散平台

Main Menu > Preprocessor > Meshing > Mesh Attributes > Picked Areas，弹出对话框如附图 3.24 所示，鼠标箭头放置在台面上，并左键单击拾取面，然后单击"OK"按钮。

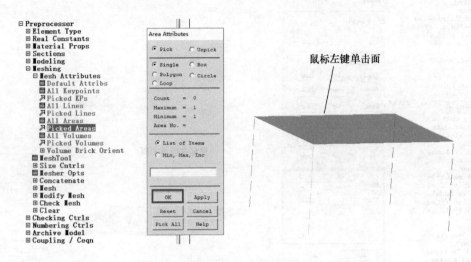

附图 3.24 拾取台面

弹出单元划分的单元选项，如附图 3.25 所示，设定 TYPE 为 SHELL181，设定 SECT 是 2。单击"OK"按钮。

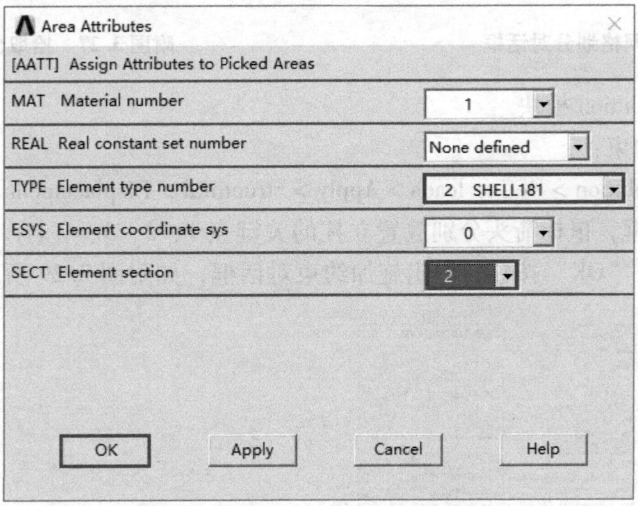

附图 3.25 台面单元选项对话框

Main Menu > Preprocessor > Meshing > Mesh Tool，选择 Areas，单击"Mesh"按钮，如附图 3.26 所示。

弹出拾取面对话框，鼠标箭头放置面上，并左键单击，再单击"OK"按钮，完成面的网格划分。如附图 3.27 所示。

449

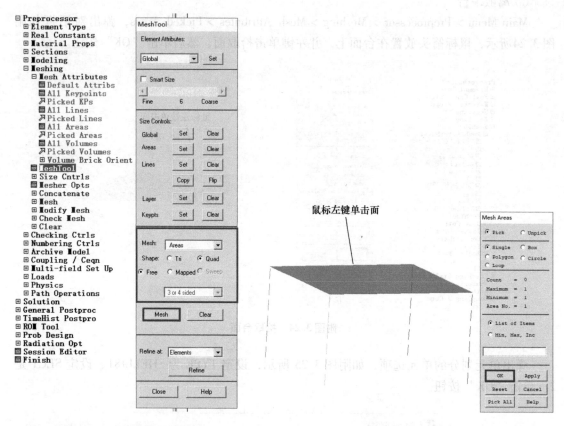

附图 3.26　面网格划分对话框　　　　　附图 3.27　拾取台面

(3) 求解器 Solution 模块

1) 施加位移约束：

Main Menu > Solution > Define Loads > Apply > Structural > Displacement > On Keypoints，弹出拾取关键点对话框，鼠标箭头分别放置立柱的关键点 1、2、3、4 上，并左键单击，如附图 3.28 所示，单击"OK"按钮，弹出施加约束对话框，如附图 3.29 所示，选择 All DOF，

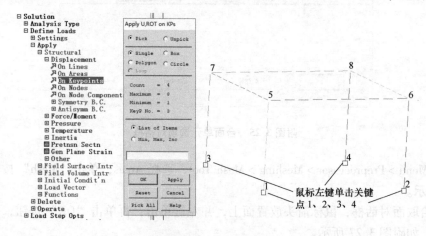

附图 3.28　拾取关键点

点击"OK"按钮。

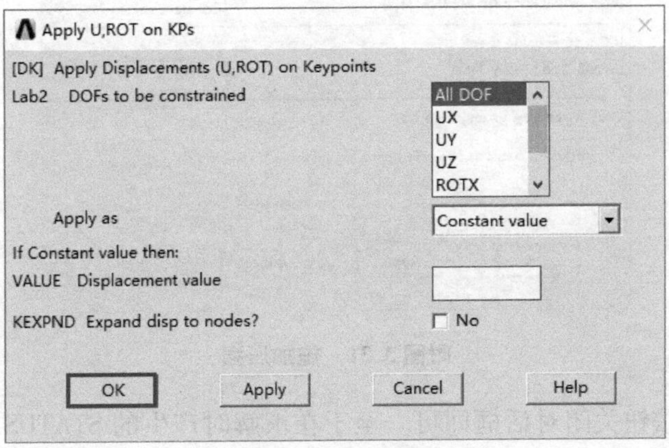

附图 3.29 施加约束

2) 施加压强：

Main Menu > Solution > Define Loads > Apply > Structural > Pressure > On Areas。弹出对话框，如附图 3.30 所示。鼠标箭头放置在台面上，单击左键。弹出施加载荷对话框。

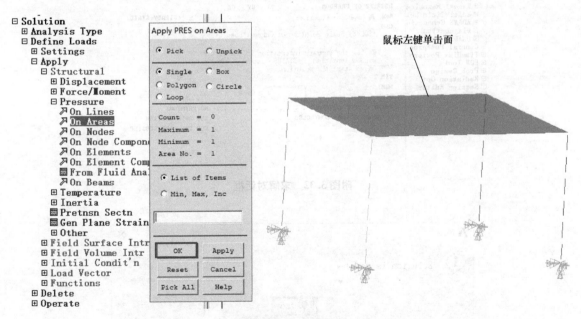

附图 3.30 拾取面

在弹出施加载荷对话框中，如附图 3.31 所示，VALUE 中输入：-10000000，单击"OK"按钮。

3) 求解：

Main Menu > Solution > Solve > Current LS。弹出求解对话框，如附图 3.32 所示，单击"OK"按钮，开始求解。求解结束时，又弹出一信息窗口（附图 3.33）提示用户已完成求

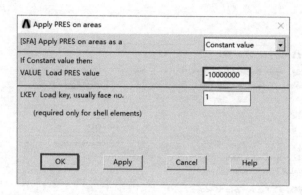

附图 3.31 施加压强

解,点击"Close"按钮关闭对话框即可。至于在求解时产生的 STATUS Command 窗口,点击 File > Close 关闭即可。

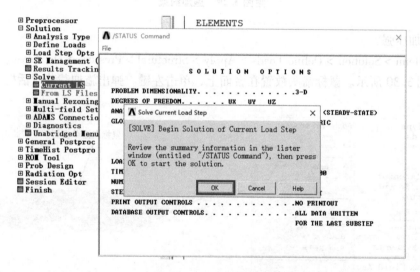

附图 3.32 求解对话框

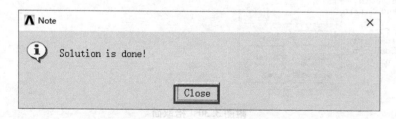

附图 3.33 求解结束对话框

(4) 处理器 General Postproc 模块

1) 查看位移:

Main Menu > General Postproc > Plot Results > Contour Plot > Nodal Solu。弹出对话框,如附

图 3.34 所示，选择 DOF solution 下的 Displacement vector sum，单击"OK"按钮。生成该结构位移云图，如附图 3.35 所示。

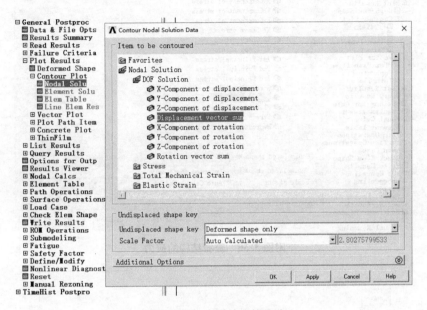

附图 3.34　查看结构的位移

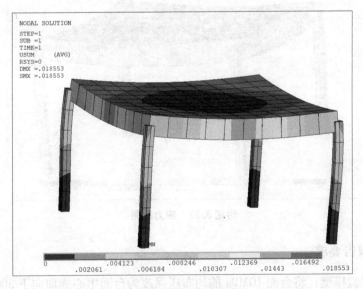

附图 3.35　位移云图

2) 查看应力：

Main Menu > General Postproc > Plot Results > Contour Plot > Nodal Solu。弹出对话框，如附图 3.36 所示，选择 Stress 下的 von Mises stress，单击"OK"按钮。生成该结构应力云图，如附图 3.37 所示。

3) 保存文件，退出 ANSYS。

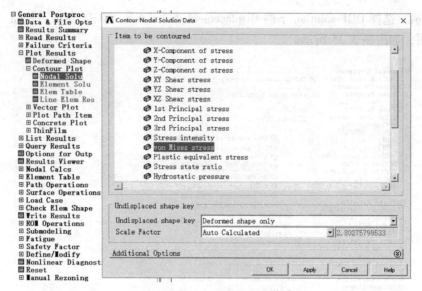

附图3.36　查看结构的应力

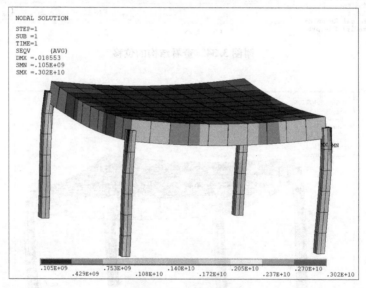

附图3.37　应力云图

四、实验报告要求

针对上述实验模型，将台面10MPa的均布压强改为台面中心施加向下300N的集中作用力，计算并分析该方台的变形和应力响应。

实验四　减速机轴的扭转分析

一、实验目的

1. 掌握ANSYS软件的基本使用方法，会用GUI方法建立连续体的三维结构有限元模型，设定材料参数，学习载荷的施加方法，能够正确施加边界条件和进行求解。

2. 学习使用 ANSYS 软件的后处理功能，获取计算结果的变形云图及应力云图。

二、实验设备的基本配置

1. 实验采用有限元分析软件 ANSYS；
2. 计算机安装 Win7 及以上操作系统。

三、实验步骤

1. 已知条件

设有如附图 4.1 所示减速机输入轴（单位：mm），其中 Φ200 为齿轮节圆直径（本分析不涉及齿强度问题，所以在齿轮位置按节圆简化成圆柱）。其输入扭矩为 1kN·m，附图 4.2 所示。试求减速机输入轴的应力、应变情况。设减速机输入轴材料参数：EX：2.1e11Pa，PRXY：0.3。

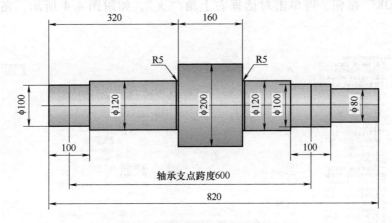

附图 4.1　减速机输入轴的几何尺寸

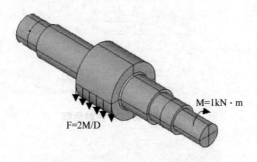

附图 4.2　减速机输入轴的载荷条件

2. 操作步骤

（1）ANSYS 分析前的准备工作

定义文件名：

GUI：File > Change Jobname，单击 Change Jobname。弹出对话框，如附图 4.3 所示，定

455

义文件名为：shiyan4。

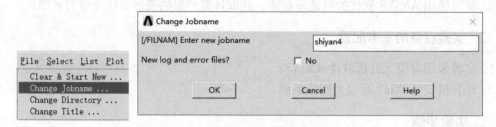

附图4.3 定义文件名菜单

(2) 前处理器 Preprocessor 模块

1) 材料模型：

定义材料特性。Main Menu > Preprocessor > Material Props > Material Models，弹出对话框，依次点击 Structural > Linear > Elastic > Isotropic，弹出对话框，输入 EX：2.1e11，PRXY：0.3，单击"OK"按钮。再单击对话框右上角"×"，如附图4.4所示，完成材料属性设置。

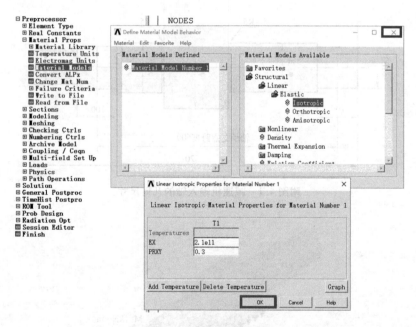

附图4.4 材料特性对话框

2) 创建单元类型：

Main Menu > Preprocessor > Element Type > Add/Edit/Delete。弹出对话框，单击"Add..."按钮；弹出附图4.5所示的对话框，在左侧列表中选 Structural Solid，在右侧列表中选 Quad 8node 183，单击"Apply"按钮；再在右侧列表中选 Brick 20node 185，单击附图4.6中的"OK"按钮，附图4.5、附图4.7对话框的"Close"按钮。

3) 建立关键点：

Main Menu > Preprocessor > Modeling > Create > Keypoints > In Active CS，弹出对话框，如

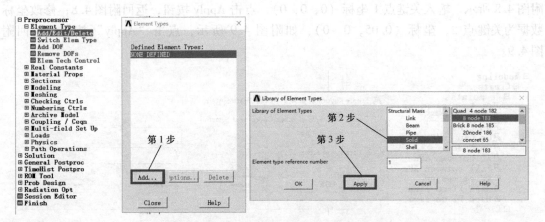

附图 4.5 Quad 8node 183 单元选择对话框

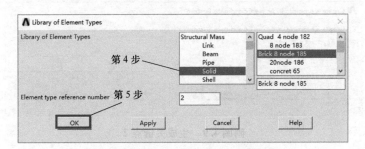

附图 4.6 Brick 8node 185 单元选择对话框

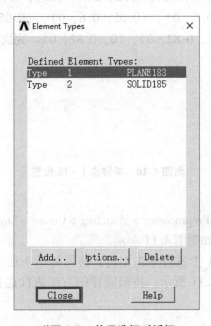

附图 4.7 单元选择对话框

附图 4.8 所示。输入关键点 1 坐标 (0, 0, 0)，点击 Apply 按钮，返回附图 4.8；修改坐标数据为关键点 2，坐标 (0.05, 0, 0)，如附图 4.9 所示，点击"Apply"按钮。返回附图 4.9。

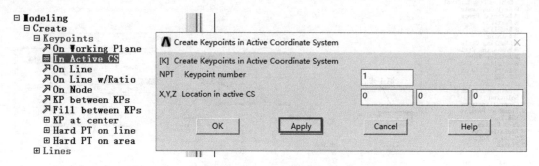

附图 4.8　生成关键点 1

附图 4.9　生成关键点 2

请参考 4.6.2 节关键点输入方法，依次生成下面的关键点：(0.05, 0.05, 0)、(0.05, 0.1, 0)、(0.06, 0.1, 0)、(0.06, 0.32, 0)、(0.1, 0.32, 0)、(0.1, 0.48, 0)、(0.06, 0.48, 0)、(0.06, 0.6, 0)、(0.05, 0.6, 0)、(0.05, 0.65, 0)、(0.05, 0.7, 0)、(0.04, 0.7, 0)、(0.04, 0.82, 0)、(0, 0.82, 0)。完成时，各个关键点的位置如附图 4.10 所示。

附图 4.10　关键点 1~16 位置

4) 连线：

创建直线：Main Menu > Preprocessor > Modeling > Create > Lines > Lines > Straight Line，弹出"关键点选择"对话框，如附图 4.11 所示。

鼠标箭头放置在关键点 1 上进行单击左键，再鼠标箭头放置在关键点 2 上进行单击左键，即可生成线 1。如附图 4.11 所示。按照同样的方法依次连接各关键点，生成的封闭图形如附图 4.12 所示。

5) 建立圆角：

左侧倒圆角：

Main Menu > Preprocessor > Modeling > Create > Lines > Line Fillet。弹出拾取线对话框，鼠

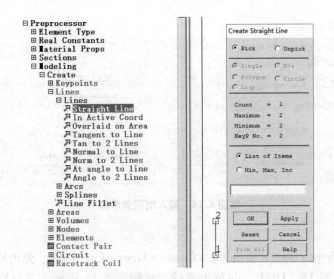

附图4.11 生成线1

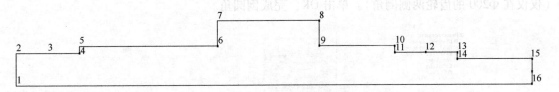

附图4.12 依次生成线

标箭头分别放置在线 L5、L6 上,并单击左键,如附图 4.13 所示,进行拾取线。单击 OK,弹出倒圆角半径对话框,如附图 4.14 所示,RAD 中输入:0.005,为圆角半径建立圆角。(仅仅在 Φ200 的齿轮两侧倒角)。单击 OK,完成倒圆角。

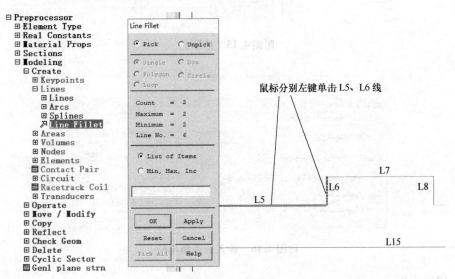

附图4.13 拾取线

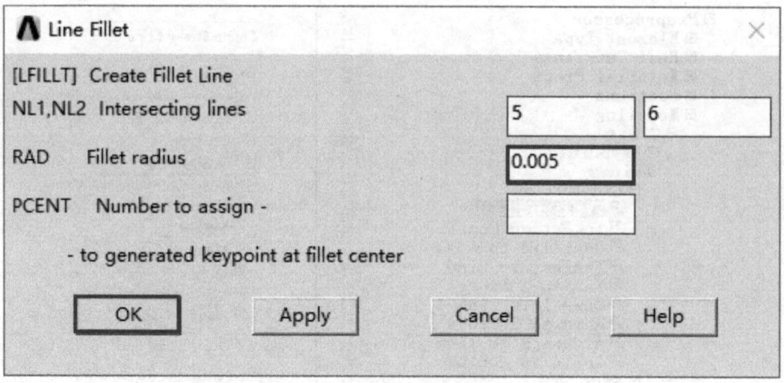

ANSYS 有限元理论及基础应用

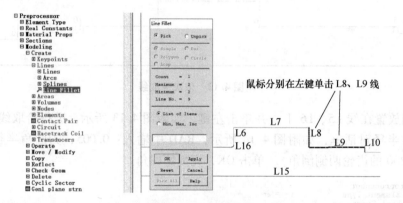

附图 4.14　输入倒圆角半径

右侧倒圆角：

Main Menu > Preprocessor > Modeling > Create > Lines > Line Fillet。弹出拾取线对话框，鼠标箭头分别放置在线 L8、L9 上，并单击左键，如附图 4.15 所示，进行拾取线。单击 OK，弹出倒圆角半径对话框，如附图 4.16 所示，RAD 中输入：0.005，为圆角半径建立圆角。（仅仅在 Φ200 的齿轮两侧倒角）。单击 OK，完成倒圆角。

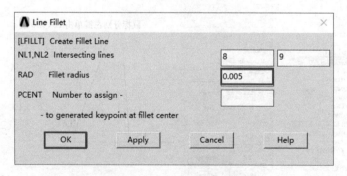

附图 4.15　拾取线

附图 4.16　输入倒圆角半径

6）建立平面：

Main Menu > Preprocessor > Modeling > Create > Areas > Arbitrary > By Lines。弹出对话框，

如附图 4.17 所示,用鼠标左键单击所有的线,然后单击 OK,建立面,如附图 4.18 所示。

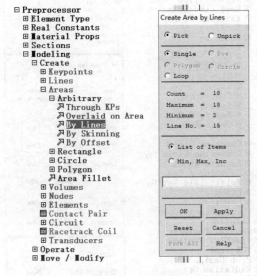

附图 4.17 拾取线

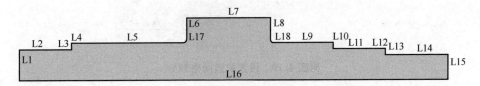

附图 4.18 生成面

7) 平面剖分有限元模型:

① 网格划分

Main Menu > Preprocessor > Meshing > Mesh Tool。弹出划分网格工具条,如附图 4.19 所示。在 Smart Size 选项前打√,将滚动条等级调整为 4,点击 Mesh,用鼠标左键单击面,如附图 4.20 所示,然后单击 OK,可得模型网格如附图 4.21 所示。

② 将二维模型旋转得到三维模型

<1> 设定挤出选项

Main Menu > Preprocessor > Modeling > Operate > Extrude > Elem Ext Opts,如附图 4.22 所示,在 Element Type Number 栏选择 2 Solid185,在"VAL1"文本框中输入 6(挤出段数),选定 ACLEAR 为"Yes"(清除面上单元),单击"OK"按钮。

<2> 由面旋转挤出体

Main Menu > Preprocessor > Modeling > Operate > Extrude > Areas > About Axis。弹出拾取窗口,拾取面,附图 4.23 所示,单击"OK"按钮;再次弹出拾取窗口,拾取面在 Y 轴上的两个关键点,附图 4.24,单击"OK"按钮;在"ARC"文本框中输入 360,附图 4.25,单击"OK"按钮。

得到有限元模型网格如附图 4.26 所示。

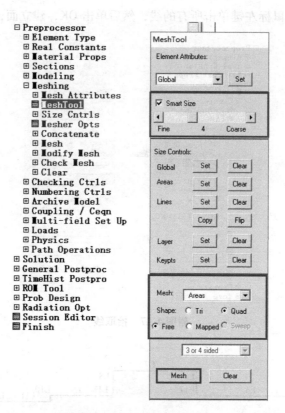

附图 4.19　设置智能网格划分

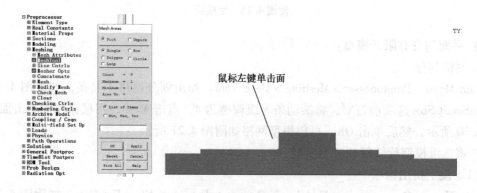

附图 4.20　拾取面

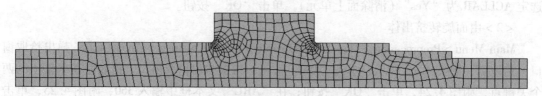

附图 4.21　减速机输入轴平面剖分模型网格

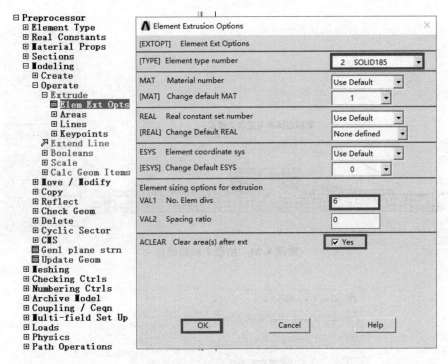

附图 4.22　挤出项对话框

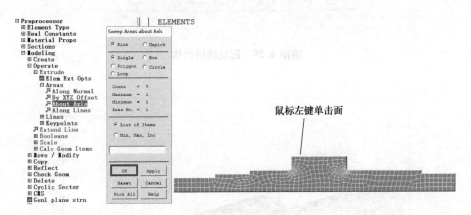

附图 4.23　拾取面

(3) 求解器 Solution 模块

1) 施加位移边界条件：

Main Menu > Solution > Define Loads > Apply > Structural > Displacement > On Nodes。弹出拾取窗口，附图 4.27 所示，拾取轴承支点的作用圆周线。单击 OK，弹出施加约束对话框，如附图 4.28 所示。选择 All DOF，单击 OK。

2) 施加载荷边界条件：

载荷的施加以节点作用力的方式施加于齿轮区外表面。先计算总切向力的大小：

$$F = 2M/D = 2 \times 1000/0.2 = 10000\text{N}$$

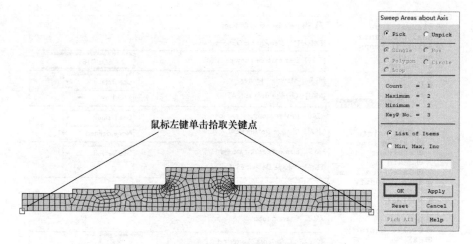

附图 4.24　拾取 Y 轴两端点

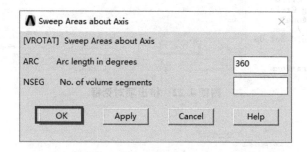

附图 4.25　面旋转挤出体

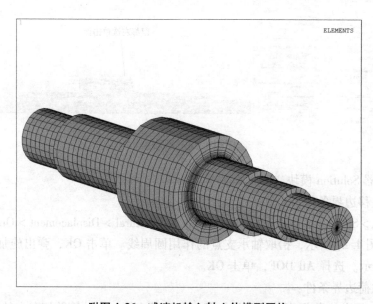

附图 4.26　减速机输入轴立体模型网格

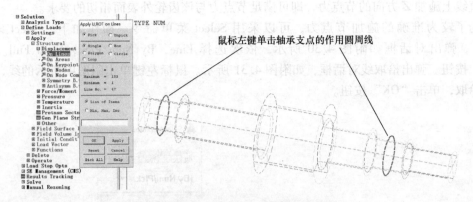

附图 4.27 拾取轴承支点的作用圆周线

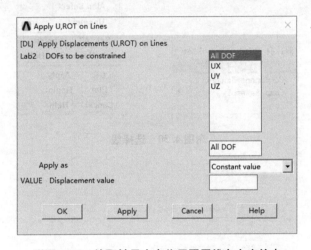

附图 4.28 拾取轴承支点作用圆周线自由度约束

在本实验的网格划分后,直径为 200 的齿轮外表面每条线上共 25 个节点,考虑到降低齿轮啮合过程中的齿轮边缘应力集中影响,可以将线上边缘的 2 个节点不施加力,总切向力均匀施加在该 23 个节点上,每个节点上力的大小为 $10000 \div 23 = 438.78\text{N}$。且各力均与齿轮外表面相切。因而,为了方便施加每个节点的力,可以在该齿轮外表面选一条直线,该直线的垂线应满足与 X、Y 或 Z 轴相平行。比如,选择其中的一条直线,如附图 4.29 所示。在

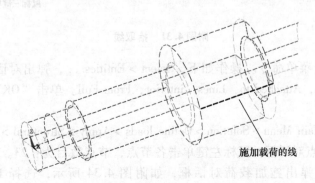

附图 4.29 选择要施加节点载荷的直线

465

该条直线上施加 Z 方向的节点力，即可满足节点力与该齿轮外表面相切的要求。

为了较为准确的施加节点力，可以采用 Select 菜单命令。操作如下。Select > Entities...，弹出对话框如附图 4.30 所示，依次选择 Line，By Num/Pick，From Full。单击"OK"按钮。弹出拾取线对话框，如附图 4.31 所示。鼠标左键单击附图中所示的线，完成线的拾取，单击"OK"按钮。

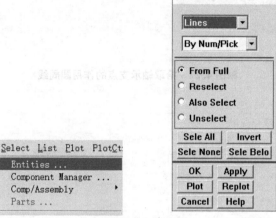

附图 4.30　选择线

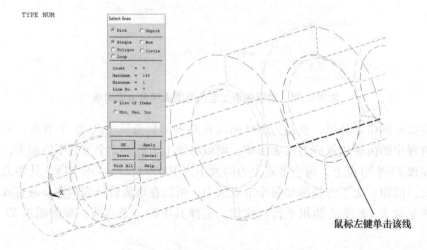

附图 4.31　拾取线

再次打开 Select 菜单命令。操作如下，Select > Entities...，弹出对话框如附图 4.32 所示，依次选择 Nodes，Attached to，Lines，interior，From Full。单击"OK"按钮。完成节点的选择。

施加节点力：Main Menu > Solution > Define loads > Apply > Structural > Force/Moment > On Nodes，弹出拾取节点对话框，鼠标左键单击各节点，节点数目为：23。如附图 4.33 所示，单击"OK"按钮，弹出施加载荷对话框，如附图 4.34 所示，选择 Lab：FZ，VALUE：434.78，然后点击"OK"按钮关闭对话框。

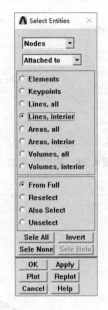

附图 4.32 选择节点

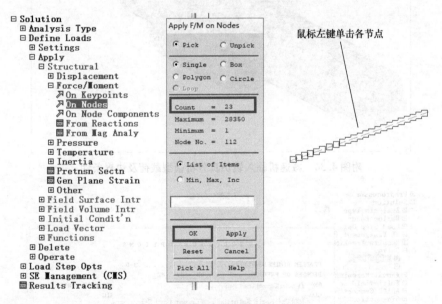

附图 4.33 拾取节点

打开 Select 菜单命令。操作如下。如附图 4.35 所示，Select > Everything。鼠标左键单击 Everything。此步骤十分重要，否则，将影响后续步骤求解。

施加载荷及边界条件以后模型如附图 4.36 所示。

3）求解：Main Menu > Solution > Solve > Current LS。弹出求解对话框，如附图 4.37 所示，单击"OK"按钮，开始求解。求解结束时，又弹出一信息窗口（附图 4.38）提示用户已完成求解，点击"Close"按钮关闭对话框即可。至于在求解时产生的 STATUS Command 窗口，点击 File > Close 关闭即可。

467

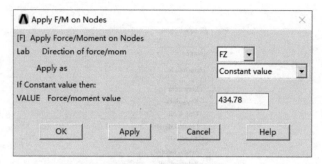
附图4.34 施加节点力

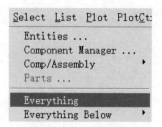
附图4.35 选择所有

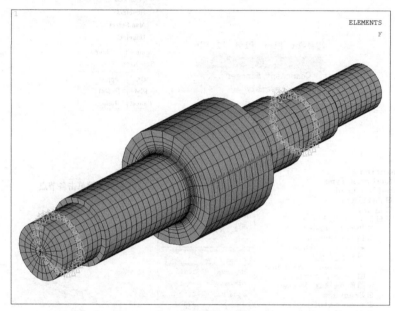
附图4.36 减速机输入轴仿真分析模型载荷及边界条件

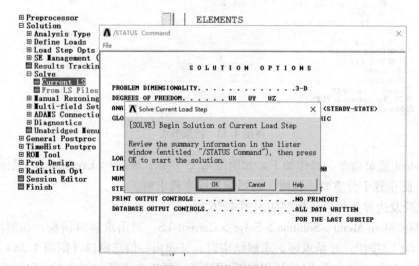
附图4.37 求解对话框

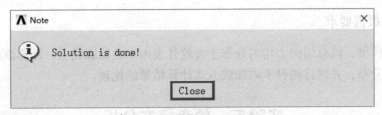

附图 4.38　求解结束对话框

(4) 处理器 General Postproc 模块

查看分析结果

Main Menu > General Postproc > Post Results > Contour Plot > Nodal Solu。选择 Stress > von Mises stress，单击"OK"按钮，如附图 4.39 所示。

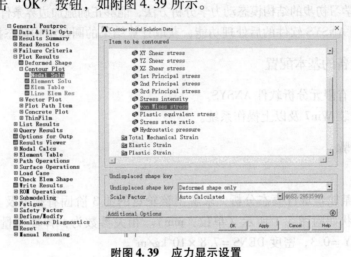

附图 4.39　应力显示设置

模型等效应力计算结果如附图 4.40 所示。

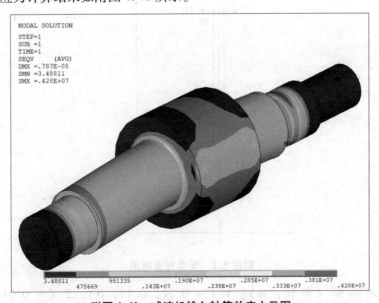

附图 4.40　减速机输入轴等效应力云图

四、实验报告要求

针对上述模型，将总切向力均匀分布于齿轮外表面 4 条轮廓线上，计算该减速机输入轴的变形与应力分布，并进行两种不同加载方式计算结果的比较。

实验五　轮盘模态分析

一、实验目的

1. 掌握 ANSYS 软件的基本使用方法，会用 GUI 方法建立连续体的三维结构有限元模型，设定材料参数，学习初步的结构模态动力学分析方法，能够正确施加边界条件和进行求解。
2. 学习使用 ANSYS 软件的后处理功能，获取计算结果的圆盘结构模态振型。

二、实验设备的基本配置

1. 实验采用有限元分析软件 ANSYS。
2. 计算机安装 Win7 及以上操作系统。

三、实验步骤

1. 已知条件

本实验是对某轮盘进行模态分析，求解出该轮盘的前 3 阶固有频率及其对应的模态振型。轮盘截面形状如附图 5.1 所示（单位：mm）。相关参数为：弹性模量 $EX = 2.1 \times 10^{11}$ Pa，泊松比 $PRXY = 0.3$，密度 $DENS = 7.8 \times 10^3 \mathrm{kg/m^3}$。

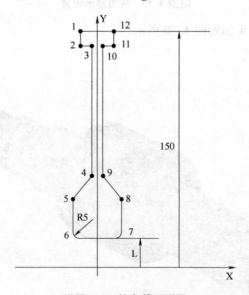

附图 5.1　轮盘截面附图

1-5 关键点坐标（单位：m）：1（-0.01, 0.15, 0）；2（-0.01, 0.14, 0）；3（-0.003, 0.14, 0）；4（-0.004, 0.055, 0）；5（-0.015, 0.04, 0）。L = 0.015，倒

角半径 R5 =0.005，（请同学们自行计算其它各点的坐标值）。

2. 操作步骤

（1）ANSYS 分析前的准备工作。

定义文件名：

GUI：File > Change Jobname，单击 Change Jobname。弹出对话框，如附图 5.2 所示，定义文件名为：shiyan5。

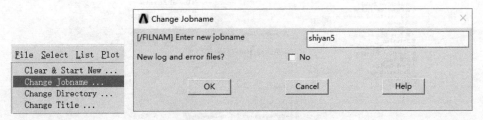

附图 5.2　定义文件名菜单

（2）前处理器 Preprocessor 模块

1）定义材料特性：

Main Menu > Preprocessor > Material Props > Material Models，弹出对话框，依次点击 Structural > Linear > Elastic > Isotropic，弹出对话框，输入 EX：2.1e11，PRXY：0.3，如附图 5.3 所示，单击"OK"按钮。再单击 Density，弹出对话框，输入密度：7800kg/m³。再单击对话框右上角"×"，如附图 5.4 所示，完成材料属性设置。

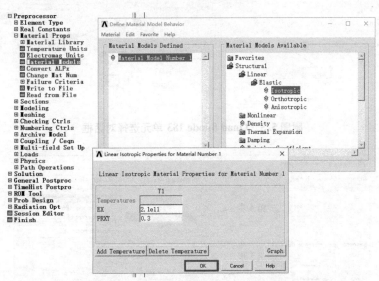

附图 5.3　设置弹性模量、泊松比对话框

2）创建单元类型：

Main Menu > Preprocessor > Element Type > Add/Edit/Delete。弹出对话框，单击"Add..."按钮；弹出如附图 5.5 所示的对话框，在左侧列表中选"Structural Solid"，在右侧列表中选"Quad 8node 183"，单击"Apply"按钮；再在右侧列表中选"Brick 20node 185"，单击"OK"按钮，附图 5.6；单击附图 5.7 对话框的"Close"按钮。

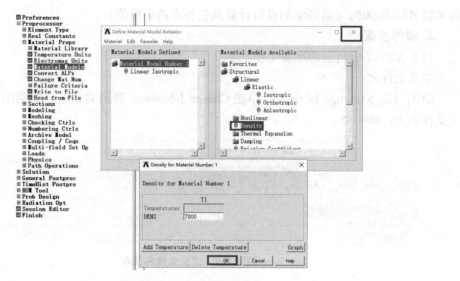

附图 5.4 密度设置对话框

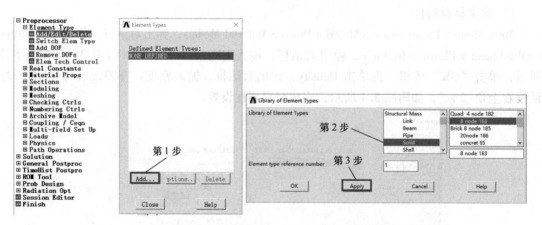

附图 5.5 Quad 8node 183 单元选择对话框

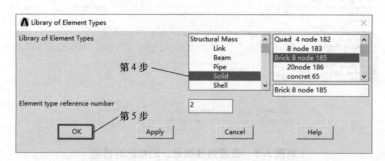

附图 5.6 Brick 8node 185 单元选择对话框

3）建立实体模型：

对于本实验的有限元模型，首先需要建立轮盘的截面几何模型，然后对其进行网格划分，最后通过截面的有限元网格扫描出整个轮盘的有限元模型。具体的操作过程如下（可以参考实验四的建模操作步骤）。

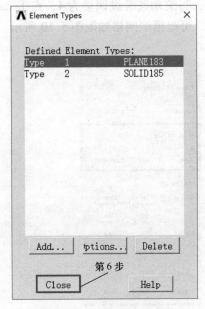

附图 5.7 单元选择对话框

① 创建关键点操作，结果如附图 5.8a 所示；② 由关键点生成线的操作，结果如附图 5.8b 所示；③ 建立圆角，结果如附图 5.8c 所示；④ 生成面，结果如附图 5.8d 所示。

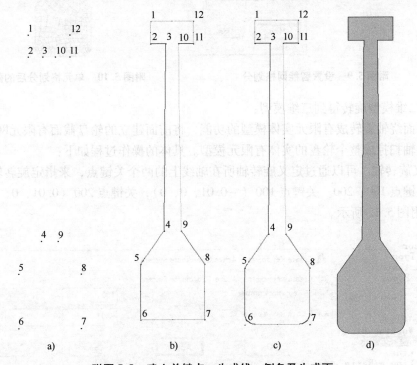

附图 5.8 建立关键点、生成线、倒角及生成面

4）划分网络：

Main Menu > Preprocessor > Meshing > Mesh Tool。弹出划分网格工具条。

在 Smart Size 选项前打√，将滚动条等级调整为 4，点击 mesh，用鼠标左键单击面，如附图 5.9 所示，然后单击 OK。可得模型网格如附图 5.10 所示。

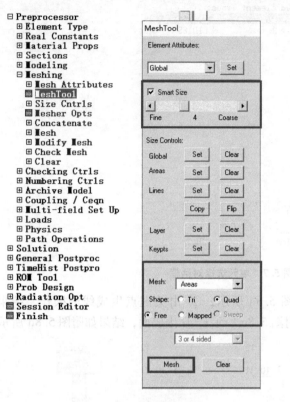

附图 5.9　设置智能网格划分

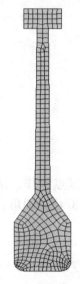

附图 5.10　单元格划分后的截面

5) 将二维模型旋转得到三维模型：

通过将面绕轴旋转成有限元实体模型的功能，将前面建立的轮盘截面有限元网格，围绕定义的旋转轴扫掠成整个轮盘的实体有限元模型。具体的操作过程如下：

① 定义旋转轴。可以通过定义旋转轴所在轴线上的两个关键点，来指定旋转轴的位置。创建两个关键点 100、200。关键点 100（-0.01，0，0），关键点 200（0.01，0，0），如附图 5.11 和附图 5.12 所示。

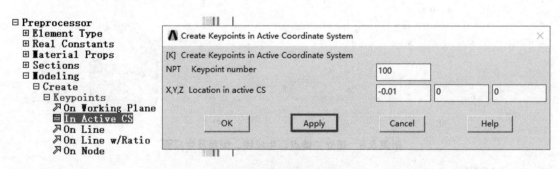

附图 5.11　定义关键点 100

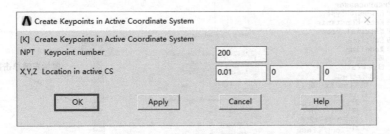

附图 5.12　定义关键点 200

② 设定挤出选项

Main Menu > Preprocessor > Modeling > Operate > Extrude > Elem Ext Opts。附图 5.13 所示。在 Element Type Number 栏选择 2 Solid185，在"VAL1"文本框中输入 18（挤出段数），选定 ACLEAR 为"Yes"（清除面上单元），单击"OK"按钮。

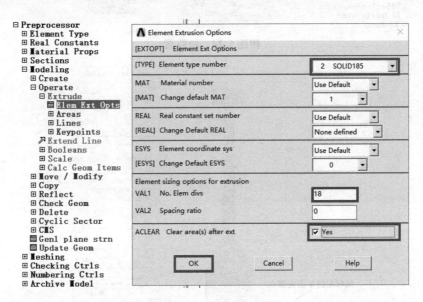

附图 5.13　挤出项对话框

③ 由面旋转挤出体

Main Menu > Preprocessor > Modeling > Operate > Extrude > Areas > About Axis。弹出拾取窗口，鼠标左键单击拾取面，附图 5.14 所示，单击"OK"按钮；再次弹出拾取窗口，拾取两个关键点 100、200，如附图 5.15 所示，单击"OK"按钮；在 ARC 文本框中输入 360，如附图 5.16 所示，单击"OK"按钮。

得到有限元模型网格如附图 5.17 所示。

（3）求解器 Solution 模块

1）定义边界条件：

对于本实例分析的轮盘，由安装条件知道其边界条件应该是，在轮盘盘心的节点轴向和周向固定，而径向自由。这里我们可以简化为轮盘轴面的全约束处理。

Main Menu > Solution > Define Loads > Apply > Structural > Displacement > On Areas。弹出拾

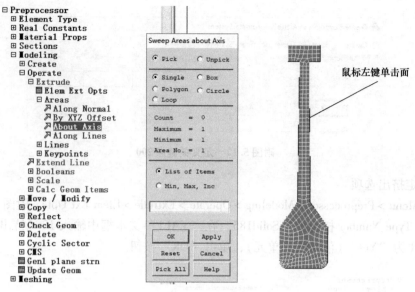

附图 5.14　拾取面

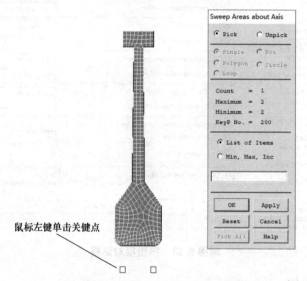

附图 5.15　拾取两关键点 100 和 200

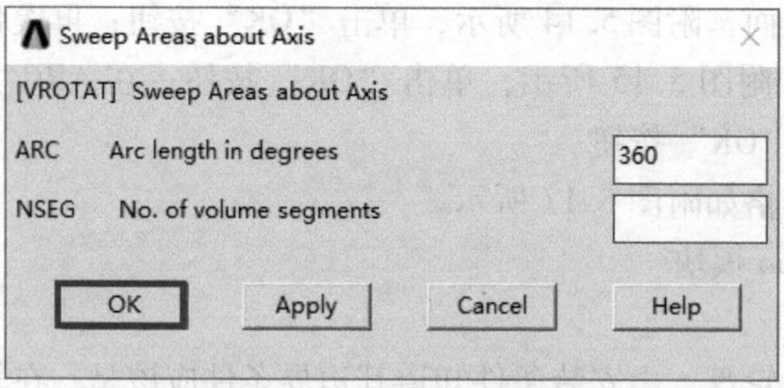

附图 5.16　面旋转挤出体

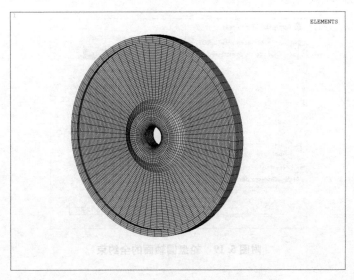

附图 5.17　减速机输入轴立体模型网格

取窗口，鼠标左键放置在轮盘中心环面（由 4 部分组成），并单击拾取该环面。如附图 5.18 所示，单击"OK"按钮。弹出施加约束对话框，在 Lab2 列表框中选择 All DOF，单击"OK"按钮，如附图 5.19 所示。

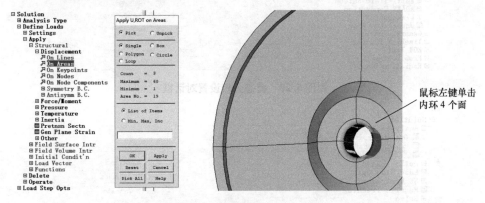

附图 5.18　拾取轮盘中心 4 个环面

2）进行模态分析设定：

Main Menu > Solution > Analysis Type > New Analysis，弹出 New Analysis 对话框，在对话框中选择 Modal 单选按钮，如附图 5.20 所示，单击"OK"按钮确认，关闭对话框。

Main Menu > Solution > Analysis Type > Analysis Options，弹出 Modal Analysis 对话框，设置求解前 3 阶模态，如附图 5.21 所示，单击"OK"按钮确认。弹出模态分析起始频率和终止频率设置，如附图 5.22 所示进行设置。

3）求解：Main Menu > Solution > Solve > Current LS。弹出求解对话框，如附图 5.23 所示，单击"OK"按钮，开始求解。求解结束时，又弹出一信息窗口（附图 5.24）提示用户已完成求解，点击"Close"按钮关闭对话框即可。至于在求解时产生的 STATUS Command 窗口，点击 File > Close 关闭即可。

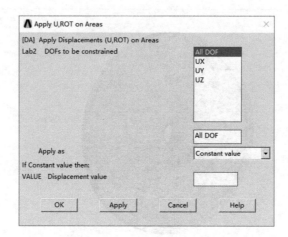

附图 5.19 轮盘圆轴面的全约束

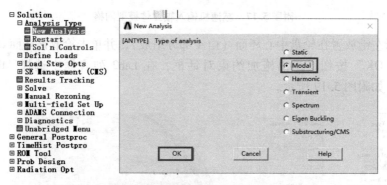

附图 5.20 模态分析设置对话框

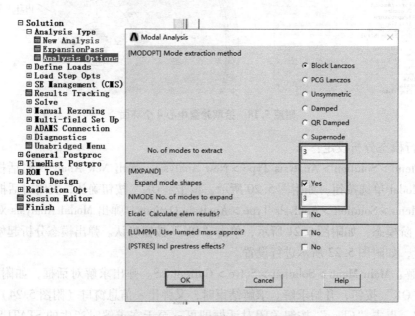

附图 5.21 模态分析参数设置对话框

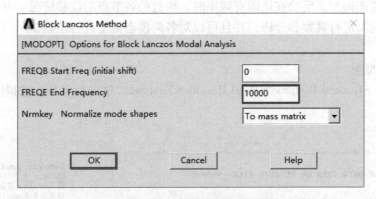

附图 5.22　设置起始频率和终止频率

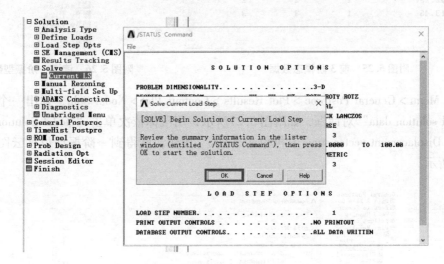

附图 5.23　求解对话框

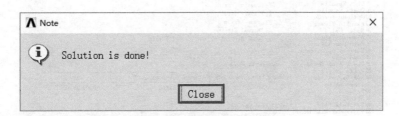

附图 5.24　求解结束对话框

(4) 处理器 General Postproc 模块

1) Main Menu > General Postproc > Results Summary，读取求解结果，如附图 5.25 所示。在 Results Summary 中将列出轮盘的所有求解的固有频率，在文本框里列出了轮盘的前 3 阶固有频率。

2) 观察解得的模态：

本实验中由于设置了对模态进行扩展，所以对于求得的每一阶固有频率，程序同时都求解了其对应的模态振型来反映在该固有频率时，轮盘的各节点的位移情况。可以利用通用后处理器方便地对其进行观察和分析，并且可以对各阶模态振型进行动画显示。下面列举了几阶振型图。

① 一阶振型图

Main Menu > General Postproc > Read Results > First Set。单击 First Set，如附图 5.26 所示。

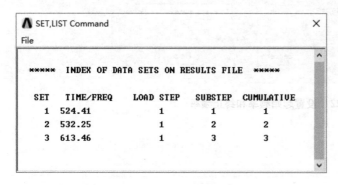

附图 5.25　前 3 阶模态数据　　　　　　　　附图 5.26　读取一阶振型数据

Main Menu > General Postproc > Plot Results > Contour Plot > Nodal Solu，弹出一个"Contour Nodal solution data"对话框，如附图 5.27 所示，用鼠标依次单击"Nodal Solution > DOF Solution > Displacement vector sum"，再单击"OK"按钮，就得到一阶振型位移云图，如附图 5.28 所示。

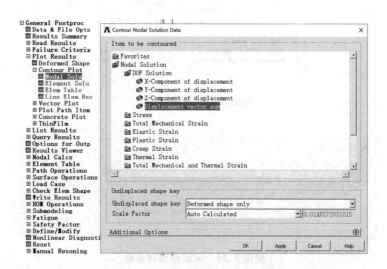

附图 5.27　设置振型显示为位移模式

② 二阶振型图

Main Menu > General Postproc > Read Results > Next Set。单击 Next Set，如附图 5.29 所示。

Main Menu > General Postproc > Plot Results > Contour Plot > Nodal Solu，弹出一个"Contour Nodal solution data"对话框，如附图 5.30 所示，用鼠标依次单击"Nodal Solution > DOF Solution >

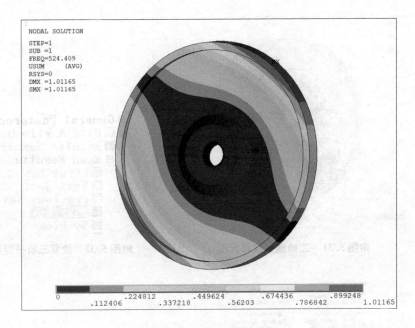

附图 5.28 一阶振型位移云图

Displacement vector sum",再单击"OK"按钮,就得到二阶振型位移云图,如附图 5.31 所示。

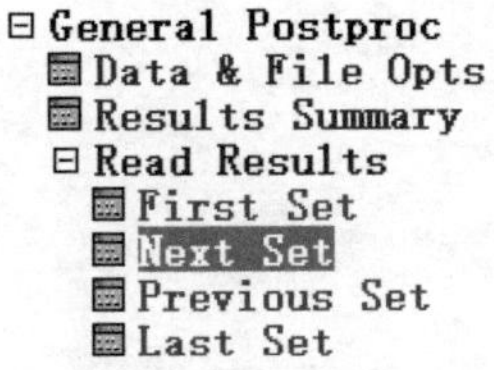

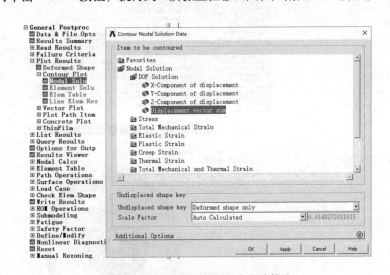

附图 5.29 读取二阶振型数据

附图 5.30 设置振型显示为位移模式

③ 三阶振型图

Main Menu > General Postproc > Read Results > Last Set。单击 Last Set,如附图 5.32 所示。

Main Menu > General Postproc > Plot Results > Contour Plot > Nodal Solu,弹出一个"Contour Nodal solution data"对话框,如附图 5.33 所示,用鼠标依次单击"Nodal Solution > DOF Solution > Displacement vector sum",再单击"OK"按钮,就得到三阶振型位移云图,如附图 5.34 所示。

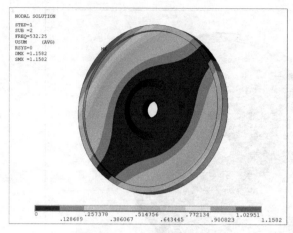

附图 5.31 二阶振型位移云图　　附图 5.32 读取三阶振型数据

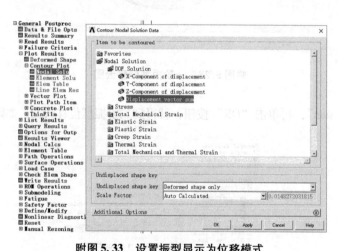

附图 5.33 设置振型显示为位移模式

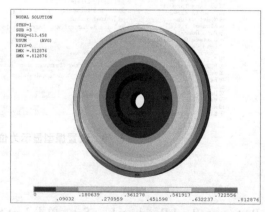

附图 5.34 三阶振型位移云图

四、实验报告要求

针对上述实验模型，完成实验报告。

实验一、实验报告

学院（系）名称		专　　业		班　级	
姓　　名				学　号	
实 验 时 间				实 验 地 点	
实 验 成 绩		批 阅 教 师		批 阅 时 间	

实验报告正文：包括实验名称，实验目的，设备条件（计算机硬件和软件条件），实验操作简要步骤，实验结果（如：绘制变形图、绘制 Von Mises 等效应力图，列出结果数据），学习体会和建议。

实验二、实验报告

学院（系）名称		专 业		班 级	
姓 名				学 号	
实 验 时 间				实 验 地 点	
实 验 成 绩		批 阅 教 师		批 阅 时 间	

实验报告正文：包括实验名称，实验目的，设备条件（计算机硬件和软件条件），实验操作简要步骤，实验结果（如：绘制变形图、绘制 von Mises 等效应力图，列出结果数据），学习体会和建议。

实验三、实验报告

学院（系）名称		专 业		班 级	
姓 名				学 号	
实验时间				实验地点	
实验成绩		批阅教师		批阅时间	

实验报告正文：包括实验名称，实验目的，设备条件（计算机硬件和软件条件），实验操作简要步骤，实验结果（如：绘制变形图、绘制 von Mises 等效应力图，列出结果数据），学习体会和建议。

实验四、实验报告

学院（系）名称		专　　业		班　级	
姓　　名				学　号	
实验时间				实验地点	
实验成绩		批阅教师		批阅时间	

实验报告正文：包括实验名称，实验目的，设备条件（计算机硬件和软件条件），实验操作简要步骤，实验结果（如：绘制变形图、绘制 von Mises 等效应力图，列出结果数据），学习体会和建议。

实验五、实验报告

学院（系）名称		专　业		班　级	
姓　　名				学　号	
实验时间				实验地点	
实验成绩		批阅教师		批阅时间	

实验报告正文：包括实验名称，实验目的，设备条件（计算机硬件和软件条件），实验操作简要步骤，实验结果（绘制振型图，列出结果数据），学习体会和建议。

实验五、实验报告

学院（部）名称		姓 名		题 目	
专业班级				学 号	
实验时间				实验名称	
实验地点		指导教师		同组人员	

实验报告要求：目的要求、实验原理、实验条件、实验步骤、实验结果（数据处理、现象分析、结论等）。

参 考 文 献

[1] 陈国荣. 有限单元法原理及应用［M］. 2版. 北京：科学出版社，2016.
[2] 王勖成. 有限单元法［M］. 北京：清华大学出版社，2013.
[3] 龙驭球. 有限元法概论［M］. 北京：高等教育出版社，1991.
[4] 叶金铎，李金安，杨秀萍，等. 有限单元法及工程应用［M］. 北京：清华大学出版社，2012.
[5] 周长城，胡仁喜，熊文波，等. ANSYS11.0基础与典型范例［M］. 北京：电子工业出版社，2007.
[6] 李围. ANSYS土木工程应用实例［M］. 2版. 北京：中国水利水电出版社，2007.
[7] 余伟炜，高炳军. ANSYS在机械与化工装备中的应用［M］. 2版. 北京：中国水利水电出版社，2007.
[8] 高耀东. ANSYS机械工程应用精华60例［M］. 4版. 北京：电子工业出版社，2012.